THOMAS HUTH

ERLEBNIS GEOLOGIE

STREIFZÜGE ÜBER UND UNTER TAGE

Besucherbergwerke,
Höhlen, Museen und Lehrpfade
in Baden-Württemberg

ERLEBNIS GEOLOGIE

LGRB

ISBN 3-00-009566-7

Design und Produktion:
Kiesewetter&partner, Agentur für Marketing und Werbung, 79102 Freiburg im Breisgau
www.agentur-kiesewetter.de

Druck: Seltmann GmbH Druckereibetrieb, 58511 Lüdenscheid
Gedruckt auf Plano Plus, chlorfrei gebleicht

Vertrieb:
Landesamt für Geologie, Rohstoffe und Bergbau Baden-Württemberg
Postfach, D-79095 Freiburg im Breisgau

LGRB

Inhaltsverzeichnis

Zum Geleit

Baden-Württemberg ist ein Geo-Land, denn es birgt zahlreiche geowissenschaftliche Highlights. So verfügt es über weltberühmte Fossillagerstätten. Die in Höhlen auf der Schwäbischen Alb entdeckten Kunstwerke gelten als die ältesten der Menschheit. Bergbau ist seit der Jungsteinzeit nachgewiesen. Der Begriff „Trias" für Buntsandstein, Muschelkalk und Keuper wurde hier aufgestellt. Die klassische Gliederung des Juras und dessen Stufenbezeichnungen wurden auf der Schwäbischen Alb entwickelt. Zu der Erforschung der Eiszeiten trugen die Ablagerungen in Oberschwaben entscheidend bei. Und schließlich gibt es noch Spuren von Außerirdischem: die Meteoritenkrater Ries und Steinheimer Becken.

Seiner über 1 Milliarde Jahre alten geologischen Geschichte, die zu den vielfältigen Landschaften, dem Rohstoffreichtum sowie der großen Anzahl von Heil- und Thermalquellen geführt hat, verdankt unser Land ein weiteres Prädikat: Baden-Württemberg ist ein Tourismus-Land, das mit seinem erdgeschichtlichen Erbe, seinen Besucherbergwerken, Höhlen, geowissenschaftlichen Museen und Lehrpfaden einen ganz besonderen Tourismus anbieten kann, den Geotourismus.

Ich freue mich, dass das Landesamt für Geologie, Rohstoffe und Bergbau diesen Wegweiser und Begleiter zu über 200 geowissenschaftlichen Besuchsobjekten zusammen getragen und als Buch herausgegeben hat. Damit wird erstmals ein Geotourismusführer für das ganze Land vorgelegt, der sich an die breite Öffentlichkeit richtet. Lernen Sie Baden-Württemberg nicht nur oberflächlich kennen. Gehen Sie dem Geo-Land auf den Grund, schauen Sie die Welt doch mal von unten an und genießen Sie das „Erlebnis Geologie" auf Ihren Streifzügen über und unter Tage.

Dr. Walter Döring, MdL
Wirtschaftsminister
und stellvertretender Ministerpräsident
des Landes Baden-Württemberg

Vorwort

Wer die faszinierende Welt der Geologie kennen lernen und verstehen will, der muss sie erleben!

Baden-Württemberg gehört aus der Sicht der Geologen zu den abwechslungsreichsten Gebieten Deutschlands. Von den ältesten Gesteinen im Schwarzwald (Gneise und Granite des kristallinen Grundgebirges und Sedimentgesteine des Paläozoikums) über die gesamte Trias mit Buntsandstein, Muschelkalk und Keuper, den Jura mit Unter-, Mittel- und Oberjura (früher Schwarzer, Brauner und Weißer Jura), das Tertiär und schließlich das Quartär bis in die geologische Neuzeit des Holozäns reicht der weite Fächer geologischer Schichtfolgen. Lediglich die Zeit der Kreide, während der Baden-Württemberg Abtragungsgebiet war, hat keine Gesteinsschichten hinterlassen. Insgesamt sind in Baden-Württemberg damit über eine Milliarde Jahre Erdgeschichte dokumentiert. Mit der Entstehung der Alpen und dem Einsinken des Oberrheingrabens kam es zu einer Hebung der Grabenschultern, von Schwarzwald und Vogesen, und in der Folge zu einer Schrägstellung des ganzen Deckgebirges. Dadurch werden die in Baden-Württemberg an der Oberfläche anstehenden Deckgebirgsschichten von Nordwesten nach Südosten stratigraphisch immer jünger. Bedingt durch die unterschiedliche Härte und Widerstandsfähigkeit der Gesteine bildete sich eine Schichtstufenlandschaft aus, die ein Charakteristikum Baden-Württembergs darstellt. Neben diesen vielgestaltigen Schichtfolgen bietet die Geologie in Baden-Württemberg noch weitere Besonderheiten, die in dieser Häufung ziemlich einmalig sind:

Im jüngeren Tertiär herrschte sowohl im Oberrheingebiet wie auch im Hegau und auf der Schwäbischen Alb ein ausgeprägter Vulkanismus. Die Gesteine des Kaiserstuhls, der Vulkanruinen im Hegau sowie der zahlreichen Schlote und Maare im Urach-Kirchheimer Vulkangebiet sind in vielen Aufschlüssen zu studieren.

Auf der Ostalb kam es, ebenfalls im Tertiär, zu den Asteroideneinschlägen, die das Nördlinger Ries und das Steinheimer Becken hinterlassen haben.

Baden-Württemberg weist weltberühmte Fossillagerstätten auf; zu nennen sind vor allem die Funde bei Holzmaden, aber auch Öhningen, Höwenegg oder Steinheim haben in der Paläontologie klangvolle Namen! Bedeutend für die Menschheitsgeschichte sind die Funde der Urmenschen *Homo erectus heidelbergensis* und *Homo erectus steinheimensis* sowie die aus vielen jüngeren Ausgrabungsstätten, von der Steinzeit bis in die Neuzeit.

In den alten Gesteinskomplexen, vor allem im Grundgebirgsschwarzwald, kam es auf Gängen und Spalten zu verbreiteter Mineralisierung und Vererzung, auf die seit dem frühen Mittelalter, teilweise sogar bereits seit der Römerzeit, ein intensiver Bergbau umging, zumeist auf silberhaltige Erze, die den frühen Reichtum von Städten wie Freiburg begründeten.

Baden-Württemberg ist reich an Kalkgesteinen, die stark der Verkarstung unterliegen. Eine Folge davon sind große Höhlen, Dolinen, Karstquellen und andere sehenswerte Karstformen.

In der Geschichte der Geologie spielt Baden-Württemberg eine sehr bedeutende Rolle. Auf einheimische Gelehrte sind viele

Begriffe und Definitionen zurückzuführen. So stammt der international gebräuchliche Name Trias für das älteste mesozoische System von dem schwäbischen Gelehrten FRIEDRICH VON ALBERTI, und auf den Tübinger Professor FRIEDRICH AUGUST VON QUENSTEDT geht die klassische Jura-Stratigraphie zurück – um nur zwei von vielen Forschern und Geologen zu nennen. Dieser Führer hält sich an die im Landesamt für Geologie, Rohstoffe und Bergbau Baden-Württemberg eingeführte Nomenklatur (Symbolschlüssel 2002). Um aber dem Leser, der mit den neueren Entwicklungen der geologischen Nomenklatur nicht so vertraut ist, eine Orientierungshilfe zu geben, wurden ältere Bezeichnungsweisen in Klammern angegeben, z. B. die QUENSTEDT'schen Stufenbezeichnungen im Jura.

Eine genaue und ausführliche Darstellung der reichhaltigen geologischen Geschichte des Landes, ohne allerdings so sehr ins Detail zu gehen, dass es nur Geologen verstehen würden, findet sich in den Beschreibungen zur Geologischen Schulkarte von Baden-Württemberg 1:1 000 000, die hier empfohlen werden soll. Sie kann beim Landesvermessungsamt Baden-Württemberg, Stuttgart, im Buchhandel oder beim Landesamt für Geologie, Rohstoffe und Bergbau Baden-Württemberg, Freiburg i. Br., bezogen werden, und wird auch als Doppelpack zusammen mit diesem „Geotourismusführer" angeboten.

Um die Bedeutung der Geowissenschaften für unsere Gesellschaft wieder stärker ins Licht zu rücken, wurde das Jahr 2002 bundesweit zum „Jahr der Geowissenschaften" ausgerufen. Zahlreiche Veranstaltungen und Aktionen sollen Geothemen einer breiten Öffentlichkeit näher bringen. Möglichkeiten, dieses Interesse zu befriedigen, bieten zahlreiche Angebote, durch die Geologie hautnah erlebt werden kann: Besucherbergwerke, -höhlen, Museen und Lehrpfade.

Der vorliegende Führer zu den „geowissenschaftlichen Höhepunkten" in Baden-Württemberg will als Beitrag zum Jahr der Geowissenschaften eine möglichst vollständige Übersicht über die bisher angelegten Geotourismus-Einrichtungen geben und die wichtigsten Daten zu den einzelnen Objekten bieten.

Insgesamt werden 18 Besucherbergwerke, 18 Besucherhöhlen und 15 weitere, nicht als Besucherhöhlen ausgewiesene Höhlen vorgestellt, weiterhin 27 geowissenschaftliche Fach- und 5 geowissenschaftlich-technische Museen. Die Archäologie als Randbereich der Geowissenschaften ist mit 15 Museen vertreten. Dazu kommen noch 23 Natur- und Heimatkundemuseen mit bedeutenden geowissenschaftlichen Sammlungen oder Abteilungen.

Wer die Natur auch zu Fuß erleben möchte, dem stehen 27 geologische Lehrpfade zur Verfügung, die sich ausschließlich oder überwiegend mit den geologischen Verhältnissen beschäftigen. Dazu kommen 8 bergbaugeschichtliche Lehrpfade, 11 Wasser-/Quellen-/Moorlehrpfade sowie 21 sonstige Lehr- und Natur-/Waldlehrpfade mit mehr als 5 geowissenschaftlichen Stationen. Darüber hinaus gibt es geologisch sehr interessante Landschaften, durch die – warum auch immer – noch keine Lehrpfade mit erklärenden Stationen führen. Durch 20 zusätzliche Wanderungen sollen einige dieser Bereiche interessierten Wanderern ebenfalls erschlossen werden.

Insgesamt handelt es sich also um 208 geowissenschaftliche Besuchsobjekte, dazu kommen noch die bisher bestehenden 15 Naturschutzzentren in Baden-Württemberg.

Bei dieser großen Zahl von Geo-Objekten war es dem Autor leider nicht möglich, alle Bergwerke, Höhlen oder Museen zu besuchen und alle Lehrpfade abzugehen. Die noch fehlenden Informationen wurden von den Betreibern der entsprechenden Objekte in Form von Faltblättern, Broschüren oder ausführlichen Beschreibungen zur Verfügung gestellt. Dafür sei an dieser Stelle allen gedankt, die durch Übersenden von Informationen, aber auch von Foto- und Bildmaterial zum Gelingen dieses Buches beigetragen haben. Dadurch konnte sichergestellt werden, dass alle Angaben auf dem neuesten Stand sind und vermutlich noch eine Weile so bleiben werden. Besonderer Dank gebührt Herrn Dr. Junker, LGRB, für die Mithilfe bei der Ausarbeitung des Konzepts und die Unterstützung bei verwaltungstechnischen und organisatorischen Fragen. Dann, stellvertretend für die vielen anderen, Herrn Dr. M. Schöttle, LfU Karlsruhe, Herrn Dr. h. c. H. Hagdorn, Ingelfingen, Herrn Dr. M. Geyer, Freiburg, und Herrn Dr. U. Sauerborn, Aalen. Den Kollegen und Mitarbeitern im Landesamt für Geologie, Rohstoffe und Bergbau in Freiburg verdankt das Buch fachkundige Beratung, Tipps und viele Zusatzinformationen. Für die geduldige und fachkundige Durchsicht des Manuskripts danke ich besonders den Herren Dr. R. Groschopf, S. Schlesinger und Priv.-Doz. Dr. D. H. Storch (Landesamt für Geologie, Rohstoffe und Bergbau Baden-Württemberg, LGRB) sowie für die Gestaltung, graphische Aufbereitung und Anfertigung der Karten den Herren E. Hollenweger und J. Schuff (ebenfalls LGRB).

Die Zusammenstellung der Geo-Objekte geschah unter Auswertung vieler Quellen: Angaben von Tourismusverbänden, Landkreisen, Naturparks, früheren Veröffentlichungen und Sammlungen derartiger Objekte, Internet-Suche sowie Tipps und Empfehlungen von Kollegen und Mitarbeitern im Landesamt für Geologie, Rohstoffe und Bergbau Baden-Württemberg und der Landesanstalt für Umweltschutz in Karlsruhe. Bei aller Sorgfalt der Suche kann jedoch nicht ausgeschlossen werden, dass die eine oder andere Einrichtung keine Berücksichtigung fand, der eine oder andere Lehrpfad nicht erfasst wurde. Die Betreiber derartiger vergessener Objekte mögen dies entschuldigen und sich bitte melden, damit die Liste in Zukunft vollständig werde!

In die Sammlung wurden auch Objekte aufgenommen, die zum Erscheinungsdatum noch nicht der Öffentlichkeit übergeben sind, die aber noch im Laufe des Jahres der Geowissenschaften 2002 öffnen werden. Ein entsprechender Hinweis wird in der Beschreibung gegeben.

Die Objekte wurden typologisch in eigenen Kapiteln geordnet. Den Kapiteln werden vereinfachte geologische Karten vorangestellt, in die die Lage der einzelnen Objekte mit Nummern eingetragen ist. Dies erleichtert zum einen die Suche, zum anderen geben sie einen Überblick über die räumliche Verteilung der Objekte in Baden-Württemberg. Innerhalb der einzelnen Kapitel erfolgt die Reihenfolge alphabetisch nach den Gemeindenamen.

Die Objekte werden nach der Angabe ihrer Erreichbarkeit in einem kurzen Text beschrieben. Die Formulierungen dieser Texte stammen größtenteils vom Autor, der die Informationen aus Faltblättern oder Broschüren ausgewertet hat oder die Einrichtungen aus eigenem Ansehen beschreiben konnte. Einige Betreiber stellten bereits fertig formulierte Texte zur Verfügung, die dann auch als solche übernommen wurden. Häufig wurden Textbausteine aus den übersandten Unterlagen nahezu wörtlich verwendet, da dort kurz und knapp das Wichtigste gesagt wurde.

Viele, vor allem größere Einrichtungen, verfügen über umfangreiche Internet-Homepages, die auf mehreren Seiten interessante Beschreibungen, virtuelle Spaziergänge und weiterführende Links bieten. Diese Internet-Adressen werden deshalb ebenfalls aufgeführt.

Weiterhin werden Geologische Karten mit Erläuterungen angegeben, die die Umgebung des Geo-Objekts zeigen und wichtige Details zur Geologie und Landschaftsgeschichte beschreiben. Dies gilt vor allem für Bergwerke, Höhlen, Lehrpfade und Wanderungen; für Museen nur dann, wenn es sich um solche handelt, die Funde aus eng begrenzten Gebieten oder Lokalsammlungen zeigen.

Die Angabe, ob Faltblätter, Broschüren oder sonstige spezielle Veröffentlichungen erhalten werden können, schließt den Textteil ab.

Im Informationsteil werden Öffnungszeiten, Eintrittspreise, falls gefordert, und als wichtigste Angaben die Anschriften, Telefon- und Fax-Nummern, E-Mail-Adressen und Internetseiten der Betreiber angeführt, an die man sich wenden kann, um auftretende Fragen zu klären, Gruppenführungen zu vereinbaren oder Aktivitäten zu buchen.

Ein Literaturverzeichnis, eine Liste wichtiger Internet-Adressen zu geowissenschaftlichen Sachgebieten und Bereichen sowie eine Aufstellung der Objekte nach Land- und Stadtkreisen geordnet, schließen diesen Führer ab.

Der Autor beabsichtigt mit diesem geotouristischen Führer einen Beitrag dazu zu leisten, die Geologie und ihre vielen interessanten Facetten wieder verstärkt in das Bewusstsein der Bevölkerung zu rücken und vielen interessierten Wanderern und Besuchern Anregungen für Urlaubsaktivitäten, Wochenendausflüge oder Museumsbesuche auf dem geowissenschaftlichen Sektor zu geben.

In diesem Sinn viel Freude und Glück auf!

Dr. Bernhard Stribrny
Präsident des Landesamts für Geologie, Rohstoffe und Bergbau Baden-Württemberg (LGRB)

Thomas Huth

BESUCHERBERGWERKE

Besucherbergwerke

1 Seebach: Besucherbergwerk Silbergründle

Erzbergbau war in Baden-Württemberg in früheren Zeiten ein wichtiger Wirtschaftsfaktor. Erzgänge im Grundgebirge des Schwarzwalds und des Odenwalds, eisenerzhaltige Sedimentgesteine, beispielsweise die Eisensandstein-Formation des Mitteljuras (früher Brauner Jura oder Dogger) oder Bohnerze als Reste einer intensiven tertiären Verwitterung – nicht zu vergessen die Salzlager im Mittleren Muschelkalk oder in tertiärzeitlichen Schichten des Oberrheingrabens: Baden-Württemberg war und ist ein rohstoffreiches Land!

Die wichtigsten Bergbaureviere lagen und liegen im Schwarzwald. War es hier zu Römerzeiten und im frühen Mittelalter vor allem die Suche nach Kupfer-, Blei- und Kobalterzen, verlagerte sich das Ziel der Abbaue mehr und mehr zu silberhaltigen Blei- und Fahlerzen, die den Reichtum vieler Städte (Freiburg wurde ja bereits erwähnt) begründeten. In der Neuzeit waren vor allem Schwer- und Flussspat für die chemische Industrie gesuchte Minerale, die in zahlreichen Gruben und Stollen gewonnen wurden. Mit der Zunahme billiger Einfuhren aus dem Ausland wurden einheimische Erze immer weniger konkurrenzfähig und eine Grube nach der anderen wurde aufgelassen. Heute wird nur noch in einer Grube Schwerspat und Flussspat abgebaut, in der Grube Clara bei Oberwolfach.

2

Der Eisenerzbergbau („Doggererze") in Wasseralfingen und Aalen begründete mit den angeschlossenen Verhüttungsanlagen der Schwäbischen Hüttenwerke eine erste Großindustrie in Ost-Württemberg. Der Bergbau ist hier seit 1948 auflässig, noch früher, bereits 1936, endete der Bergbau auf gleichartige Erze bei Blumberg.

Steinsalz, früher in mehreren Bergwerken und Solen gewonnen, wird bergmännisch heute nur noch in Bad Friedrichshall-Kochendorf und in Haigerloch-Stetten abgebaut, wobei auch hier bereits die Deponierung von Schadstoffen in den riesigen unterirdischen Kavernen den größeren Anteil gegenüber dem Salzabbau einnimmt. Die Kalisalzgewinnung im Oberrheingraben ist auf deutscher Seite inzwischen ebenfalls erloschen, das letzte Bergwerk, Buggingen, schloss 1973 endgültig seine Pforten.

Mehrere dieser in den letzten Jahrzehnten aufgelassenen Bergwerke wurden zu Besucherbergwerken umgestaltet und erschlossen, eine Idee, die sich, den großen Besucherzahlen nach zu urteilen, sehr bewährt hat. Einige erst in letzter Zeit aufgegebene Gruben konnten mit verhältnismäßig geringen finanziellen Mitteln umgewidmet werden. Wesentlich aufwändiger ist dagegen das Wiederaufwältigen älterer, z. T. noch mittelalterlicher Stollen und Grubengebäude, die inzwischen längst verschüttet, eingebrochen und fast vergessen sind. Dank der unermüdlichen, größtenteils ehrenamtlichen Tätigkeit von Forschergruppen, Hobby- Bergleuten und Fachleuten in zigtausenden von freiwillig geleisteten Arbeitsstunden konnten zwischenzeitlich 18 der ehemaligen Gruben für den Besucherverkehr eingerichtet werden.

2 *Freiburg i. Br.: Wegweiser zum Museumsbergwerk Schauinsland*

Erläuterungen zur gegenüberliegenden Karte:

Besucherbergwerke

1 **Aalen-Wasseralfingen:**
Tiefer Stollen

2 **Bad Friedrichshall-Kochendorf:**
Besucherbergwerk Bad Friedrichshall

3 **Dornstetten-Hallwangen:**
Historisches Silberbergwerk Himmlisch Heer

4 **Freiburg i. Br.:**
Museumsbergwerk Schauinsland

5 **Freudenstadt:**
Friedrichs-Fundgrube

6 **Großerlach:**
Silberstollen Gabe Gottes

7 **Haslach im Kinzigtal:**
Grube Segen Gottes

8 **Münstertal/Schwarzwald:**
Silberbergwerk Teufelsgrund mit Asthma-Therapie

9 **Neubulach:**
Historisches Silberbergwerk Hella-Glück-Stollen mit Asthma-Therapie

10 **Neuenbürg:**
Eisenerzbergwerk Frischglück

11 **Niedereschach-Schabenhausen:**
Grube Otto am Kohlerberg

12 **Oberwolfach:**
Grube Wenzel

13 **Schriesheim:**
Silber- u. Vitriolbergwerk Grube Anna-Elisabeth

14 **Seebach:**
Besucherbergwerk Silbergründle

15 **Sexau:**
Silberbergwerk Carolinengrube

16 **Todtmoos:**
Hoffnungsstollen

17 **Waldkirch-Suggental:**
Silberbergwerk Grube Erich

18 **Wieden:**
Besucherbergwerk Finstergrund

Lage der Besucherbergwerke

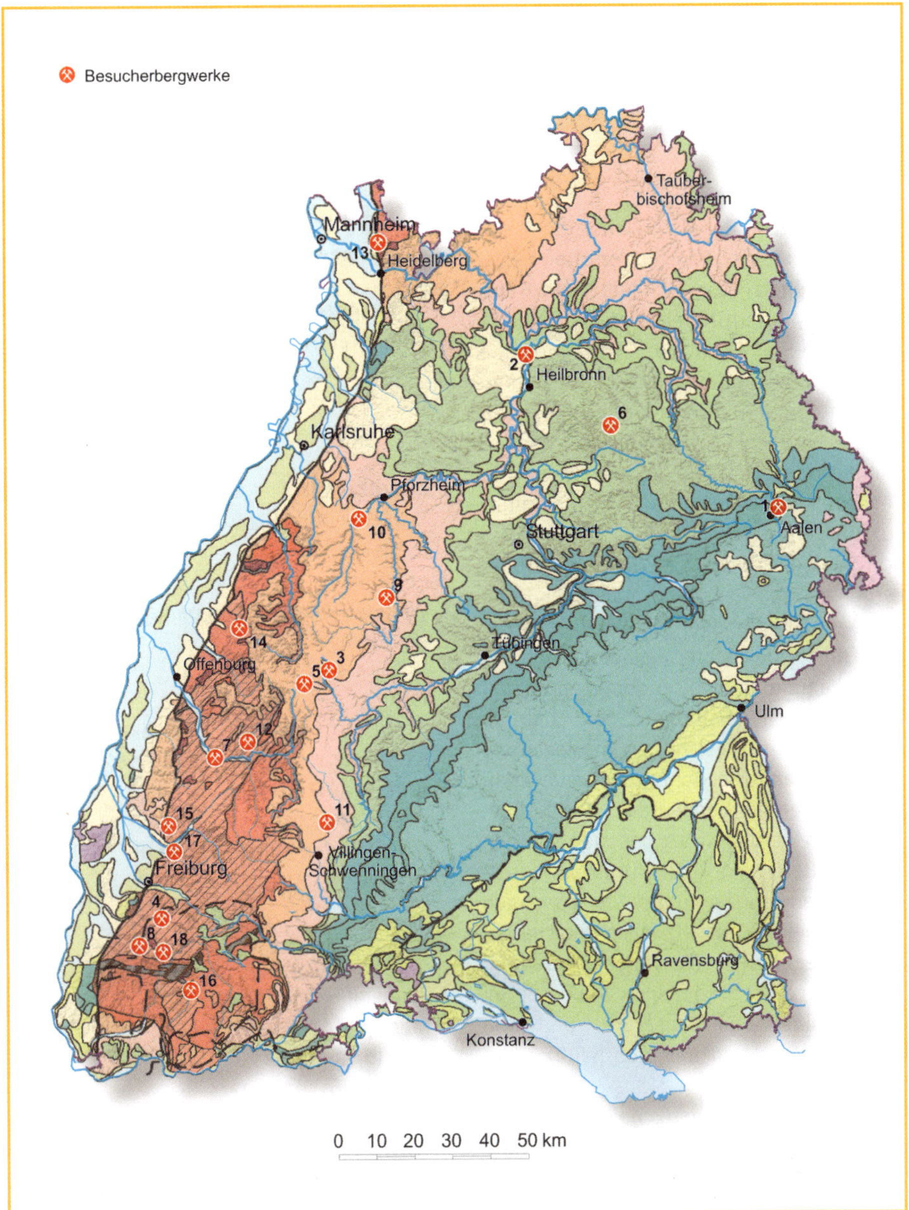

1 Tiefer Stollen

Aalen-Wasseralfingen, Ostalbkreis

Anfahrt:
Autobahn A 7, Ausfahrt Aalen-Westhausen, Bundesstraße B 29 nach Aalen; oder Autobahn A 8, Ausfahrt Kupferzell, B 19 bis Aalen

Beschreibung:
Ein einmaliges Erlebnis erwartet die Besucher in der einst königlich-württembergischen Eisenerzgrube „Wilhelm" am Braunenberg. Mit der Grubenbahn fährt man in den Tiefen Stollen ein, vorbei an herrlichen Versinterungen und kleinen Tropfsteinen. Die Führung im Berg beginnt in den knapp 2500 m^2 großen Sandsteinhallen mit einer Multivisionsschau, die in die Geschichte des Eisenerzabbaus in der Region einführt. Zu Fuß geht es dann auf einem Rundweg 800 m weit durch das Stollenlabyrinth, vorbei an den Zeugen vergangener Bergbautage. Querschläge, Stahlausbau in der Stollenfirste, Schächte, Verladestollen, Erzabbaukammer und Felsendom sind an den verschiedenen Stationen im unteren Eisenerz-Flöz zu besichtigen und legen ein beeindruckendes Zeugnis vom handwerklichen Können der Bergleute ab. Seit mehreren Jahren werden in der besonders reinen Luft des Bergwerks Kuren für Atemwegserkrankungen durchgeführt. Die günstigen klimatischen Voraussetzungen verschaffen den angegriffenen Bronchien Linderung, was sich in einer allgemeinen Verbesserung des Wohlbefindens ausdrückt und den Gebrauch von Medikamenten häufig reduzieren lässt.
Weitere geowissenschaftliche Ausflugsziele in Aalen sind das Urweltmuseum (s. Geowissenschaftliche Fachmuseen, Nr. 1), der Geologische Rundwanderweg Aalen (s. Geowissenschaftliche Lehrpfade, Nr. 1) sowie der Bergbaulehrpfad (s. Bergbaugeschichtliche Lehrpfade, Nr. 28)
Angaben zur geologischen Situation enthält das Blatt 7126 Aalen der Geologischen Karte von Baden-Württemberg 1 : 25 000.

Ausführliche Homepage:
www.bergwerk-aalen.de

Öffnungszeiten:
Einfahrten: Mitte März bis Anf. November (Saison 2002: 16. März bis 3. November) täglich 9–12 Uhr und 13–16 Uhr.
Montag Ruhetag, an Feiertagen geöffnet

Eintrittspreise:

Erwachsene	5,00 Euro
Kinder (4–16 J.)	3,50 Euro
ermäßigt	4,00 Euro

Weitere Tarife und Gruppentarife auf Anfrage

Info:
Besucherbergwerk Tiefer Stollen
Erzhäusle 1, 73433 Aalen-Wasseralfingen
Tel.: (07361) 9702-49
Fax: (07361) 9702-59
E-Mail: tiefer.stollen@aalen.de

KAB-Kurbetrieb Aalen
Erzhäusle 1, 73433 Aalen
Tel.: (07361) 9702-80

Touristik-Service Aalen
Marktplatz 2, 73430 Aalen
Tel.: (07361) 52-2358
Fax: (07361) 52-1907
E-Mail: touristik-service@aalen.de
www.aalen.de

2 Besucherbergwerk Bad Friedrichshall

Bad Friedrichshall-Kochendorf, Landkreis Heilbronn

Anfahrt:
Autobahn A 6, Ausfahrt Heilbronn/Neckarsulm, Bundesstraße B 27 bis Kochendorf; oder Autobahn A 81, Ausfahrt Neuenstadt, Landesstraße nach Kochendorf. Die Bundesbahn hält in unmittelbarer Nähe des Werkgeländes (Bahnhof Friedrichshall-Kochendorf)

Beschreibung:
Seit 1899 überragt der Förderturm des Schachts „WILHELM II." die Landschaft am mittleren Neckar. Hier, ca. 10 km nördlich von Heilbronn, unmittelbar gegenüber der Stauferstadt Bad Wimpfen, ist im Verlauf der bergbaulichen Tätigkeit zur Gewinnung des „weißen Goldes" unter Tage ein Streckennetz von mehr als 700 km Länge entstanden.
Mit dem Förderkorb fährt der Besucher 180 m in die Tiefe. Auch die Bergleute benutzen ihn heute noch, um „vor Ort" zu gelangen. Unter Tage folgt man einem ca. 1,5 km langen, denkmalgeschützten Rundgang. Es gibt Förderbänder und Ladefahrzeuge zu sehen, die Technikkammer mit Darstellungen des Salzbergbaus früher und heute, aber auch lebensgroße Nachbildungen von Sauriern. Eine Tonbildschau informiert zusätzlich über Entstehung, Geologie, Geschichte und Abbau sowie Verwertung von Steinsalz.
Seit 1999 ist darüber hinaus eine Sonderausstellung zu sehen, die an die Einrichtung eines Konzentrationslagers in Kochendorf erinnert.
Abschluss und Höhepunkt des Rundgangs ist der domartige Kuppelsaal, in dem der Besucher – wenn er möchte – eine vergnügliche Rutschpartie auf einer 42 m langen Rutsche erleben kann. Ein ganz besonderes Erlebnis ist die „Musik im Bergwerk", eine Konzertreihe, deren Veranstaltungen ebenfalls im Kuppelsaal stattfinden.
Angaben zur geologischen Situation enthalten die Blätter 6721 Bad Friedrichshall der Geologischen Karte von Baden-Württemberg 1 : 25 000 sowie Heilbronn und Umgebung 1 : 50 000.

Ausführliche Homepage:
www.salzwerke.de

Öffnungszeiten:
1. Mai bis Ende Oktober an Samstagen, Sonn- und Feiertagen von 9.30–17 Uhr, Mittwoch 14–17 Uhr
(letzte Einfahrt jeweils 16 Uhr)

Eintrittspreise:

Erwachsene	7,00 Euro
Kinder (6–18 J.)	4,50 Euro

Weitere Tarife und Gruppentarife auf Nachfrage

Info:
Südwestdeutsche Salzwerke AG
Besucherbergwerk
Postfach 3161
74021 Heilbronn
Tel.: (07136) 271-303
Bandinfo (07136) 271-220
Fax: (07136) 271-200
E-Mail: info@salzwerke.de

3 Historisches Silberbergwerk Himmlisch Heer

Dornstetten-Hallwangen, Landkreis Freudenstadt

Anfahrt:
Autobahn A 81, Ausfahrt Horb, Bundesstraße B32 bis Horb, Landesstraße bis Dornstetten

Beschreibung:
Die Grube „Himmlisch Heer“ Hallwangen, vermutlich aus dem 13. Jh., erstmals namentlich im Jahre 1520 genannt, kann wieder befahren werden. Der Förderkreis Historischer Bergbau e.V. beschloss 1995, in Eigenarbeit dieses wertvolle Dokument früher Geschichte des Ortes der Öffentlichkeit zugänglich zu machen.

An der östlichen Randverwerfung des Freudenstädter Grabens gelegen, bietet die Grube unter und über Tage Zeugnisse uralter Bergbautätigkeit. Gut erhaltene Stollen, entstanden in Schlägel- und Eisenarbeit, führen zum Mineralgang und zeigen uns dort die Mineralisation in der Bruchzone des Freudenstädter Grabens. Der Gang führt u. a. mit Eisenerz durchsetzten Schwerspat, Fahlerz, Malachit, Azurit und wenig Fluorit.

Bis 1912 wurde Schwerspat gewonnen. Die Tagesförderung betrug bei acht Grubenarbeitern elf Tonnen. Das heutige Sanatorium „Waldeck“ geht auf das Zechenhaus der Grube zurück.

Die Führung dauert 45 Minuten, festes Schuhwerk ist empfehlenswert, Helme werden gestellt.

Angaben zur geologischen Situation enthält das Blatt 7517 Dornstetten der Geologischen Karte von Baden-Württemberg 1 : 25000.

Öffnungszeiten:
Mai bis Oktober: Sonntags 11–17 Uhr
Gruppen: wochentags auf Anfrage

Eintrittspreise:

Erwachsene	3,00 Euro
Familien	6,00 Euro
ermäßigt	2,00 Euro

Weitere Tarife und Gruppentarife auf Nachfrage

Info:
Tourist-Information
Silberwaldstraße 34
72280 Dornstetten-Hallwangen
Tel.: (07443) 930-0
Fax: (07443) 4416 + 930-116

3 Historisches Silberbergwerk Himmlisch Heer: Stolleneingang

4 Museumsbergwerk Schauinsland

Freiburg i. Br., Stadtkreis Freiburg

Anfahrt:
Autobahn A 5, Ausfahrt Freiburg-Mitte, durch den Stadtteil Günterstal zum Schauinsland; von Freiburg mit Bus und Schauinsland-Schwebebahn

Beschreibung:
Das in 800 Jahren auf der Suche nach Blei, Silber und Zink geschaffene Grubengebäude unter dem Schauinsland bei Freiburg ist mit ca. 100 km Stollenlänge das größte des Schwarzwalds. Es ist kulturgeschichtlich wertvoll, da es alle für den Metallerzbergbau typischen Bergbauperioden aufweist. Von den mannshohen, mühsam von Hand herausgemeißelten Stollen des Mittelalters bis zu den riesigen, mit Dynamit herausgesprengten Abbauhohlräumen des 20. Jahrhunderts sind Zeugnisse aus allen Zeiten im Museumsbergwerk zu besichtigen. In drei unterschiedlich organisierten und auf die Wünsche des Besuchers abgestimmten Führungsarten sieht man wesentliche Teile des in 21 Jahren und über 150 000 Arbeitsstunden mit privaten Mitteln und viel Engagement erforschten, gesicherten und wieder zugänglich gemachten Bergwerks Schauinsland.
Angaben zur geologischen Situation enthalten die Blätter 8013 Freiburg i. Br.-SO der Geologischen Karte von Baden-Württemberg 1 : 25 000 sowie Freiburg i. Br. und Umgebung 1 : 50 000.

Ausführliche Homepage:
www.schauinsland.de

Öffnungszeiten:
1. Mai bis 1. November: jeweils Mittwoch, Samstag, Sonn- und Feiertag
Große Führung (Dauer 2,5 Std.):
11 und 14 Uhr
Kleine Führung (Dauer 1 Std.):
11 und 14 Uhr
Familienführung (Dauer 30 Min.):
12 und 16 Uhr
Gruppenführungen (bis 15 Personen) nach Bedarf und vorheriger Anmeldung

Eintrittspreise:

Große Führung (2,5 Std.)	15,30 Euro
Kombi-Ticket *	20,50 Euro
Kleine Führung (1 Std.)	8,70 Euro
Kombi-Ticket *	15,30 Euro
Familienführung (30 Min.)	3,10 Euro
Kinder bis 12 J.	2,00 Euro

*(inkl. Berg- u. Talfahrt)

Info:
Forschergruppe Steiber,
Oberlinden 16
79098 Freiburg
Tel.: (0761) 26468
Fax: (0761) 280050
E-Mail: steiber@schauinsland.de

5 Friedrichs-Fundgrube

Freudenstadt, Landkreis Freudenstadt

Anfahrt:
Autobahn A 81, Ausfahrt Horb, Bundesstraße B 32 bis Horb, Landesstraße bis Dornstetten, Bundesstraße B 28 bis Freudenstadt; oder Autobahn A 5, Ausfahrt Appenweier, Bundesstraße B 28 über Oberkirch und Oppenau bis Alexanderschanze, B 500 bis Freudenstadt

Beschreibung:
Das Schaubergwerk „Friedrichs-Fundgrube" wurde 1999 der Öffentlichkeit übergeben. An dieser Stelle schlug man bereits seit 1267, wie erstmals urkundlich erwähnt, Silbererz aus dem Berg. Der Bergbau endete um 1730 und erwachte pünktlich zum 400-jährigen Bestehen der Stadt Freudenstadt durch die ehrenamtliche Tätigkeit vieler Helfer wieder zum Leben.
Der gut gesicherte und ausgeleuchtete Stollen, der alle 5 m mit Zwischenböden aus Stahlbeton gesichert und streckenweise nur über Leitern zugänglich ist, präsentiert seinen interessierten Besuchern, besonders auch wissbegierigen Schulkindern, nicht nur einen besonderen Eindruck von den Verhältnissen unter Tage, sondern vermittelt auch als „Geologisches Schaufenster" einen spannenden Blick in die Bergbaugeschichte des Schwarzwalds und der Stadt.
Der Zugang ist bequem am Fuß des Steinbruchs am Kienberg zu erreichen. Da die Temperatur durchgehend bei ca. 6 °C liegt, empfiehlt sich zum Besuch eine warme Jacke und für die Begehung und die Leiterabstiege festes Schuhwerk.

Zwischen Freudenstadt und Baiersbronn befindet sich der Eugen-Drissler-Weg, der in seiner ersten Hälfte als Bergbaugeschichtlicher Lehrpfad begangen werden kann (s. dort, Nr. 29).
Angaben zur geologischen Situation enthält das Blatt 7516 Freudenstadt der Geologischen Karte von Baden-Württemberg 1 : 25 000.

Öffnungszeiten:
Ostern bis Oktober: Feitag, Samstag, Sonn- und Feiertag 14–17 Uhr, Gruppenführungen auf Anfrage

Eintrittspreise:
gestaffelte Preise
(je nach Schwierigkeitsstufe)

Info:
Gäste-Büro Kongresse-Touristik-Kur
Marktplatz 64
72250 Freudenstadt
Tel.: (07441) 864-730
Fax: (07441) 85176
E-Mail: ktk.touristinfo@freudenstadt.de
www.freudenstadt.de

6 Silberstollen Gabe Gottes

Großerlach, Rems-Murr-Kreis

Anfahrt:
Autobahn A 81, Ausfahrt Weinsberg/Ellhofen, Bundesstraßen B 39 bis kurz vor Mainhardt, B 14 bis Großerlach; oder von Stuttgart über Bundesstraße B 14 über Backnang nach Großerlach

Beschreibung:
Im Mai 2000 konnte die Gemeinde Großerlach die Wiedereröffnung des historischen Silberstollens „Gabe Gottes" feiern. Dieser Stollen wurde erstmals 1773 angefahren und in der Hoffnung auf reiche Erzfunde mit dem Namen „Gabe Gottes" versehen. Leider erfüllte sich diese Hoffnung nicht im gewünschten Ausmaß, so dass der Stollen bereits im gleichen Jahr wieder aufgegeben wurde. Der Name erwies sich dennoch nicht als unzutreffend, denn während verschiedener Kriege und Wirren diente der Stollen der einheimischen Bevölkerung als Versteck und hat auf diese Weise manches Leben gerettet!
Der Stollen, wie auch andere in der Umgebung („Unverhofftes Glück", „Soldatenglück" bei Wüstenrot oder „Der freundliche Bergmann" und „Treue Freundschaft" in Neulautern) wurde im 4. Stubensandstein der Stubensandstein-Formation des Mittelkeupers angelegt. In dieser Gesteinsfolge kommt es häufig zu Anreicherungen von fein verteiltem Pyrit und zu Pyritkonkretionen. Untergeordnet kommen auch Bleierze, Zinkblende und Kupferkies vor – allerdings in schon damals nicht wirtschaftlichen Mengen.
Der Silberstollen wurde im Laufe der letzten Jahre durch den Heimatverein Großerlach und besonders durch den „Arbeitskreis Silberstollen" wieder freigelegt und als Besucherstollen gestaltet.
Angaben zur geologischen Situation enthalten die Blätter 6923 Sulzbach a. d. Murr der Geologischen Karte von Baden-Württemberg 1 : 25 000 (vorläufige Ausgabe) und Naturpark Schwäbisch-Fränkischer Wald 1 : 50 000.

Öffnungszeiten:
Schlüssel im Freizeitzentrum und im Rathaus gegen geringe Kaution erhältlich

Eintrittspreise:
Eintritt frei

Info:
Gemeinde Großerlach
Stuttgarter Straße 18
71577 Großerlach
Tel.: (07903) 9154-0
Fax: (07903) 9154-33
E-Mail: rathaus@grosserlach.de
www.grosserlach.de

7 Grube Segen Gottes

Haslach im Kinzigtal, Ortenaukreis

Anfahrt:

Autobahn A 5, Ausfahrt Offenburg, Bundesstraße B 33 über Gengenbach nach Haslach i. K.; oder Autobahn A 5, Ausfahrt Freiburg-Nord, Bundesstraße B 294 über Elzach nach Haslach i. K.

Beschreibung:

Die alte Silbergrube Segen Gottes gehört zu den bedeutendsten historischen Bergwerken des Mittleren Schwarzwalds – selbst im Badener Lied wird sie besungen! Das Kinzigtal ist das einzige Gebiet in Deutschland, in dem auch heute noch Silber wirtschaftlich als Beiprodukt gewonnen wird. In der Grube Clara bei Oberwolfach wird aus 600 m Tiefe neben Fluss- und Schwerspat silberhaltiges Fahlerz gewonnen. Zwischen Oberwolfach und Haslach i. Kinzigtal-Schnellingen liegen weitere alte Gruben, die den Freunden der Geologie, Mineralogie und des Bergbaus klangvolle Namen sind.

Die Grube „Segen Gottes", Zeugnis eines rund 800 Jahre alten Bergbaus, liegt gegenüber der Stadt Haslach nördlich der Kinzig im Ortsteil Schnellingen. Man erreicht die Grube „Segen Gottes", indem man in Schnellingen dem Silberbergweg bis zum Teich („Silbersee") im Gewann Sommerhalden folgt. Hier am Wanderparkplatz kann man sein Auto abstellen und erreicht nach wenigen Metern die im Wald gelegenen Stollen.

Auf drei Sohlen sind in der Grube Silber führende Schwer- und Flussspatgänge in seltener Schönheit aufgeschlossen. Kristalldrusen und Sinter, wie sie sonst kein Besucherbergwerk in Baden-Württemberg bieten kann, sowie mit Schlägel und Eisen herausgehauene Stollen in bestem Erhaltungszustand gehören zu den Schätzen der Grube.

Bergbau- und Mineralienbegeisterte begannen 1997 mit der umsichtigen Wiedereröffnung der alten Stollen und Schächte. Die Schönheit der Grube und der Wunsch, die Zeugnisse des legendären mittelalterlichen Silberbergbaus der Öffentlichkeit zugänglich zu machen, veranlassten die Stadt Haslach, die Grube zum Besucherbergwerk herrichten zu lassen. Die Grube ist voraussichtlich ab Frühherbst 2002 für Besucher zugänglich.

Angaben zur geologischen Situation enthält das Blatt 7714 Haslach im Kinzigtal der Geologischen Karte von Baden-Württemberg 1 : 25 000.

Öffnungszeiten:

noch nicht bekannt

Eintrittspreise:

noch nichtbekannt

Info:

Tourist-Information
Im Alten Kapuzinerkloster
77716 Haslach
Tel.: (07832) 706-172 oder -170
Fax: (07832) 706-179
E-Mail: info@haslach.de

8 Silberbergwerk Teufelsgrund mit Asthma-Therapie

Münstertal/Schwarzwald, Landkreis Breisgau-Hochschwarzwald

Anfahrt:
Autobahn A 5, Ausfahrt Bad Krozingen, Landesstraße über Staufen nach Münstertal

Beschreibung:
Der Erzgang wurde im Mittelalter auf Silbererz abgebaut. Im 19. und besonders im 20. Jahrhundert war jedoch der Abbau von Flussspat in größerem Umfang für die industrielle Verwendung als Rohstoff für die Fluorchemie wirtschaftlich bedeutend geworden. Übrig geblieben sind großräumige, leer geförderte Abbauhohlräume, die einen bleibenden Eindruck von der Arbeit des Bergmanns vermitteln. Das Besucherbergwerk erschließt den Erzgang in einem 500 m langen Stollen. In der Maschinenkammer neben einem 180 m tiefen Schacht sind Werkzeuge, Geräte, Lampen und Mineralstufen ausgestellt. Dem Besucherbergwerk ist eine Asthma-Therapiestation angeschlossen, die sich wegen ihrer anerkannt guten Heilerfolge einen Namen gemacht hat. Das tiefere Grubengebäude steht voll Wasser und wird zur Trinkwassergewinnung genutzt.
Angaben zur geologischen Situation enthalten die Blätter 8112 Staufen i. Br. der Geologischen Karte von Baden-Württemberg 1 : 25 000 (vorläufige Ausgabe) und Freiburg i. Br. und Umgebung 1 : 50 000.

Öffnungszeiten:
15. Juni bis 15. September:
täglich, außer Montag, 14–17 Uhr
1. April bis 14. Juni und 16. September bis 31. Oktober: Dienstag, Donnerstag, Samstag und Sonntag 14–17 Uhr
1. bis 30. November: Samstag und Sonntag 14–17 Uhr
Außerhalb dieser Zeiten sind Gruppenführungen nach Vereinbarung möglich, Gruppen ab 20 Personen bitte anmelden.

Eintrittspreise:

Erwachsene	3,00 Euro
Kinder bis 6 J.	1,50 Euro
Gruppen (>20 Pers.)	2,50 Euro

Info:
Kurverwaltung Münstertal
Wasen 47
79244 Münstertal
Tel.: (07636) 707-0
Fax: (07636) 707-48
E-Mail: gemeinde@muenstertal.de
www.muenstertal.de

Besucherbergwerk
Tel.: (07636) 1450

9 Historisches Silberbergwerk Hella-Glück-Stollen mit Asthma-Therapie

Neubulach, Landkreis Calw

Anfahrt:
Autobahn A 8, Ausfahrt Pforzheim-West, Bundesstraßen B 10 bis Pforzheim, B 463 durch das Nagoldtal über Calw, beim Bahnhof Bad Teinach in Richtung Neubulach

Beschreibung:
Die Gründung der Stadt Neubulach, bereits 1274 urkundlich erwähnt und bedeutende Bergbaustadt im Mittelalter, ist auf das ehemalige Silberbergwerk zurückzuführen. Die Hauptblütezeit der Neubulacher Gruben war im 13. bis 15. Jahrhundert. Aus dieser Zeit stammt auch der „Hella-Glück-Stollen", in dem silberreiche Fahlerze abgebaut wurden. Ein Teil der untertägigen Anlagen wurde von Bürgern der Stadt in Eigenleistung aufgewältigt und ist seit 1970 für Besucher zugänglich. Besonders eindrucksvoll sind die kleinräumigen, mittelalterlichen Grubenbaue und die blauen und grünen Kupfererze (Sekundärbildungen aus Kupferfahlerz). Die Führungen durch die alten Stollen und Erzgänge, ein bergbaukundlicher Informationsweg sowie eine Ausstellung in der bewirtschafteten Stollenklause beim Bergwerk vermitteln den Besuchern einen Eindruck von der Arbeitswelt im mittelalterlichen Bergbau. Die Anlage wird von der Stollengemeinschaft Neubulach e. V. betreut. In der Bergvogtei in der Stadtmitte neben dem Rathaus befindet sich das Mineralienmuseum mit ausgesucht schönen Exponaten aus dem Neubulacher Bergbaurevier (s. unter Geowissenschaftliche Fachmuseen, Nr.19).
1972 wurde ein Therapiestollen für Kuren ausgebaut, die bei Atemwegserkrankungen Linderung verschaffen.

Angaben zur geologischen Situation enthält das Blatt 7318 Wildberg der Geologischen Karte von Baden-Württemberg 1 : 25 000.

Öffnungszeiten:
1. April bis 31. Oktober: Montag bis Samstag 10–16 Uhr, Sonn- und Feiertag 10–17 Uhr
Gruppen auf Voranmeldung
bei der Kurverwaltung

Schwarzwälder Mineralien-Ausstellung:
Montag bis Freitag 10–12.30 und
14–16 Uhr. Sonn- und Feiertag:
10–12.30 und 13.30–17 Uhr
Gruppen ab 15 Personen auf Anmeldung bei der Kurverwaltung

Eintrittspreise:

Bergwerk oder Mineralien-Ausstellung:

Erwachsene	3,00 Euro
Gruppen oder mit Gästekarte	2,50 Euro
Schüler	1,50 Euro

Bergwerk und Mineralien-Ausstellung:

Erwachsene	4,50 Euro
Gruppen oder mit Gästekarte	4,00 Euro
Schüler	2,50 Euro

weitere Tarife auf Anfrage

Info:
Kurverwaltung
Marktplatz 13
75387 Neubulach
Tel.: (07053) 9695-10
Fax: (07053) 6416
E-Mail: info@neubulach.de
www.neubulach.de

10 Eisenerzbergwerk Frischglück

Neuenbürg, Enzkreis

Anfahrt:

Autobahn A 8, Ausfahrt Pforzheim-Ost, Bundesstraße B 10, ab Pforzheim-Mitte B 294 durch das Enztal nach Neuenbürg, dort Richtung Waldrennach abbiegen

Beschreibung:

Die „Frischglück“-Grube ist ein altes Eisenerzbergwerk im Neuenbürger Gangrevier. Schon Kelten und Römer haben hier nach Erz gegraben und Eisen geschmolzen. Bis 1868 ist bei Neuenbürg Bergbau betrieben worden. An mehr als 60 Stellen wurde Eisenerz gefunden, das hier als Brauneisenstein (oft als glänzender „Glaskopf") zusammen mit Schwerspat den Großteil der Gangfüllung ausmacht. Der Rundgang im Bergwerk führt zu vielen interessanten Stellen, die dem Besucher die Größe der Arbeitsleistung der alten Bergleute zeigen, aber auch die tägliche Mühsal und die Beschwerden in ihrer damaligen Arbeitswelt. Die Arbeitsgemeinschaft Neuenbürger Bergbau hat in den Jahren 1979 bis 1985 in über 22 000 freiwilligen Arbeitsstunden die Grube wieder aufgewältigt und Besuchern zugänglich gemacht.

Angaben zur geologischen Situation enthält das Blatt 7117 Birkenfeld der Geologischen Karte von Baden-Württemberg 1 : 25 000.

Ausführliche Homepage:

www.frischglueck.de

Öffnungszeiten:

Ende März bis Anfang November: Samstag, Sonn- und Feiertag ab 10 Uhr; letzte Führung 17 Uhr

von Mittwoch bis Freitag für Gruppen nach Vereinbarung

Eintrittspreise:

Erwachsene	3,50 Euro
Gruppen nach Voranmeldung und Jugendliche	3,00 Euro
Kinder und Schüler (6 bis 12 J.)	2,00 Euro

Weitere Tarife und Gruppentarife auf Nachfrage

Info:

„Frischglück“-Arbeitsgemeinschaft
Neuenbürger Bergbau e. V.
Postfach 1120
75301 Neuenbürg
E-Mail: kontakt@frischglueck.de

Stadtverwaltung Neuenbürg
Postfach 1262, 75305 Neuenbürg
Tel.: (07082) 79100
Fax: (07082) 791065
E-Mail: stadtverwaltung@neuenbuerg.de
www.neuenbuerg.de

11 Grube Otto am Kohlerberg

Niedereschach-Schabenhausen, Schwarzwald-Baar-Kreis

Anfahrt:
Autobahn A 81, Ausfahrt Rottweil, Landesstraße über Zimmern, Hausen und Niedereschach nach Niedereschach-Schabenhausen

Beschreibung:
Schriftliche Hinweise auf den Bergbau in Niedereschach-Schabenhausen reichen zurück ins Jahr 1511. Aufzeichnungen aus den Jahren 1520 und 1602 weisen auf einen Kupfererzabbau hin, der wegen Unergiebigkeit um 1608 eingestellt wurde. 1781 wurden kurzzeitig erneut Grabungen vorgenommen. Eine Arbeitsgruppe interessierter Bürger wältigt derzeit Stollen der Gruben „Karl im Mailänder" und „Otto am Kohlerberg" wieder auf. Im Stollen am Kohlerberg kann der Besucher interessante Minerale bewundern.
Angaben zur geologischen Situation enthält das Blatt 7816 St. Georgen der Geologischen Karte von Baden-Württemberg 1 : 25 000.

Öffnungszeiten:
auf Anfrage bei D. Stecker (s. u.)

Eintrittspreise:
Spenden erwünscht

Info:
Forschungs- und Arbeitsgemeinschaft für Historischen Bergbau e.V.
Herrn D. Stecker
Hummelberg 12
78078 Niedereschach
Tel.: (07728) 466
E-Mail: FAG Bergbau@t-online.de

4 Kupfererze mit Malachit

12 Grube Wenzel

Oberwolfach, Ortenaukreis

Anfahrt:

Autobahn A 5, Ausfahrt Offenburg, von Offenburg Bundesstraße B 33 über Haslach, B 294 nach Wolfach, Landesstraße bis Oberwolfach

Beschreibung:

Der Bergbau im Wolfacher Bergbaurevier hat eine Tradition, die weit in das Mittelalter zurückreicht. Die „Grube Wenzel" wurde schon vor 1700 erschlossen. Der Abbau ging auf Blei- und Silbererze, die hier dem Gneis des Mittleren Schwarzwaldes aufsitzen. Im Einzelnen kommen Bleiglanz, Kupferkies, Pyrit, Fahlerz, Rotgültigerz, Silberglanz und gediegen Silber vor, das Gangmaterial besteht aus Schwerspat, Flussspat, Calcit und Ankerit.

Der Bergbau in der Grube Wenzel erlebte eine wechselvolle Geschichte, ihre Blütezeit war gegen Ende des 18. Jahrhunderts. In der Zeit von 1766 bis 1818 wurden etwa 3000 kg Silber abgebaut. Nur wenig später, 1823, kam der Bergbau in der Grube zum Erliegen.

In den letzten 10 Jahren wurde die Grube Wenzel wieder erschlossen. Unter Anleitung erfahrener Bergleute wurde die Grube in über 5000 Stunden von ehrenamtlichen Helfern ausgegraben und begehbar gemacht. Über 1200 Meter der insgesamt wohl über 2500 m Gänge und Stollen des damaligen Bergwerks konnten so freigelegt werden. Als Besucherbergwerk wurde es 2001 eröffnet; von den Besuchern können unter kundiger Führung rund 400 m befahren werden.

Im „Südfeld" kann auf Anfrage durch Gruppen ein Erlebnisbereich mit weiteren 800 m besucht werden (Mindestalter 14 Jahre).

Vom Lindenplatz am Fuß der Dorfkirche St. Bartholomäus ist das Besucherbergwerk durch das Frohnbachtal in ca. 20 Minuten zu Fuß zu erreichen. Der Weg wird von Informationstafeln gesäumt, die über den Bergbau im Frohnbachtal berichten (z. Z. im Aufbau).

Im Mineralienmuseum Oberwolfach (s. Geowissenschaftliche Fachmuseen, Nr. 20) wird die ganze Vielfalt der Mineralien des Schwarzwaldes – auch aus der „Grube Wenzel" – präsentiert.

Angaben zur geologischen Situation enthält das Blatt 7615 Wolfach der Geologischen Karte von Baden-Württemberg 1 : 25 000.

Öffnungszeiten:

Mai bis Oktober: täglich außer Montag, 11–17 Uhr, November geschlossen
Dezember bis April auf Anfrage
Gruppenführungen auch außerhalb der regulären Öffnungszeiten auf Anfrage

Eintrittspreise:

Erwachsene	5,00 Euro
Jugendliche, Schüler, Studenten	3,00 Euro
Gruppen ab 10 Personen	4,00 Euro

Info:

Gemeindeverwaltung Oberwolfach
Tel.: (07834) 8383-0
Fax: (07834) 4437
E-Mail: gemeinde@oberwolfach.de
www.wolfach.de
Tourist-Information
Hauptstraße 41
77709 Wolfach
Tel.: (07834) 8353-53
Fax: (07834) 8353-59
E-Mail: wolfach@wolfach.de

13 Silber- und Vitriolbergwerk Grube Anna-Elisabeth

Schriesheim, Rhein-Neckar-Kreis

Anfahrt:
Autobahn A 5, Ausfahrt Ladenburg, über die Bundesstraße B 3 nach Schriesheim, dort Richtung Wilhelmsfeld

Beschreibung:
Das im Jahre 1473 erstmals urkundlich erwähnte Bergwerk war mit großen Abbauunterbrechungen bis 1817 in Betrieb. Im 15. und 16. Jahrhundert diente die Grube der Gewinnung von Silbererz. Im 18. Jahrhundert wurden Eisen- und Kupfervitriolerze abgebaut und verarbeitet. Aus beiden Betriebsperioden entwickelte sich ein Grubengebäude, das aufgrund der verschiedenen Gewinnungstechniken sehr interessante Einzelheiten vermittelt. Das historische Sudhaus aus dem Jahre 1782, in dem Vitriol hergestellt wurde, ist noch vorhanden, wie auch Teile der Außenanlagen. Unter sachkundiger Führung erhalten die Besucher einen Einblick in die über 500 Jahre alten Grubenbaue und die Arbeitsweise der Bergleute.
Angaben zur geologischen Situation enthält das Blatt 6518 Heidelberg-Nord der Geologischen Karte von Baden-Württemberg 1 : 25 000.

Ausführliche Homepage:
www.bergwerk-schriesheim.de

Öffnungszeiten:
Anfang April bis Ende Oktober: Sonn- und Feiertag (außer Karfreitag) 10.30–16.30 Uhr
Gruppenführungen werktags bis 15. 11. nach Vereinbarung
Bergwerksfest:
alljährlich am 1. Wochenende im Juli

Eintrittspreise:

Erwachsene	3,30 Euro
Kinder (4–14 J.)	2,30 Euro

Gruppenermäßigung sowie Sonderpreise für Führungen
(Sonderführung mind. 40,00 Euro)

Info:
Besucherbergwerk Grube Anna-Elisabeth
Talstraße 157
69198 Schriesheim
Tel.: (06203) 68167
Fax: (06203) 660186

5 Grube Anna Elisabeth: alter Stollen

14 Besucherbergwerk Silbergründle

Seebach, Ortenaukreis

Anfahrt:
Autobahn A 5, Ausfahrt Achern, Landesstraße über Kappelrodeck–Ottenhöfen nach Seebach

Beschreibung:
Es ist bis heute ein Rätsel, warum kein Gemeinde-, kein Bergbau- und kein Generallandesarchiv das Vorhandensein des Erzbergwerks erwähnt. Besonders erstaunlich ist dabei die Tatsache, dass in diesen Archiven wesentlich kleinere Bergwerke zum Teil ausführlich beschrieben sind. Es gab nur eine in der Bevölkerung weit verbreitete mündliche Überlieferung und verschiedene Flurstücksnamen, die auf das Vorhandensein eines Stollens hindeuteten.
Aufgrund von Hinweisen älterer Mitbürger konnten vor einigen Jahren interessierte Seebacher Bürger tatsächlich den Erzstollen aufspüren. In Tausenden von Arbeitsstunden vieler freiwilliger Helfer wurde der Stollen wieder zugänglich gemacht. Der heute freigelegte Teil stammt aus dem Mittelalter. Diese Zeitangabe ermittelten verschiedene Archäologen und Geologen aufgrund der Vortriebstechnik, aber auch anhand aufgefundener Arbeitsgeräte. Unter fachkundiger Führung kann man heute beim fahlen Licht der Grubenlampen durch den 167 m langen Grubengang waten – bergwerksgerecht ausgestattet mit Regenmantel, Gummistiefeln und Schutzhelm.
Angaben zur geologischen Situation enthält das Blatt 7415 Seebach der Geologischen Karte von Baden-Württemberg 1 : 25 000.

Öffnungszeiten:
In den Ferienzeiten: Montag 14.30 Uhr, nach vorheriger Anmeldung Gruppenführungen auch an Sonderterminen

Eintrittspreise:

Erwachsene	1,60 Euro
Kinder (6–12 J.)	1,00 Euro
Gruppen über 20 Pers. pauschal	32,00 Euro

Info:
Tourist-Information Seebach
Ruhesteinstraße 21
77889 Seebach
Tel.: (07842) 9483-20
Fax: (07842) 9483-99
E-Mail: tourist-info@seebach.de
www.seebach.de

6 *Besucherbergwerk Silbergründle: Führung im Berg*

15 Silberbergwerk Carolinengrube

Sexau, Landkreis Emmendingen

Anfahrt:
Autobahn A 5, Ausfahrt Teningen, Landesstraße über Emmendingen nach Sexau, dort Richtung Freiamt, Eberbächle und Carolinengrube sind ausgeschildert

Beschreibung:
Zwischen 1200 und 1400 ging im Bergbaurevier Freiamt–Sexau (nördlich von Freiburg) umfangreicher Bergbau um. Die Silber- und Bleigehalte der Erzgänge hatten für Münzwesen, Handel und Gewerbe große Bedeutung. Um 1600 und nachweislich von 1771 bis 1793 wurde aus der „Carolinengrube" Erzkonzentrat für die Silberschmelze gewonnen. 1820, 1893 und zuletzt 1938/39 wurden verschiedene Untersuchungsarbeiten durchgeführt.

Eine Initiative von Bürgern wältigt die Grube derzeit wieder auf. Dabei sind bereits zahlreiche historisch interessante Funde gemacht worden.

Unter sachkundiger Führung gelangt der Besucher in Gruppen zu max. 5 Personen über kurze Leitern und sichere Bühnen in 30 m Tiefe und erreicht durch den Hauptschacht, über den die Alten schon vor 500 Jahren eingefahren sind, die einzelnen Abbausohlen. Hier bekommt jeder eine gute Vorstellung von der geschickten Technik und den bewundernswerten Leistungen der alten Bergleute, erfährt Bergbauromantik und hört von den letzten Ausgrabungsergebnissen.

Angaben zur geologischen Situation enthalten die Blätter 7813 Emmendingen der Geologischen Karte von Baden-Württemberg 1 : 25 000 und Freiburg i. Br. und Umgebung 1 : 50 000.

Ausführliche Monographie:
Geologisches Landesamt Baden-Württemberg [Hrsg.] (1994): Die Erz- und Mineralgänge im alten Bergbaurevier Freiamt–Sexau (Mittlerer Schwarzwald). – Abh. geol. L.-Amt Baden- Württ., **14**: 372 S., 123 Abb., 23 Tab., 4 Taf.; Freiburg i. Br.

Öffnungszeiten:
Anf. Juli bis Ende September:
jeden 2. Samstag 10–17 Uhr
Gruppen (ab 20 Pers.) können unter Tel.: 07641/939-10 weitere Termine vereinbaren

Eintrittspreise:
kein festgesetzter Betrag, Spenden sind erwünscht

Info:
Bürgermeisteramt
Postfach 45
79349 Sexau
Tel.: (07641) 9268-0

7 Carolinengrube: mittelalterlicher Stollen, ausgeführt in Eisen- und Schlägel-Arbeit

16 Hoffnungsstollen

Todtmoos, Landkreis Waldshut

Anfahrt:
Autobahn A 5, Ausfahrt Freiburg-Mitte, Bundesstraße B 31 bis Kirchzarten, Landesstraße über Oberried – Notschrei – Todtnau nach Gschwend, Abbiegen über Präg nach Todtmoos; oder Autobahn A 98, Ausfahrt Lörrach, Bundesstraße B 317 über Schopfheim bis Mambach, Landesstraße nach Todtmoos

Beschreibung:
Die Magnetkies- und Nickelerzgrube „Hoffnungsstollen" in Todtmoos-Mättle wurde erstmals 1798 urkundlich erwähnt. Bis zur Stilllegung der Vitriolhütte im Ortsteil Berghütte, 1835, wurde in größeren Mengen Magnetkieserz im Tagebau abgebaut und verarbeitet. Erst danach wurde erkannt, dass das bisher als Abfall verworfene Nickelerz zur Stahlhärtung verwendet werden kann. Es wurde im 19. und Anfang des 20. Jahrhunderts in kleinen Mengen und mit Unterbrechungen erschürft. Weitergehende bergmännische Untersuchungen hatten jedoch nicht den erhofften Erfolg. Da man trotz großer Anstrengungen in den Jahren 1934 bis 1937 keine abbauwürdigen Erznester fand, wurden die Arbeiten 1937 endgültig eingestellt und die Grube aufgegeben.
1988 wurde mit den Aufsäuberungsarbeiten zur Errichtung eines Besucherbergwerks begonnen, die im Jahre 2000 abgeschlossen wurden. Die Eröffnung dieses Besucherbergwerks erfolgte im Juni 2000.
Die gesamte Grubenanlage ist familienfreundlich hergerichtet, so dass auch Familien mit Kleinkindern Zugang haben. Der Tiefstollen kann ebenfalls von Behinderten (Rollstuhlfahrern) besichtigt werden.

Angaben zur geologischen Situation enthält das Blatt 8214 St. Blasien der Geologischen Karte von Baden-Württemberg 1 : 25 000.

Öffnungszeiten:
1. Mai bis 31. Oktober:
Mittwoch, Samstag sowie Sonn- und Feiertag 14–17 Uhr
1. November bis 30. April:
je nach Schneelage Dienstag und Samstag sowie an Feiertagen 14–17 Uhr
Gruppen ab 20 bis max. 50 Personen ganzjährig auf Anfrage

Eintrittspreise:

Erwachsene	2,50 Euro
Studenten, Schüler, Kinder	1,00 Euro
Kinder bis 6 J.	frei
Behinderte	1,00 Euro
Gruppen ab 20 Personen	1,50 Euro

Info:
Kurverwaltung/Tourist-Information
Wehratalstraße 19
79682 Todtmoos
Tel.: (07674) 9060-0
Fax: (07674) 9060-25
E-Mail: info@todtmoos.net
www.todtmoos.de
www.todtmoos.net

17 Silberbergwerk Grube Erich

Waldkirch-Suggental, Landkreis Emmendingen

Anfahrt:
Autobahn A 5, Ausfahrt Freiburg-Nord, weiter über die Bundesstraße B 294, Ausfahrt Denzlingen-Nord, Landesstraße Richtung Waldkirch bis Suggental

Beschreibung:
Mit hoher Wahrscheinlichkeit ging schon zu römischer Zeit Bergbau im Suggental um. Urkundlich fassbar wird der Silberbergbau im Jahre 1284 durch den Bau des als „Urgraben“ bekannten Hangkanals, der das Betriebswasser für die Grubenanlagen über fast 15 km Entfernung heranführte. Ende des 13. Jahrhunderts kam der Silberbergbau vermutlich durch ein Unwetter oder Kriegsereignisse zum Erliegen. Im 16. Jahrhundert ist Eisenerzabbau nachweisbar. Ein Versuch, den Silberbergbau erneut aufzunehmen, fand von 1776 bis 1789 statt, indem man einige alte Stollen wieder aufwältigte. Danach wurde von 1925 bis 1938 letztmals Bergbau betrieben. Durch die Bergbauforschungsgruppe Suggental werden Teile der Gruben aufgewältigt und der Öffentlichkeit zugänglich gemacht.
Der Besuch des Bergwerks ist Bestandteil des touristischen Projekts „Erlebnisurlaub Erdgeschichte in Baden-Württemberg".
Angaben zur geologischen Situation enthalten die Blätter 7913 Freiburg i. Br.-Nordost der Geologischen Karte von Baden-Württemberg 1 : 25 000 sowie Freiburg i. Br. und Umgebung 1 : 50 000.

Öffnungszeiten:
Besichtigungsmöglichkeiten nach Voranmeldung und am jährlichen „Stollenfest“ im September

Eintrittspreise:

große Führung (ab 14 Jahren)	6,00 Euro
kleine Führung (ohne Altersbegr.)	1,50 Euro

Info:
Tourist-Information ZweiTälerLand
Kirchplatz 2
79183 Waldkirch i. Br.
Tel.: (07681) 19433
Fax: (07681) 404-107
E-Mail: info@zweitaelerland.de
oder Hr. Wölker
Tel.: (07681) 1437

9

8 Silberbergwerk Grube Erich: Außenanlage mit Förderturm, Ausschnitt aus Abb. 31

18 Besucherbergwerk Finstergrund

Wieden, Landkreis Lörrach

Anfahrt:
Autobahn A 5, Ausfahrt Freiburg-Mitte, Bundesstraße B 31 bis Titisee, B 317 nach Utzenfeld, abbiegen in Richtung Wieden (Grube liegt zwischen Utzenfeld und Wieden); oder Autobahn A 98, Ausfahrt Lörrach, B 317 nach Utzenfeld

Beschreibung:
Die Grube „Finstergrund" kann auf eine lange Geschichte zurückblicken. Die alten oberen Stollen sind im ausgehenden Mittelalter zur Gewinnung von Silbererzen angelegt worden. Von 1920 bis 1972 galt das bergmännische Interesse dann dem Flussspat. Bis zur Stilllegung im Jahre 1972 sprengten die Bergleute ein Grubengebäude von rd. 20 km Stollenlänge und 360 m Höhendifferenz in den Berg. Über den untersten Stollen, der erst in den 50er-Jahren aufgefahren worden ist, gelangt der Besucher heute in den abgebauten Gangbereich, wo die übrig gebliebenen Hohlräume und anstehenden Erzreste des ehemaligen Firstabbaus besichtigt werden können. Der Rundgang führt über eine Strecke von 2 km. Druckluftbetriebene Bohrhämmer zeigen, wie Sprenglöcher hergestellt wurden. Ein Wurfschaufellader veranschaulicht eine modernere Art der Ladetechnik. Der Besucher wird von den verschiedendsten Gesteinen auf vielen Gängen und Spalten fasziniert.
Warme Kleidung wird empfohlen (im Berg herrscht eine Temperatur von +6 °C). Mit Schutzhelm ausgerüstet, werden die Gäste von einem Führer auf fast ebener Strecke und gut begehbaren und ausgeleuchteten Wegen durch den Berg geleitet. Besonders geeignet für Schulklassen als Anschauungsunterricht (s. Bergbaugeschichtliche Lehrpfade, Nr. 32).
Angaben zur geologischen Situation enthält das Blatt 8113 Todtnau der Geologischen Karte von Baden-Württemberg 1 : 25 000 (vorläufige Ausgabe).

Öffnungszeiten:
Mai bis Oktober: Mittwoch, Samstag, Sonn- und Feiertag 10–16 Uhr
Gruppen ab 20 Personen nach Anmeldung

Eintrittspreise:

Erwachsene	3,50 Euro
Kinder bis 12 J.	1,80 Euro
Behinderte	2,00 Euro

Weitere Tarife und Gruppentarife auf Nachfrage

Info:
Bergmannsverein Wieden e. V.
G. Schäuble
Im Pferrich 11
79677 Schönenberg
Tel. u. Fax: (07673) 7041

9 Kindergruppe vor dem Besucherbergwerk Finstergrund

10

11

12

13

10 Aalen-Wasseralfingen, Besucherbergwerk Tiefer Stollen Stollenmundloch mit Grubenbahn

11 Aalen-Wasseralfingen, Besucherbergwerk Tiefer Stollen: im Berg

12 Bad Friedrichshall-Kochendorf, Besucherbergwerk der Südwestdeutschen Salzwerke AG: Dauerausstellung zum ehemaligen KZ Kochendorf

13 Bad Friedrichshall-Kochendorf, Salzbergwerk der Südwestdeutschen Salzwerke AG: Schaufellader

Besucherbergwerke

14 Freiburg i. Br., Museumsbergwerk Schauinsland: Große Weitung im Bergwerk
15 Freiburg i. Br., Museumsbergwerk Schauinsland: Führung im Berg
16 Großerlach, Silberstollen Gabe Gottes: Stollenmundloch
17 Haslach im Kinzigtal: Grube Segen Gottes
18 Haslach im Kinzigtal, Grube Segen Gottes: riesige Fluoritwürfel
19 Haslach im Kinzigtal, Grube Segen Gottes: Stollen, einem großen Fluoritgang folgend

17

16

18

19

Besucherbergwerke

20

21

22

23

20 Münstertal (Schwarzwald), Silberbergwerk Teufelsgrund: Maschinenkammer mit alter Grubenbahn
21 Münstertal (Schwarzwald), Silberbergwerk Teufelsgrund: alter Abbau, einem Erzgang folgend
22 Neubulach, Hella-Glück-Stollen: Führung durch das Bergwerk
23 Neuenbürg, Eisenerzbergwerk Frischglück: Mitglieder der AG Neuenbürger Bergbau e. V. im Stollen

24

25

26

24 Oberwolfach, Grube Wenzel: Grubeneingang
25 Oberwolfach, Grube Wenzel: Haspel im unteren Teil des Bergwerks
26 Oberwolfach, Grube Wenzel: Schwerspatgang mit Silbererzen
27 Schriesheim, Grube Anna Elisabeth: im Stollen
28 Schriesheim, Grube Anna Elisabeth: Eingangsbereich des Besucherbergwerks

29

30

31

29 Sexau, Carolinengrube: Abstieg ins Bergwerk
30 Todtmoos, Magnetkies- und Nickelgrube Hoffnungsstollen
31 Waldkirch-Suggental, Silberbergwerk Grube Erich: Außenanlage mit Förderturm
32 Wieden, Besucherbergwerk Finstergrund: Führung im Bergwerk
33 Wieden, Besucherbergwerk Finstergrund: Verladestation im Stollen

HÖHLEN

Besucherhöhlen

34 Sonnenbühl-Genkingen: Nebelhöhle

Höhlen als Einstiege in die Unterwelt sind in Baden-Württtemberg zahlreich zu finden und ziehen jedes Jahr zehntausende von Besuchern in ihren Bann. Sie stellen allerdings nur einen verschwindend geringen Anteil der Höhlen und natürlichen Hohlräume dar, die in Baden-Württemberg bekannt und beschrieben sind. Sie sind auf bestimmte geologische Einheiten beschränkt, die der Verkarstung unterliegen, also im Wesentlichen auf Muschelkalk und Oberjura.

Die überwiegende Zahl der Höhlen befindet sich in der Mittleren und Östlichen Schwäbischen Alb, wo sie meist in der Unteren Felsenkalk-Formation des Oberjuras (früher Weißjura δ), auf der Ostalb auch in der Massenkalk-Formation (Weißjura ε und ζ) als Schicht, Kluft- oder Spaltenhöhlen entstanden.

Besonderheiten stellen die Olgahöhle in Lichtenstein-Honau und die Zwiefaltendorfer Tropfsteinhöhle dar. Es handelt sich hierbei um geologisch junge Tuffhöhlen, die innerhalb mächtiger Sinterterrassen gebildet wurden.

Im Muschelkalk wurden drei Höhlen erschlossen: Die Eberstädter Tropfsteinhöhle in Nordbaden im Unteren Muschelkalk, die Tschamberhöhle bei Rheinfelden-Karsau sowie die Hasel- oder Erdmannshöhle bei Hasel auf dem Dinkelberg im Oberen Muschelkalk.

Andere Gesteine, beispielsweise Buntsandstein oder die Stubensandstein-Formation (oberer Mittelkeuper), neigen nur selten zur Höhlenbildung, und wenn, dann handelt es sich meist um Hohlkehlen nach Unterspülungen, Blockhöhlen als Zwischenräume oft großer Blockhalden oder um Hohlräume, die durch Verwitterung des Gesteins (Absanden, Vergrusen u. ä.) entstanden sind.

Schon früh war das Interesse an Höhlen erwacht. Zuerst dienten sie als vorübergehende oder längerfristige Behausungen ur- und frühzeitlicher Menschen, dann, ab dem Mittelalter, als Abfallgruben oder Räuberverstecke. Die Entdeckung der Schönheit von Höhlen, ihre Erforschung und das Bekanntwerden begann vor etwa drei- bis vierhundert Jahren, als sich auch fürstliche Häupter dafür zu interessieren begannen (Herzog Ulrich von Württemberg in der Sontheimer Höhle, 1516). Zu den ältesten Besucherhöhlen gehört die Nebelhöhle, die 1803 anlässlich des Besuchs von Kurfürst Friedrich I. von Württemberg mit Treppen und Wegen gangbar gemacht wurde und heute zu den meist frequentierten Besucherhöhlen des Landes zählt.

Die Erschließung der Höhlen begann recht früh – die der Bärenhöhle bei Sonnenbühl-Erpfingen bereits Anfang des 19. Jahrhunderts – und bereits damals begann die Tradition der Höhlenfeste, die einmal jährlich gefeiert werden. Viele der Besucherhöhlen haben ihre eigene Geschichte und ihre geologischen und hydrogelogischen Besonderheiten (Entstehung, Tropfsteine und andere Sinterbildungen, paläontologische und anthropologische Funde usw.), andere, wie die Nebelhöhle bei Sonnenbühl-Genkingen, sind sogar in die deutsche Literatur eingegangen (Roman „Lichtenstein“ von W. Hauff).

Höhlen, wie auch Gewölbe, Bergwerke und sonstige größere natürliche und künstliche Hohlräume in der Erde, unterliegen in der Bundesrepublik Deutschland dem Bergrecht, was auf die Einstufung und den Status einer Höhle als Besucherhöhle oder als sonstige Höhle wesentlichen Einfluss hat: Besucherhöhlen wurden als solche von den Betreibern beantragt, wurden vom ehemaligen Bergamt (heute im Landesamt für Geologie, Rohstoffe und Bergbau Baden-Württemberg) genehmigt und werden jährlich auf Sicherheit überprüft - im Gegensatz zu den sonstigen Höhlen, bei denen eine Sicherheitsprüfung unterbleibt.

In der folgenden Aufstellung finden sich alle Besucherhöhlen des Landes, die bekannten wie auch weniger bekannte, aber gleichwohl sehenswerte Höhlen. Für viele der genannten Besucherhöhlen gibt es ausführliche Beschreibungen, die entweder bei den zuständigen Bürgermeister-/Verkehrsämtern, den Höhlenbetreibern oder an den Kiosken am Eingang zu den Höhlen erhältlich sind.

Im Anschluss an die Besucherhöhlen des Landes wird eine kleine Auswahl sonstiger Höhlen vorgestellt, die zwar nicht den Bekanntheitsgrad und die Bedeutung der Besucherhöhlen aufweisen, deren Besuch sich aber dennoch lohnt. Viele dieser Höhlen sind frei zugänglich und dadurch, dass sie nicht erschlossen sind, irgendwie abenteuerlicher! Die beschriebenen Höhlen liegen meist an oder in der Nähe von Wanderwegen, so dass sie leicht erreichbar sind.

35 Schelklingen: Sirgensteinhöhle

Erläuterungen zur Karte gegenüber:

Besucherhöhlen

1 **Albstadt-Onstmettingen:**
Linkenboldshöhle
2 **Blaubeuren:**
Brillenhöhle
3 **Buchen-Eberstadt:**
Eberstädter Tropfsteinhöhle
4 **Giengen a. d. Brenz-Hürben:**
Charlottenhöhle
5 **Hasel:**
Erdmannshöhle, Haseler Höhle
6 **Hayingen-Wimsen:**
Friedrichshöhle, Wimsener Höhle
7 **Heroldstatt-Sontheim:**
Sontheimer Höhle
8 **Kolbingen:**
Kolbinger Höhle
9 **Laichingen:**
Laichinger Tiefenhöhle
10 **Lenningen-Gutenberg:**
Gußmannshöhle
11 **Lenningen-Gutenberg:**
Gutenberger Höhle, Heppenloch
12 **Lichtenstein-Honau:**
Olgahöhle
13 **Mühlheim a. d. Donau:**
Mühlheimer Höhle, Felsenhöhle
14 **Rheinfelden (Baden):**
Tschamberhöhle
15 **Schelklingen:**
Hohler Fels
16 **Sonnenbühl-Erpfingen:**
Karls- und Bärenhöhle
17 **Sonnenbühl-Genkingen:**
Nebelhöhle
18 **Westerheim:**
Schertelshöhle

Sonstige begehbare Höhlen

19 **Asselfingen:**
Hohlenstein
20 **Bartholomä:**
Falkenhöhle
21 **Bingen:**
Bittelschießer Höhle
22 **Blaubeuren:**
Große Grotte, Rusenschlosshöhle
23 **Calw:**
Bruderhöhle
24 **Grabenstetten:**
Falkensteiner Höhle
25 **Heroldstatt-Sontheim:**
Kohlhaldenhöhle
26 **Heubach:**
Rosenstein-Höhlen
27 **Lauterach:**
Bärenhöhle im Wolfstal
28 **Niederstotzingen:**
Vogelherdhöhlen
29 **Rechtenstein:**
Geisterhöhle
30 **Riedlingen-Zwiefaltendorf:**
Zwiefaltendorfer Tropfsteinhöhle
31 **Schelklingen:**
Sirgensteinhöhle
32 **Stockach-Zizenhausen:**
Heidenhöhlen
33 **Westerheim:**
Steinernes Haus

Lage der Besucherhöhlen sowie der sonstigen begehbaren Höhlen

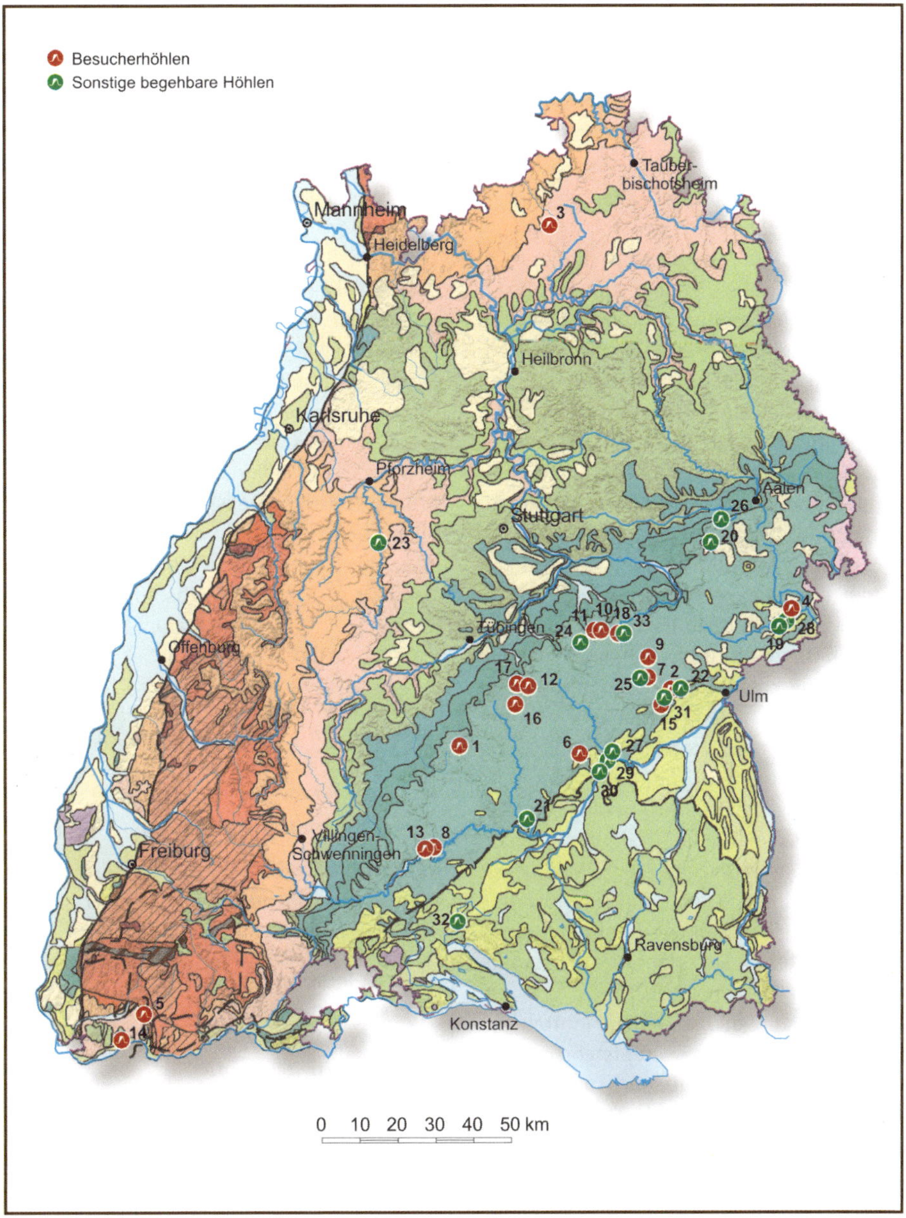

1 Linkenboldshöhle

Albstadt-Onstmettingen, Zollernalbkreis

Anfahrt:

Autobahn A 81, Abfahrt Rottweil, Bundesstraße B 27 nach Balingen, über B 463 nach Albstadt, Landesstraße bis Onstmettingen

Beschreibung:

Die Linkenboldshöhle ist schon seit langer Zeit bekannt. Von ihr liegen bereits aus der Mitte des 18. Jahrhunderts Beschreibungen vor. 1876 wurde sie erstmals als Besucherhöhle feierlich eröffnet. Im Laufe der Jahre verschlechterte sich ihr Zustand durch die Unvernunft der Besucher immer mehr, und 1974 wurde er als trostlos bezeichnet. Die Höhle wurde offiziell wieder geschlossen und der Schwäbische Albverein, Ortsgruppe Onstmettingen, übernahm die Reinigung und Betreuung, wonach sie 1975 wieder in kleinem Rahmen der Öffentlichkeit zugänglich gemacht werden konnte.

Die Linkenboldshöhle liegt ca. 2,5 km östlich von Onstmettingen. Es handelt sich um eine relativ kleine Horizontalhöhle auf der Albhochfläche. Bemerkenswert ist ihre Lage unter einer Kuppe in unmittelbarer Nähe zur Erdoberfläche. Sie weist eine Länge von ca. 220 m auf. Geologisch liegt sie im Massenkalk des Oberjuras (Zuckerkörnige Kalke im Niveau des ki3, Weißjura ε).

Den besonderen Reiz der Linkenboldshöhle machen ihre vielfältigen Sinterformationen aus: Tropfsteine, Sinterfahnen und -vorhänge in allen Formen und Größen. Was der Besucher heute an bizarrem, in Jahrtausenden gewachsenem Tropfsteinschmuck bestaunt, ist leider nur noch der traurige Rest dessen, was die Höhle noch vor einem Jahrhundert zu bieten hatte! Es ist jedoch erstaunlich, wie schnell die Schäden und vor allem auch die Rußflecken der früheren Pechfackeln wieder von neuen Sinterschichten in leuchtenden Weiß- und Gelbtönen überzogen werden.

Interessant ist die Höhle auch wegen ihres Vorkommens von Pflanzen, vor allem Farnen und Moosen, die die wenigen Lichteinfälle ausnutzen können, sowie wegen ihres reichhaltigen Tierbestands. Zu den etwa 10 Arten von ständigen Bewohnern (Käfern, Fliegen, Springschwänzen u. a.) gesellen sich in der Winterzeit noch zahlreiche Fledermäuse, von denen bisher fünf verschiedene Arten registriert werden konnten.

Eine ausführliche Broschüre „Die Linkenboldshöhle bei Onstmettingen“ wurde vom Arbeitskreis Kasten e. V., Albstadt-Onstmettingen in der Reihe „So war es in Onstmettingen“, Heft 12, Dezember 1994, herausgegeben.

Angaben zur geologischen Situation enthält das Blatt 7720 Albstadt der Geologischen Karte von Baden-Württemberg 1 : 25 000 (vorläufige Ausgabe).

Öffnungszeiten:

geöffnet an 2 Tagen im Jahr, zu erfragen beim Schwäb. Albverein (s. u.)

Gruppenführungen zwischen April u. Oktober nach Anmeldung möglich

Eintrittspreise:

Eintritt frei, Spenden sind erwünscht

Info:

Tourist-Information Albstadt
72458 Albstadt
Tel.: (07431) 160-1200
Fax: (07431) 160-1227
E-Mail: stadtverwaltung@albstadt.de

Schwäbischer Albverein, Onstmettingen
A. Schlaich, z. Z. 1. Vorsitzender
Tel.: (07432) 21669
H. Vötsch, Höhlenwart, Tel.: (07432) 22331

2 Brillenhöhle

Blaubeuren, Alb-Donau-Kreis

Anfahrt:
Autobahn A 8, Ausfahrt Merklingen, Landesstraßen über Machtolsheim und Berghülen nach Blaubeuren

Beschreibung:
Die Brillenhöhle befindet sich ca. 1 km westlich von Blaubeuren, hoch über dem linken Talhang der Ach, im Bereich des Felsenlabyrinths der Weilerhalde.
Es handelt sich um eine Kuppelhöhle von ca. 17 m Durchmesser und 6 m Höhe bei einer Gesamtlänge von ca. 32 m. In der Decke befinden sich zwei große, rundliche Durchbrüche, die ihr zu dem Namen Brillenhöhle oder auch Zwickerhöhle verholfen haben.
In der Höhle wurden viele bedeutende Funde aus der jüngeren Altsteinzeit (35 000 bis 10 000 v. Chr.: Schmuckanhänger aus Mammutelfenbein, viele Knochen- und Steinwerkzeuge) sowie Keramikfunde aus der Jungsteinzeit und Urnenfelderkultur gemacht.
Normalerweise ist sie aus Höhlenschutzgründen mit einem Gitter verschlossen, auf Anfrage beim Urgeschichtlichen Museum in Blaubeuren kann sie jedoch besichtigt werden.
Angaben zur geologischen Situation enthält das Blatt 7524 Blaubeuren der Geologischen Karte von Baden-Württemberg 1 : 25 000.

Öffnungszeiten:
Begang nach Absprache mit dem Urgeschichtlichen Museum in Blaubeuren möglich

Info:
Urgeschichtliches Museum Blaubeuren
Karlstraße 21
89143 Blaubeuren
Tel.: (07344) 9286-0
Fax: (07344) 9286-15
E-Mail: urmu-blb@web.de
www.blaubeuren.de/museen/urgeschichte
(Telefon- u. Fax-Nummern wegen Umbauarbeiten nur vorläufig. Internetadresse z. Z. in Arbeit!)

3 Eberstädter Tropfsteinhöhle

Buchen-Eberstadt, Neckar-Odenwald-Kreis

Anfahrt:
Autobahn A 81, Ausfahrt Osterburken, Landesstraße über Osterburken Richtung Buchen bis Eberstadt; oder Autobahn A 6, Ausfahrt Sinsheim, Bundesstraße B 27 über Mosbach bis Buchen, Landesstraße bis Eberstadt

Beschreibung:
Einem Zufall verdankt die Tropfsteinhöhle im Buchener Stadtteil Eberstadt ihre Entdeckung. Am 13. Dezember 1971 öffnete sich bei Sprengarbeiten in einem Muschelkalksteinbruch ein ca. 1 m hoher und 2 m breiter Spalt. Bereits die ersten vorsichtigen Erkundungen ließen die atemberaubende Schönheit eines Naturdenkmals erahnen, das einmalig in Süddeutschland ist: Mit der Eberstädter Tropfsteinhöhle ist erstmals eine Höhle im Unteren Muschelkalk entdeckt worden. Sie ist seit ihrem Ausbau und der Eröffnung als Besucherhöhle 1973 schon von über 2 Millionen Besuchern besichtigt worden.
Das Alter der Höhle liegt zwischen 1 und 2 Millionen Jahren. In dieser Zeit sind alle möglichen Formen von Sinterbildungen an Decken, Wänden und Höhlenböden entstanden: Tropfsteine, Sinterfahnen und -vorhänge in märchenhafter Schönheit! Ein kleiner Höhlensee, ein noch im Wachstum begriffenes Sinterbecken, gehört ebenfalls zu den besonderen Sehenswürdigkeiten dieser Besucherhöhle. Die Hauptattraktion sind Riesentropfsteine mit über einem Meter Durchmesser und mehreren Metern Höhe, die sicher einige hunderttausend Jahre alt sind.
Die Höhle ist bequem begehbar, mit etwas Hilfe ist sie auch von Gehbehinderten oder Rollstuhlfahrern mühelos zu besichtigen. Der begehbare Teil umfasst eine Länge von ca. 600 m, die Breite schwankt zwischen 2 und 7 m, ihre Höhe zwischen 2,5 und 8 m. Die Höhle weist das ganze Jahr über eine konstante Temperatur von etwa 11 °C auf.
Eine ausführliche Abhandlung über die Eberstädter Tropfsteinhöhle ist erschienen in den Abhandlungen zur Karst- und Höhlenkunde, **A 12**; München 1976.
Angaben zur geologischen Situation enthält das Blatt 6522 Adelsheim der Geologischen Karte von Baden-Württemberg 1 : 25 000 (vorläufige Ausgabe).

Öffnungszeiten:
1. März bis 31. Oktober: täglich 10–16 Uhr,
1. November bis 28. Februar: Samstag, Sonn- u. Feiertag 13–16 Uhr

Eintrittspreise:

Einzelpersonen	2,50 Euro
Kinder (6–15 J.)	1,50 Euro
ermäßigt	1,50 Euro

weitere Tarife und Gruppentarife auf Nachfrage

Info:
Verkehrsamt Buchen
Platz am Bild
74722 Buchen
Tel.: (06281) 2780 oder 310
Fax:(06281) 2732
www.buchen.de

Kiosk bei der Eberstädter Tropfsteinhöhle,
Tel.: (06292) 578

4 Charlottenhöhle

Giengen a. d. Brenz-Hürben, Landkreis Heidenheim

Anfahrt:

Autobahn A 7, Ausfahrt Giengen/Herbrechtingen, Landesstraße nach Hürben

Beschreibung:

Die Charlottenhöhle im Giengener Stadtbezirk Hürben ist mit 587 m eine der längsten Besucherhöhlen Süddeutschlands. Ihren Namen erhielt sie nach Königin Charlotte von Württemberg (1864–1946). Die Höhle selber wurde 1893 entdeckt.

Seit etwa 3–2,5 Millionen Jahren hatte sich Wasser durch das Kalkgestein des Oberjuras (dolomitische Kalke des Weißjura ε) gefressen und die Höhle geschaffen. Charakteristisch für die Charlottenhöhle und ihre Entstehung als Flusshöhle ist der relativ enge, schlauchartige Höhlengang, z. T. mit schlüssellochförmigem Gangquerschnitt, der von mehr als 10 geräumigen Hallen und recht hohen Kaminen unterbrochen wird.

Viele Jahrtausende hatten danach die Tropfsteine Zeit zu wachsen. Gebilde, die wie Vorhänge mit reichem Fransenschmuck aussehen oder wie gefrorene Wasserfälle das Gestein überziehen und nicht zuletzt die kugeligen Tropfsteine, mit denen Teile der Höhle förmlich übersät sind, geben ihr einen besonderen Charakter, der die Phantasie des Betrachters zu wecken vermag.

In kaum einer anderen Höhle ist eine solche Vielfalt an Tropfsteinen zu beobachten, wie in der „Charlottenhöhle“. Paläontologen fanden zahlreiche Knochen von Tieren, die sie damals bewohnten (Höhlenbär, Höhlenlöwe), und deren Beutetiere (Wildpferd, Rentier u. a.). Auch für Biologen, die neben allerlei Getier wie Fledermäusen, Spinnen, Fliegen u. a. Pflanzen wie Farne, Pilze, Flechten, Moose u. a. m. zu sehen bekommen, bietet die Höhle ein sehr interessantes Betätigungsfeld.

Die Höhlenbesucher werden in der Charlottenhöhle von geschulten Höhlenführerinnen und -führern erwartet.

Angaben zur geologischen Situation enthält das Blatt 7427 Sontheim a. d. Brenz der Geologischen Karte von Baden-Württemberg 1 : 25 000 (vorläufige Ausgabe).

Öffnungszeiten:

April bis Oktober: werktags 8.30–11.30 Uhr und 13.30–16.30 Uhr

Sonn- und Feiertag 8.30–16.30 Uhr

Gruppenführungen auf Anfrage

Eintrittspreise:

Erwachsene	3,00 Euro
Kinder bis 14 J., Schulklassen	1,50 Euro
ermäßigt	2,50 Euro

Weitere Tarife und Gruppentarife auf Nachfrage

Info:

Stadtverwaltung Giengen,
Fachbereich Kultur, Sport und Touristik
Im Schlössle 11
89537 Giengen a. d. Brenz
Tel.: (07322) 952-292
Fax: (07322) 952-264
E-Mail: tourist-info@giengen.de
www.giengen.de

Höhlenverwaltung
Tel.: (07324) 6185
Kiosk Höhleneingang (Anmeldung von Führungen) Tel.: (07324) 7296

5 Erdmannshöhle, Haseler Höhle

Hasel, Landkreis Lörrach

Anfahrt:
Autobahn A 98, Ausfahrt Lörrach, Bundesstraße B 317 bis Schopfheim, B 518 in Richtung Wehr, Abzweigung und Landesstraße bis Hasel

Beschreibung:
Die „Erdmannshöhle", auch „Haseler Höhle", ist schon seit über 700 Jahren bekannt, begehbar ist sie allerdings erst seit etwa 200 Jahren. Sie entstand in Gesteinen des Oberen Muschelkalks durch einen Höhlenbach, der heute noch Teile der Höhle durchfließt. Nach dem Trockenfallen des größten Teils der Höhle konnten sich die Sinterformen und Tropfsteine bilden, für die die Erdmannshöhle so bekannt ist.
Bei der Besichtigung der Höhle gelangt man auf 23 Stufen in die Tiefe, dann durch einen schmäleren Anfangsgang in die erste große Halle, von der aus weitere begehbare Höhlengänge abgehen. Bekannt sind insgesamt rund 1700 m, davon begehbar rund 500 m.
Der linke Gang, von der ersten Halle, dem „Tempel", ausgehend, führt über ein paar Treppenstufen in ein unteres Stockwerk und zum Höhlensee, ein nur durch Tropfwasser gespeistes Becken. Der mittlere Gang führt ebenfalls in die Tiefe. Über mehrere Treppenstufen kommt man zu einem Steg über dem Höhlenbach, der in der Tiefe rauscht. Schöne Sinterbildungen (die „Orgel" mit den „Orgelpfeifen") und mehrere Stalaktiten hängen an der Wand und über dem Bach.
Zurück in der Anfangshalle folgt man nun dem längsten Gang, der nahezu eben verläuft. Der Besucher wandelt hier entlang einer Galerie von Sinterbildungen und Tropfsteinen unterschiedlichster Formen und Farben, wobei die Farben, meist rötliche Töne, von Eisenoxidverunreinigungen des gelösten Kalksteins herrühren. Sinterfahnen, Stalaktiten und Stalagmiten, Säulen und tortenähnliche Gebilde säumen die Wände. Dabei der „Wächter", der im Guinessbuch der Rekorde als größter deutscher Stalagmit eingetragen ist. Der Weg endet im sogenannten „Rittersaal" mit malerischen Wandversinterungen, von dem es den gleichen Weg, diesmal mit anderem Blickwinkel, wieder zurückgeht.
Eine Broschüre über die Besucherhöhle ist bei der Gemeindeverwaltung Hasel oder in der Höhle erhältlich.
Angaben zur geologischen Situation enthält das Blatt 8313 Wehr der Geologischen Karte von Baden-Württemberg 1 : 25 000 (vorläufige Ausgabe).

Öffnungszeiten:
April und Oktober: Werktag 13–18 Uhr, Samstag, Sonn- und Feiertag 10–18 Uhr
Mai bis September: täglich 10–18 Uhr
1. November 10–18 Uhr
2. November bis 31. März geschlossen

Eintrittspreise:

Erwachsene	3,50 Euro
Kinder bis 14 J.	2,00 Euro
ermäßigt	2,50 Euro

Weitere Tarife und Gruppentarife auf Nachfrage

Info:
Gemeindeverwaltung Hasel
Hofstraße 2
79686 Hasel
Tel.: (07762) 9307 oder 9207
Fax: (07762) 7394
E-Mail: Gemeinde-Hasel@RRZ-Freiburg.de
www.Gemeinde-Hasel.de

6 Friedrichshöhle, Wimsener Höhle

Hayingen-Wimsen, Landkreis Reutlingen

Anfahrt:

Autobahn A 7, Ausfahrt Berkheim, Bundesstraße B 312 über Biberach nach Zwiefalten, Landesstraße Richtung Hayingen; oder Autobahn A 8, Ausfahrt Stuttgart-Flughafen, Bundesstraße B 312 über Reutlingen nach Zwiefalten, Landesstraße Richtung Hayingen

Beschreibung:

Zwischen Zwiefalten und Hayingen liegt Wimsen, ein kleiner Weiler, bestehend aus einem ehemaligen Mühlengebäude, einer Scheuer und einem Gasthaus. Wenig nördlich davon öffnet sich die „Friedrichshöhle“ am Fuß einer hohen Felswand.

Die Friedrichshöhle ist die einzige aktive Wasserhöhle der Bundesrepublik Deutschland, die für Besucher erschlossen und mit einem Boot befahrbar ist. Über dem Eingang, aus dem der Höhlenbach durch ein etwa 3 x 3 Meter großes Portal fließt, wurde eine Steintafel angebracht, auf welcher in lateinischer Sprache zu lesen ist: GRATA TUUM PRAESENS NUMEN MEA NYMPHA SALUTAT LAETIOR UNDA TIBI NUNC FRIDERICE FLUIT (Dankbar begrüßt den hohen Besuch die hier waltende Nymphe, fröhlicher fließt hier nun, dir Friedrich die rauschende Ach). Die Tafel erinnert an den Besuch von Kurfürst Friedrich von Württemberg, der am 9. August 1803 die Höhle befuhr. Seit damals trägt die Höhle den Namen „Friedrichshöhle".

Die Höhle hat sich im Massenkalk des Oberjuras (Weißjura ε) gebildet. Die Schüttung des Höhlenbachs liegt bei durchschnittlich 600 l/s. Mit dem Boot kann 70 m weit in die Höhle eingefahren werden. Gleich nach dem Eingang erweitert sich der Raum zu einer Halle. Das Wasser ist hier ca. 4 m tief, aber so klar, dass man den Grund deutlich erkennen kann. Ein großer Felsblock bildet mitten im Raum eine Insel, die sich 2,5 m aus dem Wasser erhebt. Die Höhle setzt sich in einem Gang fort, der gerade noch mit dem Boot befahren werden kann. Die Fahrt auf dem Stocherkahn dauert etwa 20 Minuten.

Der Hasenbach oder Glasbach, der von Norden kommt und sich zwischen Höhle und Gasthaus mit dem Höhlenbach zur Zwiefalter Ach vereinigt, weist im Bereich der Höhle mehrere kleine Sinterterrassen im Bachbett auf, hinter denen sich breite, flache Sinterbecken gebildet haben.

Angaben zur geologischen Situation enthält das Blatt 7722 Zwiefalten der Geologischen Karte von Baden-Württemberg 1 : 25 000 (vorläufige Ausgabe).

Öffnungszeiten:

April bis Oktober: täglich 9–17.30 Uhr

Eintrittspreise:

Erwachsene	2,70 Euro
Kinder bis 12 J.	2,10 Euro
Gruppen ab 20 Personen	2,30 Euro

Info:

Gaststätte Friedrichshöhle (Fam. Braun)
72534 Hayingen-Wimsen
Tel.: (07373) 2813

7 Sontheimer Höhle

Heroldstatt-Sontheim, Alb-Donau-Kreis

Anfahrt:

Autobahn A 8, Ausfahrt Merklingen, Landesstraße über Laichingen nach Sontheim

Beschreibung:

Bei der „Sontheimer Höhle" handelt es sich um eine ehemalige Flusshöhle. Sie ist von Norden nach Süden ausgerichtet, nahezu parallel zum Tiefental, einem Trockental südlich von Sontheim. Der heute bekannte Teil der Höhle ist allerdings nur ein kleiner Teil eines sehr langen Höhlensystems, dessen südlicher Teil verstürzt und daher nicht weiter zu verfolgen ist. Die Höhle befindet sich im Oberjura (Weißjura δ). Sie ist ca. 530 m lang, wovon 192 m gezeigt werden.

Der Besucher betritt die Höhle durch ein großes Portal von 12 m Höhe und 7 m Breite. Über eine lange Treppe steigt man nun in die rund 16 m tiefer liegende Eingangshalle ab und befindet sich plötzlich in einer gewaltigen Halle, in der sich im Winter riesige Eiszapfen beobachten lassen (Eiskeller). Von dieser Halle führt ein Gang, der allerdings nur einige Meter weit begangen werden kann, zum verstürzten Südteil der Höhle. Ein kleinerer, allerdings hoher Kluftgang führt in östliche Richtung. Der Hauptgang führt nach Nordwesten weiter bis zu einer Engstelle, die mit einem Fledermausgitter versehen ist. Es ist in den Wintermonaten zum Schutz der überwinternden Fledermäuse geschlossen, zu Besuchszeiten allerdings offen. Nach wenigen Metern gelangt man in eine große Halle, die nach einer Fledermausart, der Mops-Fledermaus, auch Mopshalle genannt wird. Hier sind schöne Tropfsteine zu bewundern. Ab jetzt überschreitet man eine Wettergrenze in der Höhle. Bis zu diesem Punkt sind Jahreszeitenschwankungen der Temperatur spürbar, im Winter kommt es zur Eisbildung. Dahinter bewegt man sich das ganze Jahr bei gleichbleibenden 7 °C. Auch hier sind wieder schöne Tropfsteine zu sehen. In dieser Halle wurden keltische Grabreste gefunden (etwa aus der Zeit von 845–712 v. Chr.). An der Decke lässt sich eine langgezogene Kluft verfolgen, und an den Wänden können vielgestaltige Tropfsteine und Sinterbildungen beobachtet werden. Etwas weiter westlich wurde eine weitere Grabstätte mit Skelettresten und Grabbeigaben gefunden, allerdings frühalamannisch und damit wesentlich jünger (um 400 n. Chr.). Über eine Treppe gelangt man schließlich in die Schlusshalle, von der aus man wieder ans Tageslicht tritt.

Die Sontheimer Höhle besitzt eine lange Tradition. Seit ihrer ersten offiziellen Besichtigung durch Herzog Ulrich von Württemberg, 1516, wird, mit Unterbrechungen, einmal jährlich, am Pfingstmontag, das Höhlenfest begangen. Nur dann kann auch die Kohlhaldenhöhle besichtigt werden, eine kleinere Seitenhöhle, die erst vor wenigen Jahren entdeckt wurde und die noch über ihren ganzen unbeschädigten Tropfsteinschmuck verfügt (s. Sonstige begehbare Höhlen, Nr. 25).

Angaben zur geologischen Situation enthält das Blatt 7524 Blaubeuren der Geologischen Karte von Baden-Württemberg 1 : 25 000.

Öffnungszeiten:
Mai bis Oktober: Samstag 14–18 Uhr,
Sonn- und Feiertag 9–18 Uhr,
werktags nach Voranmeldung

Eintrittspreise:

Erwachsene	1,80 Euro
Kinder	1,30 Euro

Weitere Tarife und Gruppentarife auf Nachfrage

Info:
Bürgermeisteramt Heroldstatt
Am Berg 1
72535 Heroldstatt
Tel: (07389) 90900
E-Mail: info@heroldstatt.de
www.heroldstatt.de

Höhlenverein Sontheim
72535 Heroldstatt
Tel.: (07389) 682 oder 353
(Höhlenführungen)

36 Sontheimer Höhle: Eingang zur Höhle

37 Sontheimer Höhle: Wandsinter

8 Kolbinger Höhle

Kolbingen, Landkreis Tuttlingen

Anfahrt:
Autobahn A 81, Ausfahrt Tuningen, Bundesstraße B 523 bis Tuttlingen, dann Landesstraße über Mühlheim a. d. Donau bis Kolbingen

Beschreibung:
Die 1968 als Besucherhöhle ausgebaute Kolbinger Höhle gehört zu den größten und bedeutendsten Höhlen der südwestlichen Schwäbischen Alb. Sie liegt an der Hangkante einer ins Obere Donautal einmündenden Schlucht, ca. 2,5 km südöstlich von Kolbingen im Oberjura (Weißjura δ und ε).
Auf dem Weg zur Höhle kommt man durch das „Felsentor", eine 16 m lange Durchgangshöhle (Höhlenruine), 30 m weiter findet man dann den Eingang zur Besucherhöhle.
Über 20 Stufen steigt man zuerst hinab bis zur Plattform im „Stephansdom", von dem aus man erste Eindrücke über Bau und Entstehung einer solchen Höhle gewinnen kann. Risse, Klüfte und Spalten als Folge von tektonischer Beanspruchung, davon ausgehend Kalklösung und Erosion durch ehemals fließendes Wasser (Auswaschung), Verstürze und natürlich der der Auswaschung gegenläufige Vorgang, die Wiederausscheidung von vorher gelöstem Kalk in Form von Versinterung und Tropfsteinbildung – der kostbarste Schmuck dieser Höhlen!
Weitere 21 Treppenstufen führen auf den Boden des „Stephandoms", von da steigt der Höhlenweg wieder an, vorbei am „Kolbinger Wasserfall" und anderen malerischen Sintergebilden, denen der Volksmund phantasievolle Namen gegeben hat. Am Ende dieses Gangstücks endete die schon lange bekannte „Stephanshöhle". 1913 gelang dann die Entdeckung einer Höhlenfortsetzung mit besonders schönem Sinterschmuck, die später mit der Stephanshöhle zur Kolbinger Höhle vereinigt wurde.
Durch einen Engpass gelangt man nun in weitere Hallen und Gänge, die überaus reich mit Sinter überzogen sind. Sinterröhrchen und -leisten, Tapeten und Baldachine aus weißem und gelbem Sinter sowie massige Tropfsteine regen die Phantasie an. Man fühlt sich in ein Märchenreich mit Kobolden, Gnomen und Riesen versetzt.
Insgesamt ist der Besucherhöhlenteil 90 m lang, bisher bekannt sind etwa 300 m Höhlengänge. Der tiefste Punkt der Höhle liegt 48 m unter der Oberfläche.
Eine ausführliche Broschüre ist in der Höhle oder beim Schwäbischen Albverein (s. u.) zu erhalten.
Angaben zur geologischen Situation enthält das Blatt 7919 Mühlheim a. d. Donau der Geologischen Karte von Baden-Württemberg 1 : 25 000.

Ausführliche Homepage:
http://tobias_amann.bei.t-online.de/kolbh10.html

Öffnungszeiten:
Mitte März bis Ende Oktober:
Samstag 13–17 Uhr, Sonntag 10–17 Uhr, wochentags Gruppen nach Anmeldung

Eintrittspreise:

Erwachsene	2,00 Euro
Kinder	1,00 Euro

weitere Tarife und Gruppentarife auf Nachfrage

Info:
Schwäbischer Albverein Ortsgruppe Kolbingen
Hölderlinstraße 12
78600 Kolbingen
Herr Amann, Vorsitzender
Tel.: (07463) 8534

38 Tropfsteine in der Kolbinger Höhle

9 Laichinger Tiefenhöhle

Laichingen, Alb-Donau-Kreis

Anfahrt:
Autobahn A 8, Ausfahrt Merklingen, Landesstraße über Merklingen nach Laichingen

Beschreibung:
Die Laichinger Tiefenhöhle, auf der Hochfläche der mittleren Schwäbischen Alb gelegen, gilt als die tiefste öffentlich zugängliche Schachthöhle in Deutschland. Sie reicht bis in eine Tiefe von 80 m, danach ist sie verstürzt. Von den heute insgesamt bekannten Gängen mit einer Länge von etwa 1250 m sind rund 320 m als Besucherhöhle zugänglich.
Entdeckt wurde die Höhle, als einem Sandgräber auffiel, dass frisch gegrabener Sand in einem Spalt verschwand. Dieser Dolomitsand wurde früher als Fege- und Scheuersand gegraben und in die umliegenden Städte verkauft. Die Höhle reicht geologisch in vertikaler Erstreckung vom dolomitischen Massenkalk bis zu den gebankten Kalken der Unteren Felsenkalk-Formation (Weißjura δ; ki2).
Ihre Eröffnung als Besucherhöhle erfolgte 1935. Der Besucher steigt heute über eine Metallleiter 45 m in die Tiefe in die erste „Große Halle", dann weiter in die 55 m tief gelegene „Kleine Halle". Hier ist nun der tiefste für Besucher zugängliche Punkt erreicht. An den Wänden finden sich Versinterungen, die leider zu großen Teilen von unverständigen Besuchern früherer Jahre abgeschlagen wurden. In der großen Halle sieht man deutliche Spuren des ehemaligen Höhlenbachs, der glattgeschliffene Röhren und mehrere Kolke hinterlassen hat. Sickerwasser, das sich heute im Bereich der Höhle sammelt, fließt nach Süden zum 10 km entfernten Blautopf, der zweitgrößten Karstquelle der Schwäbischen Alb. Im folgenden Schauteil prägen vor allem Schächte den Charakter der Höhle. Glatt geschliffene Wände, Gänge mit Perlsinterformen, schöne Sintervorhänge und Tropfsteine begleiten den Besucher durch die weiteren Gänge und Schächte, bis er über einen künstlich geschaffenen Ausgang wieder ins Freie gelangt.
Eine Führung dauert etwa 45 Minuten bis eine Stunde. Warme Kleidung und feste Schuhe sind empfehlenswert.
Über der Höhle befindet sich das Museum für Höhlenkunde (s. Geowissenschaftliche Museen, Nr. 13).
Angaben zur geologischen Situation enthält das Blatt 7524 Blaubeuren der Geologischen Karte von Baden-Württemberg 1 : 25 000.

Ausführliche Homepage:
www.tiefenhoehle.de

Öffnungszeiten:
Ab der Karwoche (Woche vor Ostern) bis Ende der Herbstferien (Bad.- Württ.):
Samstag 13–17 Uhr, Sonn- und Feiertag 10–17 Uhr, bei durchgehend schlechtem Wetter geschlossen

Eintrittspreise:

Erwachsene	2,60 Euro
Kinder	2,00 Euro

weitere Tarife und Gruppentarife auf Nachfrage

Info:
Höhlen- und Heimatverein Laichingen e. V.
Postfach 1367
89146 Laichingen
Tel.: (07333) 5586 (Tiefenhöhle)
und (07333) 4414 (Vorsitzender)
E-Mail: info@tiefenhoehle.de
J. Duckeck,
Tel.: (0911) 35 50 29
E-Mail: webmaster@JochenDuckeck.de

39 Große Halle in der Laichinger Tiefenhöhle

10 Gußmannshöhle

Lenningen-Gutenberg, Landkreis Esslingen

Anfahrt:
Autobahn A 8, Ausfahrt Kirchheim u. Teck-Ost, Bundesstraße B 465 Richtung Lenningen bis Gutenberg

Beschreibung:
Die Gußmannshöhle wurde – ebenso wie die Gutenberger Höhle (s. Nr. 11) – 1890 von Pfarrer Gußmann, dem Begründer des damaligen Schwäbischen Höhlenvereins, entdeckt. Zum besseren Betreten der Höhle wurde ein künstlicher Eingang gebrochen und die Höhle mit Wegen, Stegen und Treppen versehen. Wie bei der Gutenberger Höhle handelt es sich auch hier um eine Klufthöhle mit mehreren schmalen und hohen Gängen, die in insgesamt vier größere Hallen führen. Die Gußmannshöhle liegt etwas tiefer als die Gutenberger Höhle und damit noch völlig in den Unteren Felsenkalken des Oberjuras (Weißjura δ). Bei Ausgrabungen wurden lediglich zwei Mammut-Backenzähne gefunden, ganz im Gegensatz zu den überaus reichen Knochenfunden in der nur wenige 100 m entfernten Gutenberger Höhle. Interessanterweise wurde diese Höhle als erste elektrisch beleuchtet: bereits 1922, gut 45 Jahre vor der größeren Gutenberger Höhle, wodurch der reichhaltige und besonders schöne Tropfsteinschmuck der Höhle nicht so lange den rußenden Pechfackeln der Höhlenbesucher ausgesetzt war.

Hinter der Eingangstüre führt ein zwei Meter hoher und sieben Meter langer Gang in die Domhalle, den ersten größeren Raum. Hier wird der Kluftcharakter der Höhle besonders deutlich, reichen doch in der Höhlendecke einzelne, durch Kalklösung erweiterte Spalten mehrere Meter hinauf. Die Höhlenwände in dieser Domhalle sind von schönen Sinterüberzügen geschmückt. Auf die Domhalle folgt die Lehmhalle (nach mit Gesteinsstücken durchsetzten Lehmablagerungen an den Seitenwänden), auch hier mit interessanten Deckensintern. Nach einer kurzen Strecke in gebückter Haltung gelangt man über wenige Treppenstufen zu einem wassergefüllten Sinterbecken. Durch einen hohen Gang und über einen 4 m langen Steg steigt man bergauf in die so genannte „Orgelhalle“, einen schmalen, aber hohen Raum direkt über der Lehmhalle, ausgekleidet mit den formenreichsten und schönsten Tropfsteinen der Höhle. Zurück beim Sinterbecken gelangt man über eine Treppe zur Turmhalle, einem großen und rundlichen Schacht, 10 m tief und gut 8 m hoch. Auch dieser Raum ist üppig mit Tropfsteinen und Sinterformen dekoriert. Er bildet gleichzeitig das Ende der Schauhöhle, die bis hierher eine Länge von ca. 55 m aufweist. Die Fortsetzung der Höhle, die noch etwa 30 m weiter bekannt ist, bleibt nur Höhlenforschern zugänglich.

Eine ausführliche Broschüre ist bei der Ortschaftsverwaltung Gutenberg (s. u.) erhältlich.
Angaben zur geologischen Situation enthält das Blatt 7423 Wiesensteig der Geologischen Karte von Baden-Württemberg 1 : 25 000 (aktualisierte Ausgabe).

Öffnungszeiten:
Mai bis Mitte Oktober: Samstag 13–17 Uhr, Sonn- und Feiertag 10 – 17 Uhr
Bei durchgehend schlechtem Wetter geschlossen

Eintrittspreise:

Erwachsene	2,10 Euro
Kinder	1,30 Euro

weitere Tarife und Gruppentarife auf Nachfrage

Info:
Ortschaftsverwaltung Gutenberg
Schillerstraße 1
73252 Lenningen-Gutenberg
Tel.: (07026) 7822
Fax: (07026) 959739
E-Mail: ov.gutenberg@lenningen.de

40 Gußmannshöhle

11 Gutenberger Höhle, Heppenloch

Lenningen-Gutenberg, Landkreis Esslingen

Anfahrt:

Autobahn A 8, Ausfahrt Kirchheim u. Teck-Ost, Bundesstraße B 465 Richtung Lenningen bis Gutenberg

Beschreibung:

Die Gutenberger Höhlen zählen zwar nicht zu den größten Höhlen der Schwäbischen Alb, wohl aber zu den schönsten. Der 17 m lange Vorplatz der Gutenberger Höhle, das „Heppenloch" war schon seit Jahrhunderten bekannt. Die dahinter liegende Fortsetzung der Höhle wurde erst 1890 bei Nachgrabungen entdeckt. Bei der ersten Grabung stieß man nach Durchbrechung der Kalksinterschale, die das Heppenloch nach hinten abschloss, auf eine ca. 3 m mächtige und rund 12 m lange Schicht aus fossilen Knochen aus dem Pleistozän. Dabei waren Reste von größeren und kleineren Raubtieren (Dachs, Fuchs, Wolf, Wildkatze, Braunbär, Höhlenbär, Hyäne, Höhlenlöwe) sowie deren Beutetieren (Reh, Hirsch, Damhirsch, Riesenhirsch, Wildschwein, Wisent, Nashorn und vielen Kleinsäugern). Einmalig waren Knochenfragmente eines Affen sowie des Alpenwolfs. Reste von vorgeschichtlichen Menschen konnten allerdings nicht gefunden werden.

Die Höhle selbst ist eine Klufthöhle im Übergangsbereich zwischen gebankten Kalken und Massen- oder Riffkalken des Oberjuras (Weißjura δ). Sie verläuft in zwei parallel führenden Hauptklüften. Der Tropfstein- und Sinterschmuck ist sehr bemerkenswert, auch wenn bereits viele Tropfsteine von unvernünftigen Höhlenbesuchern abgeschlagen wurden. Die vor der Elektrifizierung der Höhle 1967 verwendeten Pechfackeln haben das ihre dazu beigetragen, dass viele Tropfsteine und Deckensinter schwärzlich verrußt sind. In den letzten 35 Jahren hat sich aber auf vielen geschwärzten Sintern wieder ein neuer weißlicher oder gelblicher Tropfsteinüberzug gebildet. Die Höhle weist insgesamt 6 Hallen auf. Von der Knochenlagerhalle gelangt man über eine kurze Treppe zur Gotischen Halle mit zahlreichen Tropfsteinen, weitere 40 m über einen abwärtsführenden schmalen Gang bringen den Besucher in die Maurische Halle, den wohl schönsten Raum der Höhle mit schneeweißen, wasserfallähnlichen Sinterkaskaden und weiteren schönen Sinterbildungen, die der Phantasie keine Grenze setzen! Durch einen kleinen Gang erreicht man die Teilungshalle, mit über 10 m Höhe und ähnlichem Durchmesser der größte Raum. Hier verzweigt sich die Höhle in einen nur wenige Meter begehbaren Gang und zur anderen Seite zum Gußmannsdom, von dem aus über mehrere Stufen eine bis 15 m hohe Klamm erreicht wird. In diesem Bereich ist der Übergang von gebanktem Kalkstein zu Massenkalken (Riffkalken) gut sichtbar.

Die gesamte Höhle ist inzwischen auf 180 m erforscht, die Besichtigungsstrecke beträgt etwa 110 m.
Eine ausführliche Broschüre ist bei der Ortschaftsverwaltung Gutenberg (s. u.) erhältlich.
Angaben zur geologischen Situation enthält das Blatt 7423 Wiesensteig der Geologischen Karte von Baden-Württemberg 1 : 25 000 (aktualisierte Ausgabe).

Öffnungszeiten:
Mai bis Mitte Oktober: Samstag 13–17 Uhr, Sonn- und Feiertag 10–17 Uhr, bei durchgehend schlechtem Wetter geschlossen

Eintrittspreise:

Erwachsene	2,10 Euro
Kinder	1,30 Euro

weitere Tarife und Gruppentarife auf Nachfrage

Info:
Ortschaftsverwaltung Gutenberg
Schillerstraße 1
73252 Lenningen-Gutenberg
Tel.: (07026) 7822
Fax: (07026) 959739
E-Mail: ov.gutenberg@lenningen.de

41 Gutenberger Höhle, Heppenloch

12 Olgahöhle

Lichtenstein-Honau, Landkreis Reutlingen

Anfahrt:
Autobahn A 8, Ausfahrt Stuttgart-Degerloch, Bundesstraßen B 27 und B 312 über Reutlingen und Pfullingen nach Honau

Beschreibung:
Die „Olgahöhle" in Honau, benannt nach der württembergischen Königin Olga, wurde 1874 bei Steinbrucharbeiten im dortigen Sinterkalk entdeckt. Sie wurde schon bald zugänglich gemacht und war 1884 die erste elektrisch beleuchtete Besucherhöhle Deutschlands.
Sie unterscheidet sich in Bildung und Aussehen von fast allen anderen Besucherhöhlen Baden-Württembergs. Letztere sind durch die kalklösende Wirkung des durch Klüfte und Spalten im Kalkgebirge fließenden Wassers ausgewaschen worden (Karsthöhlen), und zwar sehr lange nach dessen Bildung, somit sekundär. Im Gegensatz dazu entstand die Ortsteile nahezu gleichzeitig mit der Entstehung der über 18 Hektar großen Tuffbarriere, die das Echaztal weitgehend terrassenartig ausfüllt und auf der ein großer Teil des Ortsteils Honau einschließlich der Dorfkirche steht. Die Olgahöhle gehört somit zu den seltenen Kalktuffhöhlen, wie auch die Zwiefaltener Tropfsteinhöhle (s. Sonstige begehbare Höhlen, Nr. 30). Die Zeit ihrer Entstehung fällt in die warmen Phasen nach der letzten Eiszeit zwischen 8000 und 3000 v. Chr. Die Höhle, die eigentlich aus zwei parallelen Gängen besteht, weist eine Länge von 123 m auf, ihre Sohle liegt 8–10 m unter der Terrassenoberfläche und damit unterhalb des Bettes der Echaz – sie ist allerdings völlig trocken. Entstanden ist sie wohl dadurch, dass eine sich vorschiebende Sinternase, heute schön beim Uracher Wasserfall zu beobachten (s. Geowissenschaftlich bedeutende Wanderungen, Nr. 3), immer wieder abbricht. Dadurch baut sich davor mit der Zeit ein Wall auf, der beim Höherwachsen irgendwann mit der Sinternase verschmilzt – ein Höhlenraum dahinter ist entstanden.
Der besondere Schmuck der Höhle besteht nicht, wie in anderen Höhlen, aus Tropfsteinen und Sinter, die sich nur an wenigen Stellen, wo Wasser durch die Decke tropft, bilden können, sondern aus Kalktuffgebilden (Kalotten), die wie überdimensionale Blumenkohlköpfe von der Höhlendecke hängen. Sie entstanden dadurch, dass sich bestimmte Algen (sog. Schwingalgen) verstärkt ansammelten und immer wieder von Kalk überkrustet wurden. Das Entstehen des Tuffs ist in der ganzen Höhle zu beobachten, beim genauen Hinsehen erkennt man überall die feinen Ästchen, Pflanzenteile und Moospflänzchen im Gestein, an denen sich der gelöste Kalk absetzen konnte. Zur Zeit ist die Höhle wegen Bauarbeiten am darüber liegenden Gebäude gesperrt.

Nach Auskunft der Betreuer (Schwäbischer Albverein, s. u.) sollen aber ab Sommer 2002 wieder Führungen möglich sein.
Eine ausführliche Broschüre über die Höhle ist beim Schwäbischen Albverein e.V. (s. u.) zu erhalten.
Angaben zur geologischen Situation enthält das Blatt 7521 Reutlingen der Geologischen Karte von Baden-Württemberg 1 : 25 000.

Öffnungszeiten:
1. März bis 30. November: jeden 1. Sonntag des Monats von 10–17 Uhr,
Dezember bis Februar: geschlossen

Eintrittspreise:

Erwachsene	1,10 Euro
Kinder	0,55 Euro

weitere Tarife und Gruppentarife auf Nachfrage

Info:
Schwäbischer Albverein e. V.
Ortsgruppe Honau
Ansprechpartner und Höhlenführer:
E. Etter,
Schlossstraße 8
72805 Lichtenstein-Honau
Tel.: (07129) 2501

42 Olgahöhle: Blumenkohlsinter an der Höhlendecke (Ausschnitt aus Abb. 52)

13 Mühlheimer Höhle, Felsenhöhle

Mühlheim a. d. Donau, Landkreis Tuttlingen

Anfahrt:

Autobahn A 81, Ausfahrt Tuningen, Bundesstraße B 523 bis Tuttlingen, Landesstraße bis Mühlheim a. d. Donau

Beschreibung:

Die Landschaft um Mühlheim-Kolbingen ist überaus reich an Karsterscheinungen, besonders an Höhlen. Allein auf dem topographischen Kartenblatt 7919 Mühlheim an der Donau sind über 200 Höhlen bekannt und vermessen. Neben der bekanntesten, der Kolbinger Höhle (s. Nr. 8) gibt es noch zahlreiche andere, kleinere Karsthohlräume, die allerdings größtenteils unzugänglich sind.

Ca. 2 km nordöstlich von Mühlheim befindet sich im Oberjura (Weißjura δ und ε) die Mühlheimer Höhle, die vom Friedhof in der Mühlheimer Altstadt über einen ausgeschilderten Weg in ca. 20 Minuten erreicht werden kann und deren Besuch sich lohnt. Sie wurde erstmals 1912 erschlossen und 1977 durch Mitglieder des Schwäbischen Albvereins neu eröffnet. Sie weist eine mit Hilfe von Leitern und Brücken begehbare Länge von ca. 93 m auf. Ihr besonderer Schmuck besteht aus schönen Sinterbecken, großen, malerischen Tropfsteinsäulen im hinteren Teil und kleineren, dünnen Stalaktiten, die entlang von Klüften und Spalten vorhangartig von der Decke wachsen. Die Felsenhöhle wurde nicht als typische Besucherhöhle ausgebaut, sondern, so weit es ging, natürlich belassen. Deshalb benötigt man beim Besuch entsprechende Kleidung und gutes Schuhwerk! Die Wege sind allerdings sicher ausgebaut. (Betreten auf eigene Gefahr!)

Angaben zur geologischen Situation enthält das Blatt 7919 Mühlheim an der Donau der Geologischen Karte von Baden-Württemberg 1 : 25 000.

Öffnungszeiten:

1. April bis 31. Oktober

ab 1. November bis 31. März aus Gründen des Fledermausschutzes geschlossen

Führungen auf Anfrage (beleuchtet nur an Christi Himmelfahrt, sonst nach Anmeldung)

Eintrittspreise:

Eintritt frei

Info:

Kultur- u. Verkehrsamt Mühlheim
Vorderes Schloss
78570 Mühlheim a. d. Donau
Tel.: (07463) 8903
Fax: (07463) 990776
oder G. Leuser
Tel.: (07463) 633

14 Tschamberhöhle

Rheinfelden (Baden), Landkreis Lörrach

Anfahrt:
Autobahn A 98, Ausfahrt Lörrach, Bundesstraße B 316 bis Rheinfelden

Beschreibung:
Die Tschamberhöhle befindet sich bei Riedmatt zwischen Rheinfelden und Schwörstadt nahe dem Gasthaus „Zum Storchen“. Sie liegt im Oberen Muschelkalk und stellt als aktive Höhle gegenüber den meisten anderen Besucherhöhlen etwas Besonderes dar: Hier kann die Entstehung einer Karsthöhle durch die Tätigkeit des Wassers unmittelbar verfolgt werden – geradezu als Bilderbuchbeispiel für chemische Lösungsvorgänge und mechanische Abtragung. Die Höhle entstand aufgrund starker Zerrüttung der Muschelkalkschichten im Dinkelberg. Dadurch konnte Wasser entlang der Klüfte und Spalten bis zum Trochitenkalk hinunter eindringen und diese erweitern. Die Tschamberhöhle weist daher auch überwiegend schmale, hohe Gänge auf, die an vorhandenen Klüften orientiert sind. Als aktive Wasserhöhle, die ständig vom Höhlenbach, der sich in lautem Tosen über zahlreiche Wasserfälle ergießt, durchströmt wird, ist sie bis auf den vorderen, schon sehr lange trocken gefallenen Teil, frei von Tropfsteinbildungen. Der Besucher geht durch diese wild zerklüftete Höhle größtenteils auf Holzplanken, die direkt über dem brausenden Höhlenbach angebracht sind. Mehrere Gangverengungen müssen in gebückter Haltung passiert werden. Der besondere Reiz der Höhle besteht in vielfältigen bizarren Strukturen der Höhlenwände, entstanden durch Auswaschung verschieden harter Kalksteinschichten. Mit jeder Biegung des Höhlengangs bietet sich ein neues Bild. Alte Bachläufe in höherem, jetzt trockenem Niveau, Kolke, Strudeltöpfe, Vorsprünge, Riffel und Schratten sind zu sehen, bis am Ende des ca. 600 m langen, begehbaren Teils der Höhlenbach über eine 4 m hohe Steilstufe in ein großes Becken fällt. Insgesamt ist die Höhle auf rund 1500 m erforscht.
Bei starken Regenfällen kann der Wasserspiegel des Höhlenbachs recht schnell um über 2 m ansteigen. Das Wasser, das früher oberhalb des Rheinniveaus am Ufer austrat, hat sich inzwischen einen neuen Ausgang gesucht und mündet nun unterhalb des Wasserspiegels in den Fluss.
Angaben zur geologischen Situation enthält das Blatt 8412 Rheinfelden (Baden) der Geologischen Karte von Baden-Württemberg 1 : 25 000 (vorläufige Ausgabe).

Öffnungszeiten:
1. April bis 31. Oktober:
Sonn- und Feiertag 13–17 Uhr,
größere Gruppen mind. 1 Woche vorher anmelden

Eintrittspreise:

Erwachsene	2,50 Euro
Kinder	1,70 Euro
Gruppen über 15 Personen	2,00 Euro
sonst mind.	30,00 Euro

Info:
Schwarzwaldverein
Ortsgruppe Karsau
Steigweg 6
7888 Rheinfelden
Tel.: (07623) 50285 (N. Agster)

15 Hohler Fels

Schelklingen, Alb-Donau-Kreis

Anfahrt:
Autobahn A 8, Ausfahrt Merklingen, Landesstraßen über Machtolsheim und Blaubeuren, dann Bundesstraße B 492 nach Schelklingen

Beschreibung:
Im Achtal zwischen Schelklingen und Blaubeuren erhebt sich am rechten Oberhang eine ca. 30 m hohe, zuckerhutförmige Felsnadel aus Massenkalk des Oberjuras. Am Fuße dieses Felsens befindet sich der normalerweise vergitterte Eingang zum Hohlen Fels. Über einen 25 m langen Gang, von dem zwei weitere Gänge abzweigen, gelangt man in eine der größten Höhlenhallen der Schwäbischen Alb mit über 500 m^2 Grundfläche und bis 23 m Höhe.
Die Höhle ist besonders aus archäologischer Sicht bedeutsam, da hier seit langem Ausgrabungen durchgeführt werden, die schon spektakuläre Funde von Alt- über Jungsteinzeit, Bronze- und Eisenzeit bis ins Mittelalter erbrachten. Der bisher wichtigste Fund gelang 1998, als ein bemaltes Steinfragment entdeckt wurde, dessen Alter auf über 13 000 Jahre geschätzt wird. Es wird in Zusammenhang mit den eiszeitlichen Höhlenzeichnungen in Südfrankreich gebracht.
Angaben zur geologischen Situation enthält das Blatt 7624 Schelklingen der Geologischen Karte von Baden-Württemberg 1 : 25 000 (vorläufige Ausgabe).

Öffnungszeiten:
1. Mai bis 31. Oktober: Sonntag 14–17 Uhr, werktags nach Vereinbarung

Eintrittspreise:

Erwachsene	1,00 Euro
Kinder	0,50 Euro

Info:
Höhlenführungen:
Herr Haggenmüller
Tel.: (07394) 595
Herr Dr. Feifel
Tel.: (07394) 916766
oder Herr Frey
Tel.: (07394) 2685
E-Mail: e.haggenmueller@t-online.de

43 Hohler Fels

16 Karls- und Bärenhöhle

Sonnenbühl-Erpfingen, Landkreis Reutlingen

Anfahrt:
Autobahn A 8, Ausfahrt Stuttgart-Degerloch, Bundesstraße B 27a bis Pliezhausen, dann B 464 nach Reutlingen, B 312/313 über Pfullingen und Honauer Steige, Abzweigung und Landesstraße Richtung Burladingen bis Erpfingen

Beschreibung:
Die bei Erpfingen gelegene Bärenhöhle ist eine der bekanntesten Höhlen Deutschlands und sicher die bekannteste der Schwäbischen Alb. Sie besteht eigentlich aus zwei Höhlen, der seit 1834 bekannten Karlshöhle und der erst 1949 entdeckten Bärenhöhle. Heute sind beide Höhlen zu einer Besucherhöhle vereinigt. Die Höhle entstand im mittleren Oberjura (Weißjura δ), sie fiel nach ihrer Auswaschung aufgrund des gefallenen Karstwasserspiegels schon bald trocken und es konnten sich die zahlreichen wundervollen Sinterformen ausscheiden, die heute von den Besuchern bestaunt werden können. In jeder der sieben Hallen, durch die der 292 m lange Höhlenweg führt, wird der Besucher durch andere Sinterbildungen erfreut. Lange schlanke Bodentropfsteine (Stalagmiten), die sich teilweise meterhoch der Decke entgegenstrecken, dicke, tortenförmige Deckentropfsteine (Stalaktiten), die zahlreich von der Decke wachsen, Sintertapeten, -vorhänge und -becken überall!
Ihren Namen hat die jüngere Höhle von den zahlreich gefundenen Bärenknochen. Es muss sich hierbei um eine echte Bärenhöhle gehandelt haben, in der die vor 50 000–20 000 Jahren lebenden Höhlenbären immer wieder überwintert, ihre Jungen geworfen oder die sie als Sterbelager aufgesucht haben. Hunderte von Knochen aller Altersstufen wurden gefunden. Ein besonders schön rekonstruiertes Höhlenbären-Skelett schmückt eine der Hallen.
Eine weitere Besonderheit der Höhle besteht in einer ausgeprägten „Lampenflora“, die sich in der gut ausgeleuchteten Höhle entwickeln konnte, kleine Moos- und Farnarten, Blau- und Grünalgen sowie Diatomeen.
Im Außenbereich der Höhle wurde ein Freizeitpark eingerichtet.
An der Höhle oder im Bürgermeisteramt ist eine Broschüre über die Bärenhöhle erhältlich.
Angaben zur geologischen Situation enthält das Blatt 7621 Trochtelfingen der Geologischen Karte von Baden-Württemberg 1 : 25 000.

Öffnungszeiten:
April bis Oktober: täglich 9–17.30 Uhr
März und November: Samstag, Sonn- und Feiertag 9–17 Uhr
Dezember bis Februar: geschlossen

Eintrittspreise:

Erwachsene	3,00 Euro
Kinder (6–14 J.)	2,00 Euro
ermäßigt	2,50 Euro

Weitere Tarife und Gruppentarife auf Nachfrage

Info:
Bürgermeisteramt Sonnenbühl
72820 Sonnenbühl, Tel.: (07128) 925-50

Bärenhöhle, Tel.: (07128) 635
E-Mail: info@sonnenbuehl.de
www.sonnenbuehl.de

17 Nebelhöhle

Sonnenbühl-Genkingen, Landkreis Reutlingen

Anfahrt:
Autobahn A 8, Ausfahrt Stuttgart-Degerloch, Bundesstraße B 27a bis Pliezhausen, dann B 464 nach Reutlingen, B 312/313 über Pfullingen und Honauer Steige, Abzweigung und Landesstraße Richtung Genkingen

Beschreibung:
Die schon im Jahre 1486 erstmals urkundlich erwähnte Nebelhöhle gilt schon seit Jahrhunderten als eine der bedeutendsten Sehenswürdigkeiten des Landes. Da sie aber als „mühsamer und beschwerlicher Schlupf" bezeichnet wurde, kamen nur wenige Gelehrte, um sie zu besichtigen. Das änderte sich, als 1803 Kurfürst Friedrich I. von Württemberg die Höhle besichtigen wollte. Dafür wurde ein bequemer Eingang, Treppen und Wege geschaffen und in den folgenden Jahren wurde die Höhle von immer mehr Gesellschaften und Besuchern begangen. Später wurde die Höhle beleuchtet und seit damals wird jedes Jahr am Pfingstmontag das Nebelhöhlenfest gefeiert.
1920 wurde eine Fortsetzung der Höhle entdeckt, elektrische Beleuchtung installiert und sie wurde zu einer der am meisten besuchten Höhlen. Die Nebelhöhle liegt im Oberjura (Weißjura δ) unter einer Kuppe am Rand des Albtraufs.
Heute steigt man auf einer Treppe 141 Stufen hinab, um 25 m tiefer eine atemberaubende Kulisse von Tropfsteinen zu erleben. Auf ca. 450 m Länge geht der Weg durch eine fantastische Märchenwelt aus mächtigen Tortengebilden, dünnen Säulen, Sinterkaskaden und anderen Formen. In der Decke erkennt man große Deckenkolke, die bei der Höhlenentstehung vom Höhlenfluss ausgewaschen worden sind. Die Sinterbildung läuft in der Nebelhöhle relativ schnell ab – Sintergebilde, die ehemals von den Pechfackeln angerußt waren, zeigen bereits wieder glänzende gelbe und weißliche Überzüge von frischem Sinterkalk.
Im Bereich der Beleuchtungskörper tritt eine interessante „Lampenflora" auf, vor allem wachsen kleine Moose und Farne, daneben Grün- und Blaualgen.
Die Höhle hat in der deutschen Literatur durch Wilhelm Hauff's „Lichtenstein" Berühmtheit erlangt. Sein Romanheld versteckte sich zeitweise in der Nebelhöhle.
An der Höhle oder im Bürgermeisteramt ist eine ausführliche Broschüre über Nebel- und Bärenhöhle erhältlich.
Angaben zur geologischen Situation enthält das Blatt 7521 Reutlingen der Geologischen Karte von Baden-Württemberg 1 : 25 000.

Öffnungszeiten:
April bis Oktober: täglich 9–17.30 Uhr
März und November:
Samstag, Sonn- und Feiertag 9–17 Uhr
Dezember bis Februar: geschlossen

Eintrittspreise:

Erwachsene	3,00 Euro
Kinder (6–14 J.)	2,00 Euro
ermäßigt	2,50 Euro

weitere Tarife und Gruppentarife auf Nachfrage

Info:
Bürgermeisteramt Sonnenbühl
72820 Sonnenbühl
Tel.: (07128) 925-50
Führungen: (07128) 605 oder 682
E-Mail: info@sonnenbuehl.de
www.sonnenbuehl.de

18 Schertelshöhle

Westerheim, Alb-Donau-Kreis

Anfahrt:
Autobahn A 8, Ausfahrt Kirchheim u. Teck-Ost, Bundesstraße B 465 bis Donnstetten, Landesstraße nach Westerheim; oder Ausfahrt Merklingen, Landesstraße über Merklingen bis Laichingen, Abbiegen nach Westerheim

Beschreibung:
Die Schertelshöhle befindet sich im vorspringenden rechten Talhang eines Trockentals, das zum Filstal führt, ca. 1,6 km nordwestlich von Westerheim. Sie ist in Gesteinen des Oberjuras (Weißjura) als Flusshöhle entstanden, weist einen L-förmigen Verlauf auf und wird im Knick durch einen künstlichen Eingangsstollen betreten. Die Gesamtlänge beträgt ca. 212 m, geführt wird der Besucher durch 160 m. Die Höhle ist sehr reich an Klüften, Sinterschmuck, malerischen Tropfsteinen und Sinterfahnen. Im tiefsten Teil der Höhle trifft man auf eine bis 15 m hohe Halle mit viel Sinterschmuck. Die Höhle war bereits 1470 bekannt, wurde allerdings erst 1829/30 durch den künstlichen Eingang zugänglich gemacht. Davor gab es nur eine Einsturzdoline, das „Kuhloch“, durch die man sich 24 m tief abseilen musste, um in die Höhle zu kommen. Der Name „Kuhloch“ rührte von der damals praktizierten Unsitte her, Fallwild oder verendetes Vieh in solchen Löchern zu „entsorgen“. Nach der Öffnung der Höhle und den ersten Höhlenfesten schwand die Begeisterung für Höhlenbesuche bald und die Höhle wurde Jahrzehnte lang als Bierkeller gebraucht. Erst nach 1952 wurde sie mit der Gründung der Ortsgruppe Westerheim des Schwäbischen Albvereins wieder erweckt, Wege und Stege wurden erneuert, elektrisches Licht verlegt und ein Rasthaus bei der Höhle errichtet. Heute ist die Schertelshöhle eines der vielen Ausflugsziele der Schwäbischen Alb und wird jedes Jahr von zahlreichen Besuchern besichtigt, die anschließend in das Restaurant bei der Höhle einkehren können.
Auf der anderen Talseite, nur etwa 200 m entfernt, befindet sich das „Steinerne Haus“ (s. Sonstige begehbare Höhlen, Nr. 33).
Eine ausführliche Broschüre ist beim Höhlenverein Westerheim e. V. (s. u.) erhältlich.
Angaben zur geologischen Situation enthält das Blatt 7423 Wiesensteig der Geologischen Karte von Baden-Württemberg 1 : 25 000 (aktualisierte Ausgabe).

Öffnungszeiten:
15. Mai bis 1. Oktober:
werktags 9–17 Uhr
Palmsonntag bis 15. November:
Sonntag 9–17 Uhr

Eintrittspreise:

Erwachsene	1,80 Euro
Kinder	1,30 Euro

weitere Tarife und Gruppentarife auf Nachfrage

Info:
Höhlenverein Westerheim e. V.
Geschäftsführer K. Rauschmaier
Siedlungsstraße 7
72589 Westerheim
Tel.: (07333) 6406

Bürgermeisteramt
72589 Westerheim
Tel.: (07333) 9666-0
Fax: (07333) 9666-20

45
44
46

48

47

44 Buchen-Eberstadt, Eberstädter Tropfsteinhöhle: malerische Tropfsteine
45 Buchen-Eberstadt: Führung in der Eberstädter Tropfsteinhöhle
46 Giengen a. d. Brenz-Hürben: Charlottenhöhle
47 Hasel, Erdmannshöhle: Weg durch die Tropfsteine
48 Hayingen-Wimsen: Friedrichshöhle

49

50

51

49 Kolbingen:
Tropfsteine, Ausschnitt aus Abb. 38
50 Kolbingen: Weg durch die Kolbinger Höhle
51 Laichingen:
Abstieg in die Laichinger Tiefenhöhle
52 Lichtenstein-Honau: Olgahöhle mit blumenkohlförmigen Kalktuffgebilden
53 Rheinfelden-Karsau, Tschamberhöhle: Wasserfall des Höhlenbachs am Ende des begehbaren Höhlenteils

Besucherhöhlen

55

54

56

57

58

59

54 Schelklingen, Hohler Fels: Eingangsbereich
55 Schelklingen: „Große Halle" im Hohlen Fels
56 Sonnenbühl-Erpfingen: Bärenhöhle mit dem Skelett eines Höhlenbären
57 Sonnenbühl-Genkingen: Weg durch die Nebelhöhle
58 Sonnenbühl-Genkingen, Nebelhöhle: große Tropfsteine
59 Westerheim: schönster Tropfstein der Schertelshöhle

Sonstige begehbare Höhlen

60 Blaubeuren: Große Grotte, Rusenschlosshöhle

19 Hohlenstein

Asselfingen, Alb-Donau-Kreis

Anfahrt:

Autobahn A 7, Ausfahrt Langenau, Landesstraße über Langenau bis Asselfingen

Beschreibung:

Der „Hohlenstein“, ca. 2,5 km nordwestlich von Asselfingen im Lonetal, besteht aus mehreren, z. T. verschlossenen Höhlen: der „Bärenhöhle“, dem „Stadel“ und der „Kleinen Scheuer“. Die „Bärenhöhle“ ist hierbei die größte mit einer Länge von ca. 60 m, einer Breite von 6 m und einer Höhe von 4 m. Der „Stadel“ gilt als die größte und schönste der Höhlen im Lonetal, auch diese Höhle ist etwa 60 m weit begehbar. Bei der „Kleinen Scheuer“ handelt es sich dagegen um ein ca. 10 m breites Felsdach. Die Höhlen, insbesondere der Stadel, sind archäologisch überaus bedeutsam. Vom Stadel stammt die bekannte Skulptur eines aus Mammutelfenbein geschnitzten Löwenmenschen, deren Alter auf über 30 000 Jahre geschätzt wird. Das Original kann heute im Ulmer Museum besichtigt werden. Knochenreste eines Neandertalers, Werkzeuge und Scherben von der Altsteinzeit bis in die römische Zeit belegen die jahrtausendealte Besiedelungsgeschichte dieser Höhlen. Neben den anthropogenen Funden konnten zahllose Tierknochen geborgen werden, dabei allein über 100 Bärenschädel.

Angaben zur geologischen Situation enthält das Blatt 7427 Sontheim a. d. Brenz der Geologischen Karte von Baden-Württemberg 1 : 25 000 (vorläufige Ausgabe).

Öffnungszeiten:

frei zugänglich

61 Hohlenstein

20 Falkenhöhle

Bartholomä, Ostalbkreis

Anfahrt:
Autobahn A 7, Ausfahrt Heidenheim, weiter über Heidenheim an der Brenz nach Steinheim am Albuch und Bartholomä zum Weiler Rötenbach; oder Autobahn A 8, Ausfahrt Mühlhausen, B 466 nach Geislingen, Landesstraße über Böhmenkirch nach Rötenbach

Beschreibung:
Die Falkenhöhle liegt etwa 4,5 km südlich von Heubach im nordwestlichen Albuch. Der Eingang der etwa 90 m langen Höhle liegt in 710 m NN und ist nach einer kleinen Wanderung gut zu erreichen. Es handelt sich um eine typische Karsthöhle, die im Oberjura (Weißjura δ) entstanden ist. Der ursprünglich reiche Sinter- und Tropfsteinschmuck wurde inzwischen leider von uneinsichtigen Besuchern entfernt oder zerstört. Im Eingangsbereich der Haupthöhle, die inzwischen über eine Treppe bequem zu betreten ist, öffnet sich eine kleinere Nebenhöhle (9 x 7 m groß), in der zahlreiche Knochenfunde gemacht werden konnten. Neben vor allem rezenten Knochen von Fuchs, Hase, Reh und Schwein wurde auch der Schädel eines etwa 12-jährigen Knaben gefunden (datiert ins 14. Jahrh.), außerdem Scherben aus der gleichen Zeit.
Die Falkenhöhle liegt in einem größeren Waldgebiet, in dem sich weitere, allerdings unzugängliche Höhlen und mehrere Dolinen finden lassen, z. B. das Geisterloch, eine ca. 21 m lange, sehr enge und niedrige Höhle, sowie das Sieben-Hülben-Loch, eine über 20 m tiefe Doline.

Angaben zur geologischen Situation enthält das Blatt 7225 Heubach der Geologischen Karte von Baden-Württemberg 1 : 25 000 (vorläufige Ausgabe).

Öffnungszeiten:
Anmeldung beim Bürgermeisteramt Bartholomä

Eintrittspreise:
Eintritt frei

Info:
Rathaus
Beckenstraße 14
73566 Bartholomä
Tel.: (07173) 978200
Fax: (07173) 9782022
E-Mail: info@bartholomae.de
www.bartholomae.de

21 Bittelschießer Höhle

Bingen, Landkreis Sigmaringen

Anfahrt:

Autobahn A 81, Ausfahrt Rottweil, Bundesstraßen B 27 und B 463 über Albstadt nach Sigmaringen, weiter über Landesstraße Richtung Bingen; oder Autobahn A 8, Ausfahrt Ulm-West, Bundesstraßen B 10 bis Ulm, dann B 311 bis Riedlingen, weiter auf Landesstraßen über Langenenslingen nach Bingen

Beschreibung:

Die „Bittelschießer Höhle" liegt im unteren Laucherttal, ca. 1 km westsüdwestlich von Bingen. In diesem außerordentlich reizvollen Teil des Laucherttales, das auch als „Bittelschießer Täle" bezeichnet wird, hat die Lauchert in einer etwa 300 m langen Felsschlucht einen alten Talsporn in den hier anstehenden Massenkalken (Oberjura) durchbrochen, nachdem ihr ursprüngliches Tal während der Rißeiszeit von Moränenschutt verschüttet worden war.

Die Höhle ist 9 m breit und 14 m hoch, sie endet nach ca. 25 m in einem offenen Kamin. Es handelt sich um eine typische Karsthöhle mit Korrosionsformen und Klüften.

Im Laucherttal in näherer Umgebung stehen weitere Massenkalkfelsen an, die häufig Kleinhöhlen enthalten. In einigen von ihnen fanden sich Kulturreste aus der Jungsteinzeit sowie Knochenreste von inzwischen ausgestorbenen Tieren. Südlich der Bittelschießer Höhle, im Waldstück „Frauenstock" zwischen Sigmaringen und Bingen, trifft man schließlich noch auf eine eindrucksvolle Höhlenruine (am Wanderweg, der direkt an der Bahnlinie entlangführt) mit engen Felsen, kleineren Felsnischen, einem verwitterten Strudelkolk sowie einer malerischen Naturbrücke.

Angaben zur geologischen Situation enthält das Blatt 7821 Veringenstadt der Geologischen Karte von Baden-Württemberg 1 : 25 000.

Öffnungszeiten:

frei zugänglich

62 Felsen im Bittelschießer Täle

22 Große Grotte, Rusenschlosshöhle

Blaubeuren, Alb-Donau-Kreis

Anfahrt:
Autobahn A 8, Ausfahrt Merklingen, Landesstraßen über Machtolsheim und Berghülen nach Blaubeuren

Beschreibung:
Die „Große Grotte", auch als „Rusenschlosshöhle" bezeichnet, liegt ca. 1 km südöstlich der Stadtmitte von Blaubeuren in einer gewaltigen Felsformation am Steilhang hoch über dem Blautal. Die Felsen werden allerdings im Sommer meist durch dichten Waldwuchs verdeckt. Der mächtige Höhleneingang erreicht 17 m Höhe und 15 m Breite, die Länge beträgt ca. 28 m. Ihre Entstehung geht vermutlich auf Auswaschung durch die Ur-Donau zurück, deren Flussniveau damals etwa 80 m höher lag als das heutige Blautal, worauf Quarzkiesel deuten, die im Bereich der Höhlenwand gefunden wurden (Auswaschungshöhle).
Die Höhle diente seit Jahrtausenden früheren Menschen als Unterschlupf und Schutz. Gegen die Witterung errichteten Neandertaler einen kleinen Riegel vor der Grotte – das wohl älteste Bauwerk von Menschenhand in dieser Gegend! Sie hinterließen zahllose Werkzeuge, vor allem Faustkeile, die in die Zeit bis 250 000 Jahre v. Chr. (Mittlere Altsteinzeit, Mindel-Riß-Interglazial) datiert wurden.

Hoch über der Höhle befindet sich die Ruine des Rusenschlosses, das um 1080 über dem Steilhang des Blautals errichtet wurde und nach mehrfachem Besitzerwechsel um 1768 bis auf wenige Reste abgebrochen wurde.
Angaben zur geologischen Situation enthält das Blatt 7524 Blaubeuren der Geologischen Karte von Baden-Württemberg 1 : 25 000.

Öffnungszeiten:
frei zugänglich, außer in den Monaten Januar bis Juli sowie Oktober (Vogelschutz)

63 Große Grotte, Rusenschlosshöhle: Blick aus der Höhle in Richtung Blaubeuren

23 Bruderhöhle

Calw, Landkreis Calw

Anfahrt:

Autobahn A 8, Ausfahrt Pforzheim-West, weiter über die Bundesstraßen B 10 und B 463 bis Ernstmühl; oder Autobahn A 81, Ausfahrt Gärtringen, weiter über die Landesstraße bis Deckenpfronn, dann über die Bundesstraßen B 296 und B 463 über Calw bis Ernstmühl

Beschreibung:

Die Bruderhöhle liegt wenig nördlich von Kloster Hirsau am Hang über dem Nagoldtal, das hier tief in den Buntsandstein eingeschnitten ist. Die Höhle stellt eine Verwitterungsbildung des anstehenden Mittleren Buntsandsteins dar und geht auf die unterschiedliche Härte der Sandsteine im Grenzbereich von Bausandstein- und Geröllsandstein-Formation zurück, was zu einer so genannten Wabenverwitterung führt. Sie ist etwa 12 m lang und 2 bis 3 m hoch. An den Höhlenwänden sind zahlreiche Schichtungsstrukturen des Buntsandsteins aufgeschlossen. In der Umgebung liegen mehrere große, teilweise übereinander gestapelte Felsblöcke aus dem oberen Geröllhorizont.

In der näheren Umgebung von Calw und Hirsau finden sich viele bekannte Felstürme und größere Felsgruppen, die ebenfalls bei der Verwitterung aus diesem Geröllhorizont übrig geblieben sind (Falkenstein, Kuckucksfelsen, Wackelstein und Gimpelstein). Einige sind als Naturdenkmale geschützt und können auf ausgeschilderten Wanderwegen besucht werden.

Angaben zur geologischen Situation enthält das Blatt 7218 Calw der Geologischen Karte von Baden-Württemberg 1 : 25 000.

Öffnungszeiten:

frei zugänglich

64 Bruderhöhle

24 Falkensteiner Höhle

Grabenstetten, Landkreis Reutlingen

Anfahrt:

Autobahn A 8, Ausfahrt Kirchheim u. Teck-Ost, Bundesstraße B 465 nach Oberlenningen, Landesstraße nach Grabenstetten; oder Autobahn A 8, Ausfahrt Merklingen, Landesstraße über Laichingen bis Feldstetten, Bundesstraße B 28 bis Böhringen und über Landesstraße nach Grabenstetten

Beschreibung:

Die Falkensteiner Höhle (auch Grabenstetter Höhle) gilt als die längste bekannte Höhle der Schwäbischen Alb. Ihr mächtiges Eingangsportal öffnet sich in einer Waldschlucht in 571 m Höhe, etwa 1 km südwestlich von Grabenstetten. Die Höhle ist auf 5000 m Länge erforscht, kann jedoch nur von erfahrenen Höhlenbesuchern mit passender Ausrüstung befahren werden. Geologisch liegt die Höhle im Oberjura (ki2, Weißjura δ). Bei ihrer Entstehung erfolgte die Kalklösung entlang einer undurchlässigen Tonbank (jetzige Höhlendecke), so dass eine fast horizontal verlaufende Höhle entstand. Sie wird von einem Höhlenbach durchflossen, der allerdings bereits in der Höhle in einem Schluckloch verschwindet, um ca. 200 m unterhalb der Höhle als Hangquelle wieder auszutreten und später als Elsach bei Bad Urach in die Erms zu münden. Nur nach starken Regenfällen tritt der Höhlenbach auch aus dem Höhlenportal aus (Die Schüttung, die normalerweise zwischen 5 und 100 l/s liegt, kann dann auf Werte bis 1200 l/s ansteigen!). Die Befahrung der vordersten Höhlenstrecke wird bereits durch mehrere Wasserlöcher und mächtige Ablagerungen von Höhlenlehm erschwert, ab dem ersten Syphon ist nur noch erfahrenen Höhlentauchern ein weiteres Vordringen möglich.

Im ersten Teil der Höhle sind allerdings geführte Touren machbar. An den Wochenenden von Mai bis September stehen Mitglieder der AG Höhle und Karst Grabenstetten bereit, um interessierten Besuchern alles Wissenswerte über Höhle, Geologie und Befahrung zu erläutern.

Angaben zur geologischen Situation enthält das Blatt 7422 Lenningen der Geologischen Karte von Baden-Württemberg 1 : 25 000.

Öffnungszeiten:

frei zugänglich

25 Kohlhaldenhöhle

Heroldstatt-Sontheim, Alb-Donau-Kreis

Anfahrt:
Autobahn A 8, Ausfahrt Merklingen, Landesstraße über Laichingen nach Sontheim

Beschreibung:
Die Kohlhaldenhöhle, im Wald ca. 700 m südsüdöstlich von Sontheim gelegen, wurde erst 1987 entdeckt und ist damit eine der „jüngsten" begehbaren Höhlen der Schwäbischen Alb. Sie ist in den Felsenkalken des Oberjuras (Weißjura δ) entstanden. Ihre Dimensionen sind nicht sehr gewaltig, nur etwa 16 x 16 m Grundfläche weist die Höhle auf, dafür besitzt sie aber einen besonders schönen Schmuck aus zahlreichen, meist schlanken und hohen Tropfsteinen, die zudem noch bestens erhalten sind. Damit dies auch so bleibt, wird die Höhle nur an einem Tag im Jahr, dem Pfingstsonntag, zum Höhlenfest, für Besucher geöffnet.

Nur etwa 100 m entfernt liegt mit der Sontheimer Höhle die älteste deutsche Besucherhöhle (s. Besucherhöhlen, Nr. 7).
Angaben zur geologischen Situation enthält das Blatt 7524 Blaubeuren der Geologischen Karte von Baden-Württemberg 1 : 25 000.

Öffnungszeiten:
nur Pfingstsonntag zum Höhlenfest

65 Kohlhaldenhöhle: schlanke Tropfsteine

26 Rosenstein-Höhlen

Heubach, Ostalbkreis

Anfahrt:
Autobahn A 7, Ausfahrt Aalen/Westhausen, Bundesstraße B 29 bis Mögglingen, Landesstraße nach Heubach

Beschreibung:
Vom Rosenstein sind 40 Höhlen bekannt. Interessierte Wanderer können fünf davon besuchen, die wichtige vorgeschichtliche Funde ermöglichten und außerdem meist nahe am Weg liegen. Alle diese Höhlen liegen im Oberjura-(Weißjura-)Massenkalk. Die beiden ersten können nacheinander auf einem Wanderweg besucht werden, der im Osten von Heubach beginnt und sich in Serpentinen den Albtrauf zur Ruine der Burg Rosenstein hinaufzieht. Unter dem Burgfelsen öffnet sich die „Kleine Scheuer" mit einer Gesamtlänge von 24 m. Sie ist in vorgeschichtlicher Hinsicht die bedeutendste der Rosensteinhöhlen. Wenig östlich davon, vorbei an der Grillstelle und unterhalb des Sophienfelsens erreicht man den südexponierten Eingangsbereich der „Dreieingangshöhle". Der rechte Eingang ist eigentlich kein Eingang zur Höhle, er endet nach wenigen Metern im Fels. Der Haupteingang wird durch einen Felspfeiler geteilt. Er führt in kleinere Hallen und verzweigt sich weiter, nach hinten immer enger werdend.
Im südlichen Teil des Rosensteins, im Sedelfelsen, befindet sich in einer Eintalung der etwas versteckt liegende Eingang des „Finsterlochs". Man gelangt in eine großräumige Höhle, in die am Ende ein künstlicher Stollen geschlagen wurde, dessen Zweck bis heute nicht klar ist. Nach kurzer Bückstrecke geht es in eine weitere große Halle. Diese Höhle ist aus Vogel- und Pflanzenschutzgründen den größten Teil des Jahres vergittert, kann allerdings auf Anfrage (Forstamt) zwischen Mai und September geöffnet werden. Auch von hier sind wichtige römerzeitliche bis mittelalterliche Funde bekannt geworden.
Vom Parkplatz auf dem Rosenstein gelangt man auf einem ausgeschilderten Wanderweg zur „Großen Scheuer" am Nordhang des Rosensteins, die man über einen gesicherten Abstieg durch eine Felsschlucht erreicht. Vor dem Besucher öffnet sich ein riesiges Gewölbe bis 7 m Höhe und 44 m Länge, das neben dem Eingang noch zwei weitere große Öffnungen aufweist, so dass die Höhle gut vom Tageslicht ausgeleuchtet wird. Verlässt man die „Große Scheuer" durch den nordwest gerichteten Ausgang, so gelangt man nach ca. 65 m zum „Haus", einer Höhle, deren spitzbogenförmiges, 10 m hohes Portal ihr zu dem Namen verholfen hat. Dahinter öffnet sich ein 30 m langer Raum, der von eindringendem Tageslicht erhellt wird. Auch diese Höhle war immer wieder in lange zurückliegender Zeit bewohnt oder diente als zeitweilige Behausung. Wichtige Funde aus der Hallstatt-, der Bronze- und Römerzeit, des frühen und Hochmittelalters konnten hier gemacht werden.
Angaben zur geologischen Situation enthält das Blatt 7225 Heubach der Geologischen Karte von Baden-Württemberg 1 : 25 000 (vorläufige Ausgabe).

Öffnungszeiten:
frei zugänglich

Info:
Höhlenkundliche Arbeitsgemeinschaft Rosenstein/Heubach e. V.
Tel.: (07173) 8203

27 Bärenhöhle im Wolfstal

Lauterach, Alb-Donau-Kreis

Anfahrt:
Autobahn A 7, Ausfahrt Berkheim, Bundesstraße B 312 über Biberach nach Riedlingen, B 311 nach Untermarchtal und Abbiegen nach Lauterach; oder Autobahn A 8, Ausfahrt Ulm-West, B 10 und B 311 über Ehingen nach Untermarchtal und Abbiegen nach Lauterach

Beschreibung:
Die Bärenhöhle befindet sich im vorderen Wolfstal, einem engen, tief eingekerbten Durchbruchstal im Massenkalk des Oberjuras, ca. 300 m vor der Einmündung ins Tal der Großen Lauter, hoch über dem Talgrund, und kann über einen schmalen Pfad erreicht werden. Die Höhle weist eine geräumige Vorhalle auf, die sich nach hinten verengt. Sie ist 4 m hoch, 10 m breit und insgesamt 21 m lang.
Wie die meisten Höhlen war auch die Bärenhöhle in grauer Vorzeit häufig bewohnt. Bei Ausgrabungen wurden Tierknochenreste und Steinwerkzeuge aus der Jungsteinzeit und der Bronzezeit entdeckt.
Angaben zur geologischen Situation enthält das Blatt 7723 Munderkingen der Geologischen Karte von Baden-Württemberg 1 : 25 000.

Öffnungszeiten:
frei zugänglich

66 Bärenhöhle im Wolfstal

28 Vogelherdhöhlen

Niederstotzingen, Landkreis Heidenheim

Anfahrt:
Autobahn A 7, Ausfahrt Niederstotzingen, dann Landesstraße Richtung Niederstotzingen bis Stetten

Beschreibung:
Bei den 1931 entdeckten Vogelherdhöhlen im Lonetal handelt es sich um zwei Kleinhöhlen, die nur wenige Meter lang sind. Geologisch entstanden sie im Oberjura-Massenkalk (Weißjura ε). Was die beiden Höhlen so bedeutsam macht, sind jedoch nicht ihre Entstehung oder die Geologie, sondern die archäologischen Funde, die darin gemacht werden konnten.

Die Höhlen dienten über einen sehr langen Zeitraum eiszeitlichen Jägern als Rastplatz und Unterstand. Aus dieser Zeit stammen Elfenbeinschnitzereien mit Darstellungen von Mammut, Wildpferd, Rentier, Wisent, Bär und Höhlenlöwe. Sie konnten auf ein Alter von fast 40 000 Jahren (Aurignacien) datiert werden und stellen damit die ersten, von Menschenhand geschaffenen Bildnisse dar, die überliefert wurden. Die Kleinplastiken (bzw. ihre Kopien) sind heute im Ulmer Museum sowie den Universitätssammlungen im Tübinger Schloss zu besichtigen.

Angaben zur geologischen Situation enthält das Blatt 7427 Sontheim an der Brenz der Geologischen Karte von Baden-Württemberg 1 : 25 000 (vorläufige Ausgabe).

Öffnungszeiten:
frei zugänglich

67 Eine der beiden Vogelherdhöhlen

29 Geisterhöhle

Rechtenstein, Alb-Donau-Kreis

Anfahrt:

Autobahn A 7, Ausfahrt Berkheim, Bundesstraßen B 312 über Biberach nach Riedlingen, B 311 nach Obermarchtal, dann abbiegen Richtung Hayingen bis Rechtenstein; oder Autobahn A 8, Ausfahrt Ulm-West, B 10 und B 311 über Ehingen nach Obermarchtal und Abbiegen Richtung Hayingen bis Rechtenstein

Beschreibung:

Die Geisterhöhle, auch Rechtensteiner Höhle genannt, befindet sich direkt an der Donaubrücke im Ortsbereich von Rechtenstein. Eine schmale Treppe führt hinauf in diese Spaltenhöhle, die in den Massenkalken des Oberjuras entstanden ist. Sie besteht aus vier parallel verlaufenden Gängen bis 20 m Länge und weist eine Gesamtlänge von 53 m auf.

In der Höhle wurden bei Ausgrabungen um 1872 hauptsächlich Kulturreste aus der Römerzeit gefunden, bei weiteren Grabungen stieß man darunter jedoch auch auf Knochen von Rentieren und Höhlenbären.

Über der Höhle erhebt sich auf dem Rechtensteiner Felsen die Ruine der Burg Rechtenstein, von der aus man einen schönen Blick ins Donautal genießen kann.

Angaben zur geologischen Situation enthält das Blatt 7723 Munderkingen der Geologischen Karte von Baden-Württemberg 1 : 25 000.

Öffnungszeiten:

normalerweise verschlossen (Höhlenschutz), Schlüssel kann im Wirtshaus „Zur Brücke" abgeholt werden

68

68 Geisterhöhle

30 Zwiefaltendorfer Tropfsteinhöhle

Riedlingen-Zwiefaltendorf, Landkreis Biberach

Anfahrt:
Autobahn A 7, Ausfahrt Berkheim, Bundesstraße B 312 über Biberach und Riedlingen nach Zwiefaltendorf; oder Autobahn A 8, Ausfahrt Ulm-West, Bundesstraße B 10 und B 311 über Ehingen bis Zwiefaltendorf

Beschreibung:
Die 1892 bei Ausschachtungsarbeiten für einen Bierkeller des Gasthauses „Rössle" entdeckte Zwiefaltendorfer Tropfsteinhöhle ist eine der seltenen Kalktuffhöhlen (wie die Olgahöhle bei Lichtenstein-Honau, siehe Besucherhöhlen, Nr. 12), die bereits bei der Bildung der Kalksinterbarren als Hohlräume angelegt wurden. Sie ist demnach eine sogenannte Primärhöhle, d. h., sie entstand nicht erst durch die Lösungsarbeit des einsickernden Wassers (Sekundärhöhle) wie die meisten anderen Höhlen der Schwäbischen Alb. Der Schmuck der Höhle sind Tropfsteine mit Perlsinterüberzügen. Sie weist eine Länge von 26,5 m, eine Breite von 3 m sowie eine Höhe von 4 m auf, ihr Zugang erfolgt über den Keller der Gaststätte.
Interessant ist, dass die Zwiefaltener Ach, die direkt am Brauereigebäude vorbeifließt, offenbar keinerlei Verbindung mit der Höhle besitzt, dagegen Wasser der etwa 100 m entfernten Donau bei Hochwasser durch die Höhle fließt, weshalb sie dann auch nicht besichtigt werden kann.
Angaben zur geologischen Situation enthält das Blatt 7723 Munderkingen der Geologischen Karte von Baden-Württemberg 1 : 25 000.

Öffnungszeiten:
während der Öffnungszeiten der Gaststätte „Zum Rössle": Montag bis Samstag 9–21 Uhr, jeweils zur vollen Stunde
Sonntag Ruhetag, bei Hochwasser keine Führungen

Eintrittspreise:
Eintritt frei

Info:
Gasthaus „Zum Rössle"
Von-Speth-Straße 19
88499 Riedlingen-Zwiefaltendorf
Tel.: (07373) 643

69 Zwiefaltendorfer Tropfsteinhöhle mit schwarzen Tuff-Perlsintern

31 Sirgensteinhöhle

Schelklingen, Alb-Donau-Kreis

Anfahrt:
Autobahn A 8, Ausfahrt Merklingen, Landesstraßen über Machtolsheim und Blaubeuren, Bundesstraße B 492 nach Schelklingen

Beschreibung:
Auf der linken Talseite des Achtales zwischen Schelklingen und Blaubeuren erhebt sich der Sirgensteinfelsen aus Massenkalken des Oberjuras. Am Fuß der Felswand befindet sich die Sirgensteinhöhle mit ihrem gut 6 m breiten, überhängenden Eingang. Durch einen schlauchförmigen, z. T. recht niedrigen Gang erreicht man eine hohe Kuppelhalle mit zwei runden Öffnungen in der Decke, durch die Tageslicht hereinscheint. Die Höhle ist 3–4 m hoch und insgesamt etwa 40 m lang.
Bedeutend sind Artefakte und Werkzeuge aus der mittleren und jüngeren Steinzeit, der Bronze- und Eisenzeit bis ins Mittelalter, die bei wissenschaftlichen Ausgrabungen gefunden werden konnten.

Da am Sirgensteinfelsen Vögel nisten, darf die Höhle während der Brutzeit nicht betreten werden (siehe Hinweisschilder).
Angaben zur geologischen Situation enthält das Blatt 7624 Schelklingen der Geologischen Karte von Baden-Württemberg 1 : 25 000 (vorläufige Ausgabe).

Öffnungszeiten:
frei betretbar,
außer zur Brutzeit (etwa März bis Juli)

70 Sirgensteinhöhle

32 Heidenhöhlen

Stockach-Zizenhausen, Landkreis Konstanz

Anfahrt:

Autobahn A 81, Autobahnkreuz Hegau, A 98, Ausfahrt Stockach-West, Bundesstraße B 313 durch Stockach bis Zizenhausen

Beschreibung:

Im Wald, hoch oberhalb von Stockach-Zizenhausen und erreichbar über einen schmalen Pfad, der am Südostende des Ortes beginnt, befinden sich die so genannten Heidenhöhlen. Es handelt sich um insgesamt 8 tiefe, teilweise durch Gänge miteinander verbundene Hohlräume, die von Menschenhand in die Steilwände gegraben wurden, also um künstliche Höhlen. Das Alter der Höhlen ist sehr umstritten, sie sind allerdings wohl eher jüngeren Datums (römerzeitlich, da in einer dieser Höhlen römische Münzen gefunden wurden, oder Schutzhöhlen der mittelalterlichen Bevölkerung in Kriegszeiten).

Die gelben Sande (Glaukonitsande), in die die Höhlen gegraben wurden, gehören geologisch zur Oberen Meeresmolasse, sie werden nach den bei Überlingen gelegenen „Heidenlöchern", die ähnlich entstanden sind, auch Heidenlöcherschichten genannt. In ihnen treten einzelne Bänke verfestigter Sandsteine und einzelne große runde Sandsteinlinsen auf, die rippenartig aus der bis 20 m hohen Steilwand ragen.

Angaben zur geologischen Situation enthalten die Blätter 8120 Stockach der Geologischen Karte von Baden-Württemberg 1 : 25 000 sowie Hegau und westlicher Bodensee 1 : 50 000.

Öffnungszeiten:

frei zugänglich

71 Heidenhöhlen

33 Steinernes Haus

Westerheim, Alb-Donau-Kreis

Anfahrt:
Autobahn A 8, Ausfahrt Hohenstadt, Landesstraße nach Westerheim

Beschreibung:
Das Steinerne Haus liegt in einem bewaldeten Seitental des Filstals, ca. 1,8 km nordwestlich von Westerheim, damit also ganz in der Nähe der Schertelshöhle, und ist im Oberjura (Weißjura δ) entstanden. Durch einen prachtvollen, gewölbten Eingang gelangt man in eine große, bis 8 m hohe Halle, die besonders im Winter malerisch erscheint, wenn sich Hunderte von Eiszapfen gebildet haben. Die Gesamtlänge der Höhle beträgt ca. 55 m, ihre größte Breite liegt bei 17 m. Der Name der Höhle geht darauf zurück, dass die Klosterfrauen von Wiesensteig hier in unruhigen Zeiten Schutz gesucht haben.

Auf eine sehr viel ältere Besiedelung weisen Funde aus der mittleren Jungsteinzeit sowie der Bronzezeit hin.

Auf der anderen Talseite, nur etwa 200 m entfernt, befindet sich die Schertelshöhle, eine weithin bekannte Besucherhöhle (s. Besucherhöhlen, Nr. 18)

Angaben zur geologischen Situation enthält das Blatt 7423 Wiesensteig der Geologischen Karte von Baden-Württemberg 1 : 25 000 (aktualisierte Ausgabe).

Öffnungszeiten:
frei zugänglich

72

72 Steinernes Haus
73 Bingen: Bittelschießer Höhle
74 Blaubeuren: Rusenschloss und Rusenschlosshöhle

Sonstige begehbare Höhlen

Sonstige begehbare Höhlen

75

76

75 Grabenstetten: Falkensteiner Höhle
76 Grabenstetten, Falkensteiner Höhle: Höhlenportal
77 Heubach: Große Scheuer im Rosenstein
78 Niederstotzingen: eine der Vogelherdhöhlen

79

Geowissenschaftliche Museen und Ausstellungen

79 Albstadt, Museum im Kräuterkasten: großer Ammonit aus dem Unterjura (Schwarzjura alpha, Arietites spec.)

Bergwerke und Höhlen sowie die später zu beschreibenden Lehrpfade bieten gute und interessante Möglichkeiten, eine Landschaft, ihre geologischen Verhältnisse sowie ihre über- und unterirdischen Besonderheiten kennen zu lernen. Dabei umweht besonders einen Bergwerksbesuch oder eine Höhlenbegehung der Hauch des Abenteuers.

Will man sich aber in aller Ruhe den Besonderheiten einer Landschaft widmen, Dinge betrachten, die man sonst nie oder selten zu sehen bekommt, geschweige denn selber ergraben, finden oder aufsammeln kann, so bleibt nur der Besuch in einem der zahlreichen Museen, die es in Baden-Württemberg zu allen nur denkbaren Themenbereichen gibt. Gerade auf geowissenschaftlichem Gebiet bietet das Land eine Fülle interessanter Museen, die im Folgenden vorgestellt und empfohlen werden.

Die Museen werden, der Übersichtlichkeit wegen, gegliedert in

- Geowissenschaftliche Fachmuseen und Ausstellungen
- Geowissenschaftlich-technische Museen
- Archäologische Museen
- Natur- und Heimatmuseen mit geowissenschaftlichen Abteilungen oder Ausstellungen

In Baden-Württemberg können allein 26 Museen genannt werden, die sich ausschließlich mit den Geowissenschaften befassen (Geowissenschaftliche Fachmuseen und Ausstellungen). Dabei sind sowohl große Museen, wie das Museum am Löwentor in Stuttgart, das Reiss-Engelhorn-Museum in Mannheim und das Naturhistorische Museum in Heilbronn, als auch kleinere Museen und Ausstellungen. Wichtige geologische, mineralogische und paläontologische Sammlungen von Universitäten (Tübingen und Heidelberg) befinden sich ebenso darunter wie die des Landesamts für Geologie, Rohstoffe und Bergbau Baden-Württemberg in Freiburg i. Br., dem Herausgeber dieses Buches.

80

80 Sulzburg, Landesbergbaumuseum: Achate und Karneole aus dem Schwarzwald

81 Heilbronn, Archäologisches Museum: Alamannische Reiterfibel von Heilbronn-Böckingen

Die meisten Museen zeigen überregionale Sammlungen und Ausstellungsstücke, bieten Vergleiche oder die ganze Fülle geowissenschaftlicher Themen. Andere befassen sich mit regionalen oder eng begrenzten Themen. Beispiele sind das weltbekannte Museum Hauff in Holzmaden oder das Fossilienmuseum im Werkforum des Zementwerks Dotternhausen, die nahezu ausschließlich die in ihren Posidonienschieferbrüchen gefundenen Fossilien präsentieren. Beispiele sind aber auch das Riffmuseum in Gerstetten, das Urweltmuseum in Mauer, das Meteorkratermuseum in Steinheim sowie das Muschelkalkmuseum in Ingelfingen und mineralogische Sammlungen und Ausstellungen.

In diese Zusammenstellung wurden auch Ausstellungen aufgenommen, die, neben der Präsentation von Mineralen und Gesteinen, in einem Fall auch von Mooreichen, wirtschaftliche Interessen mit der Präsentation verbinden, d. h., dass nach der Besichtigung auch eingekauft werden kann.

Die Rohstoffgewinnung war in Baden-Württemberg bis Anfang/Mitte des letzten Jahrhunderts von großer Bedeutung. Viele Industrieanlagen, Gruben und Fabriken wurden inzwischen geschlossen, abgerissen und verschwanden. Einige wenige konnten jedoch vor der völligen Zerstörung bewahrt werden und wurden inzwischen in interessante Fabrik- oder Technikmuseen umgewandelt. Zu dieser Gruppe der geowissenschaftlich-technischen Museen wird auch das Landesbergbaumuseum in Sulzburg gerechnet, wo eine Fülle alter Bergbaugeräte, Karten, Pläne, Minerale und Erze aus allen Landesteilen ausgestellt sind.

Baden-Württemberg hat eine sehr lange archäologische Geschichte. Der Heidelberg-Mensch *Homo erectus heidelbergensis* aus Mauer oder der Steinheim-Mensch *Homo erectus steinheimensis* aus Steinheim an der Murr als älteste „Baden-Württemberger“ haben Weltgeltung erlangt. Es war nur folgerichtig, beiden Urmenschen Museen zu widmen. Auch sehr viel jüngere Vor- und Frühzeitmenschen haben in Baden-Württemberg seit der Steinzeit bis hinein in die jüngere Vergangenheit der Kelten, Römer und Alamannen ihre Spuren aus Knochen, Werkzeugen und Schmuck hinterlassen. Neuere Ausgrabungen und Funde ließen weitere archäologische Museen entstehen, die hier ebenfalls aufgezählt werden sollen.

Als vierte Gruppe werden Natur- und Heimatmuseen behandelt, die über geowissenschaftliche Abteilungen oder zumindest über wichtige geowissenschaftliche Sammlungen verfügen.

81

Erläuterungen zur Karte gegenüber:

Geowissenschaftlich Museen und Ausstellungen

1 **Aalen:** Urweltmuseum
2 **Bad Boll:** Versteinerungssammlung im Kurhaus Bad Boll
3 **Bad Säckingen:** Mineralienmuseum in der Villa Berberich
4 **Dotternhausen:** Fossilienmuseum im Werkforum der Firma Rohrbach Zement
5 **Freiburg i. Br.:** Landesamt für Geologie, Rohstoffe und Bergbau Baden-Württemberg
6 **Gengenbach:** Mineralien-Galerie, Sammlung Suhm
7 **Gerstetten:** Riff-Museum
8 **Göppingen:** Freiland-Mooreichensammlung
9 **Heidelberg:** Geologisch-Paläontologisches Museum der Universität Heidelberg
10 **Heilbronn:** Naturhistorisches Museum
11 **Holzmaden:** Urwelt-Museum Hauff
12 **Ingelfingen:** Muschelkalkmuseum Hagdorn
13 **Laichingen:** Museum für Höhlenkunde
14 **Lauffen am Neckar:** Erdgeschichtliche Sammlung der ZEAG
15 **Leinfelden-Echterdingen:** Geologische Sammlung Eselsmühle
16 **Lenningen-Schopfloch:** Ziegelhütte Schopfloch
17 **Mannheim:** Reiss-Engelhorn-Museen
18 **Neckartenzlingen:** Fossilien- und Mineralienmuseum
19 **Neubulach:** Mineralienmuseum Neubulach
20 **Oberwolfach:** Bergbau- und Mineralienmuseum
21 **Pforzheim:** Edelsteinausstellung Schütt
22 **Pforzheim-Dillweißenstein:** Mineralienmuseum Pforzheim
23 **Steinheim am Albuch:** Meteorkratermuseum
24 **Stuttgart:** Staatliches Museum für Naturkunde – Museum am Löwentor
25 **Tübingen:** Mineralogische Schau- und Lehrsammlung der Universität Tübingen
26 **Tübingen:** Paläontologische Sammlung der Universität Tübingen
27 **Waldenburg:** Hohenloher Urweltmuseum

Geowissenschaftlich-technische Museen

28 **Buggingen:** Kalimuseum
29 **Pfaffenweiler:** Freilichtmuseum Historische Steinbrüche Pfaffenweiler
30 **Rottweil:** Salinenmuseum Unteres Bohrhaus
31 **Sulzburg:** Landesbergbaumuseum
32 **Untermarchtal:** Kalkofenmuseum Untermarchtal

Lage der Geowissenschaftlichen Museen und Ausstellungen sowie der Geowissenschaftlich-technischen Museen

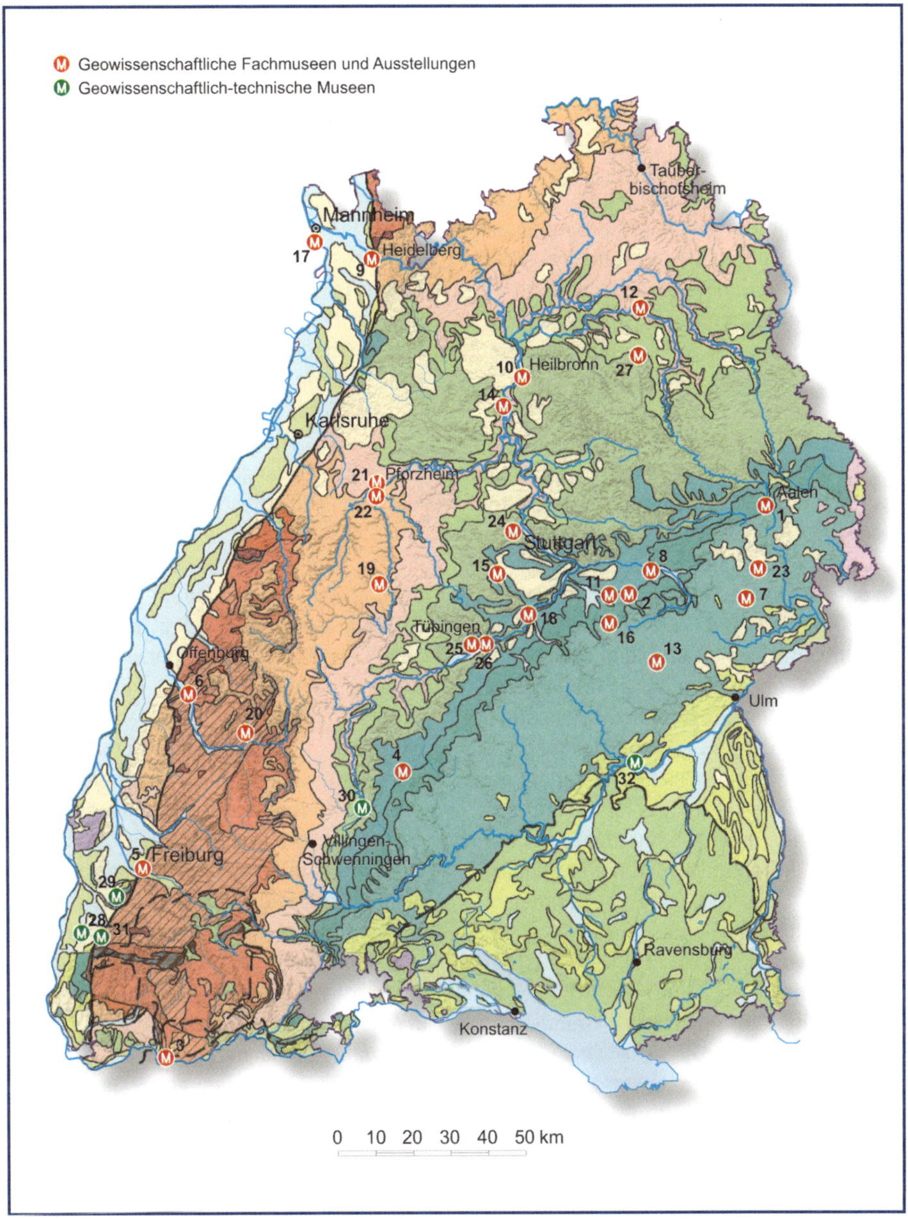

1 Urweltmuseum

Aalen, Ostalbkreis

Anfahrt:
Autobahn A 7, Ausfahrt Aalen/Westhausen, B 29 nach Aalen

Beschreibung:
Das 1977 eröffnete Museum – das größte städtische Museum für Geologie und Paläontologie in Baden-Württemberg – befindet sich direkt in Aalen am Marktplatz, im historischen Gebäude des alten Rathauses mit dem Spionenturm.
Die Geologie hat seit vielen Jahrhunderten Tradition in Aalen. So befanden sich hier einst die größten deutschen Eisenerzgruben. Berühmte schwäbische Paläontologen wie F. A. QUENSTEDT und TH. ENGEL reisten im 19. Jh. in die Aalener Bucht, um die Gesteine der Alb zu studieren und Petrefakten zu sammeln. Im Jahre 1864 benannte der Urzeitforscher CH. MAYER die hier besonders gut ausgebildeten unteren Braunjuraschichten nach der Stadt Aalen „Aalenium". Diese Stufenbezeichnung ist international eingeführt. Als so genannte „Typuslokalität“ ist Aalen damit weltweit bekannt.
Über diese traditionsreiche Bedeutung des Aalener Raums in der Geologie kann sich der Besucher im Museum umfassend informieren. Auf drei Stockwerken gibt die nach modernen Gesichtspunkten zusammengestellte Sammlung einen hervorragenden Eindruck vom Aufbau des schwäbischen Schichtstufenlandes. Übersichtliche Schautafeln vermitteln geologische Grundkenntnisse und erklären fossile Organismen. Besondere Bewunderung weckt die Vielfalt schöner Versteinerungen von Sauriern, Tintenfischen, Seelilien oder Riesenammoniten. Diese Zeugen längst vergangener Urmeere stammen aus der Sammlung des bekannten Aalener Naturforschers F. SAUTER. Im Erdgeschoss erwartet den Besucher eine Einführung mit geologischer Übersichtskarte, erdgeschichtlicher Zeittafel und Gesteinsproben. Auf die große Bedeutung der Fossilien weisen prächtige Riesenammoniten und eine große Posidonienschieferwand mit 3 m langem Saurier und Seelilie hin. Außerdem steht eine Tonbildschau zur Verfügung.
Das 1. Obergeschoss ist den Fossilien aus dem Muschelkalk, Keuper sowie Unterjura (Schwarzjura) gewidmet: Seelilien aus Crailsheim, verkieselte Hölzer aus dem Gaildorfer/Ellwanger Raum, Riesenammoniten aus Schwäbisch Gmünd, Ammoniten und Saurierreste aus Dewangen.
Im 2. Obergeschoss werden Exponate aus dem Mitteljura (Braunjura) und Oberjura (Weißjura) ausgestellt: Prächtige Ammoniten, Riesenbelemniten und Austern aus Bopfingen oder Aalen und filigran verkieselte Korallen und Seeigel aus Nattheim begeistern neben vielen anderen bestens präparierten Versteinerungen den Besucher. Ein separater Ausstellungsbereich erklärt die Entstehung der weltberühmten Meteoritenkrater Nördlinger Ries und Steinheimer Becken und im kleinen Mineralienkabinett werden Zusammenhänge zwischen Mineralien und Fossilien deutlich.
Weitere geowissenschaftliche Ausflugsziele in Aalen sind das Besucherbergwerk „Tiefer Stollen“ (s. Besucherbergwerke, Nr. 1), der Geologische Rundwanderweg (s. Geowissenschaftliche Lehrpfade, Nr. 1) sowie der Bergbaulehrpfad am Braunenberg (s. Bergbaugeschichtliche Lehrpfade, Nr. 28).

Ausführliche Homepage:
www.urweltmuseum-aalen.de

Öffnungszeiten:
Dienstag bis Sonntag und Feiertage 10–12 und 14–17 Uhr, Montag geschlossen
Gruppen und Führungen nach Vereinbarung

Eintrittspreise:

Erwachsene	2,00 Euro
Kinder, Senioren, Studenten	1,50 Euro

weitere Tarife und Gruppentarife auf Nachfrage

Info:
Urweltmuseum Aalen
Reichsstädter Straße 1
73430 Aalen
Tel.: (07361) 6556
Fax: (07361) 961839
E-Mail: sauerborn@urweltmuseum-aalen.de

82 Urweltmuseum: Foyer des Museums

2 Versteinerungssammlung im Kurhaus Bad Boll

Bad Boll, Landkreis Göppingen

Anfahrt:
Autobahn A 8, Ausfahrt Aichelberg, Landesstraße nach Bad Boll

Beschreibung:
Im Bad Boller Kurhaus wurde 1998 eine Dauerausstellung eröffnet, die Fossilien zeigt, wie sie nur in Bad Boll zu finden sind. Bad Boller Funde waren die ersten in Deutschland, die naturkundlich untersucht und beschrieben wurden: Vor mehr als 400 Jahren hat der Leibarzt von Herzog Friedrich I. von Württemberg, J. Bauhinus, das berühmte Bauhinusbuch verfasst. In diesem wissenschaftlichen Werk setzte sich Bauhinus nicht nur mit der Wirkung der dortigen Schwefelquelle auseinander. Vielmehr fand er im Bad Boller Posidonienschiefer „Steine und metallische Sachen, welche durch die Natur wunderbaren Kunststück in und unter der Erden geformt wurden“. Mit feinem Federstrich skizzierte und beschrieb Bauhinus erstmals in Deutschland Ammoniten, Belemniten und Muscheln.
Die Artbezeichnung *bollensis* vergab der Tübinger Professor F. A. Quenstedt den besonderen Funden von Bad Boll Mitte des 19. Jahrhunderts. Fossile Überbleibsel von Ammoniten, Muscheln, Fischen und Meereskrokodilen tragen seither den Namen der Voralbgemeinde in die paläontologische Fachwelt hinaus. „Der Fundort des *Ammonites bollensis* findet sich unmittelbar beim Bad Boll in dem Bache, der aus dem berühmten Teufelsloch hinter Eckwälden vorfließt“, schrieb Quenstedt.
Eben jener Teufelsklingenbach wurde in jüngster Zeit im Bereich des Kurhauses aus seinem künstlichen Bett befreit und renaturiert. Bei diesen Arbeiten konnte eine Vielzahl von nach Bad Boll benannten Fossilien geborgen werden. Die schönsten sind nun im Vorraum des Bad Boller Kurhauses ausgestellt. Zu sehen sind unter anderem *Peronoceras fibulatum* (= „*Ammonites bollensis*“), Belemniten und die versteinerten Muscheln *Unicardium bollense* und *Solemya bollensis* einzeln und in ganzen Kolonien. Auf Schautafeln gibt es Erklärungen zur paläontologischen Geschichte von Bad Boll und den Neufunden während der Renaturierung des Teufelsklingenbachs.
Angaben zur geologischen Situation enthält das Blatt 7323 Weilheim a. d. Teck der Geologischen Karte von Baden-Württemberg 1 : 25 000 (vorläufige Ausgabe).

Öffnungszeiten:
täglich 9–18 Uhr,
Führungen durch die Ausstellung und das Kurhaus nach Voranmeldung
Tel.: (07164) 81-0

Eintrittspreise:
Eintritt frei

Info:
W. Heilemann,
Haldenstraße 29
73271 Holzmaden
Tel.: (07023) 4967
Fax: (07023) 746349
E-Mail: w-heilemann@t-online.de

3 Mineralienmuseum in der Villa Berberich

Bad Säckingen, Landkreis Waldshut

Anfahrt:

Autobahnen A 5/A 98, Ausfahrt Lörrach/Inzlingen, Bundesstraßen B 316 bis Rheinfelden, B 34 bis Bad Säckingen

Beschreibung:

Die Villa Berberich wurde 1984 als Kulturhaus der Stadt Bad Säckingen der Öffentlichkeit übergeben. Das Mineralienmuseum befindet sich im Kellergeschoss der unter Denkmalschutz stehenden Jugendstilvilla und zeigt mit über 1000 Exponaten Mineralien aus aller Welt sowie aus der engeren Umgebung, dazu wechselweise Sonderausstellungen.

Es gliedert sich in 3 Abteilungen:

In der ersten Abteilung werden Minerale gezeigt, die nach chemischen Gruppen geordnet sind, also eine systematische Sammlung, die als Dauerausstellung in dieser Form auch erhalten wird. Die Minerale entstammen Schenkungen an die Stadt oder aus Ankäufen (beispielsweise der Sammlung Ott).

In der zweiten Abteilung werden Minerale mit UV-Licht bestrahlt. Unter diesem erstrahlen sie in mannigfachen Farben.

In der dritten Abteilung werden Minerale und Fossilien aus der weiteren Umgebung, also dem Südschwarzwald, den Vogesen sowie dem Schweizer Jura gezeigt. Die Ausstellungsstücke dieser Abteilung sind leihweise zur Verfügung gestellt von Mitgliedern des „Vereins der Mineralienfreunde Hochrhein-Fricktal“, die das Museum auch betreuen. Es wird gezeigt, was früher in der Region gefunden werden konnte und was man heute noch gerne finden würde. Hier werden die Ausstellungsstücke von Zeit zu Zeit ausgewechselt und zum Teil auch in Sonderausstellungen gezeigt.

Dem Museum angegliedert ist ein Arbeitsraum des Vereins, in dem Steine und Minerale unter fachlicher Anleitung und Beratung gereinigt, gesägt und geschliffen werden können.

Öffnungszeiten:

Mittwoch und Sonntag 15–17 Uhr

Vereine, Gruppen oder Schulklassen nach Vereinbarung

Tel.: (07761) 2670 oder 51255

Eintrittspreise:

Erwachsene	1,00 Euro
Kinder bis 16 J.	frei

Info:

Villa Berberich
Parkstraße 1
79702 Bad Säckingen
Tel.: (07761) 7478

Bürgermeisteramt, Kulturreferat
79702 Bad Säckingen
Tel.: (07761) 51-255
Fax: (07761) 51-321

4 Fossilienmuseum im Werkforum der Firma Rohrbach-Zement

Dotternhausen, Zollernalbkreis

Anfahrt:
Autobahn A 81, Ausfahrt Rottweil, Bundesstraße B 27 über Schömberg nach Dotternhausen

Beschreibung:
Ein Zementwerk und ein Fossilienmuseum – wo ist der Zusammenhang? – Es gibt ihn doch! Das Zementwerk der Rohrbach-Zement verwendet neben den üblichen Grundstoffen Kalkstein, Ton und Sand einen ungewöhnlichen Rohstoff: Ölschiefer, die bitumenhaltigen Ablagerungen der Posidonienschiefer-Formation (früher Posidonienschiefer), der nicht nur als Zuschlagstoff dient, sondern auch durch seinen Bitumengehalt 15–20 % des Energiebedarfs zum Brennen der Zementklinker deckt.

Der Ölschiefer, der unter Luftabschluss vor rund 180 Millionen Jahren entstanden ist, ist mit dem der weltbekannten Fossillagerstätte in Holzmaden (s. u.) zu korrelieren – und er beherbergt auch eine sehr ähnliche Fauna, die beim Abbau der Ölschiefer freigelegt wird. Um diese Versteinerungsschätze zu bergen, zu präparieren und auszustellen, beschäftigt das Zementwerk seit 1973 zwei Präparatoren und seit 1988 einen Paläontologen zur sicheren Bestimmung.

Seit 1989 werden die interessantesten Funde im Werkforum gezeigt. Dieser Teil des Zementwerks dient als Fossilienmuseum und als Kulturzentrum für Ausstellungen, Konzerte und Vorträge.

Zu den wichtigsten der im Museum ausgestellten Ölschieferfossilien gehören meisterlich präparierte Ichthyosaurier und Krokodile, Fische, Belemniten und Ammoniten, wobei letztere allerdings meist flach gepresst sind. Auf Treibholz siedelten sich Seelilien an, die auf einer riesigen Schieferwand, von einem großen Treibholzstamm hängend, zu sehen sind.

Über den Schwerpunkt Ölschiefer hinaus zeigt das Museum auch Funde aus anderen Juraschichten der Schwäbischen Alb.

Vor dem Werkforum befindet sich schließlich ein Klopfplatz, der den Besuchern nach dem Museumsgang die Möglichkeit eröffnet, eigene Funde zu machen und vielleicht einen kleinen Ammoniten als Erinnerung mit nach Hause zu nehmen.

Angaben zur geologischen Situation enthält das Blatt 7718 Geislingen der Geologischen Karte von Baden-Württemberg 1 : 25 000.

Öffnungszeiten:
Dienstag, Mittwoch u. Donnerstag 13–17 Uhr, Sonn- und Feiertag 11–17 Uhr; vom 1. Dezember bis 6. Januar geschlossen

Eintrittspreise:
Eintritt frei
Gruppenführungen und Gebühren auf Anfrage

Info:
Rohrbach-Zement
72359 Dotternhausen
Tel.: (07427) 79-0
Fax: (07427) 79-201
E-Mail: info@rohrbach-zement.de
www.rohrbach-zement.de

5 Landesamt für Geologie, Rohstoffe und Bergbau Baden-Württemberg

Freiburg i. Br., Stadtkreis Freiburg

Anfahrt:
Autobahn A 5, Ausfahrt Freiburg-Mitte, Zubringer (B 31a) bis Innenstadt

Beschreibung:
Das Landesamt für Geologie, Rohstoffe und Bergbau Baden-Württemberg (LGRB) ist die zentrale geowissenschaftliche und bergbauliche Behörde des Landes. Sie erhebt, dokumentiert, verarbeitet und bewertet Informationen über den Untergrund einschließlich des Grundwassers und der mineralischen Rohstoffe. Die Befunde werden dem Bürger, der Wirtschaft, der Wissenschaft und dem Staat in digitaler und analoger Form zur Verfügung gestellt.
Aufgaben des Amtes sind in erster Linie die geowissenschaftliche (geologische, hydrogeologische, ingenieurgeologische, rohstoffgeologische und bodenkundliche) Landesaufnahme, die Wahrnehmung des Erdbebendienstes sowie die Genehmigung für und die Aufsicht über den Bergbau, die Bohr- und Speichertechnik, den Tunnelbau, die Besucherbergwerke und die Seilbahnen.
Das Landesamt ist allerdings nicht nur Behörde, sondern auch geowissenschaftliche Sammlung. In den Fluren von drei Etagen werden in zahlreichen Vitrinen Ausstellungsstücke zu den unterschiedlichsten geologischen Themenbereichen gezeigt. Eine große Geologische Karte von Baden-Württemberg im Eingangsbereich führt in die Geologie des Landes ein. Daneben erwarten den Besucher zwei große Fossilienplatten aus Holzmaden, die eine zeigt ein Meereskrokodil, die andere einen Saurierschädel. Weitere Schaustücke aus Holzmaden, ein großer Fisch sowie eine Seelilienkolonie, finden sich im zweiten Stockwerk. In den Vitrinen liegen Mineralien, Kristalle und Erze aus Bergwerken und Steinbrüchen des Landes, nutzbare Gesteine und mineralische Rohstoffe von Sand und Kies bis zu Hartgesteinen, aber auch Gips, Salz und Erdöl. Wichtige Veröffentlichungen und Bücher seit Gründung dieser obersten Geologiebehörde, alte geowissenschaftliche Geräte und Werkzeuge werden ebenso gezeigt wie alte geologische Karten und Eisengussplatten mit Bergwerksmotiven.
Im Treppenhaus befinden sich eine Wanddekoration aus allen wichtigen, technisch verwendeten Gesteinen des Landes und ein geologischer Schnitt unter Verwendung entsprechender polierter Gesteine. Neuere geologische Karten ergänzen die Ausstellung.
Das Landesamt verfügt über eine große Fachbibliothek in der Kaiserstuhlstraße 28, in ca. 15 Minuten zu Fuß zu erreichen.

Ausführliche Homepage:
www.lgrb.uni-freiburg.de

Öffnungszeiten:
ganzjährig während der Kernarbeitszeit Montag bis Donnerstag 9–15.30 Uhr, Freitag 9–12 Uhr

Eintrittspreise:
Eintritt frei

Info:
Landesamt für Geologie, Rohstoffe und Bergbau Baden-Württemberg
Albertstraße 5
79104 Freiburg i. Br.
Tel.: (0761) 204-4400
Fax: (0761) 204-4438
E-Mail: poststelle@lgrb.uni-freiburg.de

6 Mineralien-Galerie, Sammlung Suhm

Gengenbach, Ortenaukreis

Anfahrt:
Autobahn A 5, Ausfahrt Offenburg, Bundesstraße B 33 bis Gengenbach

Beschreibung:
Die umfangreiche Mineraliensammlung mit über 500 Ausstellungs-Stufen ist die Privatsammlung des Ehepaars K. und G. Suhm. Sie enthält größtenteils Eigenfunde aus dem Schwarzwald. Daneben können auch ausgewählte Stufen aus anderen Herkunftsländern bewundert werden.
Nach dem Besuch der Ausstellung besteht die Möglichkeit, Minerale und Edelsteine in großer Auswahl, geschliffene Kugeln und Pyramiden, Trommelsteine, Salzlampen und vieles mehr, käuflich zu erwerben.

Öffnungszeiten:
Montag bis Freitag 17–20 Uhr

Eintrittspreise:
Eintritt frei

Info:
G. Suhm,
Kaiserstraße 14
77723 Gengenbach/Reichenbach
Tel.: (07803) 4972

83 Vitrine mit Schwarzwaldgesteinen

7 Riff-Museum

Gerstetten, Landkreis Heidenheim

Anfahrt:

Autobahn A 7, Ausfahrt Heidenheim, Bundesstraße B 466 über Heidenheim nach Sontheim, Abzweigung und Landesstraße nach Gerstetten

Beschreibung:

Das erst im Dezember 2001 eröffnete Riff-Museum in Gerstetten trägt der Tatsache Rechnung, dass die Gemeinde nahezu vollständig auf einem ehemaligen Riff des Obersten Oberjuras (Weißjura ζ) liegt. Bei jedem Hausneubau, auf jedem Acker, bei Kanalarbeiten und sonstigen Baumaßnahmen – überall werden Oberjurablöcke freigelegt, die eine reichhaltige fossile Riff- und Riffschuttfauna in sich bergen: Korallen und Schwämme, Seeigel und Seelilienreste, Armfüßerschalen, Muscheln, Schnecken und versteinerte Wurmgänge, gemischt mit Riffschutt und zerbrochenem Fossil- und Gesteinsmaterial. Die Besonderheit dieser Fossilien ist, neben ihrer Häufung gerade an dieser Stelle, ihre Erhaltung in verkieselter Form, was die Präparation sehr erleichtert. Mit verdünnter Salzsäure lassen sich die Fossilien bis in die kleinsten und feinsten Einzelheiten bestens herauslösen.

Das Riff-Museum mit einer großen Riff-Nachbildung und der sehr anschaulichen Präsentation der phantastisch erhaltenen Riff-Fossilien wurde vom Dipl.-Geologen Dr. H.-J. Gregor im Auftrag der Gemeinde Gerstetten eingerichtet.

Natürlich zeigt das Riff-Museum auch weitere Themenbereiche, welche die verschiedenen Zeitalter der Erde anhand von Gesteinen und Mineralen sowie durch den Nachbau einer Eiszeit-Höhle dokumentieren sollen.

Neben den Museumsräumlichkeiten im Obergeschoss des Gerstetter Bahnhofs wird im Dachgeschoss, insbesondere für Kinder und Jugendliche, ein Forum zur Untersuchung und Bearbeitung gefundener Fossilien eingerichtet. Neben Mikroskopen und Laboreinrichtung werden auch Computeranimationen zu finden sein. Workshops für Jugendliche und interessierte Gruppen sind geplant, eingeschlossen Führungen zu „Sammelstellen“ in Baugruben, Äckern oder Steinbrüchen mit anschließender Bestimmung und Bearbeitung der Fundstücke im Museum. Vorgesehen ist ebenso eine Zusammenarbeit mit der örtlichen Volkshochschule.

Eine ausführliche Broschüre über Museum und Riff ist im Museum oder beim Bürgermeisteramt erhältlich.

Öffnungszeiten:

Sonn- und Feiertag 10–12 und 13–16 Uhr, Gruppen jederzeit nach Anmeldung

Eintrittspreise:

Erwachsene	2,00 Euro
Schüler, Studenten und Schwerbehinderte	0,50 Euro
Schülergruppen pauschal	15,00 Euro
Erwachsenengruppen pauschal	25,00 Euro

Info:

Bürgermeisteramt Gerstetten
Wilhelmstraße 31
89547 Gerstetten
Tel.: (07323) 84-45
Fax: (07323) 84-18
E-Mail: Rathaus@Gerstetten.de
www.Gerstetten.de

8 Freiland-Mooreichensammlung

Göppingen, Landkreis Göppingen

Anfahrt:
Autobahn A 8, Ausfahrt Kirchheim u. Teck-Ost, Bundesstraße B 297 nach Göppingen; oder von Stuttgart Bundesstraße B 10 über Esslingen nach Göppingen

Beschreibung:
Ohne Holz wäre die menschliche Zivilisation kaum denkbar: In den Wäldern fand bereits der vorgeschichtliche Mensch Zuflucht und Nahrung, aus Holz waren seine ersten Werkzeuge und Behausungen, Holz half ihm, seine Ideen zu verwirklichen, die Welt zu entdecken. Und schließlich wäre ohne Braun- und Steinkohle, zu Kohle umgewandelte Wälder, die vor Jahrmillionen die Erde bedeckten, das industrielle Zeitalter, die moderne Technik gar nicht möglich gewesen.
Bäume haben über viele Jahrtausende hinweg die Menschheitsgeschichte begleitet. Davon legen sie auch heute noch beredtes Zeugnis ab, wenn Holz in archäologischen Funden erhalten blieb oder Bäume, wie z. B. in den Kiesablagerungen bei Ulm, durch besondere Umwelteinflüsse konserviert wurden. Dabei ist es möglich, nicht nur Alter und Falljahr des gefundenen Holzes bis auf die Jahreszeit genau zu bestimmen, sondern auch wichtige Aufschlüsse über die klimatischen Bedingungen und Veränderungen am Wuchsort zu gewinnen.
Auf dem Freigelände der Firma Johann Weber findet man eine sehenswerte Mooreichensammlung: Baumstämme und Wurzelstöcke, die in der Zeit von etwa 6000 v. Chr. bis etwa 500 n. Chr. in die Kiesablagerungen der Donauniederung östlich von Ulm eingebettet wurden und bei Kiesbaggerungen wieder ans Tageslicht kamen.
In der allgemeinen Ausstellung in der 1. Etage der Firma befindet sich eine umfassende Sammlung rund ums Holz mit uralten Baumscheiben, die exakt datiert werden konnten und vielen in- und ausländischen Hölzern, Gebrauchs- und Kulturgegenständen.

Öffnungszeiten:
Montag bis Freitag:
7.45–12 und 13.15–17 Uhr
Samstag:
8.30–12 Uhr

Eintrittspreise:
Eintritt frei

Info:
Firma Johann Weber GmbH & Co. KG
Heiningerstraßen 20
73037 Göppingen
Tel.: (07161) 60020
Fax: (07161) 78593
E-Mail: info@holz-weber.de
www.holz-weber.de

84 Holzscheiben und -kunst im Ausstellungsraum der Firma Weber

9 Geologisch-Paläontologisches Museum der Universität Heidelberg

Heidelberg, Stadtkreis Heidelberg

Anfahrt:
Autobahn A 5, Ausfahrt Heidelberg-Schwetzingen; oder Autobahnkreuz Heidelberg, Bundesstraße B 37 Richtung Neuenheim

Beschreibung:
Das Museum des Instituts für Geologie und Paläontologie der Universität Heidelberg ist im Haus Nr. 234 des Neuenheimer Feldes untergebracht. Unter anderem sind im Museum die typischen Gesteine Heidelbergs und der näheren Umgebung ausgestellt. Daneben ist die Fauna, die zur Zeit des *Homo erectus heidelbergensis* in der näheren Umgebung Heidelbergs heimisch war, zu betrachten. Herzstück des Museums ist aber der weltberühmte Unterkiefer, der lange Zeit als das älteste Fundstück europäischer Menschenahnen galt. Das Rätselraten um sein tatsächliches Alter hält noch immer an. Zwischen 350 000 und 500 000 Jahre soll der Knochen überstanden haben.
Im Freigelände um die Geowissenschaftlichen Institute im Neuenheimer Feld 234, 235 u. 236 wurde westlich der Gebäude ein „Tertiärgarten“ angelegt. Hier sind einige der im Tertiär vorkommenden und bis heute existierenden Baum- und Straucharten in typischer Vergesellschaftung zu finden. Sie besiedelten damals den Bildungsraum der Braunkohlenmoore am heutigen Niederrhein.
Das Museum wurde ab Anfang 2002 aktualisiert und teilweise neu gestaltet. Eine aktuelle Museumsbroschüre ist daher zur Zeit noch nicht verfügbar.

Ausführliche Homepage:
www.uni-heidelberg.de/institute/ fak15/ geol/ dc8/museum/rundgang.html

Öffnungszeiten:
Montag bis Freitag 9–17 Uhr

Eintrittspreise:
Eintritt frei

Info:
Geologisch-Paläontologisches Museum
Im Neuenheimer Feld 234
69120 Heidelberg
Tel.: (06221) 54-6047
Fax: (06221) 54-5503
E-Mail: Noor.Farsan@urz.uni-heidelberg.de

10 Naturhistorisches Museum

Heilbronn, Stadtkreis Heilbronn

Anfahrt:
Autobahn A 6, Ausfahrt Heilbronn-Untereisesheim nach Heilbronn; oder Autobahn A 81, Ausfahrt Heilbronn-Untergruppenbach

Beschreibung:
Die 1997 völlig neu gestaltete Dauerausstellung des Naturhistorischen Museums Heilbronn ist in einem Renaissance-Gebäude der Stadt untergebracht. Die großen Sonderausstellungen finden im gegenüber liegenden Museumsgebäude (Deutschhofstraße 6) statt.
Die erdgeschichtliche Forschung in der Region Heilbronn/Franken ist vor allem mit F. von Alberti (geb. Stuttgart 1795, verst. Heilbronn 1878) verbunden. Er führte 1834 für die in der Region klassisch entwickelte Gesteinsabfolge Buntsandstein, Muschelkalk und Keuper den Begriff „Trias“ ein. Die Trias ist auch ein Sammlungsschwerpunkt des Museums.
Die Besucher begeben sich im Museum auf eine Reise durch die Erdgeschichte. Folgende Themen werden durch Exponate, Modelle, Dioramen und Schautafeln dargestellt:
- Entstehung der Erde
- Bewegungen der Ozeane und Kontinente
- Minerale und Gesteine
- Planet des Lebens und Evolution des Menschen

Computer- und Video-Station ergänzen das Angebot. Ein großer Teil der Ausstellung ist der Erd- und Landschaftsgeschichte der Region Heilbronn/Franken gewidmet.
Die Vermittlung der Ausstellungsinhalte erfolgt über ein breites, auf verschiedene Altersgruppen abgestimmtes Programm. Eine spezielle Broschüre über die Angebote kann angefordert werden. Wissenschaftliche Veröffentlichungen zu den Ausstellungsprojekten erfolgen innerhalb der hauseigenen Schriftenreihe „museo“.

Öffnungszeiten:
täglich außer Montag
10–13 und 14–17 Uhr

Eintrittspreise:
Dauerausstellungen frei

Sonderausstellungen

Erwachsene	4,50 Euro
Kinder	2,50 Euro

Weitere Tarife und Gruppentarife auf Nachfrage

Info:
Städtisches Museen Heilbronn/
Naturhistorisches Museum
Kramstraße 1
74072 Heilbronn
Tel.: (07131) 56-2302 od. 56-2295
Fax: (07131) 56-2859
E-Mail:
staedtischemuseenheilbronn.nhm@t-online.de
www.museen-heilbronn.de

11 Urwelt-Museum Hauff

Holzmaden, Landkreis Esslingen

Anfahrt:
Autobahn A 8, Ausfahrt Aichelberg, Landesstraße bis Holzmaden

Beschreibung:
Die Gegend rings um den Ort Holzmaden am Fuß der Schwäbischen Alb ist weltbekannt als Fundgebiet für Fossilien aus der Posidonienschiefer-Formation des Unterjuras (früher Schwarzjura) – Meeresablagerungen, die vor 180 Millionen Jahren am Grund des Jurameers entstanden sind.
Im Urwelt-Museum Hauff sind auf 1000 m^2 Ausstellungsfläche mehr als 400 Exponate aus diesen Schichten zu besichtigen. Es ist das größte private Fossilienmuseum Deutschlands.
Die Sammlung umfasst Ichthyosaurier, Plesiosaurier, Krokodile, Flugsaurier, Fische und zahlreiche wirbellose Tiere. Zu den bekanntesten Ausstellungsstücken gehört ein fast 4 m langes Ichthyosaurier-Muttertier mit einem bereits geborenen Jungen und fünf Embryonen im Leib. Besonders eindrucksvoll ist die über 100 m^2 große Kolonie von Seelilien. Sie ist das weltweit größte Exemplar, das bisher gefunden und präpariert wurde.
Mit einem naturgetreuen Nachbau der Schichtabfolge der Posidonienschiefer werden die Entstehungsgeschichte der einzelnen Schichten sowie die jeweils typischen Fossilien gezeigt. Dreidimensionale Schaubilder und Modelle von Sauriern geben Aufschluss über das Leben im Jurameer, die Fossilisation der abgestorbenen Tiere, das Finden im Schieferbruch und die Präparation in der Werkstatt.
In der Außenanlage des Museums sind an einem Teich zwischen Schachtelhalmen, Ginkgo- und Mammutbäumen lebensgroße Modelle von Dinosauriern des Erdmittelalters zu besichtigen.
Mit Erlaubnis des Landesdenkmalamts Stuttgart und der Besitzer ist das Sammeln von Fossilien in den Schieferbrüchen des Grabungsschutzgebiets Holzmaden möglich. Sie sind unter der Woche zu den Arbeitszeiten gegen Gebühr zugänglich. Die Brüche befinden sich an der Straße von Ohmden nach Zell, ca. 2,5 km vom Urwelt-Museum Hauff entfernt.
Im Museum sind Museumsführer, das „Holzmadenbuch“, weitere Veröffentlichungen sowie Originalversteinerungen u. a. zu erhalten.
Angaben zur geologischen Situation enthält das Blatt 7323 Weilheim a. d. Teck der Geologischen Karte von Baden-Württemberg 1 : 25 000 (vorläufige Ausgabe).

Ausführliche Homepage:
www.urweltmuseum.de

Öffnungszeiten:
ganzjährig Dienstag bis Sonntag 9–17 Uhr, Montag sowie am 24./25.12, 31.12. u. 1.1. geschlossen

Eintrittspreise:

Erwachsene	4,50 Euro
Kinder ab 3 Jahre	1,50 Euro
Schüler, Studenten	2,50 Euro
ermäßigt	3,00 Euro

Weitere Tarife und Gruppentarife auf Nachfrage

Info:
Urwelt-Museum Hauff, 73271 Holzmaden
Tel.: (07023) 2873, Fax: (07023) 4618
E-Mail: hauff@urweltmuseum.de

12 Muschelkalkmuseum Hagdorn

Ingelfingen, Hohenlohekreis

Anfahrt:
Autobahn A 81, Ausfahrt Neuenstadt, Landesstraße über Forchtenberg Richtung Künzelsau bis Ingelfingen; oder Autobahn A 6, Ausfahrt Kupferzell, Bundesstraße B 19 bis Künzelsau, Landesstraße bis Ingelfingen

Beschreibung:
Mit dem Muschelkalkmuseum in der historischen Inneren Kelter haben sich die Stadt Ingelfingen sowie der Sammler und Privat-Paläontologe Dr. h. c. H. HAGDORN verbündet und eine bemerkenswerte Ausstellung zur Erd- und Lebensgeschichte der Triaszeit in Mitteleuropa geschaffen. Damals, vor 230 Millionen Jahren, lag Mitteleuropa in den Subtropen und war vom Muschelkalkmeer bedeckt. In den Meeresablagerungen blieben Schalen und Skelette der verschiedensten Lebewesen versteinert erhalten.
Anhand von Bild, Text und Diaschau kann der Besucher aus den Fossilien, Gesteinen und Mineralen, die in Deutschland, Frankreich und Polen gesammelt wurden, ein wissenschaftlich exaktes, gleichwohl anschauliches Bild einer längst vergangenen Epoche erhalten. Auf über 300 m² erwachen Seelilien und Saurier, Ammoniten und Panzerlurche, Muschelriffe und Schillbänke aus subtropischen Lagunen zu „neuem Leben“. Aber auch die jüngste Erdgeschichte des Kochertals mit Schotterbänken und Kalksintern, mit Auerochse und Mammut ist dokumentiert.
Dem Neugierigen erschließt das Museum eine faszinierende Welt ausgestorbenen Lebens, dem Kenner bietet es exzellente Fundstücke in moderner Präsentation und Deutung. Dem Wissenschaftler steht darüber hinaus das Sammlungsarchiv mit über 50 000 Exponaten offen.

Neben dem Muschelkalkmuseum ist Ingelfingen auch Sitz der FRIEDRICH VON ALBERTI-Stiftung der Muschelkalkwerke im Hohenloher Land. Diese gemeinnützige Stiftung hat es sich zur Aufgabe gemacht, Wissenschaft und Forschung auf dem Gebiet der Paläontologie zu fördern und die Ergebnisse paläontologischer Sammlungs- und Forschungsarbeit publik zu machen.

Ausführliche Homepage:
www.muschelkalkmuseum.de

Öffnungszeiten:
1. Mai bis 31. Oktober:
Sonntag 10.30–16 Uhr,
Mittwoch 15–17 Uhr
Gruppen nach Vereinbarung

Eintrittspreise:

Erwachsene	1,30 Euro
Familien	2,60 Euro
ermäßigt	0,80 Euro

weitere Tarife und Gruppentarife auf Anfrage

Info:
Stadtverwaltung Ingelfingen
Rathaus, Neues Schloss
74653 Ingelfingen
Tel.: (07940) 1309-22
Fax: (07940) 6716
E-Mail: info@ingelfingen.de
www.ingelfingen.de

Dr. H. HAGDORN
Schlossstraße 11
74653 Ingelfingen
Tel.: (07940) 59500
Fax: (07940) 59501
E-Mail: Encrinus@t-online.de

13 Museum für Höhlenkunde

Laichingen, Alb-Donau-Kreis

Anfahrt:
Autobahn A 8, Ausfahrt Merklingen, Landesstraße über Merklingen nach Laichingen

Beschreibung:
Höhlen gehören zu den Besonderheiten der Schwäbischen Alb. Auf den Menschen übten sie schon von alters her große Anziehungskraft aus. In längst vergangenen Zeiten überlebensnotwendig, bieten Höhlen heute dem modernen Besucher einen Zugang in eine geheimnisvolle, bald zauberhafte, bald unheimliche Welt. Sie verdienen daher eine ausführliche Darstellung in einem höhlenkundlichen Museum.
Das Museum für Höhlenkunde in Laichingen wurde 1966 als eines der ersten dieser Art in Deutschland eröffnet. Im Rasthaus über dem Eingang der Laichinger Tiefenhöhle eingerichtet, bietet es dem Besucher die optimale Verknüpfung zwischen theoretischer Wissensvermittlung und praktischer Anschauung in der Tiefenhöhle. Das Museum zeigt Höhlen als wichtige erdgeschichtliche Zeugnisse. Sie waren Wohnplatz für den Menschen der Altsteinzeit sowie Wohn- Schlaf- und Überwinterungsort für viele im Eiszeitalter lebende Tiere.
Themen der Ausstellungsbereiche sind Höhlenentstehung, -sedimente, -minerale, -fauna und Höhlenflora sowie frühzeitliche Bewohner der Höhle. Daneben werden die Arbeitsweise der Höhlenforscher bei der Höhlenbefahrung und -vermessung sowie die wissenschaftliche Aufbereitung vorgestellt.
Eine eigene Abteilung des Museums beschäftigt sich ausschließlich mit der Entstehung, Erforschung und Erschließung der Laichinger Tiefenhöhle.
Das Museum wird derzeit im Rahmen des Neubaus des Eingangsgebäudes komplett neu gestaltet. Es ist inzwischen weitgehend fertig und kann besichtigt werden. Offizieller Eröffnungstermin ist der 9. Juni 2002.
Angaben zur geologischen Situation enthält das Blatt 7524 Blaubeuren der Geologischen Karte von Baden-Württemberg 1 : 25 000.

Ausführliche Homepage:
www.tiefenhoehle.de

Öffnungszeiten:
Von der Karwoche (Woche vor Ostern) bis zum Ende der Herbstferien (meist Anfang November): täglich 9–18 Uhr

Eintrittspreise:
Eintritt frei

Info:
Höhlen- und Heimatverein Laichingen e. V.
Postfach 1367
89146 Laichingen
Tel.: (07333) 5586 (Tiefenhöhle) und
(07333) 4414 (Vorsitzender)
E-Mail: info@tiefenhoehle.de

J. Duckeck
Tel.: (0911) 35 50 29
E-Mail: webmaster@JochenDuckeck.de

14 Erdgeschichtliche Sammlung der ZEAG

Lauffen a. Neckar, Landkreis Heilbronn

Anfahrt:
Autobahn A 81, Ausfahrt Ilsfeld, Landstraße nach Lauffen am Neckar; oder Autobahn A 6, Ausfahrt Heilbronn/Neckarsulm, Bundesstraße B 27 über Heilbronn nach Lauffen am Neckar

Beschreibung:
In der erdgeschichtlichen Sammlung der ZEAG (Zementwerk Lauffen – Elektrizitätswerk Heilbronn Aktiengesellschaft) werden dem Besucher die Fossilfunde aus den Steinbrüchen in Neckarwestheim und Lauffen am Neckar präsentiert. Beide Steinbrüche, die Oberen Muschelkalk abbauten, sind im obersten Steinbruchbereich, in der Abraumzone, von mächtigen eiszeitlichen Ablagerungen, vor allem von Löss, bedeckt. Die Gesteinsschichten des Oberen Muschelkalks sind im Raum Lauffen am Neckar rund 90 m mächtig. Es handelt sich um Ablagerungen eines Flachmeers, das vor mehr als 200 Millionen Jahren weite Teile Mitteleuropas bedeckte.
Leitfossilien im Oberen Muschelkalk sind Ceratiten, ausgestorbene Gehäuse tragende Kopffüßer, ähnlich den im Jura zur Blüte gekommenen Ammoniten und nahe verwandt mit dem heute noch lebenden *Nautilus* des Indischen Ozeans. Sie entwickelten sich ständig weiter und starben aus, als das Muschelkalkmeer mit dem Übergang zur Keuperzeit verbrackte und verlandete. Aufgrund der Entwicklung jeweils neuerer Formen sind sie zu wichtigen Leitfossilien geworden (Biostratigraphie). Im Museum wurde aus den Steinbruchfunden ein Ceratiten-Stammbaum aufgestellt, der ihre unterschiedlichen Entwicklungsstadien und Verwandschaftsbeziehungen aufzeigt.
Bei der zweiten Tiergattung, die für den Oberen Muschelkalk bedeutend ist und von der im Museum schöne Schaustücke zu bewundern sind, handelt es sich um Seelilien der Gattung *Encrinus*, hier meist *E. liliiformis*. Diese zu den Stachelhäutern gehörende Tiergattung, nahe verwandt mit Seesternen und Seeigeln, kam im unteren Teil des Oberen Muschelkalks zu besonderer „Blüte“. Ganze Gesteinsbänke bestehen nahezu ausschließlich aus den Stengelgliedern dieser Tiere (Trochitenkalk). Ein eindrucksvolles Schaustück ist eine Seelilienplatte, die 1954 geborgen werden konnte: 54 Seelilienkronen auf einer Platte sind schon etwas Besonderes!
Aber nicht nur der Obere Muschelkalk hat Fossilien hinterlassen, auch in den überlagernden Lössen konnten Fossilien geborgen werden: Mammutzähne und andere Funde aus dem Pleistozän runden die reichhaltige und interessante Sammlung ab.
Angaben zur geologischen Situation enthalten die Blätter 6920 Brackenheim der Geologischen Karte von Baden-Württemberg 1 : 25 000 (vorläufige Ausgabe) und 6921 Großbottwar 1 : 25 000.

Öffnungszeiten:
nur nach Vereinbarung

Eintrittspreise:
Eintritt frei

Info:
ZEAG – Zementwerk Lauffen –
Elektrizitätswerk Heilbronn AG
Oskar-v.-Miller Straße 48
74348 Lauffen
Tel.: (07133) 102-0, Fax: (07133) 102-3040
www.zeag.de

15 Geologische Sammlung Eselsmühle

Leinfelden-Echterdingen, Landkreis Esslingen

Anfahrt:
Autobahn A 8, Ausfahrt Stuttgart-Degerloch, Bundesstraße B 27 bis Leinfelden-Echterdingen, Landesstraße bis Ortsteil Musberg

Beschreibung:
Minerale und Versteinerungen stehen im Mittelpunkt der geologischen Sammlung in der Eselsmühle. In mehreren nach Sachgebieten geordneten Vitrinen werden dem Besucher wichtige einheimische und ausländische Gesteine und Edelsteine, in einer weiteren Erze präsentiert. In anderen werden die Vergangenheit der Erde, die verschiedenen Perioden und Zeitalter anhand von Gesteinen und Fossilresten gezeigt. Versteinerungen des Juras der Schwäbischen Alb, des Tertiärs und des Quartärs bilden weitere Ausstellungsschwerpunkte. Prunkstücke der Ausstellung sind Mammutstoßzähne aus Steinheim an der Murr, Haifischzähne aus der Gegend von Heidenheim und ein Ammonit von fast 50 cm Durchmesser aus Leinfelden-Unteraichen. Zum Abschluss wird in einer Vitrine der geologische Aufbau der Schwäbischen Alb anhand von typischen Gesteinen gezeigt.
Dazu können Besucher hier bei einer Führung durch den Mühlen- und Backbetrieb die Getreideverarbeitung in der täglichen Produktion erleben. Für Besuchergruppen ist eine telefonische Voranmeldung empfehlenswert.

Öffnungszeiten:
täglich 9–18 Uhr

Eintrittspreise:
Eintritt frei

Info:
Stadtverwaltung Leinfelden-Echterdingen
Rathaus Leinfelden
Marktstraße 1
70771 Leinfelden-Echterdingen
Tel.: (0711) 7542535

16 Ziegelhütte Schopfloch

Lenningen-Schopfloch, Landkreis Esslingen

Anfahrt:
Autobahn A 8, Ausfahrt Aichelberg, Landesstraße über Weilheim Richtung Neidlingen, Abzweigung nach Hepsisau und weiter Richtung Schopfloch bis zur Ziegelhütte

Beschreibung:
Das Randecker Maar, das eindrucksvollste Maar des Urach-Kirchheimer Vulkangebiets, entstand vor rund 15 Millionen Jahren. Die geschlossene Maarschüssel, in der sich ein See gebildet hatte, wurde durch die erosive Verlagerung des Albtraufs angeschnitten und der Zipfelbach räumte sie bis zur jetzigen Form aus. Am Grunde des lange bestehenden Maarsees hatten sich Schlämme abgelagert, die zu blättrigen Dysodil-Schiefern (Blätterkohle) verfestigt wurden. In diese Schlämme wurden Tier- und Pflanzenreste eingebettet, wodurch z. T. bestens erhaltene Fossilien entstanden, von denen viele in den 60er-Jahren des vergangenen Jahrhunderts geborgen werden konnten. Im jetzigen Landschaftsschutzgebiet Randecker Maar sind Grabungen allerdings verboten.
Bei der Erneuerung der Wasserleitung von Hespisau nach Ochsenwang wurden aber 1996 wieder einmal Sedimente des ehemaligen Randecker Maarsees freigelegt, wovon der Sammler und Betreuer der paläontologischen Sammlung im Bad Boller Kurhaus, Herr W. Heilemann rechtzeitig informiert wurde und im Baubereich sammeln konnte. Die schönsten und wissenschaftlich interessantesten Stücke sind nun in einer Dauerausstellung in der Maarstube der Ziegelhütte, in unmittelbarer Nähe des Randecker Maars, unweit von Randeck, zu besichtigen. Gezeigt werden verschiedene Blätter und Farne, Insekten und Libellenlarven, verschiedene Süßwasserschnecken und Knochen von Großsäugern. Darüber hinaus wird auf Schautafeln anschaulich die paläontologische Geschichte des Randecker Maars dargestellt.
Angaben zur geologischen Situation enthält das Blatt 7423 Wiesensteig der Geologischen Karte von Baden-Württemberg 1 : 25 000 (aktualisierte Ausgabe).

Öffnungszeiten:
Donnerstag und Freitag 15–18 Uhr
Samstag und Sonntag 11–18 Uhr

Eintrittspreise:
Eintritt frei

Info:
W. Heilemann
Haldenstraße 29
73271 Holzmaden
Tel.: (07023) 4967
Fax: (07023) 746349
E-Mail: w-heilemann@t-online.de

85 Weichkäfer (Cantharidae) aus dem Randecker Maar

17 Reiss-Engelhorn-Museen

Mannheim, Stadtkreis Mannheim

Anfahrt:
Über mehrere Autobahnen, Schnellstraßen und Bundesstraßen im Rhein-Neckar-Gebiet. Museen liegen in der Innenstadt, per ÖPNV leicht zu erreichen

Beschreibung:
Die Reiss-Engelhorn-Museen in Mannheim gehören unbestritten zu den kulturellen Höhepunkten der Quadratestadt. Für rund 300 000 Besucher pro Jahr bieten sie ein abwechslungsreiches Programm von Dauer- und Sonderausstellungen, Konzerten, Vorträgen, Symposien und museumspädagogischen Aktionen.

Museum für Naturkunde:
Als regionales Naturkundemuseum hat die Mannheimer Ausstellung die Erdgeschichte des Rhein-Neckar-Raums sowie die heutige Region mit ihrer Tier- und Pflanzenwelt zum Inhalt. Besondere Exponate sind die Skelettmontage eines riesigen *Plateosaurus engelhardti*, der mit weiteren Sauriern die Besucher beeindruckt. Reiche Fossilfunde aus der Region (Ammoniten, Fische, Fischsaurier, Krokodile u. a.) bringen dem Besucher die paläontologische und geologische Vergangenheit Südwestdeutschlands nahe.
Die heutige Flora und Fauna wird in mehreren Schauvitrinen anschaulich dargeboten, zusätzlich hat der Besucher die Möglichkeit, selber aktiv zu werden, beispielsweise Vogelstimmen zu hören und zu erkennen.

Museum für Archäologie:
Bei den Exponaten der Mannheimer Archäologischen Sammlungen bilden die Funde des unteren Neckarlandes naturgemäß einen besonderen Schwerpunkt.
Die europäische Altsteinzeit ist einer der Forschungsschwerpunkte des Museums. Alle in diesem Zusammenhang bedeutenden Fundstellen, angefangen von der Sandgrube in Mauer (*Homo erectus heidelbergensis*) bis Frankreich und England sind mit Sammlungsstücken vertreten.
Von den aus dem Bereich der heutigen Mannheimer Innenstadt stammenden Objekten ist ein sogenannter Glockenbecher vom Ende der Jungsteinzeit (ca. 2300 v. Chr.) das älteste Exponat. Von den Hochufern des Neckars sind Funde der späteren Altsteinzeit, der Mittel- und der Jungsteinzeit belegt. Ausgehend von diesen Funden wird die Entwicklung des Lebens im unteren Neckarland durch die verschiedensten geschichtlichen Perioden wie Bronze-, Urnenfelder- und Hallstattzeit bis zur La-Tène-Zeit geschildert. Der Rundgang schließt mit den Ergebnissen aus stadtarchäologischen Grabungen, bei denen Funde und Befunde aus dem 17. und 18. Jh. gemacht werden konnten.

Öffnungszeiten:
Täglich 10–17 Uhr, Donnerstag 12–17 Uhr, Montag geschlossen

Eintrittspreise:

Erwachsene	2,10 Euro
ermäßigt	1,00 Euro
Donnerstag	freier Eintritt

Info:
Reiss -Engelhorn-Museen Mannheim
Zeughaus, 68159 Mannheim
Tel.: (0621) 293-3150 u. 3151

18 Fossilien- und Mineralienmuseum

Neckartenzlingen, Landkreis Esslingen

Anfahrt:

Autobahn A 8, Ausfahrt Stuttgart-Flughafen, Bundesstraßen B 27a u. B 312 bis Neckartenzlingen

Beschreibung:

In jahrzehntelangem Fleiß hat das Neckartenzlinger Ehepaar Johannes und Ottilie Koch eine über 5000-teilige Fossilien- und Mineraliensammlung zusammengetragen. Um für die wertvolle Sammlung eine dauerhafte und sichere Verwahrung zu gewährleisten, wurde vom Neckartenzlinger Gemeinderat das Untergeschoss der Melchior-Festhalle zur Verfügung gestellt und die notwendigen Ausstattungsgegenstände beschafft.

Seit November 1988 ist die Sammlung öffentlich zugänglich und durch Schenkung in das Eigentum der Gemeinde Neckartenzlingen übergegangen. Die Sammlung wird von dem Ehepaar Koch betreut und weiter ausgebaut. Unterstützung kommt von zahlreichen Sammlern, insbesondere auch von Solnhofener und Holzmadener Steinbruchbesitzern.

Die Sammlung besteht aus Mineralien und Fossilien der näheren und weiteren Umgebung: dem mittleren Neckarland, dem Schwarzwald, der Schwäbischen Alb, aus Südbaden und dem Schweizer Jura. Ausstellungsstücke stammen auch aus der Eifel, dem Mainzer und Wiener Becken und aus Solnhofen – der Heimat des Urvogels *Archaeopteryx*. Die Ausstellungsvitrinen können nur einen kleinen Teil der umfangreichen Sammlung aufnehmen. Um im Laufe der Zeit alle Stücke zeigen zu können, werden sie immer wieder zu neuen Ausstellungsthemen zusammengestellt.

Für die Mineralien ist ein besonderer Raum vorhanden, der sich abdunkeln lässt – der Ausstellungsturm. Hier können die Ausstellungsstücke mit UV-Licht angestrahlt werden, wobei ihre großartige Farbenvielfalt voll zur Geltung kommt.

Fachkundige Führer geben gerne Antwort auf Fragen. Für Interessierte werden regelmäßig Exkursionen zu Fundgebieten angeboten. Ein Arbeitsplatz zur Präparation von Fundstücken ist vorhanden.

Öffnungszeiten:

jeden 2. u. 3. Sonntag im Monat 14–17 Uhr, Gruppen nach Absprache

Eintrittspreise:

Eintritt frei

Info:

Bürgermeisteramt
Planstraße 2
72654 Neckartenzlingen
Tel.: (07127) 1801-11
Fax: (07127) 1801-73
E-Mail: rathaus@neckartenzlingen.kdrs.de
www.neckartenzlingen.de

19 Mineralienmuseum Neubulach

Neubulach, Landkreis Calw

Anfahrt:
Autobahn A 8, Ausfahrt Pforzheim-West, Bundesstraße B 463, Nagoldtal, beim Bahnhof Zavelstein in Richtung Neubulach

Beschreibung:
Die ständige Ausstellung in der Bergvogtei am Marktplatz ist eine der bedeutendsten öffentlich zugänglichen Mineraliensammlungen des Schwarzwalds und zeigt ausgesuchte Schaustufen von Mineralen und Erzen in unterschiedlicher Größe und Form, nicht nur aus dem Neubulacher Erzgang. Dass der Schwarzwald ein mineralreiches Gebirge ist, davon zeugen wunderschöne Kristallstufen aus anderen bekannten Schwarzwälder Gruben – über 1000 Exponate wurden aus Privatsammlungen zusammengetragen.
Ausgestellt werden u. a. Gold- und Silberstufen, Zink-, Kupfer- und Eisenerze, Fluorit- und Barytstufen, Achate, Bergkristalle und andere Edelsteine sowie Schaustücke, mit denen ihre Verwendung als Rohstoffe für Medizin und Technik gezeigt wird. Besonders erwähnenswert sind Azurit, Malachit, Chenevixit, Olivinit und Riesenquarz aus dem Neubulacher Revier. Sehenswert sind die bis 20 cm großen Mimetesitstufen aus Badenweiler, prachtvolle Baryte und Fluorite aus der Grube Clara, Oberwolfach, mit Pyromorphit überkrustete Bleiglanzkristalle von 4 cm Kantenlänge aus Badenweiler-Sehringen, 15 cm messende Pyrolusitstufen aus Gremmelsbach bei Triberg und leuchtend grüne Fluorit-Oktaeder aus Steinbach – auch Fundstellen wie Todtnau, Wittichen, Reinerzau und sämtliche Achatfundstellen sind hervorragend vertreten.

Diese Ausstellung stellt eine sinnvolle Ergänzung zum Besuch des Hella-Glück-Stollens (s. Besucherbergwerke, Nr. 19) dar. Angaben zur geologischen Situation enthält das Blatt 7318 Wildberg der Geologischen Karte von Baden-Württemberg 1 : 25 000.

Ausführliche Homepage:
www.marktplatz-cw.de/vereine/ mineralien-verein-neubulach

Öffnungszeiten:
29. März bis 3. November: Montag bis Freitag 10–12.30 u. 14–16 Uhr, Samstag, Sonn- und Feiertag 10–12.30 u. 13.30–17 Uhr
Gruppen auf Anmeldung

Eintrittspreise:

Erwachsene	3,00 Euro
Schüler	1,50 Euro
Gruppen, pro Person	2,50 Euro

zusätzlich mehrere Kombitarife (mit Bergwerk, Golfplatz, Stadtführung)

Info:
Kurverwaltung
Marktplatz 13
75387 Neubulach
Tel.: (07053) 9695-10
Fax: (07053) 6416
E-Mail: info@neubulach.de
www.neubulach.de

20 Bergbau- und Mineralienmuseum

Oberwolfach, Ortenaukreis

Anfahrt:
Autobahn A 5, Ausfahrt Offenburg, Bundesstraßen B 33 bis Haslach, B 294 bis Wolfach, Landesstraße bis Oberwolfach.

Beschreibung:
Im Ortsteil „Bei der Kirche“ der Gemeinde Oberwolfach befindet sich das weit über die Region bekannte Bergbau- und Mineralienmuseum, das zunehmend mehr Besucher anzieht. Einen Ausstellungsschwerpunkt bilden die Minerale der Grube Clara, die auf Oberwolfacher Gemarkung als einzige Grube im Schwarzwald heute noch Fluss- und Schwerspat abbaut und seit jüngerer Zeit den Silbergehalt der mitgeförderten Fahlerze gewinnt. Weltbekannt wurde die Grube durch ihren Mineralienreichtum. Bis jetzt wurden über 350 verschiedene Minerale gefunden, die zum größten Teil im Museum ausgestellt sind. Aber nicht nur von dieser Fundstelle stammen die Ausstellungsstücke, sondern aus dem gesamten Schwarzwald. Ausgestellt sind auch Ausbeutetaler, die vor über 200 Jahren aus dem Silber der Gruben um Kloster Wittichen geprägt wurden.
Videofilme informieren über den modernen Bergbau in der Grube Clara und ein maßstabsgetreues Modell der Grube gibt einen Einblick in die riesigen untertägigen Dimensionen dieses Bergwerkbetriebes.
An zwei Stereomikroskopen können die Besucher selbst die Faszination der Kleinminerale erleben, und wem dies nicht genügt, der kann sich am Computer über die Mineralien des Schwarzwalds informieren. Geheimnisvoll leuchten fluoreszierende Minerale in der Dunkelheit des UV-Kabinetts auf und der Besucher wird in jedem Raum wieder aufs Neue überrascht.
Wenn zum Ende des Museumsbesuchs die Freude an schönen Mineralen so richtig erwacht ist, kann man im Museumsshop herrliche Steine erwerben oder die Kinder können in der Klopfkiste vor dem Museum noch nach Mineralschätzen suchen.
Als schöne Ergänzung zum Museumsbesuch bietet sich ein Besuch in der Grube Wenzel an (s. Besucherbergwerke, Nr. 12).
Angaben zur geologischen Situation enthält das Blatt 7615 Wolfach der Geologischen Karte von Baden-Württemberg 1 : 25 000.

Ausführliche Homepage:
www.mineralienmuseum.de

Öffnungszeiten:
Mai bis Oktober: täglich 11–17 Uhr
Dezember bis April: täglich 14–17 Uhr
November sowie am 24., 25. und
31. Dezember sowie 1. Januar geschlossen
Führungen nach vorheriger Anmeldung

Eintrittspreise:

Erwachsene	2,50 Euro
Jugendliche, Schüler, Studenten, Behinderte	1,00 Euro

Weitere Tarife und Gruppentarife auf Nachfrage

Info:
Bergbau- und Mineralienmuseum
77709 Oberwolfach
Tel.: (07834) 6261 oder 9462, während der Öffnungszeiten d. Museums auch 9420
Fax: (07834) 859362
E-Mail: mineralienmuseum@t-online.de

21 Edelsteinausstellung Schütt

Pforzheim, Stadtkreis Pforzheim

Anfahrt:
Autobahn A 8, Ausfahrt Pforzheim-West oder -Ost

Beschreibung:
Die Edelsteinausstellung Schütt ist kein Museum im eigentlichen Sinne. Es handelt sich um die Ausstellung eines bekannten Schmuck- und Edelsteinhauses der Goldstadt Pforzheim. Auf über 150 m² Fläche werden rohe Edelsteine, geschliffene Schmucksteine und zu Schmuck verarbeitete Schätze gezeigt, die in dieser Fülle sonst kaum zu bewundern sind. Ein faszinierender Einblick in die funkelnde Welt von Diamanten, Saphiren, Rubinen, Smaragden und anderen edlen Steinen!
Kleinere und größere Gruppen (Vereine, Betriebsausflüge) erhalten auf Wunsch (Voranmeldung) kostenlos eine Einführung in die Welt der edlen Steine.
Es besteht die Möglichkeit zum Direkt-Einkauf.

Öffnungszeiten:
Montag bis Mittwoch 9–17 Uhr,
Donnerstag u. Freitag 9–18 Uhr,
Samstag 9–13 Uhr

Eintrittspreise:
Eintritt frei

Info:
Robert Schütt Witwe GmbH + Co
Goldschmiedeschulstraße 6
(gegenüber Reuchlinhaus)
75173 Pforzheim
Tel.: (07231) 22001
Fax: (07231) 25249

86

86 Kolibri auf einer Blüte, alles aus verschiedenen Edelsteinen und Mineralien geschnitten

22 Mineralienmuseum Pforzheim

Pforzheim-Dillweißenstein, Stadtkreis Pforzheim

Anfahrt:
Autobahn A 8, Ausfahrt Pforzheim-West oder -Ost, Bundesstraße B 463 Richtung Calw nach Pforzheim-Dillweißenstein

Beschreibung:
Das Mineralienmuseum Pforzheim entstand 1976 aus einer Sonderausstellung ortsansässiger Mineraliensammler unter der Leitung von M. KRAMER. Daraus wurde eine ständige Ausstellung, die ein Jahr später im ehemaligen Rathaus von Dillweißenstein eingerichtet wurde.
Nach mehreren Erweiterungen präsentiert sich die Sammlung nun auf drei Etagen in 11 Räumen. Das Erdgeschoss ist den Mineralen Deutschlands mit Schwergewicht des Südwestens vorbehalten. In den drei Räumen rechts des Eingangs folgen aufeinander: Nordschwarzwald mit Schwerpunkten Käfersteige, Eisenerzrevier Neuenbürg und den Kupfer-Silbererzgängen von Neubulach und Königswart; Kraichgau, nördlicher Oberrheingraben und Enz-Neckargebiet; Mittlerer Schwarzwald mit dem Bergbaurevier Kinzigtal und dem Schwarzwald. Text- und Bildtafeln erläutern wissenswerte Informationen mineralogisch-geologischen und bergbauhistorischen Inhalts.
Links des Eingangs findet der Besucher Mineralsammlungen aus verschiedenen Regionen Deutschlands: eine Lokalsammlung mit Fluorit und Baryt aus dem Oberpfälzer Flussspatrevier, eine Regionalsammlung aus dem Harz, Stufen aus Westfalen, dem Sauerland und Niedersachsen sowie Minerale aus dem sächsischen Erzgebirge. Es folgen die Sammlungen aus der Pfalz mit Schwerpunkt Waldhambach und seinen Achaten sowie den charakteristischen Geoden aus den vulkanischen Gesteinen des Pfälzer Berglands.
Eine Etage tiefer, im Kristallkeller, halten riesige Amethystgeoden den Blick des Betrachters gefangen.
Im ersten Stockwerk erwarten den Besucher Minerale aus aller Welt. Akzente setzen dort Minerale der alpinen Klüfte, der Dauphiné in den Westalpen, Stufen aus Spanien und Portugal und der Insel Elba.
Der letzte Raum beherbergt eine Sammlung von rohen und geschliffenen Edelsteinen sowie gezüchteten und synthetischen Kristallen.
Die Ausstellung im Museum befindet sich im steten Fluss, sie bleibt durch Austausch und Zuwachs lebendig, wodurch sie sich von den meisten öffentlichen Sammlungen unterscheidet.
Eine reich bebilderte Broschüre ist im Museum erhältlich.

Ausführliche Homepage:
www.mineralienmuseum-pforzheim.de

Öffnungszeiten:
Sonntag 10–13 Uhr, werktags Sonderführungen ab 6 Personen nach Absprache mit Herrn KRAMER, Tel.: (07231) 75078

Eintrittspreise:
Eintritt frei, Spenden zum Erhalt und Ausbau des Museums sind erwünscht

Info:
Mineralienmuseum Pforzheim e. V.
Hirsauer Straße 224
75180 Pforzheim-Dillweißenstein
Tel.: (07231) 75078

23 Meteorkratermuseum

Steinheim am Albuch, Landkreis Heidenheim

Anfahrt:
Autobahn A 7, Ausfahrt Heidenheim, Bundesstraße B 466 über Heidenheim nach Steinheim, Ortsteil Sontheim

Beschreibung:
Vor etwa 15 Millionen Jahren entstand durch den Einschlag eines Asteroiden das Steinheimer Becken – der heute wohl besterhaltene und prägnanteste Meteorkrater mit Zentralkegel. Dieses Ereignis wird seit 1978 im Meteorkratermuseum des Ortsteils Sontheim der Gemeinde Steinheim am Albuch auch mit einem Videofilm, anschaulich dargestellt.
Im ersten Raum wird nach einer Einführung in die Geologie Südwestdeutschlands und speziell in die Geologie des Steinheimer Beckens vor dem Einschlag, auf den Asteroiden und die Folgen des Einschlags für die betroffene Region eingegangen. Die Forschungsgeschichte zum Steinheimer Becken wird geschildert und die verschiedenen Theorien gezeigt, die versuchten, das Steinheimer Becken zu erklären, bis 1976 durch die Entdeckungen von Chao die Entstehung durch einen Asteroideneinschlag unumstößliche Gewissheit wurde. Die geologischen Auswirkungen auf die umliegenden Gesteine des Oberjuras (Shattercones, vergrieste Gesteine, Brekzien, deformierte Belemniten) werden anhand zahlreicher Ausstellungstücke demonstriert.
Im zweiten Raum, der in erster Linie die Ergebnisse der paläontologischen Forschungen enthält, wird die Entwicklung in dem vom Asteroiden geschlagenen Krater gezeigt. Anhand zahlreicher Fossilfunde, von Pflanzenresten über nur millimetergroße Muschelkrebse bis zu elefantengroßen Rüsseltieren wird die Tier- und Pflanzenwelt im Steinheimer See und an seinen Ufern gezeigt, wobei auf die Ablagerungen der Seesedimente mit ihrer reichhaltigen Schneckenfauna und deren Evolution besonders eingegangen wird. Mit Hilfe all dieser Organismen können die Lebensbedingungen im Steinheimer Becken vor 14 Millionen Jahren dem Betrachter vor Augen geführt werden.
Das Museum wurde 1994 großzügig erweitert und auf den neuesten Stand der Museumstechnik gebracht.
Am Museum beginnt und endet der Geologische Wanderweg im Steinheimer Becken (s. Geowissenschaftliche Lehrpfade, Nr. 23).

Ausführliche Homepage:
www.steinheim-am-Albruch.de/ meteor/ index.htm

Öffnungszeiten:
Dienstag bis Sonntag 9–12 und 14–17 Uhr, Montag geschlossen

Eintrittspreise:

Erwachsene	2,50 Euro
ermäßigt	1,00 Euro

weitere Tarife und Gruppentarife auf Nachfrage

Info:
Meteorkrater-Museum
Hochfeldweg 4, 89555 Steinheim am Albuch, Ortsteil Sontheim

Rathaus, Verkehrsamt, Hauptstraße 24
89555 Steinheim am Albuch
Tel.: (07329) 9606-56, Fax:
(07329) 9606-70
www.steinheim-am-albuch.de

24 Staatliches Museum für Naturkunde – Museum am Löwentor

Stuttgart, Stadtkreis Stuttgart

Anfahrt:
Autobahn A 8, Ausfahrt Stuttgart-Degerloch, Bundesstraße B 27 bis Stadtmitte

Beschreibung:
Die Ausstellungen im Museum am Löwentor sind den Fossilfunden aus Baden-Württemberg gewidmet. Dieses Land hat wie kaum ein anderes Gebiet der Erde eine Vielzahl überragender und zum Teil einzigartiger Dokumente des Lebens aus unterschiedlichen Erdzeitaltern. Von ihnen wird eine Auswahl, fast ausnahmslos im Original, gezeigt:
Vor etwa 215 Millionen Jahren stapfte der „Schwäbische Lindwurm", einer der ersten großen Dinosaurier, durchs „Ländle". Nicht nur die lebensgroßen Modelle, sondern auch Skelette kleinerer Saurier aus Südwestdeutschland und die ältesten Schildkröten versetzen den Betrachter zurück in die Zeit der Riesenechsen.
Bei einer Tauchfahrt durchs Jurameer begegnet man Haien und Krokodilen, Fischsauriern und Paddelechsen, Ammoniten, Seelilien und Korallen. Besonders beeindruckend sind die in allen Einzelheiten erhaltenen Fossilien aus 190 Millionen Jahre alten Gesteinen des Unterjuras (Schwarzjuras).
Mit dem Aussterben zahlreicher Reptilien vor 65 Millionen Jahren begann das Zeitalter der Säugetiere: Hauerelefanten, Urpferde und geweihlose Hirsche sind frühe Verwandte heutiger Arten. Asteroideneinschlägen vor 15 Millionen Jahren verdankt die Forschung wahre Fundgruben: das Steinheimer Becken und das Nördlinger Ries mit ihrer vielfältigen Tier- und Pflanzenwelt (s. Meteorkratermuseum, Nr. 23).
Ein wichtiger Meilenstein bei der Erforschung der Menschheitsgeschichte ist der 250 000 Jahre alte Schädel des Steinheimer Menschen (s. Urmenschmuseum in Steinheim a. d. Murr, Nr. 46). Aus der Tierwelt imponieren die großen Skelette von Riesenhirsch und Elefant aus jener Zeit, dabei auch die lebensechte Rekonstruktion eines Mammuts mit Jungtier.
Nicht nur gelb und braun, sondern auch mattblau, rot und grünlich schimmern die ungewöhnlichen und einmaligen Bernsteinfunde aus aller Welt. Ihre Bedeutung liegt in der unversehrten Erhaltung von Tieren und Pflanzen, die vor Jahrmillionen vom Baumharz eingeschlossen wurden. Raritäten sind kleine Wirbeltiere und ganze Scharen von Insekten.
Wie man mit viel Spaß noch mehr von der Urzeit erfahren kann, zeigen Arbeitsblätter und Bastelmappen. Führungen für Groß und Klein lassen Saurier und Mammut lebendig werden. In Sonderausstellungen und Vorträgen nimmt das Museum zu aktuellen Themen Stellung.

Ausführliche Homepage:
www.naturkundemuseum-bw.de

Öffnungszeiten:
Dienstag bis Freitag 9–17 Uhr,
Samstag, Sonn- und Feiertag 10–18 Uhr,
Montag geschlossen

Eintrittspreise:

Erwachsene	2,00 Euro
Familien	4,00 Euro
Kinder ab 6 J.	1,00 Euro
ermäßigt:	1,00 Euro

Weitere Tarife und Gruppentarife auf Nachfrage

Info:
Staatliches Museum für Naturkunde Stuttgart – Museum am Löwentor
Rosenstein 1
70191 Stuttgart

Tel.: (0711) 8936-0
Fax: (0711) 8936-100
E-Mail:
museum.smns@naturkundemuseum-bw.de

87 Dinosaurierskelett (Plateosaurus) aus Trossingen

25 Mineralogische Schau- und Lehrsammlung der Universität Tübingen

Tübingen, Landkreis Tübingen

Anfahrt:
Autobahn A 81, Ausfahrt Herrenberg, Bundesstraße B 28 bis Tübingen; oder Autobahn A 8, Ausfahrt Stuttgart-Degerloch, Bundesstraße B 27 bis Tübingen

Beschreibung:
Die heutige Mineralogische Schau- und Lehrsammlung ging aus den Sammlungen des früheren „Mineralogischen Instituts“ hervor, welches die Fächer Mineralogie, Geologie und Paläontologie umfasste und von der Arbeits- und Sammelrichtung her in erster Line geologisch-paläontologisch orientiert war. Im Oktober 1919 wurde ein Mineralogisch-Petrographisches Extraordinariat mit Sammlung eingerichtet, aus dem das jetzige Institut für Mineralogie, Petrologie und Geochemie hervorging.

Im Jahre 1990 wurde der Ausstellungsraum renoviert und umgestaltet. Die neu konzipierte Mineralogische Schau- und Lehrsammlung soll den Studierenden der Mineralogie und Geologie der Universität Tübingen zu Lehr- und Anschauungszwecken dienen, aber natürlich auch als ästhetisch ausgerichtete Schausammlung der Öffentlichkeit zugänglich sein und die Bandbreite der historischen und modernen Mineralogie verdeutlichen.

Bedingt durch die Entstehungsgeschichte ist auch der Stellenwert der Sammlung ein sehr unterschiedlicher. Während die Gesteine, Minerale und Erze eine etwa durchschnittliche Universitätssammlung darstellen, besitzt die Meteoritensammlung internationales Format. Die magazinierte Belegsammlung enthält vorwiegend Minerale und Gesteine, die auf Exkursionen gesammelt oder auf Messen zugekauft wurden. Sie ist besonders für die nähere Umgebung Tübingens (Schwäbische Alb, Hegau, Nördlinger Ries, Schwarzwald) repräsentativ. Hervorzuheben ist die von Prof. W. Branco am Ende des vorletzten Jahrhunderts angelegte Sammlung von Gesteinsproben des Urach-Kirchheimer Vulkangebiets und die von Prof. H. Pichler in den letzten Jahrzehnten zusammengestellte einmalige Handstück-Sammlung von Gesteinen aus aller Welt (Petrographische Sammlung im Institutsgebäude).

Ausführliche Homepage:
www.uni-tuebingen.de/uni/emi/ schauund lehrsammlung/seiten/index.html

Öffnungszeiten:
Während des Semesters:
Mittwoch 15–17 Uhr,
letzter Sonntag im Monat 15–17 Uhr
In der vorlesungsfreien Zeit (März und April, August und September): Besichtigung und Gruppenführungen nach Vereinbarung

Eintrittspreise:
Eintritt frei

Info:
Mineralogische Schau- und Lehrsammlung der Universität Tübingen
Wilhelmstraße 56
72074 Tübingen (Dr. U. Neumann)
Tel.: (07071) 2972600
Fax: (07071) 293060
E-Mail: udo.neumann@uni-tuebingen.de

26 Paläontologische Sammlung der Universität Tübingen

Tübingen, Landkreis Tübingen

Anfahrt:
Autobahn A 81, Ausfahrt Herrenberg, Bundesstraße B 28 bis Tübingen; oder Autobahn A 8, Ausfahrt Stuttgart-Degerloch, Bundesstraße B 27a bis Tübingen

Beschreibung:
Die paläontologische Sammlung der Universität Tübingen entstand im 19. Jahrhundert als Studien- und Belegsammlung im Wesentlichen durch Professor F. A. QUENSTEDT (1809–1889; besonders Ammoniten) und später durch Professor F. von HUENE (1875–1969; besonders Saurier) und ist im 1902 erbauten Institutsgebäude untergebracht. Sie nimmt unter den Institutsmuseen auf diesem Gebiet in Deutschland eine Spitzenstellung ein.
Ausgestellt sind – zum Teil in weltweit einmaligen Stücken – u. a. Fische, Schwimmsaurier und Krokodile des Jurameers, Panzerzahnechsen, Flugsaurier, montierte Skelette von Dinosauriern und anderen Landreptilien (mit einer besonders wertvollen Kollektion säugerähnlicher Reptilien der Südkontinente), eiszeitliche Säugetiere aus Württemberg, ferner Ammoniten, Seelilien und andere wirbellose Tiere.
Themendarstellungen zeigen Ausschnitte fossiler Meeresböden und behandeln Fragen der allgemeinen Paläontologie.

Ausführliche Homepage:
www.uni-tuebingen.de/geo/ifg/pal-sam

Öffnungszeiten:
Montag bis Freitag 9–17 Uhr
(nicht an Feiertagen)

Eintrittspreise:
Eintritt frei, Kinder u. Jugendliche unter 16 Jahren nur in Begleitung Erwachsener
Führungen gegen Gebühr auf Anfrage

Info:
Paläontologische Sammlung,
Institut für Geologie und Paläontologie
Sigwartstraße 10
72076 Tübingen
Tel.: (07071) 29-72489
und 29-76989 (Dr. LIEBAU)

27 Hohenloher Urweltmuseum

Waldenburg, Hohenlohekreis

Anfahrt:
Autobahn A 6, Ausfahrt Kupferzell, Landesstraße bis Waldenburg

Beschreibung:
Als Außenstelle des Staatlichen Museums für Naturkunde, Stuttgart, zeigt das Hohenloher Urweltmuseum im ehemaligen großen Saal des 1951 wieder erbauten Rathauses Waldenburg Fossilien des Muschelkalks und Keupers von Hohenlohe.
Schwerpunkte der Ausstellung sind die großartigen Fossilfunde aus dem Lettenkeuper von Kupferzell am Fuß der Waldenburger Berge, die 1977 beim Bau der Autobahn Heilbronn – Nürnberg von dem Waldenburger Eisenbahner J. G. Wegele entdeckt wurden. Im Mittelpunkt des Museums steht der Urlurch *Mastodonsaurus*, dokumentiert mit Originalfunden und einer plastischen Rekonstruktion seines ehemaligen Lebensraums, einem Sumpfgebiet mit Palmfarnen und Schachtelhalmen. Er wird umrahmt von Ausstellungsstücken charakteristischer Fossilien von Pflanzen, wirbellosen Tieren und Sauriern aus dem Muschelkalk-Meer und dem Lettenkeuper. Sie werden durch Lebensbilder erläutert und vermitteln so eine umfassende, leicht verständliche Vorstellung der Tier- und Pflanzenwelt in Hohenlohe vor ca. 230 Millionen Jahren.
Angaben zur geologischen Situation enthält das Blatt 6824 Schwäbisch-Hall der Geologischen Karte von Baden-Württemberg 1 : 25 000.

Öffnungszeiten:
Montag bis Freitag 8–12 Uhr
Montag bis Mittwoch 14–15.30 Uhr,
Donnerstag 14–18 Uhr
März bis Oktober:
Sonntag 10–12 u. 14–17 Uhr

Eintrittspreise:

Erwachsene	0,80 Euro
Kinder	0,50 Euro

Weitere Tarife und Gruppentarife auf Nachfrage

Info:
Bürgermeisteramt
Hauptstraße 13
74638 Waldenburg
Tel.: (07942) 108-0
Fax: (07942) 108-88
E-Mail: stadt@waldenburg-hohenlohe.de
www.waldenburg-hohenlohe.de

88 Schädel des Urlurchs (Mastodonsaurus)

Geowissenschaftlich-technische Museen

89 Sulzburg, Landesbergbaumuseum: Grubenlokomotive

28 Kalimuseum

Buggingen, Landkreis Breisgau-Hochschwarzwald

Anfahrt:
Autobahn A 5, Ausfahrt Müllheim/Neuenburg nach Müllheim, Bundesstraße B 3 Richtung Freiburg bis Buggingen

Beschreibung:
Im Juli 1996 eröffnete das Kalimuseum beim Lindenplatz in Buggingen im Markgräflerland seine Pforten. Mitglieder des Bergmannsvereins Buggingen e. V. haben mit großem Engagement Bilder und Gegenstände aus dem Betrieb des ehemaligen Kalisalzbergwerks zusammengetragen, die in wechselnden Ausstellungen gezeigt werden.
In Buggingen wurde 1927 von der Gewerkschaft Baden die Kaliförderung aufgenommen. Das unterirdische Streckennetz erreichte in den 60er-Jahren eine Länge von ca. 25 km. Der tiefste Abbaubereich lag 1100 m unter der Oberfläche. Dort herrschte eine Temperatur bis 52 °C. 1966 erzielte das Kaliwerk eine Förderleistung von 744340 Tonnen Rohsalz. Zu dieser Zeit waren ca. 1200 Bergleute beschäftigt. Der Bergbaubetrieb wurde am 30.04.1973 aus wirtschaftlichen Gründen stillgelegt. Insgesamt wurden 17 Mio. Tonnen Rohsalz gefördert und in der Fabrik in einem komplizierten Heißlöseverfahren zu Kalidüngesalz verarbeitet.
Angaben zur geologischen Situation enthalten die Blätter 8111 Müllheim der geologischen Karte von Baden-Württemberg 1:25 000 sowie Freiburg i. Br. und Umgebung 1 : 50 000.

Öffnungszeiten:
Sonntag 15–17 Uhr und nach Vereinbarung

Eintrittspreise:
Eintritt frei

Info:
Kalimuseum Buggingen
Hauptstraße 14
79426 Buggingen
Tel.: (07631) 1803-0
Fax: (07631) 1803-39

90 Kalisalzblock und Sprengloch-Bohrer

29 Freilichtmuseum Historische Steinbrüche Pfaffenweiler

Pfaffenweiler, Landkreis Breisgau-Hochschwarzwald

Anfahrt:

Autobahn A 5, Ausfahrt Freiburg-Süd, Bundesstraße B 3 bis Ebringen, Landesstraße bis Pfaffenweiler

Beschreibung:

Der Pfaffenweiler Kalksandstein entstand in der Zeit des Tertiärs, als große Teile des Oberrheingrabens von einem Meeresarm bedeckt waren. In der östlichen Küstenregion dieses Meeres, dem heutigen Schneckental, setzten sich Sedimente aus dem Verwitterungsschutt der randlichen Hochgebiete mit bis 200 m Mächtigkeit ab. Im Bereich von Pfaffenweiler wurden daraus feinporige, gelbe Kalksandsteine. Nach Osten, in Richtung Ebringen und Leutersberg, nehmen die Korngrößen deutlich zu und die dann grobkörnigen Konglomerate sind in vielen Aufschlüssen am Schönberg (z. B. Graben der Schneeburg) zu sehen. In dem Pfaffenweiler Kalksandstein wurde 1936 der Unterkiefer eines urtümlichen Pferdevorfahren *(Palaeotherium magnum)* gefunden.

In Pfaffenweiler wurde dieser Stein jahrhundertelang gebrochen und verarbeitet. Bereits seit der germanischen Landnahme ist die Verwendung der Pfaffenweiler Sandsteine nachweisbar. Die später erschienenen Alamannen verwendeten sie häufig bei ihren Bestattungen als Grabplatten, wie sie bei Grabungen um Mengen, Schmidhofen und Ehrenstetten gefunden wurden. Die Alamannen lernten schnell, ihre Häuser aus Bruchsteinen zu errichten und von der bisherigen Holzbauweise abzurücken. Diese Tradition setzte sich fort und bis heute sind außer einem einzigen Fachwerkhaus alle älteren Häuser aus Bruchsteinmauerwerk errichtet – eine Besonderheit von Pfaffenweiler in der sonst an Fachwerkhäusern so reichen Landschaft des Breisgaus!

Das Freilichtmuseum „Historische Steinbrüche Pfaffenweiler“ wurde 1985 der Öffentlichkeit übergeben. Im Museum sind Rekonstruktionen einer Steinhauerhütte und einer Bildhauerwerkstatt samt Werkzeugen sowie mehrere Erzeugnisse wie Grabsteine, Bildstöcke, Torbögen und andere Werkstücke aus Kalksandstein zu sehen, außerdem wurde eine Gleisanlage mit Lore verlegt. In den kommenden Jahren sollen die Steinbrüche wieder in einen Zustand versetzt werden, der dem des vorletzten Jahrhunderts entspricht, als sie noch betrieben wurden. Ein Rundweg führt die Besucher durch das Steinbruchareal.

Angaben zur geologischen Situation enthalten die Blätter 8012 Freiburg i. Br.-Südwest der Geologischen Karte von Baden-Württemberg 1 : 25 000 (vorläufige Ausgabe) sowie Freiburg i. Br. und Umgebung 1 : 50 000.

Öffnungszeiten:

geöffnet am „Steibick-Fest“ am letzten Sonntag im Juni (nur bei schönem Wetter), dabei mehrere Führungen. Führungen an anderen Tagen auf Nachfrage

Eintrittspreise:

Eintritt frei

Info:

Bürgermeisteramt Pfaffenweiler
Rathausgasse 4, 79292 Pfaffenweiler
Tel.: (07664) 9700-0, Fax: (07664) 9700-33
E-Mail: rathaus@pfaffenweiler.de
www.pfaffenweiler.de

30 Salinenmuseum Unteres Bohrhaus

Rottweil, Landkreis Rottweil

Anfahrt:

Autobahn A 81, Ausfahrt Rottweil, Bundesstraße B 462 nach Rottweil

Beschreibung:

Einer der wichtigsten Wirtschaftszweige Rottweils und des Gebiets am Oberen Neckar war seit 1824 die Salzgewinnung. Nach erfolgreichen Bohrungen auf Salzlager im Mittleren Muschelkalk zwischen den Oberen und den Unteren Sulfatschichten entstand auf der Höhe zwischen Neckar- und Primtal die Saline Wilhelmshall. Hierbei wurde durch Einleitung von Wasser in die Bohrlöcher das Salz gelöst, die entstandene Sole hochgepumpt und über Holzdeichelleitungen in Solebehälter geleitet. In Siedhäusern wurde sie dann eingedampft. So wurden in Wilhelmshall insgesamt 800 000 Tonnen Salz produziert, bis die Saline im Jahre 1969 wegen Unwirtschaftlichkeit den Betrieb einstellte.

Die im wesentlichen von dem Geologen und Salinenfachmann F. von Alberti aufgebaute Anlage war mit den zugehörigen Bohrhäusern, mit zahlreichen Produktionsgebäuden, unter denen neben den Torfhäusern vor allem vier von sechs Solebehälter in Halbkugelform zu nennen sind, den Dienstwohnungen der hier Beschäftigten und der parkartigen Gestaltung der Gesamtanlage ein Gewerbebereich, der auch gestalterisch hohen ästhetischen Anforderungen entsprach. Leider wurde er nach Stilllegung der Saline zum größten Teil zerstört. Kurz darauf gründete sich in Rottweil mit dem Solebadförderverein eine Gruppierung, die nicht nur Sole für gesundheitliche Zwecke fördern, sondern im Unteren Bohrhaus auch die Geschichte der Rottweiler Saline dokumentieren wollte. Zu diesem Zweck wurde 1981 ein Museum eröffnet. 1986 übernahm es ein neuer Verein, der Förderverein Salinenmuseum Rottweil e. V. für die Stadt Rottweil. Im gleichen Jahr wurde auch wieder erfolgreich auf Sole gebohrt, die heute im Rottweiler Hallenbad verwendet wird.

Eine ausführliche Broschüre ist beim Förderverein Salinenmuseum Rottweil e. V. erhältlich.

Angaben zur geologischen Situation enthält das Blatt 7817 Rottweil der Geologischen Karte von Baden-Württemberg 1 : 25 000.

Öffnungszeiten:

Mai bis September: Sonntag 14.30–17 Uhr sowie nach Vereinbarung

Eintrittspreise: 1,00 Euro

Info:

Förderverein Salinenmuseum
Rottweil e. V. (W. Langbein)
Zimmerner Straße 50
78628 Rottweil
Tel.: (0741) 43822 oder
(0741) 494330 (Stadtarchiv)

31 Landesbergbaumuseum

Sulzburg, Landkreis Breisgau-Hochschwarzwald

Anfahrt:
Autobahn A 5, Ausfahrt Heitersheim/Hartheim, Landesstraßen über Heitersheim bis Sulzburg

Beschreibung:
Inmitten des ehemaligen markgräflichen Residenzstädtchens Sulzburg steht die alte Stadtkirche, in deren Mauern im Jahre 1982 das Landesbergbaumuseum Baden-Württemberg eröffnet wurde. Dieses vermittelt einen umfassenden Einblick in die Arbeitswelt des Bergmanns im Lauf der Jahrhunderte. Die Bergbaugeschichte, die mit dem Jaspisbergbau in der jüngeren Steinzeit begann, ist ebenso berücksichtigt wie die Einflüsse des Bergbaus auf Kunst und Kultur. Besonderes Gewicht liegt auf der Darstellung des Gangerzbergbaus, der seit etwa 2000 Jahren im Schwarzwald umgeht, sowie des Salzbergbaus. Neben der Nachbildung eines Streckenvortriebs sieht man eine Grubenlok, Förderwagen und andere Großgeräte sowie die verschiedensten Werkzeuge, Lampen und Vermessungsgeräte. Ausgesuchte Mineralstufen zeigen, dass Bodenschätze nicht nur nützlich, sondern auch schön sein können.
Sonderausstellungen runden das Angebot ab.

Ausführliche Internetseite:
gold-gallery.com/Gold-Gallery/Europa/Westeuropa/Landesbergbaumuseum-Sulzburg.html

Öffnungszeiten:
Montag bis Freitag 14–16.30 Uhr,
Samstag und Sonntag 14–17 Uhr.
Gruppentermine nach Vereinbarung mit dem Verkehrsamt/Tourist-Information

Eintrittspreise:

Erwachsene	1,50 Euro
Rentner, Studenten, Schwerbehinderte	1,00 Euro
Schüler	0,75 Euro

Weitere Tarife und Gruppentarife auf Nachfrage

Info:
Bürgermeisteramt der Stadt Sulzburg
Verkehrsamt
Hauptstraße 60
79295 Sulzburg
Tel.: (07634) 5600-35
Fax: (07634) 5600-50
E-Mail: stadt@sulzburg.de
GROSSPIETSCH@sulzburg.de
www.sulzburg.de

91 Salzmineralien

32 Kalkofenmuseum Untermarchtal

Untermarchtal, Alb-Donau-Kreis

Anfahrt:

Autobahn A 8, Ausfahrt Ulm-West, Bundesstraßen B 10 bis Ulm, B 311 über Ehingen bis Untermarchtal

Beschreibung:

Der Kalkofen in Untermarchtal ist das letzte erhaltene Bauwerk dieser Art im Alb-Donau-Kreis und stellt mit seinem markanten Schornstein eine Rarität dar. Er legt Zeugnis ab vom Gewerbezweig der Kalkbrennerei, der die Industrialisierung dieses Gebiets eingeleitet und geprägt hat.

Der Kalkofen, ein Schachtofen für Mischfeuerung, wurde von 3 oder 4 Arbeitern betrieben. Als Brennstoff diente Koks aus dem Ruhrgebiet, den benötigten Kalkstein, Massenkalke des Oberjuras für Weißkalk und Zementmergel (Weißjura ζ2) für Schwarzkalk, lieferten Steinbrüche der näheren Umgebung. Erbaut wurde der Kalkofen 1922, allerdings kam es bereits 1930 zu wirtschaftlichen Problemen, die zur Zwangsversteigerung führten. Nach mehrmaligem Besitzerwechsel mit zeitweiliger Wiederinbetriebnahme – zuletzt 1984 Verkauf an das Land Baden-Württemberg – wurde der Schwäbische Heimatbund Besitzer in Erbpacht mit der Auflage, den historischen, denkmalgeschützten Kalkofen sobald wie möglich wieder herzustellen und danach der interessierten Öffentlichkeit zugänglich zu machen. Nach 6 Jahren Wiederherstellung der Bausubstanz, Rekonstruktion der Betriebseinrichtung und Einrichtung einer Dauerausstellung zur Geschichte der Kalkbrennerei auf der Schwäbischen Alb wurde 1990 das Technische Museum Kalkofen Untermarchtal eröffnet. Seither wird auch der Ofen wieder in unregelmäßigen Abständen in Betrieb genommen und Kalk wie vor bald 80 Jahren gebrannt. Wenn der 5 PS starke Benzinmotor aus dem Jahre 1927 tuckert, Förderschnecke, Elevator und Siebtrommel in Bewegung sind, welche über eine Transmissionswelle und Kegelräder angetrieben werden, kann den Museumsbesuchern die Kalkherstellung eindrucksvoll demonstriert werden. Ergänzend zu der Führung informieren 26 Schautafeln über die Geschichte der Kalk- und Zementbrennerei. Ein Videofilm von 15 Minuten Dauer, aufgenommen im Jahre 1992, zeigt, wie in den Jahren 1923 bis 1939 in dieser Anlage Kalk gebrannt wurde.

Eine ausführliche Broschüre ist beim Bürgermeisteramt Untermarchtal erhältlich.

Angaben zur geologischen Situation enthält das Blatt 7723 Munderkingen der Geologischen Karte von Baden-Württemberg 1 : 25 000.

Öffnungszeiten:

April bis Ende Oktober:
Sonn- und Feiertag 11–17 Uhr
ab 7 Personen Führungen nach Anmeldung und Absprache auch werktags und außerhalb der Saison möglich

Eintrittspreise:

Erwachsene	1,00 Euro
Jugendliche	0,50 Euro
Gruppen ab 15 Personen	0,75 Euro

Info:

W. Rieger
89617 Untermarchtal
Tel.: (07393) 3625

Geowissenschaftliche Museen und Ausstellungen

92 Aalen: Urweltmuseum im Historischen Rathaus

93 Aalen, Urweltmuseum: Ammonitenbrekzie aus Hammerstadt

94 Bad Boll, Versteinerungssammlung im Kurhaus: Johann Bauhinus (1541- 1613)

95 Bad Boll, Versteinerungssammlung im Kurhaus: J. Baulinus: Badbuch mit ersten Fossilienabbildungen von 1602

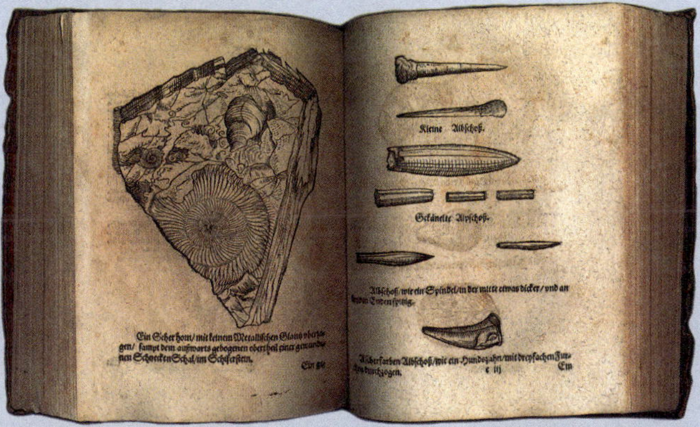

Geowissenschaftliche Museen und Ausstellungen

96 *Dotternhausen: Fossilienmuseum im Werkforum*

97 *Dotternhausen, Fossilienmuseum im Werkforum: Ichthyosaurier*

98 *Freiburg i. Br., Landesamt für Geologie, Rohstoffe und Bergbau Baden-Württemberg: alte Geologische Karte, Blatt Schramberg von 1908*

99 *Freiburg i. Br., Landesamt für Geologie, Rohstoffe und Bergbau Baden-Württemberg: badisches Bergamtswappen*

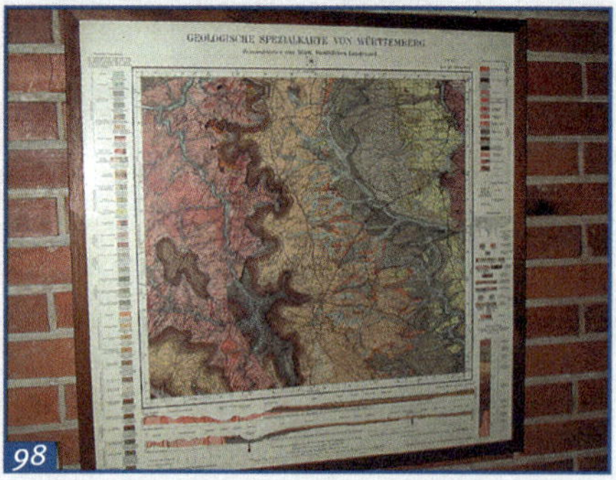

100 *Gerstetten: Riff-Museum im alten Bahnhof*
101 *Gerstetten, Riff-Museum: verkieselte Korallen aus Gerstetten*
102 *Gerstetten, Riff-Museum: verkieselte Koralle (Thecosmilia spec.)*

103

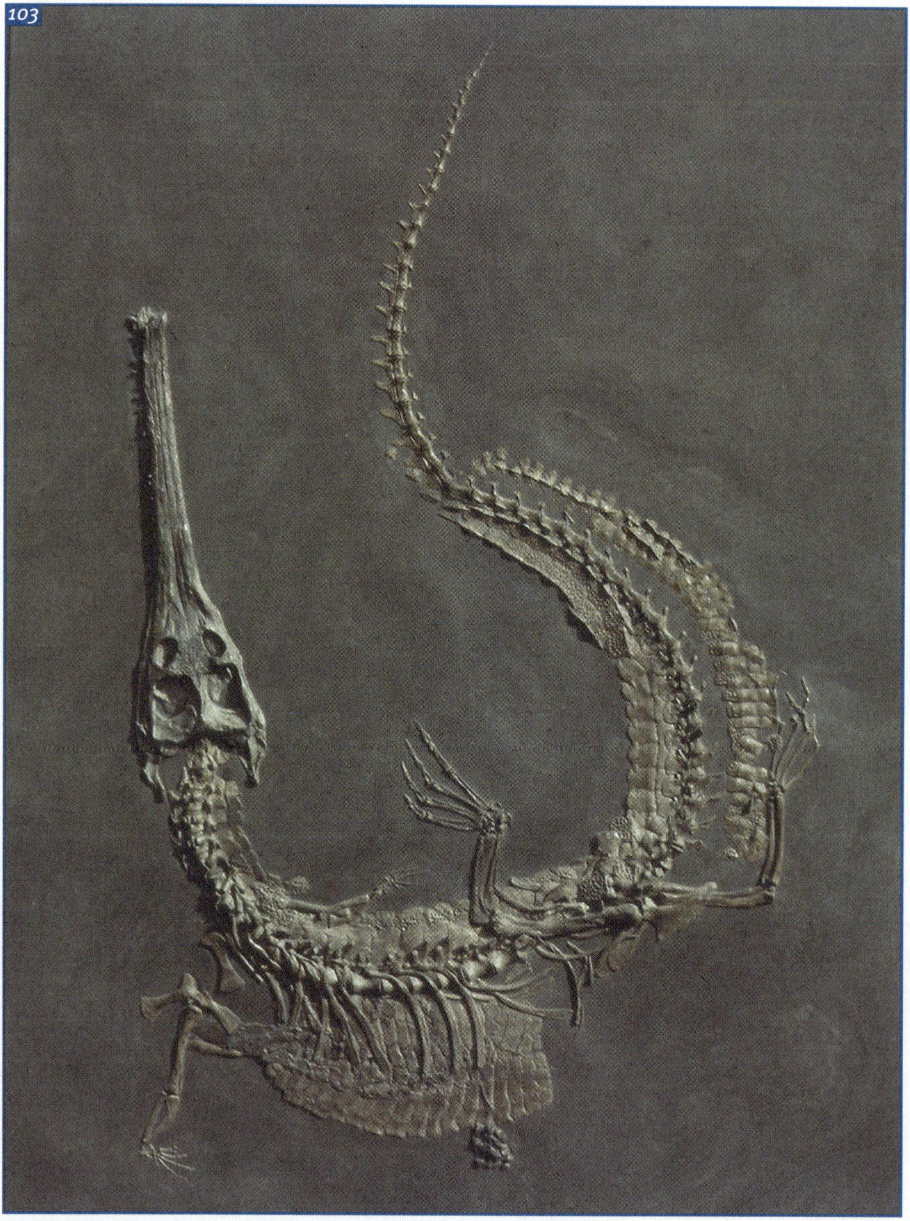

104

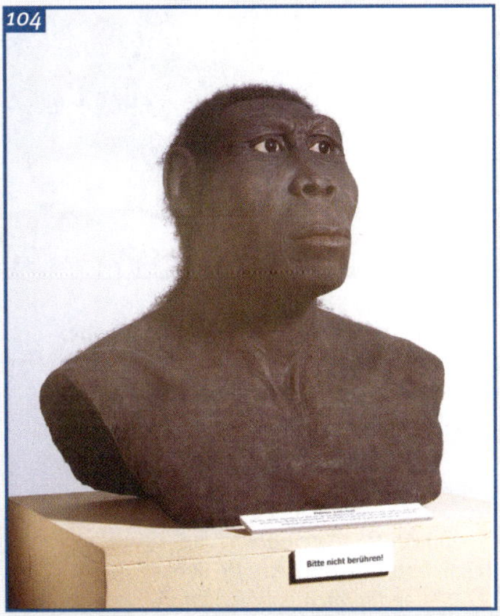

103 Holzmaden, Urweltmuseum Hauff: Krokodil aus der Posidonienschiefer-Formation von Holzmaden

104 Heilbronn, Naturhistorisches Museum: Rekonstruktion eines frühen Menschen (Homo erectus)

105 Ingelfingen: Muschelkalkmuseum Hagdorn

106 Ingelfingen, Muschelkalkmuseum Hagdorn: Ceratit aus dem Oberen Muschelkalk

105

106

Geowissenschaftliche Museen und Ausstellungen

107

108

107 Laichingen, Museum für Höhlenkunde: Karbidlampe
108 Neubulach, Mineralienmuseum: Azuritkristalle
109 Neckartenzlingen: Fossilien- und Mineralienmuseum
110 Steinheim am Albuch: Steinheimer Becken, im Zentrum Steinheim
111 Schopfloch, Ziegelhütte: Wasserfrosch (Palaeobatrachus hauffianus)
112 Schopfloch, Ziegelhütte: Fiederblatt eines Mahagonibaums aus dem Randecker Maar

109

110

111

112

113

113 Pfaffenweiler: Freilichtmuseum Historische Steinbrüche
114 Untermarchtal: Kalkofenmuseum

114

115 Sulzburg, Landesbergbaumuseum: Maschinenhalle mit Lokomotiven, Loren, Pumpen u.ä.
116 Sulzburg, Landesbergbaumuseum:
großer Kalisalz-Block aus dem ehemaligen Kalibergbau in Buggingen
117 Sulzburg, Landesbergbaumuseum:
Holzfigur eines Schwarzwälder Bergmanns in Tracht, entstanden um 1500

118

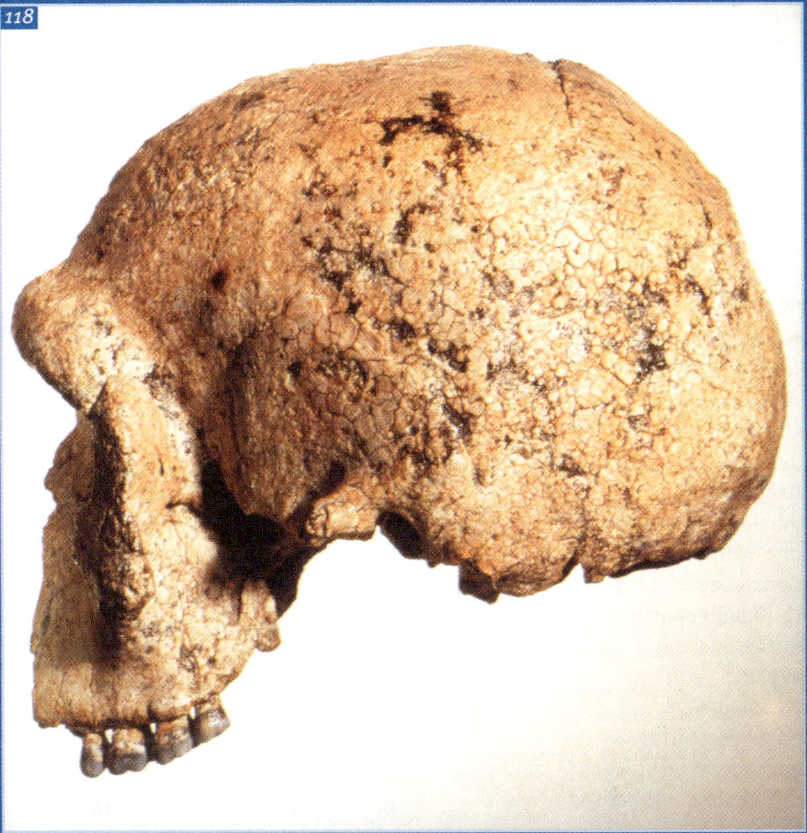

Archäologische Museen

118 Steinheim a. d. Murr, Urmensch-Museum: Schädel des Steinheimer Menschen (Homo erectus steinheimensis)

Erläuterungen zur gegenüberliegenden Karte

Archäologische Museen

33 **Bad Buchau:** Federseemuseum
34 **Blaubeuren:** Urgeschichtliches Museum
35 **Eberdingen-Hochdorf:** Keltenmuseum
36 **Freiburg i. Br.:** Museum für Ur- und Frühgeschichte
37 **Heilbronn:** Archäologisches Museum
38 **Herbertingen-Hundersingen:** Heuneburgmuseum
39 **Herbertingen-Hundersingen:** Freilichtmuseum Keltischer Fürstensitz Heuneburg
40 **Konstanz:** Archäologisches Landesmuseum Baden-Württemberg, Außenstelle Konstanz
41 **Korb-Kleinheppach:** Steinzeitmuseum
42 **Langenau:** Museum für Vor- und Frühgeschichte
43 **Mauer:** Urgeschichtliches Museum
44 **Riesbürg-Goldburghausen:** Goldbergmuseum
45 **Singen:** Hegau-Museum
46 **Steinheim a. d. Murr:** Urmensch-Museum
47 **Uhldingen-Mühlhofen, OT. Unteruhldingen:** Pfahlbaumuseum

Natur-/Heimatmuseen mit geowissenschaftlichen Abteilungen/Ausstellungen

48 **Albstadt:** Museum im Kräuterkasten
49 **Balingen:** Heimatmuseum in der Zehntscheuer
50 **Biberach a. d. Riss:** Braith-Mali-Museum
51 **Bopfingen:** Museum Seelhaus
52 **Ehingen (Donau):** Museum der Stadt Ehingen (Donau)
53 **Engen:** Städtisches Museum
54 **Freiburg i. Br.:** Adelhausermuseum Natur- und Völkerkunde
55 **Giengen a. d. Brenz-Hürben:** Stadtmuseum
56 **Göppingen-Jebenhausen:** Städtisches Naturkundliches Museum
57 **Immendingen:** Heimatmuseum Immendingen
58 **Karlsruhe:** Staatliches Museum für Naturkunde
59 **Kirchheim u. Teck:** Städtisches Museum im Kornhaus
60 **Konstanz:** Bodensee-Naturmuseum Konstanz
61 **Müllheim:** Markgräfler Museum
62 **Nattheim:** Korallen- und Heimatmuseum Nattheim
63 **Öhningen-Wangen:** Heimatmuseum Fischerhaus
64 **Reutlingen:** Naturkundemuseum Reutlingen
65 **Schwäbisch Gmünd:** Museum im Prediger
66 **Schwäbisch Hall:** Hällisch-Fränkisches Museum
67 **St. Blasien:** Museum des Landkreises Waldshut
68 **Trossingen:** Heimatmuseum Auberlehaus
69 **Ulm:** Naturkundliches Bildungszentrum
70 **Wiesloch:** Städtisches Museum

Lage der Archäologischen Museen sowie der Natur-/Heimatmuseen mit geowissenschaftlichen Abteilungen/Ausstellungen

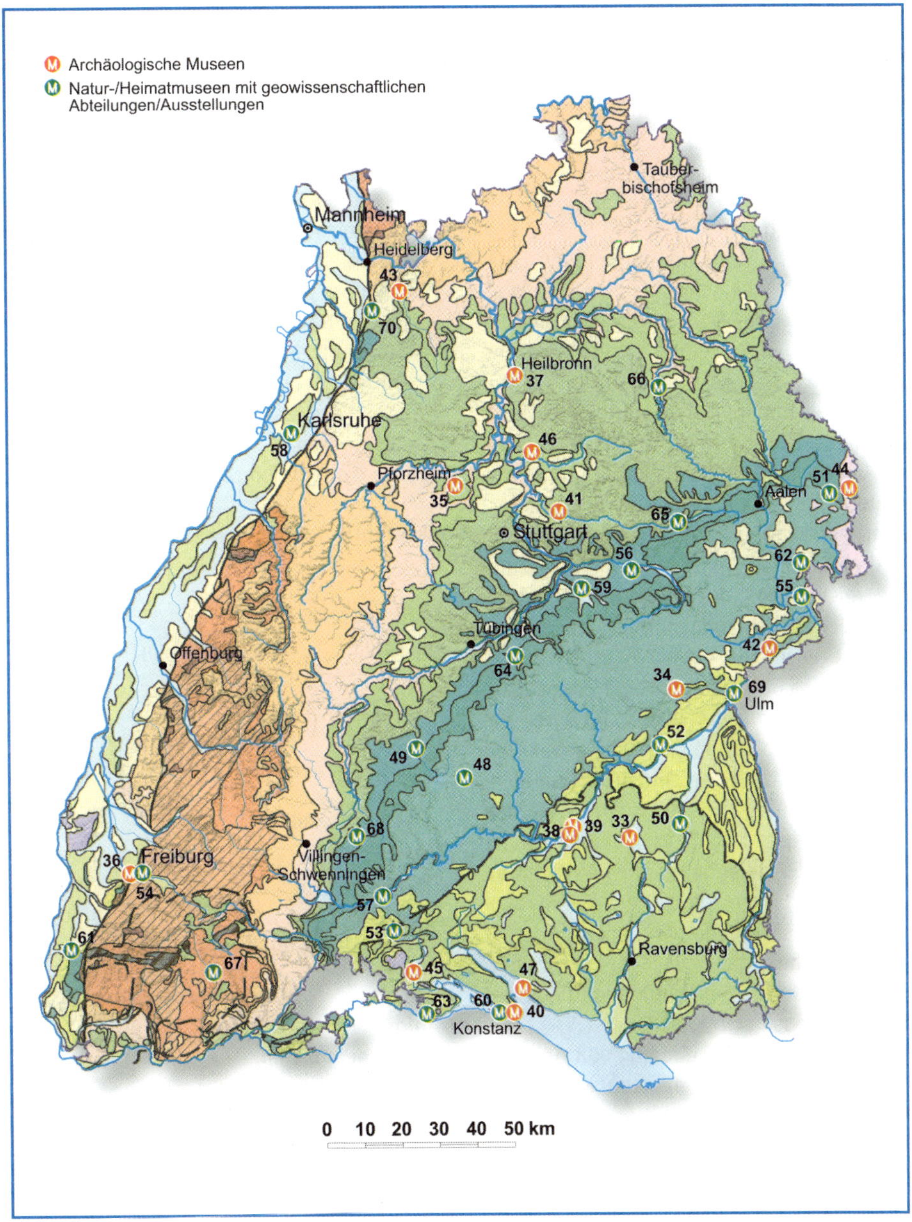

33 Federseemuseum

Bad Buchau, Landkreis Biberach

Anfahrt:
Autobahn A 7, Ausfahrt Berkheim, Bundesstraße B 312 über Biberach, Landesstraße nach Bad Buchau; oder Autobahn A 8, Ausfahrt Ulm-West, B 10 über Ulm bis Biberach, Landesstraße nach Bad Buchau

Beschreibung:
Dicht an dicht, wie sonst nirgends in Europa, liegen im oberschwäbischen Federseeried gut erhaltene Moorsiedlungen aus vorgeschichtlicher Zeit. Ihrer Erforschung und den dabei zutage gekommenen Funden verdankt das bereits 1919 gegründete Museum seine Bedeutung. Im Jahre 2000 kam das archäologische Freigelände mit seinen Pfahlbauten hinzu. Nicht minder interessant sind die landschaftsgeschichtlichen und naturkundlichen Themen im Museum. Sie reichen von der eiszeitlichen Entstehung der Beckenlandschaft und der bewegten Seegeschichte bis zur heutigen Artenvielfalt des Europäischen Vogelreservats.
Das Federseemuseum wartet mit einer einmaligen Kombination aus Originalen und Nachbauten auf. Innen sind die faszinierenden Originalfunde aus der archäologischen Vergangenheit des Sees zu bestaunen, außen, im Freigelände, können Ausschnitte aus 3500 Jahren dörflicher Pfahlbaugeschichte besichtigt werden. Hier sind charakteristische Teile aus vier berühmten stein- und bronzezeitlichen Siedlungen des Federseerieds nachgestellt.
Das Museum lädt regelmäßig von April bis Oktober Groß und Klein zum Mitmachen und Mitbauen, zu Vorführungen, Aktionen usw. ein. Als „Lernort Museum" des Oberschulamts Tübingen zählt das Federseemuseum zu den wichtigsten Schulmuseen in Deutschland; Führungen, Aktionstage und museumspädagogische Schülerbetreuung gehören hier zum festen Programm.
An das Museum schließt sich der Archäologische Moorlehrpfad an (s. Wasser-/ Quellen- u. Moor-Lehrpfade, Nr. 37).
Ein Führer zum Federseemuseum mit archäologischem Freigelände und Moorlehrpfad ist im Museum erhältlich.
Gegenüber dem Federseemuseum befindet sich das Naturschutzzentrum Federsee (s. Naturschutzzentren, Nr. 4).
Angaben zur geologischen Situation enthält das Blatt 7923 Saulgau-Ost der Geologischen Karte von Baden-Württemberg 1 : 25 000 (vorläufige Ausgabe).

Ausführliche Homepage:
www.federseemuseum.de

Öffnungszeiten:
1. April bis 1. November: täglich 10–18 Uhr
2. November bis 31. März:
Sonntag 10–16 Uhr
Gruppen nach Voranmeldungen auch außerhalb der Öffnungszeiten

Eintrittspreise:

Erwachsene	4,00 Euro
Familien	9,00 Euro
ermäßigt	3,00 Euro

Weitere Tarife und Gruppentarife auf Nachfrage

Info:
Federseemuseum
August Gröber Platz 2
88422 Bad Buchau
Tel.: (07582) 8350
Fax: (07582) 933810
E-Mail: info@federseemuseum.de

34 Urgeschichtliches Museum

Blaubeuren, Alb-Donau-Kreis

Anfahrt:
Autobahn A 8, Ausfahrt Ulm-West, Bundesstraße B 10 nach Ulm, B 28 nach Blaubeuren

Beschreibung:
Das Urgeschichtliche Museum Blaubeuren befasst sich mit den archäologischen Höhlenfundstellen im Ach- und Blautal und zeigt vorwiegend alt- und mittelsteinzeitliche Funde aus diesen Höhlen.
Zunächst wird im Museum eine allgemeine Einführung in die Entstehung des Lebens und der Lebewesen gegeben. Die geologische Entwicklung wird, entsprechend der unmittelbaren Landschaftsgeschichte des Blaubeurer Raums, ab der Jurazeit dargestellt. Gezeigt wird die Landschaftgeschichte des ehemaligen Urdonautals und die Entstehung der Höhlen. Im Anschluss daran werden die Umweltbedingungen behandelt, wie sie durch die modernen Ausgrabungstechniken erschlossen werden können. Ein bewegliches Schaubild fasst diese beiden Aspekte der Ausgrabung und der Interpretation der urgeschichtlichen Lebensverhältnisse zusammen.
Im Mittelpunkt der nächsten Abteilung steht die Entwicklung des Menschen und seine Fähigkeit, Werkzeuge herzustellen und zu benutzen. Ausgewählte Beispiele verdeutlichen die technisch-kulturelle Abfolge in der Altsteinzeit vom Heidelberger Urmenschen *(Homo erectus heidelbergensis)* über den Neandertaler bis zum Cro-Magnon-Menschen als Stammvater des heute lebenden Menschen. Anfänge künstlerischer Gestaltung werden gezeigt und erklärt. Aus der Fundstelle „Geißenklösterle“ im Achtal stammt beispielsweise eines der ältesten bekannten Kunstwerke der Menschheit, und zwei Flötenfunde gehören zu den ältesten bekannten Musikinstrumenten.
Mit dem wärmeren Klima der Nacheiszeit erfolgte eine Wiederbewaldung, die heutige Tierwelt breitete sich aus, der Mensch lebte in kleinen Gruppen als Sammler, Fischer und Jäger. Diese Entwicklung wird durch ein bewegliches Schaubild und Werkzeugfunde gezeigt.
Schließlich werden die Veränderungen geschildert, die Feldbau und Viehzucht vor 5000 Jahren über Europa brachten, während in anderen Teilen der Erde z. T. weiterhin Jäger und Sammler lebten.
Angaben zur geologischen Situation enthält das Blatt 7524 Blaubeuren der Geologischen Karte von Baden-Württemberg 1 : 25 000.

Ausführliche Homepage:
www.blaubeuren.de/museen/urgeschichte (in Arbeit)

Öffnungszeiten:
Ende März bis Anfang November:
Dienstag bis Freitag 10–16 Uhr
Samstag, Sonn- und Feiertag 10–17 Uhr
Anfang November bis Ende März nur Sonntag 10–17 Uhr und auf Nachfrage

Eintrittspreise:

Erwachsene	2,50 Euro
ermäßigt	1,50 Euro
Familienkarte	7,00 Euro

Info:
Urgeschichtliches Museum Blaubeuren
Karlstraße 21, 89143 Blaubeuren
Tel.: (07344) 9286-0, Fax: (07344) 9286-15
E-Mail: urmu-blb@web.de

35 Keltenmuseum

Eberdingen-Hochdorf, Landkreis Ludwigsburg

Anfahrt:
Autobahn A 8, Ausfahrt Pforzheim-Ost, Bundesstraße B 10 über Vaihingen a. d. Enz bis Enzweihingen, Landesstraße bis Eberdingen-Hochdorf; oder Autobahn A 81, Ausfahrt Stuttgart-Zuffenhausen, Bundesstraße B 10 Richtung Vaihingen a. d. Enz bis Enzweihingen, Landesstraße bis Eberdingen-Hochdorf

Beschreibung:
Das 1968 entdeckte und 1978/79 untersuchte Grab von Hochdorf barg eine Sensation: die unberaubte Prunkbestattung eines frühkeltischen Fürsten. Die gut erhaltenen Funde gewähren zum ersten Mal tiefe Einblicke in die Welt der damaligen Herrscher. Der 1985 wieder aufgeschüttete Grabhügel, das benachbarte Grabhügelfeld im „Pfaffenwäldle" und die keltische Siedlung vermitteln einen Eindruck, wie Hochdorf vor 2500 Jahren ausgesehen haben mag.
Das Fürstengrab mit einmaligen Funden sowie deren archäologische und historische Einordnung stehen im Zentrum des Museums. Daneben werden die Lebensbedingungen der frühkeltischen Gesellschaft und – soweit erkennbar – die wirtschaftlichen und sozialen Verhältnisse verdeutlicht. Grabkammer und Beigaben wurden mit „alten" Werkzeugen und handwerklichen Techniken in originalgetreuen Materialien rekonstruiert. Die Präsentation vermittelt – anders als die Originalfunde – einen authentischen Eindruck der Bestattung vor 2500 Jahren.
Südlich und westlich des Museums erstreckte sich über 3 ha die planmäßig angelegte frühkeltische Siedlung von Hochdorf. Zwischen 1989 und 1994 konnte sie fast vollständig untersucht werden. Die Qualität der Funde, die Anlage der Siedlung und andere Besonderheiten zeigen, dass hier ein Ort von hervorgehobener Bedeutung lag. Neben großen Wohnbauten fanden sich mehr als 35 Grubenhäuser, in denen einst Webplätze und Bronzewerkstätten untergebracht waren.
Im Außenbereich des Museums wurde ein Gehöft rekonstruiert und nachgebaut. Dazu gehören ein Wohnhaus, ein Grubenhaus, ein Speicher, ein Erdkeller und ein Garten. Ein Faltblatt ist im Museum erhältlich.

Ausführliche Homepage:
www.keltenmuseum.de

Öffnungszeiten:
Dienstag bis Sonntag 9.30–12 und 13.30–17 Uhr, Montag geschlossen

Eintrittspreise:

Erwachsene	4,00 Euro
Familien	8,00 Euro
ermäßigt (Kinder, Schüler usw.)	1,80 Euro

Weitere Tarife und Gruppentarife auf Nachfrage

Info:
Keltenmuseum Hochdorf an der Enz
Keltenstraße 2
71735 Eberdingen-Hochdorf/Enz
Tel.: (07042) 78911 oder 799402
Fax: (07042) 799466
E-Mail: info@keltenmuseum.de

36 Museum für Ur- und Frühgeschichte

Freiburg i. Br., Stadtkreis Freiburg

Anfahrt:
Autobahn A 5, Ausfahrt Freiburg-Mitte, über den Zubringer (B 31 a) bis zur Innenstadt

Beschreibung:
Das Museum für Ur- und Frühgeschichte befindet sich seit 1983 im Colombischlössle, im Herzen Freiburgs. Die 1859/61 erbaute herrschaftliche Villa im neugotischen Stil, inmitten eines englischen Landschaftsgartens mit vielen alten Bäumen gelegen, beherbergt auf drei Etagen Funde aus der Region von der Steinzeit bis ins frühe Mittelalter.

Südwestdeutschland, insbesondere der vom Klima verwöhnte Breisgau, war schon seit alters her bevorzugtes Lebens- und Siedlungsgebiet vor- und frühzeitlicher Menschen. Die ältesten Fundstücke, die im Museum gezeigt werden, stammen von Engen im Hegau sowie vom Tuniberg bei Freiburg aus der Zeit des Magdalénien (jüngere Altsteinzeit). Damals noch Sammler und Jäger, hinterließen diese Menschen Feuersteinwerkzeuge, rätselhafte Lochstäbe, erste Schmuckstücke und Skulpturen.

In der Jungsteinzeit begannen die Menschen, sesshaft zu werden. Werkzeuge, Gefäße, Gräber und Grabbeigaben lassen verschiedene Kulturen unterscheiden. Das Museum zeigt eine Fülle unterschiedlicher Keramiken, Werkzeuge und Modelle damaliger Häuser und Lebensumstände.

119 Museum für Ur- und Frühgeschichte im Colombischlössle

119

Mit der Bronzezeit änderte sich das Leben der Menschen. Wiederum bessere Werkzeuge konnten nun geschaffen werden, erstmals auch solche, die ausschließlich dem Kampf dienten, beispielsweise Schwerter. Durch den Bronzeguss, der im Modell und an vielen Funden erläutert wird, war es möglich, feine Schmuckstücke herzustellen und auch die Gegenstände des täglichen Lebens feiner und zierlicher zu gestalten. Grabfunde weisen auf hohe handwerkliche Fähigkeiten hin, die nur Spezialisten haben konnten. Die Eisenzeit (Hallstattzeit und La-Tène-Zeit) ist vor allem durch Gräber belegt, die in der Region an vielen Stellen gefunden wurden. Grabbeigaben, wie Schmuckstücke, Keramiken und Waffen, weisen bereits auf feudale Gesellschaftsstrukturen mit Ausbildung einer Adelsschicht hin, mit Höhensiedlungen und Fürstensitzen sowie überaus verschwenderisch mit Beigaben ausgestatteten Fürstengräbern.
Die Römerzeit ist in zahlreichen Vitrinen im Obergeschoss vertreten. Gebrauchsgegenstände, Schmuck, Gläser, kleine Skulpturen und Gottheiten werden gezeigt, daneben Gegenstände von Kriegern wie Waffen und Pferdezaumzeug. Ausgrabungen verschiedener Landhäuser, „villae rusticae“, sowie von Kastellen brachten Erkenntnisse über Lebensumstände und Gebräuche der Römerzeit.
Um 260 n. Chr. drangen die Alamannen über den Limes vor und besetzten das gesamte rechtsrheinische Südwestdeutschland. Zahlreiche Einzelgräber, aus späterer Zeit ganze Friedhöfe, konnten ausgegraben werden und lieferten eine Fülle wichtiger Funde, die über Leben und Sterben dieser Menschen Auskunft geben können.
Das frühe Mittelalter wird durch Funde vom Augustinerplatz in Freiburg belegt, wo eine Abortgrube aus dem 13. Jahrhundert geborgen werden konnte.
Sehenswert ist schließlich die Alamannische Schatzkammer im Untergeschoss mit Schmuck, prunkvollen Waffen und Gläsern.

Öffnungszeiten:
Dienstag bis Sonntag 10–17 Uhr

Eintrittspreise:
Eintritt frei

Info:
Museum für Ur- und Frühgeschichte
Colombischlössle
Rotteckring 5
79098 Freiburg
Tel.: (0761) 201-2571

37 Archäologisches Museum

Heilbronn, Stadtkreis Heilbronn

Anfahrt:
Autobahn A 6, Ausfahrt Heilbronn-Untereisesheim nach Heilbronn; oder Autobahn A 81, Ausfahrt Heilbronn-Untergruppenbach nach Heilbronn

Beschreibung:
Der Heilbronner Raum mit dem Neckar als Lebensader und den östlich und westlich angrenzenden fruchtbaren Lössböden ist seit der Steinzeit dicht besiedelt. Bedeutende Grabbeigaben und Siedlungsüberreste wurden um die Jahrhundertwende und am Anfang des 20. Jh. u. a. bei Großgartach und im Heilbronner Stadtgebiet geborgen. Die meisten dieser Funde wurden allerdings in der Bombennacht am 4. 12. 1944 zerstört.
Der Wiederaufbau des Museums sowie zahlreiche Fundbergungen geschahen in den fünfziger-Jahren des 20. Jahrhunderts. Größere Fundkomplexe stammen aus einer Grabung auf dem Heilbronner Marktplatz Anfang der sechziger Jahre bis 1965. Weitere Untersuchungen bezogen sich auf jungsteinzeitliche Erdwerke auf dem Hetzenberg bei Obereisesheim und auf die Ebene bei Ilsfeld sowie auf die römischen Kastelle von Heilbronn-Böckingen und Bad Wimpfen. Wurden die Grabungen und Fundbergungen zuerst von kundigen Laien (Hofrat Dr. med. Schlitz um 1900, Rektor W. Mattes um 1960) und anderen durchgeführt, übernahm ab Beginn der siebziger Jahre das Landesdenkmalamt die alleinige Zuständigkeit für Fundbergungen im Raum Heilbronn.
Der Besuch der Ausstellung „Heilbronner Ur- und Frühgeschichte" im Dachgeschoss des Deutschhofes ist ein Weg in die Vergangenheit, der von der Neuzeit über das Mittelalter, die Besiedelung durch Alamannen, Römer und Kelten, weiter über die Eisen- und Bronzezeit bis zurück in die Jungsteinzeit führt. Für jeden beschriebenen „Zeit"-Raum findet der Besucher eine Karte der Gegend um Heilbronn, bei der der Neckar als Lebensader der Region gestalterisch hervorgehoben ist.
Erwähnenswert sind die museumspädagogischen Aktivitäten, wobei Führungen und Aktionen zu archäologischen Themen (römische und mittelalterliche Spiele, Götterwelten, Sitten und Gebräuche von der Steinzeit bis heute) angeboten werden und sich das Museum verstärkt an Kinder, Schulklassen, daneben auch an interessierte Erwachsenengruppen wendet.
Ein Führer ist in den Städtischen Museen Heilbronn erhältlich.

Öffnungszeiten:
Dienstag bis Sonntag 10–17 Uhr

Eintrittspreise:
Dauerausstellungen:
Eintritt frei
Sonderausstellungen:
Eintrittspreise erfragen

Info:
Städt. Museen/Archäologisches Museum
Deutschhofstraße 6
74072 Heilbronn
Tel.: (07131) 56-3092 od. -2295
Fax: (07131) 56-3194
www.museen-heilbronn.de

38 Heuneburgmuseum

Herbertingen-Hundersingen, Landkreis Sigmaringen

Anfahrt:
Autobahn A 7, Ausfahrt Berkheim, Bundesstraßen B 312 über Biberach und Riedlingen, B 311 bis Herbertingen, Abzweigung nach Herbertingen-Hundersingen; oder A 81 Ausfahrt Geisingen, B311 über Tuttlingen-Meßkirch-Mengen bis Herbertingen, Abzweigung nach Herbertingen-Hundersingen

Beschreibung:
Das Heuneburgmuseum zeigt die Ergebnisse aus 30 Jahren Ausgrabungen auf der Heuneburg. Als repräsentative Behausung für das Museum bot sich die 1783 erbaute ehemalige Zehntscheuer des Klosters Heiligkreuztal in Hundersingen an.

Der Museumsrundgang beginnt im Treppenhaus mit einer Übersicht über 100 Jahre Forschungsgeschichte im Bereich der Heuneburg. Daran schließt sich eine Schilderung der wichtigsten Siedlungsstadien und der Befestigungsanlagen der Heuneburg von der Jungsteinzeit bis in historische Zeit an.

Im Treppenaufgang und im 1. Stock wird der hohe technische Stand damaliger Handwerker gezeigt. Besonders beeindruckt hierbei die Kunst der damaligen Zimmerer, die in der Lage waren, Häuser von mehr als 30 x 14 m Grundfläche zu errichten. Auch die Töpferkunst war hoch entwickelt, sowohl grobe Gebrauchskeramik als auch bemalte und unbemalte Feinkeramik ist hier zu sehen. Neben der individuellen Herstellung von Gebrauchskeramik gab es bereits Töpfereibetriebe, die sich der Drehscheibe (Drehscheibenkeramik) bedienten und ihre Produkte mit roten, weißen oder schwarzen Farben bemalten. Schmuckgegenstände aus Gagat und Bernstein werden gezeigt, auch sie wohl bereits aus Werkstätten. Für die hochwertige Metallbearbeitung, insbesondere von Gegenständen aus Bronze, liegen Zeugnisse vor.

Ein Charakteristikum der Heuneburg und Zeichen für weit reichende Handelsbeziehungen ist eine ganze Reihe importierter Güter, wobei besonders griechische Keramik, aber auch Bernstein als ortsfremde Gegenstände auffallen.

Den Rundgang beschließt eine Übersicht über die damaligen Bestattungsgebräuche, von den monumentalen Grabhügeln mit aufwändigen Grabkammern über einfache Gräber bis zu Brandbestattungen in unmittelbarer Nähe der Heuneburg. Grabbeigaben wie Waffen, Schmuck, Kleidung, Wagen oder Bronzegefäße runden diesen Bereich ab.

Die ständige Ausstellung im Museum wird ergänzt durch eine 15-minütige Tonbildschau.

Im Dachgeschoss werden Sonderausstellungen präsentiert, meist im jährlichen Wechsel.

120 Gefäß mit für die Heuneburg typischer Bemalung
121 Heuneburgmuseum
122 Goldreifen

120

Ausführliche Homepages
über die Heuneburg, das Heuneburgmuseum sowie das Freilichtmuseum Keltischer Fürstensitz Heuneburg:
http://heuneburg.de
www.dhm.de/museen/heuneburg/index.html

Öffnungszeiten:
1. April bis 31. Oktober:
Dienstag bis Sonntag 10–16.30 Uhr,
Juli und August: 10–18 Uhr,
Montag sowie November bis März geschlossen
Führungen für Gruppen nach Anmeldung

Eintrittspreise:
Kombikarte: Heuneburgmuseum, Freilichtmuseum u. Museumsführer:

Erwachsene	5 Euro
Familien	12 Euro
ermäßigt	3 Euro

Weitere Tarife und Gruppentarife auf Nachfrage

Info:
Heuneburgmuseen
Ortsstraße 2
88518 Herbertingen-Hundersingen
Tel. u. Fax: (07586) 917303
E-Mail: flm.heuneburg@t-online.de

122
121

39 Freilichtmuseum Keltischer Fürstensitz Heuneburg

Herbertingen-Hundersingen, Landkreis Sigmaringen

Anfahrt:

Autobahn A 7, Ausfahrt Berkheim, Bundesstraßen B 312 über Biberach und Riedlingen, B 311 bis Herbertingen, Abzweigung nach Herbertingen-Hundersingen; oder A 81 Ausfahrt Geisingen, B311 über Tuttlingen-Meßkirch-Mengen bis Herbertingen, Abzweigung nach Herbertingen-Hundersingen

Beschreibung:

Die Region an der Oberen Donau in der Umgebung von Hundersingen gehört mit dem ehemaligen keltischen Fürstensitz Heuneburg, den monumentalen Fürstengrabhügeln, Grabhügelfeldern und Viereckschanzen zu den eindrucksvollsten archäologischen Landschaften Süddeutschlands.

Die Besiedelung des Burghügels reicht von der Jungsteinzeit (4./3. Jahrhundert v. Chr.) bis in die Zeit der Salier im 11. Jahrhundert n. Chr.

Das 6. Jahrhundert n. Chr. war eine Zeit tief greifender Veränderungen: Von Burgund bis an den Main wurden befestigte Höhensiedlungen angelegt. Goldhalsringe, Wagen und kostbare Importe aus den mediterranen Hochkulturen, die man den Toten mit ins Jenseits gab, demonstrierten Macht und Prestige einer reichen Oberschicht.

Seit über hundert Jahren faszinierten die Prunkgräber der Hallstattzeit. Die Sensation war perfekt, als 1877 E. Paulus in Grabhügeln bei Hundersingen Goldschmuck und Bronzegefäße entdeckte. Zur gleichen Zeit gingen Bilder der Königsgräber von Mykene um die Welt. Beeindruckt von deren Reichtum interpretierte man die Hügelgräber an der Oberen Donau als Bestattungsstätten einer fürstlichen Elite. Wo aber lag deren „Akropolis“? Erst 80 Jahre später ließen großflächige Ausgrabungen in direkter Nähe eine der bedeutendsten keltischen Befestigungsanlagen zu Tage kommen – die Heuneburg.

Die eisenzeitliche Siedlung war von mehreren nacheinander errichteten Befestigungsmauern umgeben. Eine dieser Mauern war aus luftgetrockneten Lehmziegeln auf einem Kalksteinsockel erreicht worden – eine Bautechnik, aus dem Mittelmeerraum wohl bekannt, nördlich der Alpen aber einzigartig.

80 m der Lehmziegelmauer und mehrere Gebäude wurden originalgetreu wieder aufgebaut und zeigen das Leben auf der Heuneburg vor rund 2500 Jahren.

Ausführliche Homepages

über die Heuneburg, das Heuneburgmuseum sowie das Freilichtmuseum Keltischer Fürstensitz Heuneburg:
http://heuneburg.de
www.dhm.de/museen/heuneburg/index.html

Öffnungszeiten:

1. April bis 31. Oktober: Dienstag bis Sonntag 10–16.30 Uhr, Juli bis August 10–18 Uhr, Montag sowie November bis März geschlossen

Eintrittspreise:

Erwachsene	3,00 Euro
Familien	6,50 Euro
ermäßigt	1,50 Euro

Weitere Tarife und Gruppentarife auf Nachfrage

Info:

Heuneburgmuseen, Ortsstraße 2
88518 Herbertingen-Hundersingen
Tel. u. Fax: (07586) 917303
E-Mail: flm.heuneburg@t-online.de

40 Archäologisches Landesmuseum Baden-Württemberg, Außenstelle Konstanz

Konstanz, Landkreis Konstanz

Anfahrt:

Autobahn A 81, Ausfahrt Kreuz Hegau, Bundesstraße B 33 nach Konstanz; mit Bundesbahn oder Bodenseefähre aus Richtung Meersburg

Beschreibung:

Die Außenstelle des archäologischen Landesmuseums Baden-Württemberg zeigt in ihrer ständigen Ausstellung die Welt des Menschen vom 6. Jahrtausend v. Chr. bis ins 19. Jh. n. Chr. Dem Museumsbesucher wird Archäologie vermittelt, wie er sie noch nicht kennen gelernt hat – eine Wanderung durch die archäologische Vergangenheit Baden-Württembergs: Steinzeit pur im Pfahlbauhaus – römisches Stadtleben – Kultur und Bestattungsformen von Kelten und Alamannen – Streifzug durch das „finstere" Mittelalter, die Lebensweise der mittelalterlichen Stadtbevölkerung.

Ein weiterer Schwerpunkt ist die Entwicklung der Schifffahrt von der Steinzeit bis in das 19. Jahrhundert. Gezeigt werden Einbäume, dann Zeugnisse der römischen Schiffbaukunst, die es einst ermöglichte, dieses riesige Weltreich zusammenzuhalten. Neu entdeckte Schiffsteile sowie Rekonstruktionen der ausgegrabenen Hafenanlagen von Konstanz repräsentieren das Mittelalter. Viele große Modelle veranschaulichen Form und Segeltechnik der alten Schiffe. Das älteste Schiff vom Bodensee, das um 1340 n. Chr. erbaut, 1991 geborgen und restauriert wurde, stellt innerhalb der Schifffahrtausstellung eine besondere Attraktion des Museums dar.

Neben den Dauerausstellungen bietet das Museum eine Fülle von Führungen und museumspädagogischen Aktionen an, in denen die interessierten Besucher, Gruppen oder Schulklassen in einer Vielzahl von Kursen die Zeitalter von der Vorgeschichte bis ins Mittelalter erarbeiten und erfahren können. Ausführliches Kursmaterial mit Teilnahmebedingungen, Themen und Preisen können angefordert werden.

In Konstanz befindet sich außerdem das Bodensee-Naturmuseum im Sealife Centre (s. Natur-/Heimatmuseen, Nr. 60), dessen Besuch empfohlen wird.

Ausführliche Homepage:

www.konstanz.alm-bw.de

Öffnungszeiten:

ganzjährig: Dienstag bis Sonn- u. Feiertag 10–18 Uhr, Montag sowie am 24./25. Dezember und 1. Januar geschlossen

Eintrittspreise:

Erwachsene	3,00 Euro
Familien	6,00 Euro
ermäßigt	2,00 Euro

an jedem 1. Samstag im Monat freier Eintritt

Weitere Tarife und Gruppentarife auf Nachfrage

Info:

Archäologisches Landesmuseum
Baden-Württemberg, Außenstelle Konstanz
Benediktinerplatz 5
78467 Konstanz
Tel.: (07531) 9804-0
Fax: (07531) 68452
E-Mail: info@konstanz.alm-bw.de

41 Steinzeitmuseum

Korb-Kleinheppach, Rems-Murr-Kreis

Anfahrt:
Autobahn A 81, Ausfahrt Ludwigsburg-Nord, Landesstraße über Ludwigsburg, Neckarrems und Schwaikheim nach Korb und Korb-Kleinheppach: oder Autobahn A 8, Ausfahrt Stuttgart-Degerloch, Bundesstraßen B 10, später B 14, Ausfahrt Korb, Landesstraße bis Korb-Kleinheppach

Beschreibung:
Das 1974 eingerichtete Museum befindet sich im ehemaligen Rathaus von Kleinheppach, heute Verwaltungsstelle der Gemeinde Korb.
Das Steinzeitmuseum beherbergt eine der bedeutendsten Privatsammlungen des Landes Baden-Württemberg: die von E. REINHARD (verst. 1991) in über 60-jähriger Arbeit gesammelten Funde, die fast ausschließlich aus der nahen Umgebung des Museumsstandortes stammen.
Kernstück der Sammlung sind die Vor- und frühgeschichtlichen Funde, besonders solche aus allen Epochen der Steinzeit im Remstal: altsteinzeitliche Werkzeuge, Kunstwerke und Knochenfragmente der eiszeitlichen Tierwelt, Steinwerkzeuge und Waffen der Mittelsteinzeit. Eindrucksvoll auch die Nachbildung eines mittelsteinzeitlichen Lagerplatzes. Dann Werkzeuge, Waffen, Geräte und Keramik der jungsteinzeitlichen Bauernkulturen und der Bronzezeit. Römerzeitliche Funde, solche aus Alamannengräbern und den mittelalterlichen Kleinheppacher Burganlagen vervollständigen diesen Ausstellungsteil des Museums.
Neben der archäologischen Abteilung werden in einer kleineren Ausstellung verschiedene Versteinerungen, Minerale, Kristalle und Gesteine gezeigt, außerdem umfasst das Museum eine handwerkliche und volkskundliche Sammlung des 18.–20. Jahrhunderts.

Öffnungszeiten:
jeden 1. und 3. Sonntag im Monat von 14–16 Uhr und nach Vereinbarung (Anmeldung von Gruppen bei Familie REINHARD, Tel.: 07151/606532);
vom 22. Dezember bis 20. Januar sowie in den Sommerferien geschlossen

Eintrittspreise:
Eintritt frei

Info:
Bürgermeisteramt Korb
J.-F.-Weishaar-Straße 7–9
71404 Korb
Tel.: (07151) 9334-0
Fax: (07151) 9334-23
E-Mail: gemeinde@korb.kdrs.de
www.korb.de

Frau REINHARD (Betreuerin d. Museums)
Tel.: (07151) 606532

42 Museum für Vor- und Frühgeschichte

Langenau, Alb-Donau-Kreis

Anfahrt:

Autobahn A 8, Ausfahrt Ulm-Ost, Bundesstraße B 19 bis Langenau; oder Autobahn A 7, Ausfahrt Langenau

Beschreibung:

1986 konnte die vor- und frühgeschichtliche Sammlung aus der drangvollen Enge des Heimatmuseums in die Räume im Pfleghof umgelagert werden. Hier sind nun die reichen Funde aus dem Boden der Langenauer Umgebung übersichtlich ausgestellt.

Die Langenauer Bucht war zu allen Zeiten siedlungsgünstig für die Menschen. Die ältesten Funde entstammen den Höhlen des nahen Lonetals aus der letzten Eiszeit, wo die Menschen als Jäger und Sammler dem Wild nachstellten. Als in der jüngeren Steinzeit die Menschen sesshaft wurden, Ackerbau und Viehzucht trieben, legten sie feste Siedlungen an.

Aus den folgenden Metallzeiten (Bronze- und Eisenzeit) ist vor allem Keramik aus Gräbern und Siedlungen gefunden worden. Im Baugebiet Öchslesmühlbach konnte eine große Siedlung aus der Urnenfelder- und Hallstatt-Zeit ausgegraben werden.

Die Römer, die im hiesigen Raum zwischen 80 und 260 n. Chr. ihre Spuren hinterließen, sind durch viele Funde belegt. Langenau lag an einer wichtigen Fernstraße, die von Urspring nach Faimingen durch Langenau führte. Wichtigste Siedlungsform waren die verstreut liegenden Höfe (villae rusticae), von denen einige ausgegraben werden konnten.

Aus dem frühen Mittelalter (5.–8. Jh. n. Chr.) sind besonders viele Funde aus Gräbern zu erwähnen. Sie stammen von unseren direkten Vorfahren, den Sueben oder Alamannen. Siedlungsfunde aus dieser Zeit sind selten, liegen sie doch meist unter den heute bebauten Flächen.

Neben den anthropologischen Ausstellungsstücken sind auch paläontologische Funde, Versteinerungen und Fossilien aus dem Jura und dem Tertiär der Langenauer Umgebung zu sehen. 1976 wurde beim Bau der Autobahn zwischen Langenau und dem Ortsteil Göttingen eine der bedeutendsten Fundstellen aus dem Tertiär entdeckt und ausgegraben. Über 10 000 Einzelfunde wurden geborgen, sie sind ca. 18 Millionen Jahre alt. Größter Fund war das fast vollständige Skelett eines *Deinotheriums,* eines Säugetiers, von dem Teile ausgestellt sind.

Angaben zur geologischen Situation enthält das Blatt 7426 Langenau der Geologischen Karte von Baden-Württemberg 1 : 25 000 (vorläufige Ausgabe).

Öffnungszeiten:

jeden 1. u. 3. Sonntag im Monat 14–16 Uhr, Führungen nach Vereinbarung

Eintrittspreise:

Eintritt frei

Info:

Museum für Vor- und Frühgeschichte
Kirchgasse 9
89129 Langenau
Tel.: (07345) 7453
(Museumsleiter E. Junginger)
oder (07345) 9622-40 (Stadtverwaltung)

43 Urgeschichtliches Museum

Mauer, Rhein-Neckar-Kreis

Anfahrt:
Autobahn A 5, Autobahnkreuz Heidelberg, Zubringer bis Heidelberg, Bundesstraße B 37 durch das Neckartal bis Neckargemünd, B 45 bis Mauer

Beschreibung:
Der Unterkiefer des *Homo erectus heidelbergensis,* gefunden am 21. Oktober 1907 in Mauer, ist das bisher älteste Zeugnis menschlichen Daseins in Europa. Seiner damaligen Umwelt und seinen möglichen „Verwandten" ist dieses Museum gewidmet. Es wurde 1982, zur 75. Wiederkehr des Kieferfundes, im Rathaus Mauer eröffnet.
Im Museum werden die Landschaftsgeschichte der Mauerer Schlinge, die damaligen Klimaverhältnisse und die Lebensumstände dieser ältesten Menschen erklärt. Die Erdgeschichte ist fest eingebunden in die Gestaltung des Museums: Der rote Buntsandstein, der im Norden den Untergrund des Neckartals und der Schlinge bildet, dann der graue Muschelkalk, der den Buntsandstein nach Süden überlagert sowie der Keuper, der große Teile des anschließenden Kraichgaus bildet, wurden als bauliche Elemente in die Ausstellung eingearbeitet. Anhand von Blockbildern wird die Entstehung der Mauerer Schlinge dargestellt. Ein großes Lackprofil aus der Sandgrube, in Höhe der damaligen Fundschicht entnommen, zeigt die Abfolge der Mauerer Sande im Original.
In mehreren Vitrinen werden Fundstücke aus der Sandgrube im Grafenrain ausgestellt: zumeist Wirbeltierknochen und Zähne der altpleistozänen Tierwelt.
Die Bedeutung der Sandgrube liegt jedoch weniger in den wissenschaftlich gleichwohl sehr bedeutenden Wirbeltierresten, sondern im Unterkiefer des *Homo erectus heidelbergensis*, der leider der einzige Hominidenfund in der Mauerer Sandgrube blieb.
In der Nähe der Partnerschaftsgemeinde Tautavel in Südfrankreich werden seit 1969 in einer Höhle Ausgrabungen durchgeführt, die ebenfalls Reste von Hominiden erbrachten. Zeitlich entsprechen sie etwa dem *Homo erectus heidelbergensis* und so lag es nahe, in der Ausstellung im Mauerer Rathaus auch Funde aus Tautavel zu präsentieren. In einer Vitrine „Die Altmenschen von Mauer und Tautavel" werden Abgüsse der Originalfundstücke präsentiert, verglichen und erklärt.
Eine ausführliche Broschüre ist im Rathaus erhältlich.
Angaben zur geologischen Situation enthält das Blatt 6618 Heidelberg-Süd der Geologischen Karte von Baden-Württemberg 1 : 25 000.

Öffnungszeiten:
Montag 8–12 u. 13.30–18 Uhr, Dienstag, Mittwoch u. Donnerstag 8–12 u. 13.30–16 Uhr, Freitag 8–12 Uhr
Nach Anmeldung sind Führungen für Gruppen ab 10 Personen auch am Wochenende möglich.

Eintrittspreise:
Eintritt frei

Info:
Bürgermeisteramt Mauer
Heidelberger Straße 34
69256 Mauer
Tel.: (06226) 9220-0, Fax: (06226) 9220-99
E-Mail: posteingang@gemeinde-mauer.de
www.gemeinde-mauer.de

44 Goldbergmuseum

Riesbürg-Goldburghausen, Ostalbkreis

Anfahrt:
Autobahn A 7, Ausfahrt Aalen/Westhausen, Bundesstraße B 29 über Bopfingen nach Riesbürg, Landesstraße nach Goldburghausen

Beschreibung:
Das Goldbergmuseum ermöglicht anschaulich den Zugang zur Vor- und Frühgeschichte im Ries. Es zeigt nicht nur beeindruckende Fundstücke der Ausgrabung am Goldberg und aus der umgebenden Flur, sondern erläutert die Grabungsergebnisse und die Bedeutung der Funde am Goldberg durch Fotos und Rekonstruktionszeichnungen. Mehrere Modelle der Häuser und Siedlungen, der Geräte, Waffen (Pfeilspitzen, Steinäxte, Speerschleudern) und Gegenstände aus dem Alltag dieser Zeit ermöglichen es dem Besucher, sich das Leben in der Steinzeit vorzustellen. Hier kann man erfahren, wie unsere Vorfahren gewohnt und gejagt haben, wovon sie sich ernährten und welche Werkzeuge sie benutzt haben. Wer will, kann die Steinsäge, einen Steinbohrer oder den Webstuhl selbst ausprobieren – hier wird die Steinzeit zum Leben erweckt!
Ein ausführlicher Museumsführer ist im Goldbergmuseum erhältlich.

Öffnungszeiten:
1. April bis 31. Oktober:
Sonn- und Feiertag 14–17 Uhr
Gruppen ab 5 Personen auch wochentags nach telefonischer Voranmeldung

Eintrittspreise:

Erwachsene	1,00 Euro
Kinder	0,50 Euro

Info:
Goldbergmuseum
Ostalbstraße 33
73469 Riesbürg-Goldburghausen
Tel.: (09081) 79223 oder 79129
E-Mail: Klaus-m.gross@t-online.de
(Vorstand d. AK Goldbergmuseum)

45 Hegau-Museum

Singen, Landkreis Konstanz

Anfahrt:
Autobahn A 81, Ausfahrt Singen

Beschreibung:
Seit seiner Gründung in den dreißiger Jahren wurde das Hegau-Museum der Stadt Singen durch die Stadt und das Landesdenkmalamt systematisch zu einem der größten regionalen Museen für Vor- und Frühgeschichte des Landes Baden-Württemberg ausgebaut. Neben der sehr umfangreichen Sammlung archäologischer Funde aus alten und neuen Ausgrabungen im Hegau sind die wertvollsten Stücke der paläontologischen Sammlung des weit über die Grenzen Baden-Württembergs bekannten Ippinger Pfarrers und Privatgelehrten JOSEPH KELLER sowie eine Schmetterlings- und Käfersammlung ausgestellt. 1987 wurde das Museum nach modernsten pädagogischen Gesichtspunkten um- und ausgebaut.
In 13 neu gestalteten Räumen präsentiert sich dem Besucher nicht nur eine Fülle zum Teil sehr seltener Fundstücke. Er erhält darüber hinaus detaillierte Informationen über die Sozialstrukturen, die Wirtschaftsformen, über den Haus- und Siedlungsbau, über die Handwerkstechniken, die Kleidung, die Religion, das Brauchtum und den Totenkult der Menschen, die den Hegau seit dem Ende der letzten Eiszeit vor etwa 12 000 Jahren bis in die Zeit der alamannischen Landnahme im 5. bis 8. Jahrhundert nach Chr. besiedelten.
Seit 1989 hat das Hegau-Museum seine museumspädagogischen Aktivitäten verstärkt. Dies soll vor allem Kindern und Jugendlichen den Zugang zur Vor- und Frühgeschichte erleichtern. Angeboten werden Forscherspiele, Mal-Aktionen, Kinderarchäologentage, Schmuck- und Töpferwerkstätten bis zu besonderen Kinderführungen. Ein weiteres gerne angenommenes Angebot sind Schulklassenführungen, die je nach Altersstufe unterschiedlich gestaltet werden.
Ein reich bebilderter Museumsführer ist im Museum erhältlich.

Ausführliches Museumsprogramm:
www.singen.de/ti/sehenswertes/ museen/hegau.htm

Öffnungszeiten:
Dienstag bis Samstag 14–18 Uhr,
Sonntag 14–17 Uhr,
Montag geschlossen
Führungen u. museumspädagogische Angebote auf Nachfrage

Eintrittspreise:
Eintritt frei

Info:
Hegau-Museum
Am Schlossgarten 2
78224 Singen/Hohentwiel
Tel.: (07731) 85-268

46 Urmensch-Museum

Steinheim a. d. Murr, Landkreis Ludwigsburg

Anfahrt:

Autobahn A 81, Ausfahrt Pleidelsheim, Landesstraße bis Steinheim a. d. Murr

Beschreibung:

Vom Ende des 19. Jahrhunderts bis etwa 1965 wurden in den Kies- und Sandgruben zwischen Steinheim a. d. Murr und Murr zahlreiche Knochen von Säugetieren aus dem Pleistozän (Eiszeitalter) gefunden. Durch die Skelettfunde des Steinheimer Steppenelefanten und eines Auerochsen im Jahre 1910 wurde Steinheim über die Grenzen des Landes hinaus bekannt. Weltruhm erlangte Steinheim jedoch durch den Fund des Steinheimer Urmenschen 1933 in der Kiesgrube Sigrist. Dieser Fund steht im Mittelpunkt des Museums. Es handelt sich hierbei um den nach wie vor vollständigsten Urmenschenschädel aus Deutschland. Seine Fundgeschichte, die Untersuchungsergebnisse und stammesgeschichtlichen Zusammenhänge werden dargestellt und erläutert. Ein weiteres Thema des Museums ist es, einen geschichtlichen Überblick über Forscher und Forschungen auf dem Gebiet der Anthropologie zu vermitteln. Im Obergeschoss des Museums werden Geologie und Landschaftsgeschichte präsentiert und es wird der Frage nachgegangen, warum gerade hier die Sande und Kiese abgelagert wurden, deren Abbau zu den berühmten Funden geführt hat. Neben den menschlichen Funden kommt auch die eiszeitliche Tierwelt nicht zu kurz: In zwei Räumen werden eindrucksvolle Funde, Lebensbilder der damaligen Epochen und Skelettmontagen gezeigt. Besonders beeindruckt hierbei das Skelett des gewaltigen Steinheimer Steppenelefanten mit einer Schulterhöhe von 3,75 m.

Das Urmensch-Museum der Stadt Steinheim an der Murr – einer Zweigstelle des Staatlichen Museums für Naturkunde, Stuttgart – wurde 1968 im Hans-Trautwein-Haus eingerichtet. Der Besucher erlebt heute das 1983 vergrößerte und völlig neu gestaltete Museum.

Ein Führer ist im Museum erhältlich.

Angaben zur geologischen Situation enthält das Blatt 7021 Marbach am Neckar der Geologischen Karte von Baden-Württemberg 1 : 25 000.

Öffnungszeiten:

Dienstag bis Sonn- u. Feiertag 10–12 und 14–16 Uhr

Eintrittspreise:

Erwachsene	2,00 Euro
ermäßigt	1,00 Euro

Weitere Tarife und Gruppentarife auf Nachfrage

Info:

Urmensch-Museum
Kirchplatz 4
71711 Steinheim a. d. Murr
Tel.: (07144) 212-26

Rathaus
Marktstraße 29
71711 Steinheim a. d. Murr
Tel.: (07144) 263-0
Fax: (07144) 263-200
www.stadt-steinheim.de

47 Pfahlbaumuseum

Uhldingen-Mühlhofen, OT. Unterhuldingen, Bodenseekreis

Anfahrt:
Autobahn A 81, Kreuz Hegau, A 98, Abfahrt Stockach-Ost, Bundesstraße B 31 über Überlingen, Richtung Meersburg, Abfahrt Uhldingen-Mühlhofen

Beschreibung:
Seit 1922 sind die Pfahlbauten von Unteruhldingen – eines der ältesten Freilichtmuseen in Europa – ein beliebtes Touristenziel am Bodensee. Zwischen Meersburg und Überlingen gelegen, begeistern die auf Pfählen ruhenden Häuser Jahr für Jahr tausende von Besuchern, die hier etwas über die Geschichte der Pfahlbauten und das Leben der Menschen in früheren Zeiten erfahren wollen.
Zwischen 1922 und 1940 wurden hier Häuser der Stein- und Bronzezeit (4000–850 v. Chr.) nach den Ausgrabungsergebnissen der Jahre 1872–1930 am Bodensee und im oberschwäbischen Federseemoor rekonstruiert. Es entstanden Pfahlbauten mit einem Unterbau nach Bodensee- und einem Oberbau nach Federseevorbild. Der Grund für diese Baukombination lag in der wesentlich besseren Erhaltung der meistens ebenerdig errichteten Moorbauten am Federsee. Nach den Vorstellungen der Museumsgründer sollte dadurch ein Museum zur besseren Vermittlung der Pfahlbaugeschichte geschaffen werden.
Eine lebendige und plastische Darstellung vom Leben in Behausungen der Stein- und Bronzezeit ist das Ziel der Pfahlbauten von Unteruhldingen. Zur Ergänzung der Anlage entstehen zur Zeit Hausrekonstruktionen nach den Ergebnissen der aktuellen Ausgrabungen des Landesdenkmalamts Baden-Württemberg. Die Eröffnung eines neuen Museumsgebäudes erfolgte 1996.
Das Freilichtmuseum wird auf einem Rundweg von fachkundigen Führern erläutert. Historische Zusammenhänge werden erklärt. Vorführungen ergänzen den Vortrag. Danach können Originalfunde im Ausstellungsraum besichtigt werden.
Ein ausführlicher Führer ist im Museum oder beim Verein für Pfahlbau- und Heimatkunde e. V. (s. u.) erhältlich.

Ausführliche Homepage:
www.pfahlbauten.de

Öffnungszeiten:
April bis September: täglich 8–18 Uhr,
Oktober: täglich 9–17 Uhr,
März und November: an Wochenenden u. Feiertagen 9–17 Uhr
Dezember bis Februar: Sonntag 10–16 Uhr
November bis März: werktags für Gruppen nach Voranmeldung

Eintrittspreise:

Erwachsene	5,00 Euro
Schüler, Studenten	4,00 Euro
ermäßigt	4,50 Euro

Weitere Tarife und Gruppentarife auf Nachfrage

Info:
Verein für Pfahlbau- und Heimatkunde e. V.
Pfahlbaumuseum Unteruhldingen
Strandpromenade 6
88690 Uhldingen-Mühlhofen
Tel.: (07556) 8543
Fax: (07556) 5886
E-Mail: info@pfahlbauten.de

Archäologische Museen

123

124

123 *Bad Buchau, Federseemuseum: Außenanlage mit steinzeitlicher Siedlung*
124 *Bad Buchau, Federseemuseum: Einbaum*
125 *Bad Buchau, Federseemuseum: Torfgewinnung im Federseegebiet*
126 *Bad Buchau, Federseemuseum: Holzwagenrad*
127 *Blaubeuren, Urgeschichtliches Museum: Knochenflöte aus einem Schwanenknochen (34 000 J. alt)*
128 *Blaubeuren, Urgeschichtliches Museum: geschnitztes Mammut aus Mammutelfenbein (32 000 J. alt)*

126

125

127

128

129 Freiburg i. Br., Museum für Ur- u. Frühgeschichte: Modell einer steinzeitlichen Hütte und Steinwerkzeuge
130 Freiburg i. Br., Museum für Ur- u. Frühgeschichte: römerzeitliche Gefäße
131 Heilbronn, Archäologie-Museum: Museumspädagogisches Arbeiten, Steinbohren

132 *Herbertingen-Hundersingen: Freilichtmuseum Keltischer Fürstensitz*

Archäologische Museen

133 *Mauer:*
Urgeschichtliches Museum im Rathaus
134 *Mauer, Urgeschichtliches Museum:*
Kiefer des Homo erectus heidelbergensis und Feuersteinwerkzeuge
135 *Steinheim a. d. Murr, Urmenschmuseum:*
Schädel des Steinheimer Menschen (Homo erectus steinheimensis)

136 *Unteruhldingen: Pfahlbaumuseum*
137 *Unteruhldingen, Pfahlbaumuseum: Spätbronzezeitliches Dorf, Siedlungsausschnitt der älteren Siedlung Wasserburg Buchau um 1050 v. Chr.*

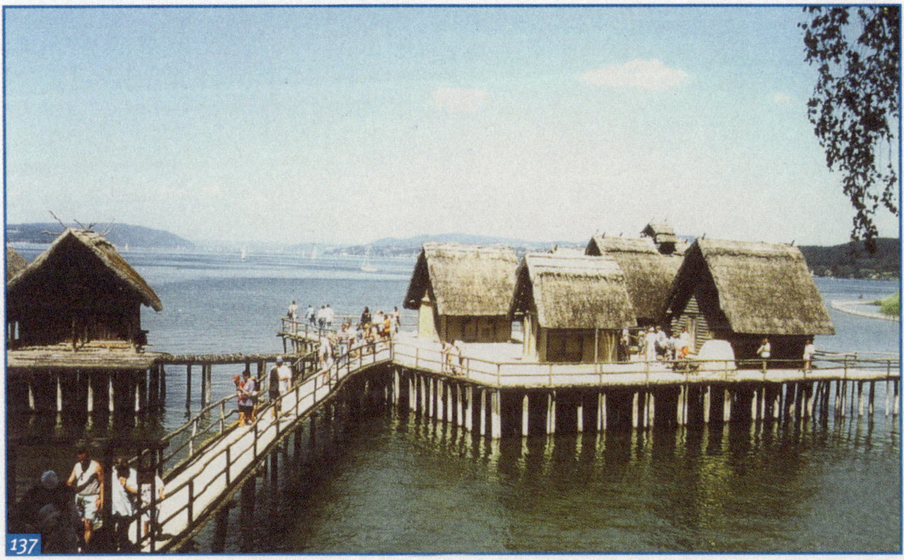

138

MUSEEN

Natur- und Heimatmuseen

138 Konstanz, Bodensee-Naturmuseum: Moschusochse

48 Museum im Kräuterkasten

Albstadt, Zollernalbkreis

Anfahrt:
Autobahn A 81, Ausfahrt Rottweil, Bundesstraße B 27 bis Balingen, B 463 bis Albstadt

Beschreibung:
Das 1986 im Kräuterkasten eröffnete Museum zeigt schwerpunktmäßig Fundstücke aus der Vor- und Frühgeschichte der Ebinger Alb, daneben Fossilien der Schwäbischen Alb sowie, in einer zoologischen Abteilung, die einheimische Tierwelt.
Die Abteilung „Vor- und Frühgeschichte der Ebinger Alb" die geschichtliche und kulturelle Entwicklung von der Altsteinzeit bis zum frühen Mittelalter:
Viele Höhlen der Schwäbischen Alb wurden von Jägern und Sammlern der Altsteinzeit (13 000–8 000 v. Chr.) als Rastplätze aufgesucht. Neben Feuersteinwerkzeugen wird auch die Tierwelt des Eiszeitalters präsentiert. Funde der Jungsteinzeit (5 000 bis 2 000 v. Chr.) dokumentieren einen frühen Ackerbau. Zahlreiche Grabhügel der Bronzezeit (2 000–750 v. Chr.) lassen anhand bedeutender Bronze- und Bernsteinbeigaben bereits weit reichende Handelsbeziehungen erkennen. Einen Schwerpunkt der Sammlung bilden künstlerisch und technisch hochwertige Beigaben aus Grabhügeln der frühkeltischen Eisenzeit (750–450 v. Chr.) vom Degerfeld bei Albstadt-Truchtelfingen und aus dem Schmiechatal bei Ebingen. Die jüngere Eisenzeit (450 v. Chr.–50 n. Chr.) ist durch Keramik dokumentiert, die bereits auf der Töpferscheibe gefertigt wurde. Im Zuge der Besetzung Süddeutschlands durch die Römer (80–260 n. Chr.) legten diese ein Kastell nahe Ebingen an. Einen weiteren Schwerpunkt bilden die Reihengräberfunde der frühmittelalterlichen Alamannen- und Merowingerzeit (260–700 n. Chr.).
In der Fossilien-Ausstellung werden vor allem Funde aus der Jurazeit gezeigt. Der Zollernalbkreis und das Gebiet um Albstadt weisen aus dieser erdgeschichtlichen Epoche Fundstellen und Fossilfunde auf, die teilweise weit über die Grenzen von Württemberg hinaus bekannt geworden sind: Schichten des Mitteljuras (früher Brauner Jura) mit hervorragend erhaltenen Ammoniten, Schichten des unteren Oberjuras vom Lochenpass mit auffallend kleinwüchsigen Fossilien („Lochenfazies") und Plattenkalke des obersten Oberjuras von Nusplingen.
In der zoologischen Abteilung werden die wichtigsten Lebensräume der Schwäbischen Alb und der für sie typischen Tierwelt gezeigt.
Ein ausführlicher Führer ist im Museum oder beim Kultur- und Verkehrsamt erhältlich.
Als Ergänzung zum Museumsbesuch werden im Museumsführer 4 Wanderungen in die Umgebung von Albstadt vorgeschlagen, die zu vor- und frühgeschichtlichen Wallanlagen und Gräberfeldern führen.

Öffnungszeiten:
Mittwoch, Samstag sowie an Sonn- und Feiertagen 14–17 Uhr

Eintrittspreise:

Eintritt	1,00 Euro

Info:
Stadtverwaltung Albstadt
72458 Albstadt
Tel.: (07431) 1601465
E-Mail: stadtverwaltung@albstadt.de
www.albstadt.de

49 Heimatmuseum in der Zehntscheuer

Balingen, Zollernalbkreis

Anfahrt:

Autobahn A 81, Ausfahrt Rottweil, Bundesstraße B 27 bis Balingen; oder Ausfahrt Empfingen, Bundesstraße B 463 über Haigerloch bis Bisingen, B 27 nach Balingen

Beschreibung:

Mit neuer Konzeption und moderner Ausstattung präsentiert sich das Museum seit 1992 in der Zehntscheuer. Bereits 1924 gegründet, ist es eines der ältesten des Landes. Geschichte zum Anfassen findet man hier – der Besuch wird zu einem kurzweiligen, interessanten Erlebnis!

Einblicke in Balingens bewegte Vergangenheit – wichtige Ereignisse und Entwicklungen sind anschaulich in Szene gesetzt. Stadtbrände, Kirche, Handwerk, Landwirtschaft, Industrie – um nur einige der dargestellten Themen zu nennen, zeichnen das historische Profil dieser Stadt am Fuße der Zollernalb nach.

Stube, Kammer, Küche – die beengten Wohnverhältnisse früherer Zeit werden dem Besucher greifbar nahe gebracht. Auch was es mit dem sprichwörtlichen „Hemd auf dem Leib“ auf sich hatte und warum die Leute früher nicht so häufig die Wäsche wechselten, kann man bei einem Rundgang erfahren.

Kaum begreifbar sind die zeitlichen Dimensionen, von denen die Abteilungen Geologie und Vor- und Frühgeschichte erzählen. Schöne Versteinerungen weisen darauf hin, dass die Zollernalb ein Eldorado für Fossiliensammler ist. Anhand archäologischer Funde und illustrativer Grafiken wird erklärt, wie die Gegend um Balingen vom Menschen besiedelt wurde.

Angaben zur geologischen Situation enthält das Blatt 7719 Balingen der Geologischen Karte von Baden-Württemberg 1 : 25 000.

Öffnungszeiten:

Dienstag bis Sonn- und Feiertag 14–17 Uhr, Führungen nach Vereinbarung

Eintrittspreise:

Eintritt frei

Info:

Zehntscheuer Balingen
Neue Straße 59
72336 Balingen
Tel.: (07433) 16810

Stadtverwaltung Balingen
Schul-, Kultur- und Sportamt
Neue Straße 33
72336 Balingen
Tel.: (07433) 170261
E-Mail: stadtarchiv@balingen.de
www.balingen.de

50 Braith-Mali-Museum

Biberach a. d. Riss, Landkreis Biberach

Anfahrt:
Autobahn A 8, Ausfahrt Ulm-West, Bundesstraße B 10 bis Ulm, B 30 bis Biberach a. d. Riss

Beschreibung:
Seit 1898 legten zahlreiche Stifter und Mäzene den Grundstock für ein Biberacher Bürgermuseum. Dieses fand seine Heimstatt in den historischen Räumen des Hospitals zum Heiligen Geist und wird dort seit seiner erstmaligen Öffnung 1902 stetig erweitert. Insbesondere gelangten mit der Übernahme des Nachlasses der Münchner Malerfürsten A. Braith (1836–1905) und Ch. Mali (1832–1906) deren reich ausgestattete Atelierräume in das Biberacher Museum.
Neben der umfangreichen Braith-Mali-Sammlung, den Bereichen Kunst des 17.–19. Jahrhunderts, der Galerie der Moderne und einem anregend dargestellten Gang durch 800 Jahre Biberacher Stadtgeschichte beherbergt das Museum auch sehenswerte Abteilungen der Themenbereiche Geologie, Archäologie und Naturkunde. Der Naturraum Oberschwaben erstreckt sich vom Bussen bei Riedlingen bis an den Bodensee. Die geologische Ausstellung zeichnet die Entstehung dieser Landschaft während der letzten 190 Millionen Jahre nach.
Von den fossilen Haifischzähnen vom Baltringer Meeresstrand und dem Backenzahn eines Urpferdchens aus Heggbach spannt sich ein weiter Bogen bis zur lebensechten Nachbildung unserer heutigen Tierwelt und ihrer Lebensräume, die in der anschließenden Abteilung Naturkunde zu sehen sind.
Auch die Besiedelungsgeschichte Oberschwabens, insbesondere des Federsee-Gebiets findet im Museum breiten Raum. Der Biberacher Zahnarzt und Archäologe H. Forschner (1880–1959) förderte geschichtsträchtige Zeugnisse aus dem Boden und lüftete viele Geheimnisse: Eiszeitliche Rentierjäger, die Römer des Gutshofs im Burrenwald und die Alamannen in ihren Reihengräbern – hier werden sie beinahe wieder lebendig!
Angaben zur geologischen Situation enthalten die Blätter 7824 Biberach an der Riss-Nord und 7924 Biberach an der Riss-Süd der Geologischen Karte von Baden-Württemberg 1:25 000.

Öffnungszeiten:
Dienstag bis Freitag 10–13 u. 14–17 Uhr
Samstag und Sonntag 11–17 Uhr

Eintrittspreise:

Erwachsene	2,00 Euro
ermäßigt	1,00 Euro

Info:
Braith-Mali-Museum
Museumstraße 6
88400 Biberach an der Riss
Tel.: (07351) 51-331
Fax: (07351) 51-314
E-Mail: braith-mali-museum@biberach-riss.de
www.biberach-riss.de

51 Museum Seelhaus

Bopfingen, Ostalbkreis

Anfahrt:
Autobahn A 7, Ausfahrt Aalen/Westhausen, Bundesstraße B 29 bis Bopfingen

Beschreibung:
Im Zentrum von Bopfingen, im historischen Seelhaus (erbaut 1505), befindet sich das Natur- und Heimatmuseum der Stadt. Es zeigt anhand von Schwerpunktthemen ihr geologisches Umfeld sowie die Geschichte der Stadt und ihrer Umgebung, über die Vor- und Frühgeschichte bis in die heutige Zeit.
Die erdgeschichtliche Sammlung im Erdgeschoss zeigt anhand typischer Fundstücke, anschaulicher Grafiken und Karten die Geologie der Umgebung, wobei der Schwerpunkt hier am Albrand naturgemäß auf dem Mitteljura liegt. Zahlreiche Ammoniten, Muscheln und Brachiopoden warten auf den Besucher, dem darüber hinaus viel Wissenswertes über die geologische Geschichte der Erde, von der Kontinentalverschiebung bis zur heutigen Verteilung der Kontinente und Meere, erklärt wird. Ein Schnitt durch die Landschaft zeigt den Aufbau des Albvorlands. Das Nördlinger Ries, nur wenige Kilometer von Bopfingen entfernt, hat die Landschaft maßgeblich mitgestaltet, ein guter Grund, das Riesereignis in Bildern und Exponaten zu erklären.
Neben der geologischen Abteilung ist die-Abteilung Vor- und Frühgeschichte des Bopfinger Raums bedeutend. Werkzeuge aus Stein, Keramik oder bronzener Trachtenschmuck sind noch sichtbare Spuren der langsamen Entwicklung bis zu den frühen Metallzeiten des 2. vorchristlichen Jahrtausends. Keltensiedlungen, die ehemalige Befestigungsanlage auf dem Hausberg von Bopfingen, dem Ipf, später dann die römische Besatzungszeit und schließlich die alamannische Besiedlung im 6./7. Jh. n. Chr., aus der die im Mittelalter gegründete Stadt Bopfingen hervorging – alles Themen, die mit anschaulichen Exponaten und Abbildungen gezeigt werden.
Im Obergeschoss bietet die stadtgeschichtliche Sammlung schließlich noch einen Einblick in die Entstehung, Entwicklung und das Schicksal der Reichsstadt mit Themenkreisen wie Kirchengeschichte, bäuerliche Produktionsweisen und Lederverarbeitung.

Öffnungszeiten:
März bis Oktober:
Dienstag bis Freitag 14–16 Uhr,
Samstag u. Sonntag 14–17 Uhr,
November bis März:
Samstag, Sonn- u. Feiertag 14–17 Uhr
Besuche u. Führungen nach telefonischer Absprache möglich

Eintrittspreise:

Erwachsene	1,50 Euro
Familien	3,00 Euro
ermäßigt	0,50 Euro
Gruppen über 5 Pers.	1,00 Euro

Weitere Tarife und Gruppentarife auf Nachfrage

Info:
Museum Seelhaus
Spitalplatz 1, 73441 Bopfingen
Tel.: (07362) 3855

Bürgermeisteramt Stadt Bopfingen
Marktplatz 1, 73441 Bopfingen
Tel.: (07362) 801-0, Fax: (07362) 801-50
E-Mail: info@bopfingen.de
www.bopfingen.de

52 Museum der Stadt Ehingen (Donau)

Ehingen (Donau), Alb-Donau-Kreis

Anfahrt:
Autobahn A 8, Ausfahrt Ulm-West, Bundesstraße B 10 bis Ulm, B 311 bis Ehingen

Beschreibung:
Neben seinen Schwerpunkten, die in der Stadtgeschichte sowie der Kunst-, Kultur- und Frömmigkeitsgeschichte Ehingens und seiner Umgebung liegen, ist im Museum der Stadt auch eine kleine geologisch-paläontologische Ausstellung zu sehen. Sie geht auf die Sammlungen der Professoren E. Gaus (1850–1934) und J. Schad (1877–1960) zurück, die an Ehinger Schulen tätig waren. Sie haben die geologischen Verhältnisse im Umfeld der Stadt wissenschaftlich untersucht.
In der ständigen Ausstellung ist u. a. eine Zusammenstellung von hier vorkommenden Bodenschätzen zu sehen. Insbesondere der Zementmergel (Oberjura, Zementmergel-Formation), der in Ehingen bis 1925 abgebaut wurde, spielte im Zusammenhang mit dem Zementwerk zu Anfang des 20. Jahrhunderts eine besondere wirtschaftliche Rolle. Weiterhin wird an Hand von Modellen die Entwicklung des Donautals bei Ehingen im Verlauf der Eiszeiten dargestellt.
Der gesamte Raum um Ehingen ist geprägt von den Schichten des Oberjuras, der Tertiärzeit und der Eiszeiten. Durch die gezeigten Leitfossilien wird die Vielfalt der damaligen Lebensformen deutlich.

Öffnungszeiten:
Mittwoch 10–12 und 14–18 Uhr,
Sonntag 10–17 Uhr
Führungen nach Vereinbarung – auch zu anderen Terminen

Eintrittspreise:

Erwachsene	1,00 Euro
Kinder/Jugendliche	0,50 Euro

Info:
Städtisches Museum Ehingen (Donau)
Hl.-Geist-Spital
Kasernengasse 6
89584 Ehingen (Donau)
Tel.: (07391) 503-531 (Dr. L. Ohngemach Stadtarchiv), oder 2389 (Vors. d. Museumsgesellschaft Ehingen e. V.)
Fax: (07391) 503-555;
Stadt Ehingen (Donau)
Marktplatz 1
89584 Ehingen (Donau)
Tel.: (07391) 503-0
Fax: (07391) 503-222
E-Mail: info@ehingen.de
www.ehingen.de

139 Ammoniten aus dem Schmichatal

53 Städtisches Museum

Engen, Landkreis Konstanz

Anfahrt:
Autobahn A 81, Ausfahrt Engen, Bundesstraße B 31 bis Engen

Beschreibung:
Das neue Städtische Museum Engen + Galerie, eröffnet 1990, zeigt in einer archäologischen Abteilung Funde und Lebenswelt der „Rentierjäger im Brudertal", des weiteren sakrale Kunst sowie kulturhistorische Ausstellungen und bietet eine lebendige Kunst- und Kulturszene mit Wechselausstellungen moderner Kunst.
Im Brudertal, einem Ost-West verlaufenden Trockental zwischen Engen und Bittelbrunn wurden Höhlen entdeckt, die bereits gegen Ende der letzen Eiszeit immer wieder von Menschen besiedelt waren (Petersfels, Gniershöhle und Drexlerloch). Sie erwiesen sich als überaus wichtige Fundstellen aus der Zeit des Magdalénien (späte Jungsteinzeit). Bereits 1927 wurden erste Ausgrabungen durch den pensionierten Oberpostrat Peters durchgeführt, die zu reicher Ausbeute führten: Feuersteingeräte, Abschläge in großer Zahl, Rentiergeweihe und -knochen mit Schnitzereien, Speer- und Harpunenspitzen aus Knochen, Lochstäbe und Geweihnadeln sowie Schmuckanhänger aus Stein und Gagat, Muscheln und frühe Kunstwerke (Schnitzereien von Pferdeköpfen, Darstellungen von Frauenkörpern u. a.). Weitere systematische Ausgrabungen durch das Landesdenkmalamt erfolgten 1974–1979.
Das Brudertal weist mehrere Talverengungen mit quer über den Talgrund verlaufenden Barrieren auf, die heute allerdings infolge Aufschüttung des Talgrunds nicht mehr so deutlich sichtbar sind. Für damalige Rentierjäger ideale Stellen, Ren-Herden, die durch das Brudertal zogen, aufzulauern und Wild in großer Zahl zu erlegen. Unzählige Reste von Klingen, Knochenreste mit Schnitt- und Schabespuren, Speerspitzen u. a. blieben dabei zurück.
Der erste Teil der Dauerausstellung „Rentierjäger im Brudertal am Ende der Eiszeit" zeigt Geschichte und Methoden der Ausgrabungen seit 1927. Im zweiten Teil werden die archäologischen Ergebnisse in Rekonstruktionen dargestellt. Verschiedene Medien, darunter großflächige Dioramen und ein Tonfilm, geben ein lebendiges Bild vom Ende der Eiszeit. In einem separaten Raum wird die „Venus vom Petersfels" einigen Frauendarstellungen vom Paläolithikum bis zur Neuzeit gegenüber gestellt.
Angaben zur geologischen Situation enthält das Blatt 8118 Engen der Geologischen Karte von Baden-Württemberg 1 : 25 000.

Öffnungszeiten:
Dienstag bis Freitag 14–17 Uhr,
Samstag und Sonntag 10–17 Uhr

Eintrittspreise:
Eintritt frei

Info:
Städtisches Museum Engen + Galerie
Klostergasse 19
78234 Engen
Tel.: (07733) 502-257, Fax: (07733) 502-299
Stadt Engen im Hegau, Kulturamt
Hauptstraße 11, 78234 Engen
Tel.: (07733) 502-0, Fax: (07733) 502-299
E-Mail: rathaus@engen.de
www.engen.de

54 Adelhausermuseum Natur- und Völkerkunde

Freiburg i. Br., Stadtkreis Freiburg

Anfahrt:
Autobahn A 5, Ausfahrt Freiburg-Mitte, über Zubringer (B 31 a) bis Innenstadt

Beschreibung:
Das Adelhausermuseum mit seiner Verbindung von Natur- und Völkerkunde lädt ein, die Vielfalt der Kulturen weltweit und die Naturgeschichte in unserer näheren und weiteren Umgebung zu entdecken. Im Bereich Völkerkunde wird anhand von Exponaten aus Alltag, Kunst und Religion die Lebensweise außereuropäischer Völker (Amerika, Ozeanien, Afrika und Asien) dargestellt. Die Abteilung Naturkunde bietet einen Einblick in die heimische und exotische Tier- und Pflanzenwelt. Jährliche Sonderausstellungen eröffnen neue Perspektiven auf naturkundliche und kulturelle Zusammenhänge. Führungen, Vorträge und Konzerte ergänzen das Programm.

Geologisch-paläontologischer Bereich:
In der Ausstellung dominieren paläontologische Funde: Fossilien aus Öhningen, dem Höwenegg, dem Karbon des Südschwarzwalds und von anderen Fossilfundstellen des Landes werden gezeigt, außerdem Fossilien aus angrenzenden Bundesländern: Abdrücke aus Plattenkalken von Solnhofen und Eichstätt (Bayern) sowie Funde aus der Grube Messel bei Darmstadt (Hessen). Ein Vergleich wichtiger Menschenschädel führt kurz in die Anthropologie ein.
Erdgeschichtlich längst vergangene Zeiten werden mit Ammoniten und anderen wichtigen Versteinerungen belegt. Schwarzwaldgesteine, große Mineralstufen, Bohrkerne und Schaubilder erläutern den Aufbau von Freiburgs Umgebung. Der Kaiserstuhl ist mit einer riesigen vulkanischen Bombe vertreten, die bei Sasbach am Kaiserstuhl gefunden wurde.
In der Mineralsammlung ist vor allem der Schwarzwald mit vielen Schaustufen vertreten. Beeindruckend wirkt auch die Leuchtkammer, in der ausgesuchte Minerale durch die Bestrahlung mit ultraviolettem Licht geheimnisvoll glimmen und leuchten.
Der regionale Silberbergbau und die Kunst der Edelsteinschleiferei waren im vergangenen Jahrtausend eng mit der Geschichte Freiburgs verbunden. Einige Bergwerke lieferten neben wertvollen Erzen auch schöne Minerale, mitunter sogar Rohsteine für die Freiburger Edelsteinschleifereien. Das Edelsteinkabinett erinnert mit seinen Originalstücken an diese historische Blütezeit. In den Vitrinen konkurrieren natürliche Kristallflächen mit denen einzelner Edelsteine, die mit hoher handwerklicher Kunst aus den Rohsteinen geschliffen wurden.

Öffnungszeiten:
Dienstag bis Sonntag 10–17 Uhr

Eintrittspreise:
nach eigenem Ermessen

Info:
Adelhausermuseum Natur- u. Völkerkunde
Gerberau 32
79098 Freiburg
Tel.: (0761) 201-2566
Fax: (0761) 201-2563
Museumspädagogik: Tel: (0761) 201-2504
E-Mail:
adelhausermuseum@stadt.freiburg.de

55 Stadtmuseum

Giengen a. d. Brenz-Hürben, Landkreis Heidenheim

Anfahrt:
Autobahn A 7, Ausfahrt Giengen/Herbrechtingen, Landesstraße nach Hürben

Beschreibung:
Das Stadtmuseum der Großen Kreisstadt Giengen an der Brenz befindet sich im ehemaligen Rathaus der Teilgemeinde Hürben. Es bietet einen umfassenden Überblick über die reichen Zeugnisse der jahrtausendealten Geschichte der Heimat. Die neu eingerichtete Fossiliensammlung zeigt ausgesucht schöne Exponate aus dem Jura und dem Tertiär. Ein Erlebnis ist die frühgeschichtliche Abteilung mit ihren bis 7 500 Jahre alten Ausstellungsstücken. Attraktiv präsentiert sind Werkzeuge, keltische Gebrauchsgegenstände und römische Einzelfunde. Besonders die alamannischen Goldblecharbeiten sind von erlesener Schönheit und höchstem kultur- und religionshistorischem Wert.
Die Geschichte des Handwerks und der Zünfte im alten Giengen ist mit zahlreichen Bildern, Beispielen und Urkunden ebenso umfassend dokumentiert wie die historische Entwicklung der Stadt und ihrer Teilorte. In der volkskundlichen Abteilung sind Handarbeiten, Töpferwaren und Küchenutensilien sowie Wandschmuck und landwirtschaftliche Geräte ausgestellt. Ein aus dem Jahre 1904 stammender Gemischtwarenladen, dem sicher einst ein Duft von exotischen Gewürzen, einheimischem Käse und Petroleum anhing, entführt in eine fast vergessene Einkaufswelt. Uhrmacher- und Bürstenbinderwerkstatt vermitteln ein Gefühl für die Lebenssituation vergangener Zeiten.
Durch alle Ausstellungen führen Informationstafeln, die Besonderheiten erläutern und Zusammenhänge erklären. Dies gilt in besonderem Maße für die naturkundliche Abteilung die der Giengener „Vogelmutter" Lina Hähnle gewidmet ist, der Gründerin des deutschen Bundes für Vogelschutz. Über einen Computer können hier zahllose Dateien zur heimischen Vogelwelt und zur Ökologie abgerufen werden.

Öffnungszeiten:
Sonn- und Feiertag 10–12 u. 13–16 Uhr

Eintrittspreise:

Erwachsene	1,00 Euro
Jugendliche, Schüler	0,50 Euro

weitere Tarife und Gruppentarife auf Nachfrage

Info:
Stadtverwaltung Giengen
Fb. Kultur, Sport und Touristik
Im Schlössle 11
89537 Giengen a. d. Brenz
Tel.: (07322) 952-292
E-Mail: tourist-info@giengen.de
www.giengen.de

56 Städtisches Naturkundliches Museum

Göppingen-Jebenhausen, Landkreis Göppingen

Anfahrt:
Autobahn A 8, Ausfahrt Kirchheim u. Teck-West oder -Ost, Bundesstraße B 297 bis Göppingen, Landesstraße bis Jebenhausen; oder von Stuttgart B 10 bis Göppingen, Landesstraße bis Jebenhausen

Beschreibung:
Das Museum ist in der 1610 erbauten Badherberge des Liebensteinschen Sauerwasserbades untergebracht.
Das Herzstück der Sammlungen ist die über 100 000 Objekte umfassende historische Fossiliensammlung des Theologen und Geologen Dr. T. Engel (1842–1933). Der Besucher taucht ins schwäbische Jurameer, sieht längst ausgestorbene Tiere wie Ammoniten, Belemniten und Meeressaurier. Versteinerungen von klassischen Fundstellen belegen, dass der Göppinger Raum zu Beginn der Jurazeit von einem flachen Meer bedeckt war. Aus dem Mitteljura sind die Funde aus Heiningen zu erwähnen. Neben den weißen Originalschalen der Ammoniten und Muscheln fallen besonders Krebse und ein sehr seltener Fischsaurier auf. Aus dem Oberjura zeigen Korallenriff- und Lagunen-Ablagerungen das Ende des Jurameers an. Aus der Tertiärzeit sind noch Zeugnisse des Molassemeers sowie Fossilien aus dem Randecker Maar und den Meteoritenkratern Steinheimer Becken (s. Geowissenschaftliche Museen, Nr. 23) und Nördlinger Ries zu sehen.
Ferner zeigt die Ausstellung die Entstehung des Schwäbischen Schichtstufenlands und des Hohenstaufens, des Wahrzeichens von Göppingen. Die Tiere der Eiszeit leiten zur archäologischen Sammlung über. Darüber hinaus verfügt das Museum noch über eine Vogel- und Schmetterlingssammlung.
Als besondere Aktivitäten veranstaltet das Museum Sonderausstellungen zu den Themen Regionale Geologie, Paläontologie, Mineralogie und Naturkunde. Es bietet Führungen und Exkursionen in die Umgebung an. Vor allem an Schulklassen wendet sich das museumspädagogische Programm: Fossilien zum Anfassen, Gesteine zum Riechen und Schmecken, Jurameer-Rekonstruktionen, Erproben steinzeitlicher Techniken und Experimente zum Sauerwasser.
Ansprechpartner für Führungen und Museumspädagogik: Dr. A. Hegele

Öffnungszeiten:
Mitte April bis Anfang November:
Mittwoch, Samstag, Sonn- und Feiertag
10–12 und 14–17 Uhr
Führungen für Gruppen und Schulklassen nach Voranmeldung

Eintrittspreise:
Eintritt frei

Info:
Städtisches Naturkundliches Museum
Boller Straße 102
73035 Göppingen-Jebenhausen
Tel.: (07161) 4742
oder (07161) 979522
Fax: (07161) 979521
E-Mail archiv-museen.stadt.goeppingen@t-online.de
www.goeppingen.de/kultur/index.htm

57 Heimatmuseum Immendingen

Immendingen, Landkreis Tuttlingen

Anfahrt:

Autobahn A 81, Ausfahrt Geisingen, Bundesstraße B 311 bis Immendingen

Beschreibung:

Das Heimatmuseum Immendingen zeigt ein abwechslungsreiches Spiegelbild der Geschichte und der Landschaft rund um Immendingen:

- der Geschichte eines reichsritterschaftlichen Dorfes im fürstenbergischen Umland
- der Geschichte einer Gemeinde, deren Entwicklung seit dem 19. Jahrhundert durch Expansion gekennzeichnet ist, hervorgerufen durch ihre Lage als Eisenbahnknotenpunkt seit dem Bahnbau 1879–81 und Gründung der Maschinenfabrik
- einer Gemeinde, die in eine reizvolle Landschaft eingebettet liegt und die mit dem Naturschutzgebiet rund um den Basaltkrater Höwenegg nicht nur eine Fossilfundstätte ersten Ranges, sondern auch ein höchst interessantes Refugium für Pflanzen und Tiere aufweist.

Ein Schwerpunkt des Heimatmuseums sind die einzigartigen Fossilfunde vom Höwenegg, wo Grabungen in den 50er und 60er-Jahren spektakuläre Funde von Resten großer Landtiere, hauptsächlich von Huftieren, ans Tageslicht brachten. Besonders berühmt geworden ist die Fossilfundstätte durch die Skelette des Urpferdchens *Hipparion*. Im Museum befinden sich ca. 11 Millionen Jahre alte Originalknochen dieses dreizehigen Tieres. Hinzu kommen Skelettteile der Antilope *Miotragocerus*, des hornlosen Nashorns *Aceratherium* sowie des Urelefanten *Deinotherium*.

Einen weiteren Schwerpunkt bildet die paläontologische Sammlung des verstorbenen Ehrenbürgers von Immendingen, Pfarrer J. Keller. In mehreren Vitrinen sind Ammoniten, Belemniten, versteinerte Seeigel und versteinertes Holz, Muscheln aus dem Jurameer und viele weitere Exponate, zurückreichend bis in das Zeitalter des Präkambriums, zu sehen.

Angaben zur geologischen Situation enthält das Blatt 8018 Tuttlingen der Geologischen Karte von Baden-Württemberg 1 : 25 000.

Öffnungszeiten:

Mai bis September:
jeden 3. Sonntag im Monat 14–16 Uhr,
Führungen nach vorheriger Anmeldung im Rathaus

Eintrittspreise:

Eintritt frei

Info:

Bürgermeisteramt Immendingen
Schlossplatz 2
78194 Immendingen
Tel.: (07462) 24-0
www.immendingen.de

140 Lebensbild aus dem Miozän (Tertiär) am Höweneggsee

58 Staatliches Museum für Naturkunde

Karlsruhe, Stadtkreis Karlsruhe

Anfahrt:
Autobahn A 5, Ausfahrt Karlsruhe-Mitte

Beschreibung:
Das Staatliche Museum für Naturkunde am Friedrichsplatz zeigt in seinen Schausammlungen einheimische und exotische Tiere und Pflanzen in lebensnaher Darstellung, Gesteine, Minerale und Fossilien.
Die geowissenschaftliche Ausstellung im Erdgeschoss zeigt Aspekte der regionalen Geologie anhand maßstabsgetreuer Landschaftsmodelle, ergänzt durch Vitrinen, deren Exponate Grundbegriffe der Geologie erklären. Der Mineraliensaal zeigt farbenprächtige Minerale und Erze aus Schwarzwald und Kaiserstuhl.
In der paläontologischen Abteilung werden Landschaften vergangener geologischer Zeitalter nachgestellt: Das Erdaltertum (Paläozoikum) wird durch ein devonisches Riff, einen Steinkohlenwald und ein Trockental im Perm repräsentiert, das Erdmittelalter (Mesozoikum) ist mit einer Buntsandsteinwüste und dem Muschelkalkmeer vertreten. Die Erdneuzeit ist durch eine Landschaft dargestellt, die dem tertiären Messelsee nachempfunden ist. Einen besonderen Schwerpunkt stellen Objekte der Fossilfundstellen Öhningen und Höwenegg dar.
Im Obergeschoss befindet sich ein zweiter Schwerpunkt aus dem Bereich der Paläontologie: Unter einer Riesenflugechse sind weitere Sauriermodelle, Skelettpräparate und Abdrücke ausgestellt.
Die Gegenwart ist ebenfalls vertreten. So stellt das Vivarium des Museums eine der Hauptattraktionen dar: Echsen, Schlangen, Frösche, diverse Spinnen- und Insekten, dann die überwältigende Farbenpracht tropischer Fische und Korallen in den Meerwasseraquarien.
In der zoologischen Abteilung finden sich neben einer umfangreichen Präparatesammlung Darstellungen verschiedener Lebensräume mit den zugehörigen Tiergesellschaften aus aller Welt, schwerpunktmäßig aus der heimischen Tierwelt. Auch hier sollen lebende Tiere (Rennmäuse, Lungenfische und Blattschneiderameisen) zu weiteren Beobachtungen anregen.
Darüber hinaus bietet das Museum neben allgemeinen oder speziellen Führungen für Schulklassen oder auch für Gruppen von Erwachsenen zusätzlich Projekttage für Schulen, wissenschaftliche Vorträge und Exkursionen, Kinderkurse und Kindergeburtstage an.

Ausführliche Homepage:
http://naturkundemuseum-karlsruhe.de

Öffnungszeiten:
Dienstag bis Samstag 10–16 Uhr
Sonntag 10–18 Uhr, Montag geschlossen

Eintrittspreise:

Erwachsene	2,50 Euro
ermäßigt	1,50 Euro
Familienkarten	5,00 Euro

Kinder unter 6 J. frei;
weitere Tarife und Gruppentarife auf Nachfrage

Info:
Staatliches Museum für Naturkunde
Erbprinzenstraße 13
76133 Karlsruhe
Tel.: (0721) 175-2111
Fax: (0721) 175-2110
E-Mail: museum@naturkundeka-bw.de

59 Städtisches Museum im Kornhaus

Kirchheim u. Teck, Landkreis Esslingen

Anfahrt:
Autobahn A 8, Ausfahrt Kirchheim u. Teck-Ost oder -West

Beschreibung:
Das Städtische Museum in Kirchheim unter Teck zeigt in den 1981–86 neu eingerichteten Schausammlungen im Kornhaus auf drei Etagen Sehenswertes zur Landschaft und zur lokalen Geschichte. Schwerpunkte bilden die geologische und archäologische Sammlung sowie städtisches Handwerk und Wohnkultur. Der Museumsbesuch ist auch eine ideale Ergänzung zum Stadtrundgang.
Das Museum zeigt im zweiten Obergeschoss bürgerliche Wohnkultur von der Barockzeit bis zur Industrialisierung, traditionelles Handwerk und Kirchheimer Musikinstrumente der Firma Kaim sowie der Teck-Harmoniumfabrik. Im ersten Dachgeschoss beginnt ein erd- und zeitgeschichtlicher Rundgang, der die Geologie dieses Landschaftsraums, beginnend mit dem Jura, vorstellt und in die Vor- und Frühgeschichte der Menschheit, beginnend mit der Steinzeit über Kelten und Römer bis zu den Alamannen, überleitet.
Das zweite Dachgeschoss zeigt Aspekte zur Geschichte der Burg und Herrschaft Teck, die erste urkundliche Nennung Kirchheims („Ciriheim"), die Stadtgründung (um 1220/30) und die weitere Entwicklung der Stadt bis zur Neuzeit.
Sonderausstellungen des Museums werden nach entsprechender Vorankündigung im Kornhauskeller gezeigt, zur Advents- und Weihnachtszeit traditionell eine Spielzeugausstellung. In der städtischen Galerie im Erdgeschoss und im 1. Obergeschoss des Kornhauses finden regelmäßig wechselnde Kunstausstellungen statt, die vom Volkshochschul-Kulturring veranstaltet werden.

Öffnungszeiten:
Dienstag, Mittwoch und Freitag 10–12 und 15–17 Uhr, Donnerstag 15–20 Uhr
Samstag 11–17 Uhr,
Sonn- und Feiertag 11–17 Uhr
für Gruppen nach Voranmeldung auch außerhalb der normalenÖffnungszeiten

Eintrittspreise:
Eintritt frei

Info:
Städtisches Museum im Kornhaus
Max-Eyth-Straße 19
73222 Kirchheim unter Teck
Tel.: (07021) 502-377 u. -379
Stadtverwaltung
Marktstraße 14
73222 Kirchheim unter Teck
Tel.: (07021) 502-0
Fax: (07021) 502-285
www.kirchheim-teck.de

60 Bodensee-Naturmuseum Konstanz

Konstanz, Landkreis Konstanz

Anfahrt:
Autobahnen A 81/A 98, Ausfahrt Kreuz Hegau, Bundesstraße B 33 bis Konstanz

Beschreibung:
Das Bodensee-Naturmuseum ist ein Museum für den ganzen Bodenseeraum – es versteht sich als „Fenster zum See" und wurde in Jahre 1999, im 30. Jahr seines Bestehens, im Sea Life Centre Konstanz neu eröffnet.
Die weltberühmten Fossilfundstellen Öhningen und Höwenegg sind mit wichtigen Ausstellungsstücken vertreten.
Die Eiszeiten und die Entstehung des Bodenseebeckens werden anhand eines Funktionsmodells veranschaulicht. Das raumbeherrschende Gletschermodell mit den Tieren der Eiszeit zählt bei vielen Besuchern zum attraktivsten Teil der Ausstellung.
Der gewässerkundliche Bereich geht besonders auf die Bedeutung des Bodensees als Trinkwasserspeicher ein. Daneben bekommt der Besucher wichtige Informationen über den See, wie Tiefe, Ausdehnung, Hoch- und Niedrigwasser im Jahresverlauf, Einwirkung auf das Klima am Bodensee. Funktionsmodelle, Forschungsgeräte und zwei Terminals mit interaktiven Computerprogrammen zur Gewässerökologie runden diesen Bereich ab.
Die Lebensräume im und am See werden ausführlich im biologischen Bereich des Museums abgehandelt: Tiere und Pflanzen, die verschiedenen Lebensbereiche vom Seegrund über Flachwasser- und Uferzone bis zu den Rieden, Streuwiesen und Buchenwäldern.
Neben seiner erlebnisreichen und anschaulichen Ausstellung ist das Museum bei Eltern, Lehrern und Erziehern seit vielen Jahren bekannt für seine engagierte museums- und naturpädagogische Arbeit. Über Führungen, Vorträge, Sonderausstellungen und sonstige Veranstaltungen informiert ein Veranstaltungsverzeichnis.
Vom Industrieverband „Steine und Erden Baden-Württemberg" (ISTE) wurde im Außenbereich des Bodensee-Naturmuseums eine Erlebnisausstellung „steine im fluss" gesponsert, die spielerisch und informativ Auskunft über den „Kreislauf der Gesteine" gibt, die wichtigsten Gesteinsarten der Alpen und Baden-Württembergs vorstellt und den Weg sowie die Abrollung der alpinen Gesteine zu Flussgeröllen und Kies im Bett des Rheins verfolgt.
Ein ausführlicher Museumsführer, ein Ausstellungsführer „steine im fluss" sowie ein Veranstaltungsverzeichnis sind im Museum erhältlich.
Sehr interessant und empfehlenswert ist die Verbindung mit einem Besuch in den Aquarien des Sea Life Centre, wo einheimische Süßwasserfische in naturgetreuen Lebensräumen und Meeresfische in riesigen, raumfüllenden Unterwasserlandschaften präsentiert werden.

141 Fossilien aus Öhningen
142 Geräte zur Untersuchung des Bodenseewassers

Öffnungszeiten:
Juli bis September, täglich 10–19 Uhr,
April bis Juni u. Oktober 10–18 Uhr,
November bis März 10–17 Uhr,
Heiligabend geschlossen

Eintrittspreise:

Erwachsene	2,00 Euro
ermäßigt	1,50 Euro
Kinder (4–14 J.)	1,00 Euro

Weitere Tarife und Gruppentarife auf Anfrage
Kombitarife in Verbindung mit dem Sea Life Centre

Info:
Bodensee-Naturmuseum Konstanz
im Sea Life Centre
78462 Konstanz
Tel.: (07531) 1287390-0
Fax: (07531) 12890-17
E-Mail: Bodensee-Naturmuseum-Konstanz@t-online.de

141

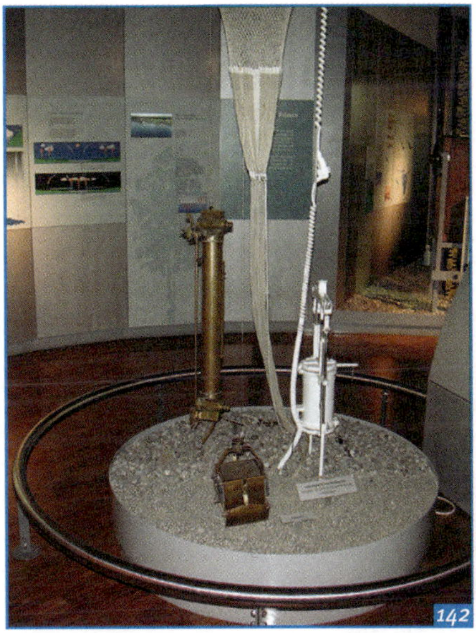
142

61 Markgräfler Museum

Müllheim, Landkreis Breisgau-Hochschwarzwald

Anfahrt:
Autobahn A 5, Ausfahrt Müllheim/Neuenburg, Bundesstraße B 378 bis Müllheim

Beschreibung:
Das ehemalige Gasthaus „Zur Krone", erbaut 1780 im Stil des französischen Frühklassizismus, das seit 1991 das erweiterte Markgräfler Museum beherbergt, gehört zu den herausragenden Gebäuden der Stadt Müllheim.

Das Museum stellt die Natur- und Heimatgeschichte des gesamten Markgräflerlands repräsentativ vor. Schwerpunkte hierbei sind der einheimische Weinbau und eine ansehnliche Selbstdarstellung der in Müllheim tätigen Industriebetriebe, ihrer Entwicklung und ihrer teilweise weltweiten Exportbeziehungen. Schließlich besitzt es eine umfangreiche Sammlung von Gemälden, Zeichnungen und Skulpturen und zeigt eine Galerie einheimischer Meister der neueren Zeit. Neu hinzugekommen sind die ur- und frühgeschichtliche sowie die geologische Abteilung.

Diese steht am Beginn des Museumsrundgangs. Sie zeigt die geologischen Verhältnisse des Markgräflerlands anhand eines geologischen Schnitts, der vom Rheintal bis zum Blauen reicht. Gesteine des Umlands werden gezeigt und den verschiedenen Erdzeitaltern zugeordnet. Andere Tafeln und Vitrinen informieren über Rohstoffgewinnung und Wasserversorgung der Gegend. Ein Seismograph des Erdbebendienstes des LGRB Baden-Württemberg zeichnet Erdbewegungen auf, sei es von entfernten Erdbeben oder aber vom Aufstampfen der Besucher.

In der ur- und frühgeschichtlichen Abteilung werden Funde aus den hallstattzeitlichen Ausgrabungen von Dattingen und weiterer Siedlungen der Gegend gezeigt: ein geschmücktes Skelett, Armbänder, Tongefäße, Klingen, Pfeilspitzen und Steinäxte.

Die nächsten Abteilungen nähern sich immer mehr der Neuzeit: Zuerst die Römer mit Grabungsstücken aus einer römischen Villa in Auggen und weiteren römerzeitlichen Funden, dann Gegenstände aus einem Gräberfeld in Ebringen, in dem Alamannen im 3. Jahrh. n. Chr. bestattet wurden.

Die weiteren Räume befassen sich mit Müllheim im Mittelalter und der Stadtgeschichte sowie der industriellen Entwicklung und zeigen darüber hinaus bürgerliche Wohnstuben, Weinkultur und Kunst.

Öffnungszeiten:
Sonntag und Donnerstag 15–18 Uhr

Eintrittspreise:
Eintritt frei

Info:
Markgräfler Museum Müllheim
Wilhelmstraße 7
79379 Müllheim
Tel.: (07631) 15446 oder
(07631) 801-132 u. 134

62 Korallen- und Heimatmuseum Nattheim

Nattheim, Landkreis Heidenheim

Anfahrt:
Autobahn A 7, Ausfahrt Heidenheim, Bundesstraße B 466 bis Nattheim

Beschreibung:
Das Museum ist in der 1841 erbauten Alten Schule untergebracht und wurde von 1997 bis 1999 neu konzipiert und eingerichtet.
Im Vordergrund der Ausstellung stehen die Bodenschätze, die sowohl unter der Erde vorkommen, als auch die, die das Erdreich in nachwachsender Form hervorbringt. Beide Bereiche dienten den um Nattheim beheimateten Menschen über viele Jahrhunderte als Lebensgrundlage.
In chronologischer Form werden die Themenkreise anhand zahlreicher Leihgaben aus der Bevölkerung als Fotos, Texttafeln und Panoramadarstellungen gezeigt.
Den Anfang machen die weltbekannten Korallen, die vor 140 Millionen Jahren im Jurameer vorkamen und die in verkieselter und präparierter Form in Schaukästen ausgestellt sind. Um den Brückenschlag zu den rezenten Korallen herzustellen, ist das ehemalige Jurameer in einem Seewasseraquarium nachempfunden, in welchem die verkieselten Nattheimer Korallen neben lebenden Korallen und Fischen zu sehen sind.
Die enge Verknüpfung zwischen Bohnerz als hochwertigem Eisenlieferanten mit dem Holz der umliegenden Wälder und dessen Verarbeitung zu Holzkohle ist im folgenden Raum aufgezeigt. Ausführlich wird über die Entstehung der eisenhaltigen Kügelchen, deren Fördermenge und -methode sowie die damit verbundenen weiteren Berufe Auskunft gegeben.
Da die Kalksteinplatten aus den Steinbrüchen um Steinweiler erst in jüngerer Zeit zur Ausstattung von Gebäuden an Bedeutung gewannen, schließt dieser Bereich die Geologie um Nattheim ab.
Angaben zur geologischen Situation enthalten die Blätter 7227 Neresheim-West der Geologischen Karte von Baden-Württemberg 1 : 25 000 und 7327 Giengen a. d. Brenz 1 : 25 000 (vorläufige Ausgabe).

Öffnungszeiten:
Sonn- und Feiertag von 14–17 Uhr,
Führungen und Besuche außerhalb der Öffnungszeiten nach Anmeldung möglich

Eintrittspreise:

Eintritt	frei
Gruppenführungen außerhalb der Öffnungszeiten	25,00 Euro

Info:
Korallen- und Heimatmuseum
Neresheimer Straße 9
89564 Nattheim
Tel.: (07321) 97840 (Gemeindeverwaltung)

143 Verkieselter Seeigel (Plegiocidaris) aus dem Oberjura bei Nattheim

63 Heimatmuseum Fischerhaus

Öhningen-Wangen, Landkreis Konstanz

Anfahrt:
Autobahn A 81 bis Kreuz Hegau, Bundesstraße 33 bis Radolfzell, Landesstraße über Moos, Schienen und Öhningen nach Wangen

Beschreibung:
Das im ältesten Haus von Wangen, dem Fischerhaus, eingerichtete Heimatmuseum zeigt in drei Themenbereichen Fossilien aus den bekannten Öhninger Steinbrüchen, Funde aus der Pfahlbaubucht von Wangen sowie, in Wechselausstellungen, Themen zu Heimat, Kunst und Geschichte.

An den Hängen des Schiener Bergs, etwa 1 km oberhalb von Wangen, befinden sich bedeutende Fossillagerstätten. Vor etwa 13 Millionen Jahren gerieten hier zahlreiche Tiere und Pflanzen des Tertiärs in die Ablagerungen eines Maarsees. Diese Seeablagerungen in Form fein geschichteter Mergel und Kalke wurden vom Kloster Öhningen in Steinbrüchen abgebaut, wobei zahlreiche Fossilien gefunden und schon früh wissenschaftlich bearbeitet wurden. Letzte wissenschaftliche Ausgrabungen fanden 1950 bis 1952 statt. Die Steinbrüche sind heute aufgelassen und unzugänglich. Das Heimatmuseum zeigt eine Sammlung von Originalfunden, (Abdrücke von Pflanzen, Weichtieren, Insekten, Amphibien, Reptilien) aber auch Fälschungen und Kopien bedeutender Fundstücke. Insbesondere ein Riesensalamander, 1731 von J. J. Scheuchzer als Überreste eines in der Sintflut umgekommenen armen Sünders beschrieben, gehört zu den berühmten Fossilfunden der Wissenschaftsgeschichte.

Die erste Entdeckung einer Pfahlbausiedlung am Bodensee erfolgte 1856 am Hinterhorn von Wangen. Von 1972 an untersuchte das Landesdenkmalamt Baden-Württemberg die „Pfahlbaubucht" von Wangen mit modernen archäologischen Methoden. Es ließen sich mehrere Siedlungen der Jungsteinzeit und der Bronzezeit nachweisen. Das Fischerhaus umfasst eine repräsentative Sammlung von Tongefäßen, Stein-, Knochen- und Geweihgeräten der Steinzeit, zudem unter Wasser erhalten gebliebene Funde aus organischem Material: Getreideähren, halbierte Äpfel und Textilien.

Der Förderverein des Museums veranstaltet jährlich Sonderausstellungen. Es werden Werke ortsansässiger Künstler gezeigt, die zur »Künstlerkolonie« auf der Höri gehörten. Ein weiterer Schwerpunkt liegt in der Ausstellung von Fotos und Dokumenten zur Geschichte der Gemeinde.

Angaben zur geologischen Situation enthält das Blatt 8319 Öhningen der Geologischen Karte von Baden-Württemberg 1 : 25 000 (vorläufige Ausgabe).

Öffnungszeiten:
März, April u. Oktober: jeden 1. und 3. Sonntag im Monat 14–17 Uhr,
Mai bis September: jeden Sonn- und Feiertag 14–17 Uhr,
Sonderöffnungen für Schüler- und andere Gruppen nach Absprache

Eintrittspreise:

Erwachsene	1,00 Euro
Kinder	0,50 Euro
Schulklassen	frei

Gruppentarife auf Anfrage

Info:
Heimatmuseum Fischerhaus
Tel.: (07735) 3385 oder 3364
E-Mail: info@oehningen.de

64 Naturkundemuseum Reutlingen

Reutlingen, Landkreis Reutlingen

Anfahrt:
Autobahn A 8, Ausfahrt Wendlingen, Bundesstraßen B 313 bis Metzingen, B 28 bis Reutlingen

Beschreibung:
Das Naturkundemuseum, das seit 1998 im ehemaligen „Alten Lyceum“ am Weibermarkt untergekommen ist, vermittelt mit seinen Objekten die Geschichte der Erde und des Lebens sowie die Entstehung und Entwicklung der Landschaft um Reutlingen. Erdgeschichtliche Zeugnisse aus über 1 Milliarde Jahren dokumentieren die Bildung von Gesteinen und Mineralen, die Formung der Erdoberfläche und ihre Besiedlung mit urzeitlichen, längst vergangenen Lebensformen. Heute charakterisieren die Schichtstufen der Schwäbischen Alb mit Karst und Landschaftsformen des ehemaligen Vulkanismus die Region.
Die Sammlung des Museums geht auf den im Jahre 1884 gegründeten Naturwissenschaftlichen Verein Reutlingen zurück. Sie umfasst die Bereiche Mineralogie, Geologie und Paläontologie. Zu den Kostbarkeiten der paläontologischen Sammlung zählt neben vielen anderen Objekten ein 5 m langes und rund 190 Millionen Jahre altes Meereskrokodil, das im Posidonienschiefer (Unterjura, Lias ε) bei Reutlingen-Ohmenhausen gefunden wurde. Doch nicht nur steinalte Themen beherrschen das Museum:
Der bis zur Zeitenwende vorherrschende Buchenwald ist dem sesshaft gewordenen Menschen mit Ackerbau und Viehzucht gewichen. Haus und Stadt, Streuobstwiesen und Wacholderheiden breiteten sich aus und bieten einer Vielzahl von Arten neuen Lebensraum. Detailgetreue Nachbildungen dieser Lebensräume versetzen den Besucher mal in den Auenwald der Fließgewässer, mal auf die Streuobstwiese oder in den ursprünglichen Buchenwald und zeigen in modernen Gestaltungs- und Präsentationsformen Pflanzen und Tiere der einzelnen Räume.
Das Museum lädt ein zu einer Entdeckungsreise und zeigt, wie es heute ist und wie es vormals war.

Öffnungszeiten:
täglich außer montags 10–17 Uhr,
Donnerstag bis 20 Uhr
Karfreitag, Heiligabend und Silvester geschlossen

Eintrittspreise:
Eintritt frei

Info:
Naturkundemuseum Reutlingen
Weibermarkt 4
72764 Reutlingen
Tel.: (07121) 303-2022
Fax: (07121) 303-2016
E-Mail: naturkundemuseum@reutlingen.de
www.reutlingen.de

65 Museum im Prediger

Schwäbisch Gmünd, Ostalbkreis

Anfahrt:
Autobahn A 8, Ausfahrt Stuttgart-Degerloch, Bundesstraße B 29 über Schorndorf nach Schwäbisch Gmünd

Beschreibung:
Das Museum im Prediger ist seit 1973 in einem ehemaligen Dominikanerkloster, dem „Prediger", untergebracht und gehört mit seinem bis in das 19. Jahrhundert zurück reichenden Sammlungsbestand zu den ältesten Museen Südwestdeutschlands.
Die Sammlung des Museums in Schwäbisch Gmünd basiert in ihren wesentlichen Teilen auf den frühesten Erwerbungen des 1876 gegründeten Gewerbemuseums, vor allem aber auf der großzügigen Schenkung der Privatsammlung von J. ERHARD im Jahr 1890. Der historische Bestand der Sammlung erstreckt sich auf geologische und archäologische Funde, auf mittelalterliche, barocke und neuzeitliche Objekte aus Malerei, Grafik und Skulptur und solche aus dem regionalen wie dem überregionalen Umfeld. Die Hauptakzente liegen in den zwei Bereichen Schmuck und kirchliche Kunst. Hinzu kommen Grabungsfunde aus der Zeit der römischen Besiedlung in und um Schwäbisch Gmünd, die aus den Beständen der Privatsammlung PETER in den 30er Jahren des 20. Jahrhunderts dem Museum überantwortet wurden sowie weitere Ankäufe, Schenkungen u. a. Erwerbungen, die den Bestand stetig erweiterten.
Die Dauerausstellung im 3. Obergeschoss bietet zum Auftakt einen Überblick über die Landschaftsgeschichte der östlichen Alb und des Albvorlands. Gezeigt werden u. a. ein geologisches Relief sowie Gesteinsproben und Fossilien. Steinzeit- und Bodenfunde aus der Römerzeit informieren über die Siedlungsgeschichte Schwäbisch Gmünds. Im Bereich Stadtkultur mit den Abteilungen Kunst und Kunsthandwerk vom Mittelalter bis zum Barock sind Holzbildwerke, mittelalterliche Holzskulpturen und Tafelbilder, Goldschmiedearbeiten aus dem Kirchenschatz des Heilig-Kreuz-Münsters sowie Arbeiten der Büchsenschäfterfamilie MAUCHER, eine Steinmetzwerkstätte und Zeugnisse bürgerlicher Lebenskultur des 18. und 19. Jahrhunderts mit Gemälden, Möbeln, Zinn, Glas und Schmuck zu sehen. Fastenkrippen, Votivbilder und Reliquiare geben in einer gesonderten Abteilung Einblicke in die farbenprächtig entwickelte Volksfrömmigkeit.

Öffnungszeiten:
Dienstag, Mittwoch und Freitag 14–17 Uhr
Donnerstag 14–19 Uhr,
Samstag und Sonntag 11–17 Uhr

Eintrittspreise:
Dauerausstellung Eintritt frei
Sonderausstellungen und Führungen mit Eintritt

Info:
Museum im Prediger
Johannisplatz 3
73525 Schwäbisch Gmünd
Tel.: (07171) 603-4130
Fax: (07171) 603-4129
E-Mail: museum@schwaebisch-gmuend.de

66 Hällisch-Fränkisches Museum

Schwäbisch Hall, Landkreis Schwäbisch Hall

Anfahrt:
Autobahn A 6, Ausfahrt Kupferzell, Bundesstraße B 19 bis Schwäbisch Hall

Beschreibung:
Das Hällisch-Fränkische Museum erstreckt sich in der Innenstadt von Schwäbisch Hall über 7 Gebäude, darunter der achtgeschossige „Keckenturm“ und die ehemalige Stadtmühle. Folgende Themen werden behandelt: Geologie sowie Vor- und Frühgeschichte, die Zeiten des Mittelalters, der Reformation und des Barocks, Hall und Hällische Kunst im 19. Jahrhundert, das gesamte 20. Jahrhundert sowie früheres jüdisches Leben in Hall.
Wenn sich die Stadt Schwäbisch Hall heute dem Besucher in solchem Reichtum an Baudenkmälern und historischen Traditionen zeigen kann, so verdankt sie das in hohem Maße dem Salz, das vor 220 Millionen Jahren im Muschelkalkmeer abgelagert wurde. Dieser Tatsache will das Museum besonders Rechnung tragen mit der neuesten Ausstellung „Hall und das Salz – von der keltischen Saline bis zum Siedersfest“.
Die Abteilung Geologie ist im Untergeschoss des Museums untergebracht. Die Ausstellung gliedert sich in drei Räume. Der erste stellt die Triaszeit vor, ihre Gesteine und Fossilien. Verdiente Forscher und Fossiliensammler der Vergangenheit aus dem württembergischen Franken werden vorgestellt und ihre wissenschaftlichen Leistungen gewürdigt. Beim Gang in den zweiten Raum, der dem Eiszeitalter (Pleistozän) gewidmet ist, vollzieht man einen Zeitsprung von über 220 Millionen Jahren. Hier bietet sich über Mammutfunde aus Schwäbisch Hall ein Einstieg in die Vor- und Frühgeschichte. Dort sind Werkzeuge der eiszeitlichen Jäger die ältesten Ausstellungsstücke. Zahlreiche Grabungsfunde belegen die Siedlungsentwicklung von der Jungsteinzeit bis in das frühe Mittelalter. Zeugnisse aus der keltischen Saline in Hall sowie aus den römischen Kastellen in Osterburken und Mainhardt bilden Schwerpunkte dieser Abteilung.
Der dritte Raum der Abteilung Geologie befasst sich schließlich mit der Entstehung und Entwicklung der Landschaft um Schwäbisch Hall, die seit der ausgehenden Jurazeit aus dem Meer aufgetaucht ist.
Beim Museum beginnt der Geopfad (s. Geowissenschaftliche Lehrpfade, Nr. 21) der auf den Einkorn im Süden der Stadt führt.
Ausführliche Broschüren zu den einzelnen Abteilungen sowie weitere Veröffentlichungen sind im Museum erhältlich.
Angaben zur geologischen Situation enthält das Blatt 6824 Schwäbisch Hall der Geologischen Karte von Baden-Württemberg 1 : 25 000.

Öffnungszeiten:
Dienstag, Donnerstag bis Sonntag
10–17 Uhr, Mittwoch 10–20 Uhr

Eintrittpreis:
zur Zeit noch freier Eintritt

Info:
Hällisch-Fränkisches Museum
Keckenhof
74523 Schwäbisch Hall
Tel.: (0791) 751-289 oder -360
Fax: (0791) 751-305
E-Mail: hfm@schwaebischhall.de
www.schwaebischhall.de

67 Museum des Landkreises Waldshut

St. Blasien, Landkreis Waldshut

Anfahrt:
Autobahn A 5, Ausfahrt Freiburg-Mitte, Bundesstraße B 31 a/31 bis Titisee, B 317 Richtung Feldberg, abbiegen in die B 500 bis Schwarzabruck, Landesstraße nach St. Blasien

Beschreibung:
Das Museum des Landkreises Waldshut, untergebracht im 2. Obergeschoss des „Hauses des Gastes" in St. Blasien und eröffnet 1983, will als Kreismuseum einen bunten Bogen öffnen, in dem alle historisch wichtigen, künstlerisch interessanten, technisch bedeutenden und landes- wie volkskundlich wissenswerten Themen des Kreisgebiets in zahlreichen Vitrinen, anschaulichen Ausstellungsstücken, detaillierten Modellen und Dioramen vorgestellt werden, wobei auf der Geschichte und dem Werdegang des Klosters St. Blasien besonderes Gewicht liegt.

Das Kreismuseum ist zwar kein Naturkundemuseum, aber ohne Natur- und Landschaftskenntnisse bleibt der Zugang zu Heimat und Erholungsraum oberflächlich. Die geowissenschaftliche Abteilung führt in die geologische Geschichte und die Entwicklung der Landschaft über viele hundert Millionen Jahre bis zu dem, was der Wanderer heute vor sich sieht. Gezeigt wird, wie die Schwarzwaldgletscher während der Eiszeit entstanden, wo sie verliefen und wie sie die Landschaft und das heutige Flusssystem formten oder zumindest vorprägten, Gesteine des Südschwarzwalds, Mineral- und Erzgänge, die die Voraussetzung für ein blühendes mittelalterliches und teilweise noch früheres Bergwesen bildeten, besondere Gesteine, Minerale aus der Region, alles abgerundet durch die Darstellung einer „geologischen Uhr" sowie einer geologischen Übersichtskarte.

Dieser geologische Ausstellungsbereich wurde durch den 1991 verstorbenen Professor Dr. R. Metz konzipiert und gestaltet. Dieser profunde Kenner des Hotzenwalds, dessen Veröffentlichung „Die Geologische Landeskunde des Hotzenwaldes" (1980) nach wie vor das Standardwerk über diese Landschaft ist, wollte nach seiner Emeritierung die geologische Abteilung im Museum weiter ausbauen, wozu es leider nicht mehr kam. Zum 10. Todestag von Prof. Metz konnte jedoch eine weitere Vitrine eingerichtet werden, die wichtige und schöne Gesteinsfunde präsentiert.

Neu ist ein Bereich zum Anfassen: eine „Wunderkiste" mit Steinen der Umgebung, die betrachtet, angefasst und genau studiert werden können, wobei interessierte Besucher diese Stücke dann auch behalten dürfen.

Die zahlreichen Moore als verbindende Elemente zu Geologie, Landschaftsgeschichte und Botanik werden durch ausgezeichnetes Anschauungsmaterial präsentiert und erklärt. Nacheiszeitlich entstanden und teilweise bis heute nahezu ungestört wachsend, stellen sie ein wichtiges „Archiv" der Klima-, Landschafts- und Waldgeschichte dar.

Die Tierwelt der Region wird ebenfalls in einer großen Vitrine präsentiert. Viele Arten, die man nur noch selten zu Gesicht bekommt, werden hier gezeigt.

Ein Führer ist im Museum oder beim Landratsamt Waldshut erhältlich.

Öffnungszeiten:
Dienstag bis Sonntag 14.30–17 Uhr
Winterpause von Anfang November bis nach Weihnachten

Eintrittspreise:

Erwachsene	1,60 Euro
Kinder	0,50 Euro

Info:
Landratsamt Waldshut – Kultur
Archivwesen, Öffentlichkeitsarbeit
Kaiserstraße 110
79761 Waldshut-Tiengen
Tel.: (07751) 86-359
Fax: (07751) 86-159
E-Mail: kultur@landkreis-waldshut.de

144 *Vitrine mit UV-Licht bestrahlten Mineralen und Erzen*

68 Heimatmuseum Auberlehaus

Trossingen, Landkreis Tuttlingen

Anfahrt:
Autobahn A 81, Ausfahrt Villingen-Schwenningen, kurz Bundesstraße B 27 Richtung Schwenningen, dann Landesstraße bis Trossingen

Beschreibung:
Die größten Landtiere der Keuperzeit waren Dinosaurier. Vollständig erhaltene Skelette dieser vorzeitlichen Riesen stammen aus den Schichten des Knollenmergels bei Trossingen. Sie konnten in den Grabungskampagnen zwischen 1911 und 1932 zusammen mit Resten weiterer 30 unvollständiger Exemplare geborgen werden. Mit über sechs Metern Länge war der *Plateosaurus trossingensis* ein Furcht erregendes Ungetüm, auch wenn er sich wohl nur von Pflanzen ernährt haben dürfte. Noch heute flößen die Abgüsse der Skelette des „Schwäbischen Lindwurms" – Höhepunkt der Sammlung im Heimatmuseum Auberlehaus – Respekt ein.
Doch das Heimatmuseum informiert nicht in erster Linie über die Bewohner der Trossinger Gegend vor mehr als 200 Millionen Jahren. Im Mittelpunkt der liebevoll restaurierten und eingerichteten Räume steht das Leben der Trossinger in den vergangenen 1200 Jahren.
Angaben zur geologischen Situation enthält das Blatt 7917 Villingen-Schwenningen-Ost der Geologischen Karte von Baden-Württemberg 1 : 25 000.

Öffnungszeiten:
April bis Dezember: Sonntag 14–17 Uhr, regelmäßige Führungen jeden Mittwoch um 14.30 Uhr, Sonderführungen auf Anfrage

Eintrittspreise:

Erwachsene	2,50 Euro
Schüler/Studenten	1,00 Euro
Familien	6,00 Euro
Gruppen über 10 Personen	2,00 Euro

Info:
Heimatmuseum Auberlehaus
Marktplatz 6
78647 Trossingen
Tel.: (07425) 27703 oder 5550
Fax: (07425) 8092

145 Kopf des „Schwäbischen Lindwurms" (Plateosaurus trossingensis) aus dem Knollenmergel bei Trossingen, Ausschnitt aus Abb. 171

69 Naturkundliches Bildungszentrum

Ulm, Stadtkreis Ulm

Anfahrt:
Autobahn A 8, Ausfahrt Ulm-West, Bundesstraße B 10 bis Ulm

Beschreibung:
Das Naturkundliche Bildungszentrum Ulm, das im Jahre 1923 als städtische Naturaliensammlung begann, ist seit 1979 am Kornhausplatz untergebracht.
Als das „lebendige Museum in Ulm“ hat das Naturkundliche Bildungszentrum ein unverwechselbares Profil: in die Ausstellungen sind lebende Tiere, Funktionsmodelle und frei aufgestellte Exponate integriert. Die Belegsammlungen umfassen über 60 000 Objekte von Fundstellen, die heute verschollen, verschüttet oder überbaut, von Tieren, die längst ausgestorben oder im Herbarium von Pflanzen, von denen viele heute akut gefährdet sind.
Das Museum unterhält die Themenbereiche
- Natur erleben und begreifen – wörtlich!
- Mensch und Natur
- Tiere und ihre Lebensräume
- Lebende Fossilien z. B. Ginkgo u. a.
- Reise durch die Erdgeschichte
- Mineralogie

Die Reise durch die Erdgeschichte wird mit einer chronologischen Darstellung von den ersten Anfängen des Lebens bis zur Triaszeit eingeleitet. Die darauf folgenden Perioden Jura und Tertiär werden aufgrund der lokalen Gegebenheiten im Ulmer Raum ausführlicher dokumentiert. Die schönsten Ausstellungsstücke entstammen dem Unterjura (Schwarzjura) von Ohmden bei Holzmaden (Fischechse, Schmelzschuppenfisch) sowie dem Obersten Oberjura mit seiner Vielfalt an Ammoniten, Korallen und Seeigeln. Der Tertiärbereich wurde mit Funden aus der Umgebung von Ulm neu gestaltet. Exponate vom Eselsberg (Nashornunterkiefer), Ermingen (Turritellenplatte), von der Klifflinie, Funde aus den Kirchberger Schichten und vom Bau des Autobahnkreuzes bei Ulm-Elchingen (Elefantenknochen u. v. m.) bereichern die Sammlung.
Der Bereich der Mineralogie schließt an die vorher dargestellten Themen an. Hier wird die Welt der Gesteine und Kristalle vorgestellt. Die systematische Einteilung nach der chemischen Zusammensetzung schafft einen fundierten Überblick.
All dies und die zugrunde liegende Museumskonzeption machen das Museum zu einem naturkundlichen Dokumentationszentrum und schönen Lernort zugleich.
Ein ausführlicher Museumsführer ist erhältlich.

Ausführliche Homepage:
www.naturkunde-museum.ulm.de

Öffnungszeiten:
Dienstag bis Sonntag 11–17 Uhr,
montags geschlossen

Eintrittspreise:

Erwachsene	1,50 Euro
Familien	3,50 Euro
ermäßigt	1,00 Euro

weitere Tarife und Gruppentarife auf Nachfrage

Info:
Stadt Ulm
Naturkundliches Bildungszentrum
Kornhausgasse 3
89073 Ulm
Tel.: (0731) 161-4742
Fax: (0731)161-1681

70 Städtisches Museum

Wiesloch, Rhein-Neckar-Kreis

Anfahrt:

Autobahn A 6, Ausfahrt Wiesloch/Rauenberg; oder Autobahn A 5, Ausfahrt Walldorf/Wiesloch, Bundesstraße 39

Beschreibung:

Das Städtische Museum befindet sich in einem mittelalterlichen Wehrturm und einem Anbau aus der Gründerzeit. Die Ursprünge des Museums liegen in den 50er-Jahren, als mit privaten Sammlungen einzelner Wieslocher Bürger ein Heimatmuseum aufgebaut wurde. Nach Umbau und Neukonzipierung wurde es 1985 wieder eröffnet.

Schwerpunkte des Museums sind neben erdgeschichtlichen Exponaten vor allem der Wieslocher Bergbau, dessen Anfänge bis ins 3. Jahrh. v. Chr. zurückreichen. Es war die im Bereich Wiesloch/Nußloch/Baiertal im Muschelkalk vorkommende Blei-Zink-Vererzung, der über die Jahrhunderte hinweg bis 1954 nachgegangen wurde. In dieser, an die Rheingrabentektonik gebundenen Vererzung kommen vor allem Blei- und Zinkerze vor (Kluft- und Verdrängungsvererzung). Rund 50 weitere Minerale konnten bestimmt werden, was das Wieslocher Bergbaurevier auch mineralogisch sehr interessant macht. In Sammlerkreisen sind vor allem die Wieslocher Schalenblenden bekannt und gesucht, die häufig als Tropfsteine entstanden.

Werkzeuge, Minerale, Erzstufen und Schaubilder lassen den Bergbau wieder gegenwärtig werden. Folgende Schwerpunkte werden behandelt:

- die Ursprünge des Wieslocher Bergbaus in vorrömischer und römischer Zeit,
- der Wieslocher Bergbau im Mittelalter
- der Wieslocher Bergbau im 19./20. Jahrh. bis zu seiner Stilllegung in den 1950er Jahren.

Als jüngster Ausstellungsbereich wurde ein Bergwerkstollen nachgebaut.

Neben der Bergbauausstellung wurde eine archäologische Abteilung eingerichtet, in der die Funde und Exponate einer jüngst erfolgten Ausgrabung der Urnenfelderkultur präsentiert werden. Auch die Zeit der Römer, die bei Wiesloch eine Siedlung errichtet hatten, wird durch zahlreiche Ausstellungsstücke wieder lebendig. Lebensumstände, Kleidung, Mysterien und Götter werden mittels Texttafeln erläutert und durch aussagekräftige Exponate veranschaulicht.

In einer weiteren Abteilung wird auf das mittelalterliche Wiesloch und die Ereignisse während des 30-jährigen Krieges eingegangen: Waffen, Karten und Stiche verdeutlichen diese bewegte Zeit.

Angaben zur geologischen Situation enthält das Blatt 6718 Wiesloch der Geologischen Karte von Baden-Württemberg 1 : 25 000.

Öffnungszeiten:

Sonntag 14–16 Uhr und nach telefonischer Vereinbarung

Eintrittspreise:

Eintritt frei

Info:

Stadtverwaltung
Röhrbuckel, 69168 Wiesloch
(Ansprechpartner: M. Kurz)
Tel.: (06222) 84-305, Fax: (06222) 84-478
E-Mail: manfred.kurz@wiesloch.de
www.wiesloch.de

Natur- und Heimatmuseen

146 Balingen, Heimatmuseum in der Zehntscheuer: Ausstellungswand im Jura
147 Biberach a. d. Riss, Braith-Mali-Museum: Ausstellungsraum mit Blockbild des Alpenvorlands

*148 Bopfingen:
Museum im Seelhaus*

*149 Ehingen, Museum der Stadt:
Farnwedel aus dem Tertiär von Ehingen*

*150 Ehingen, Museum der Stadt:
Ammoniten und Muschelpflaster*

151 *Engen, Städtisches Museum: Ausgrabungsszene im Museum*
152 *Freiburg i. Br., Adelhausermuseum: riesige vulkanische Bombe aus dem Kaiserstuhl*
153 *Freiburg i. Br., Adelhausermuseum: Vitrine mit Funden aus Öhningen und vom Höwenegg*

154

154 Freiburg i. Br., Adelhausermuseum: großer Fluorit

155 Göppingen, Städt. Naturkundliches Museum: Sonderausstellung mit Fossilien und Lebensbild der Jurazeit

155

156 Immendingen, Heimatmuseum: Ausstellungsvitrine mit Jura-Fossilien

157 Immendingen, Heimatmuseum: Skelett einer Antilope aus den Höwenegg-Schichten

Natur- und Heimatmuseen

158 Karlsruhe: Staatliches Museum für Naturkunde

159 Karlsruhe, Staatliches Museum für Naturkunde: Lichthof mit großen Flugsaurier-Modellen

160 Karlsruhe, Staatliches Museum für Naturkunde: fossiler Riesensalamander (Andrias scheuchzeri) aus dem Miozän von Öhningen

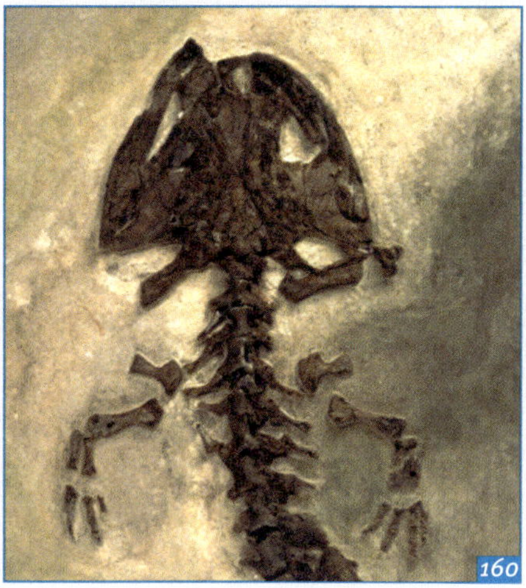

161 162 163

161 Konstanz, Bodensee-Naturmuseum: Moschusochse
162 Konstanz, Bodensee-Naturmuseum: Pegel-Messstelle
163 Konstanz, Bodensee-Naturmuseum: Untersuchungsplätze mit Binokularen für die Besucher

164 Müllheim, Markgräfler Museum: weibliches Skelett aus der Ausgrabung von Dattingen (Hallstatt-Zeit)
165 Müllheim, Markgräfler Museum: Vitrine mit wichtigen mineralischen Rohstoffen
166 Öhningen-Wangen, Heimatmuseum Fischerhaus: Schnappschildkröte aus dem Mittelmiozän von Öhningen
167 Öhningen-Wangen, Heimatmuseum Fischerhaus: Schleie aus dem Mittelmiozän von Öhningen

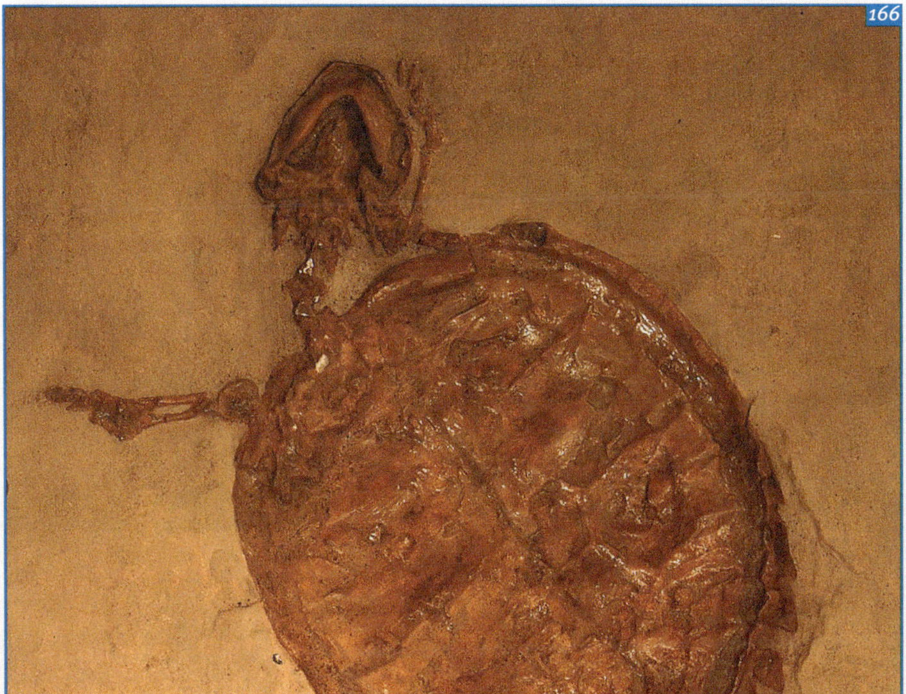

166

167

168 Reutlingen, Naturkundemuseum: Ausstellungsbereich zur Plattentektonik

169 Schwäbisch Hall, Hällisch-Fränkisches Museum: Geologische Säule vom Buntsandstein bis zum Keuper

170 Schwäbisch Hall, Hällisch-Fränkisches Museum: Seelilie (Encrinus liliiformis) aus dem Oberen Muschelkalk

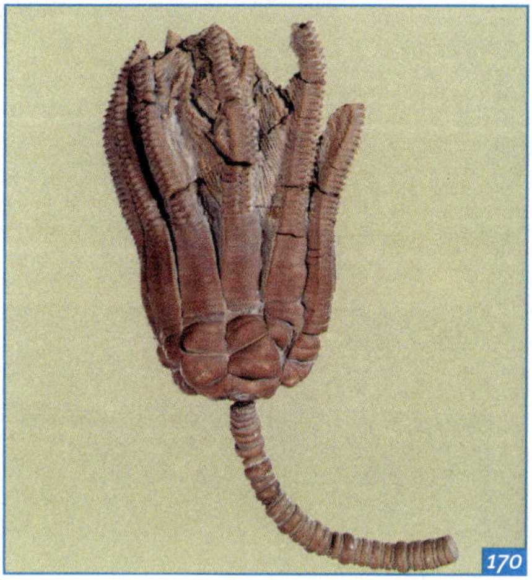

171 Trossingen, Heimatmuseum Auberlehaus: Saurierskelette (Plateosaurus trossingensis) aus der Knollenmergel-Formation bei Trossingen
172 Ulm, Naturkundliches Bildungszentrum: Turritella turris, die namengebende Turmschnecke der Erminger Turritellenplatte
173 Ulm, Naturkundliches Bildungszentrum: „Ulmer Palme“ (Palmoxylon lacunosum ssp. ulmensis)

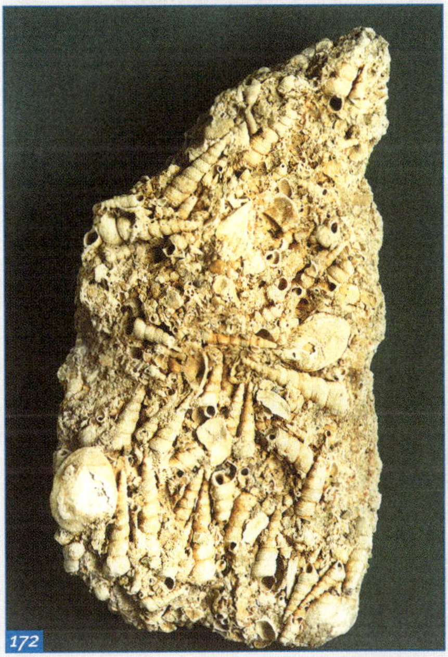

174 Wiesloch, Städtisches Museum: Bergmann in Uniform
175 Wiesloch, Städtisches Museum: Nachgebauter Museumsstollen mit Förderlore
176 Wiesloch, Städtisches Museum: Schalenblende

177

Geowissenschaftliche Lehrpfade

177 Doline Kesselgrube

Im Zeitalter verstärkten Naturinteresses der Bevölkerung reicht es nicht mehr aus, nur eine schöne Landschaft zu präsentieren und möglichst viele gastronomische oder kulturelle Glanzpunkte anzubieten. Die Besucher einer Landschaft wollen auch etwas über diese selbst und über ihre Entstehung erfahren, Natur erleben und direkt nachvollziehen. Möglichkeiten, diesen aufstrebenden Zweig zu bedienen, sind Lehrpfade, die in geführten oder auf mit Informationen versehenen Wanderrouten Naturräume, Vegetation, Tierwelt, Wald, aber verstärkt auch Geologie und Landschaftsentwicklung präsentieren und erklären.

Die Beliebtheit solcher Lehrpfade zeigt sich nicht nur in der großen Zahl der Wanderer auf ihnen, sondern auch darin, dass in den letzten Jahren immer mehr Lehrpfade mit unterschiedlichsten Themen entstanden sind und dass Fremdenverkehrsverbände, Kur- und Verkehrsämter in ihren Werbeschriften immer häufiger bewusst und gezielt auf solche hinweisen bzw. damit besonders werben.

Inzwischen gibt es Lehrpfade zu nahezu allen denkbaren Themen wie Wein, Wald, Geologie und Bergbau, Geographie, Wasser, Quellen und Moore, Kräuter, Archäologie und sogar solche, die dem Gedenken an die jüngere Vergangenheit dienen sollen. Häufig finden sich in Lehrpfaden gleich mehrere dieser Themen behandelt. So weisen Naturlehrpfade häufig auf Landschaft, Geologie, Waldentwicklung, Bäume und Sträucher, Einwirkung des Menschen und andere Punkte hin.

Hier sollen nun in erster Linie diejenigen angeführt werden, die ausschließlich oder doch überwiegend geowissenschaftlichen Themen gewidmet sind.

Geowissenschaftliche Lehrpfade im eigentlichen Sinn:

Hierzu gehören rein geologische Lehrpfade, also Pfade, deren Wegführung an wichtigen Aufschlüssen, geologischen Besonderheiten oder interessanten Ausblicken in Bezug auf Landschaftsentstehung und Geologie vorbei führt, wobei die Infotafeln das Wichtigste erläutern.

178 Freiburger Wasserweg

Bergbaugeschichtliche Lehrpfade:
Der im Mittelalter bis in die Neuzeit für Baden-Württemberg überaus wichtige Bergbau hat bis heute viele Spuren hinterlassen – Grund genug, einige bergbaugeschichtliche Lehrpfade anzulegen, die interessierte Wanderer und Spaziergänger zu diesen Spuren führen und deren Hintergründe erklären. Die Pfade führen vorbei an Pingen (alten Tagebauen oder Nachbrüchen über alten Stollen), Bergwerkshalden, alten Stollen, Verladerampen, Fundamenten oder Standorten von ehemaligen Erzaufbereitungsanlagen oder anderen wichtigen Gebäuden.

Wasser-, Quellen- und Moorlehrpfade:
Die Bedeutung des Wassers als Trinkwasser, Lebenselixier oder Heilmittel und das zunehmende Interesse der Bevölkerung an diesem Thema führte in den letzten fünf Jahren zur Anlage mehrerer Wasser- und Quellenlehrpfade, auf denen der Besucher Wissenswertes über Wasserkreisläufe, Ökologie von Gewässern, Nutzen und Gefährdung durch den Menschen erfährt.
Moorlehrpfade geleiten durch große Moorlandschaften, stellen die zumeist sehr interessante Tier- und Pflanzenwelt vor, erklären Entstehung, Aufbau und Verbreitung und gehen auf die Nutzung der Moore (Torfabbau), deren Folgen und die Bemühungen ein, die Moorflächen zu erhalten oder wieder zu renaturieren.

Daneben gibt es Lehrpfade, die sich nicht eindeutig den oben angeführten drei Gruppen zuordnen lassen. Es handelt sich zum einen um solche, die sich mit einer speziellen Thematik befassen. Beispiele sind die beiden Bodenlehrpfade in Beuren und Karlsruhe sowie die archäologischen Lehrpfade in Blaubeuren, Grabenstetten und Hundersingen. Auch der geographische Lehrpfad in Stuttgart (Schwäblesklinge) wurde zu dieser Gruppe sonstiger Lehrpfade gerechnet.
Daneben gibt es im Land mehrere geologische Natur- und Waldlehrpfade, wissenschaftliche Lehrpfade und andere, bei denen die Geowissenschaften eine größere Rolle, aber nicht die Hauptrolle spielen. Andere Themenbereiche werden mit gleichem Stellenwert oder sogar überwiegend behandelt. Es wurden alle Lehrpfade aufgenommen, die mindestens fünf geowissenschaftliche Stationen aufweisen.

Lehrpfade werden und wurden zumeist von Gemeinden, Forstämtern, Landwirtschaftsverbänden oder Wandervereinen, oft in Zusammenarbeit mit wissenschaftlichen Instituten konzipiert und gestaltet. Ihre Wegführung führt zu sehenswerten Punkten oder bedeutenden Aufschlüssen, eingebettet in eine landschaftlich schöne Wanderung. Bei den einzelnen Stationen bieten häufig aufwändig gestaltete Informationstafeln knappe, aber fundierte Einblicke in die zu erläuternden Sehenswürdigkeiten (geologischer Aufschluss, Baumart, Moorbereich u. a.).

Lehrpfade sollen Dauereinrichtungen sein, die, einmal eingerichtet und gestaltet, mehrere Jahre bis Jahrzehnte bestehen bleiben, zumindest in der Theorie. In der Praxis unterliegen sie selbstverständlich der Alterung, besonders in Bezug auf die vorgestellten Stationen und Sehenswürdigkeiten. Es ist daher erforderlich, die Lehrpfade zu pflegen und zu erhalten, Maßnahmen also, die von den Trägern Zeit und Geld erfordern. Nicht nur das Offenhalten der Wege ist nötig, wichtig ist auch eine Kontrolle der Informationstafeln und der beschriebenen Gegebenheiten. Von Vandalismus abgesehen, dessen Folgen immer wieder beobachtet werden können, sind es oft ganz natürliche Alterungsvorgänge, die die Tafeln unbrauchbar machen können: Verfaulen der Tafelpfosten, Ausbleichen der Schriftzüge und Bilder bis zur völligen Unlesbarkeit und nicht zuletzt Schadensereignisse, wie die letzten starken Stürme, die vor Lehrpfaden nicht Halt gemacht haben.

179 *Naturlehrpfad am Schönberg*
180 *Geologie-Lehrpfad im oberen Wollbachtal (Kalkofen-Erlebnispfad)*

An einigen, in jüngerer Zeit angelegten Lehrpfaden befinden sich an den Stationen keine aufwändigen Info-Tafeln mehr, sondern nur eine deutlich sichtbare Nummer. Dadurch wird zwar der Pflegeaufwand verkleinert und dem Vandalismus weniger Chancen geboten, dafür ist es aber erforderlich, sich vorher eine entsprechende Lehrpfadbeschreibung zu besorgen, was einer spontanen Wanderung über die entsprechenden Pfade entgegensteht.
Auch die Pflege der Punkte ist von Zeit zu Zeit geboten. Insbesondere gilt dies für geologische Aufschlüsse, die nach einiger Zeit, je nach Widerstandsfähigkeit der Gesteine oder Aufschlussbereiche, verwittern, verrutschen oder sonstwie unansehnlich werden.

Pflege und Ersatz abgegangener Tafeln sowie die Pflege der Objekte wird leider nicht überall mit der gebotenen Sorgfalt durchgeführt, wodurch einige Pfade, vor allem ältere, eigentlich nicht mehr empfehlenswert sind. Der Autor kennt viele dieser Lehrpfade von eigenem Erwandern, konnte allerdings für diesen geotouristischen Führer nicht mehr alle überprüfen. Es wurden dennoch alle bisher eingerichteten Lehrpfade, die die oben genannten Kriterien erfüllen, aufgeführt, wobei keine Gewähr übernommen werden kann, dass sie noch immer in gutem Zustand sind. Einige Gemeinden und Träger haben aber zugesagt, anlässlich des Geowissenschaftlichen Jahres 2002 ihre Lehrpfade zu überarbeiten bzw. zu erneuern.

180

Erläuterungen zur gegenüberliegenden Karte:

Geowissenschaftliche Lehrpfade

1 **Aalen:** Geologischer Rundwanderweg Aalen
2 **Aspach:** Keuperlehrpfad Aspach
3 **Badenweiler:** Geologischer Wanderweg am Rheingrabenrand von Badenweiler nach Britzingen
4 **Bietigheim-Bissingen:** Geologischer Lehrpfad
5 **Buchen-Eberstadt:** Geologischer Lehrpfad bei der Eberstädter Tropfsteinhöhle
6 **Dischingen:** Geologischer Lehrpfad Dischingen
7 **Gaildorf:** Geologischer Pfad von Gaildorf
8 **Heilbronn:** Keuperweg
9 **Kandern-Wollbach:** Geologie-Lehrpfad im oberen Wollbachtal
10 **Kappelrodeck:** Felsenweg
11 **Laichingen:** Karstkundlicher Wanderweg
12 **Neuffen:** Geologischer Pfad Ströhmfeldweg
13 **Öhringen-Michelbach:** Geologischer Lehrpfad Öhringen-Michelbach
14 **Remshalden-Grunbach:** Geologischer Lehrpfad Winnenden – Grunbach
15 **Rickenbach:** Solfelsenweg
16 **Rickenbach:** Steinbruch- und Murgtalweg
17 **Schenkenzell:** Geologischer Lehrpfad rings um Wittichen
18 **Schönau:** Der Wiesegletscher
19 **Schönau:** Pfad ins Erdaltertum
20 **Schwäbisch Gmünd:** Geologischer Pfad Schwäbisch Gmünd – Hohenrechberg
21 **Schwäbisch Hall:** Geopfad Schwäbisch Hall
22 **Sipplingen:** Geologischer Lehrpfad Sipplingen
23 **Steinheim am Albuch:** Geologischer Wanderweg im Steinheimer Becken
24 **Tübingen:** Geologischer Lehrpfad am Kirnberg
25 **Tuttlingen:** Geologischer Lehrpfad
26 **Waldbrunn:** Weg der Kristalle
27 **Welzheim:** Geologischer Pfad Welzheim

Bergbaugeschichtliche Lehrpfade

28 **Aalen-Wasseralfingen:** Bergbaupfad
29 **Freudenstadt:** Eugen-Drissler-Weg
30 **Münstertal/Schwarzwald:** Geologisch-bergbaugeschichtlicher Wanderweg Münstertal
31 **Neuenbürg:** Frischglück-Pfad
32 **Schönau:** Bergbau im Wiedener Tal
33 **Sulzburg:** Bergbaugeschichtlicher Wanderweg
34 **Todtnau:** Bergbaulehrpfad über den Mausboden
35 **Veringenstadt:** Heimatgeschichtlicher Rundweg Veringenstadt

Lage der Geowissenschaftlichen Lehrpfade sowie der Bergbaugeschichtlichen Lehrpfade

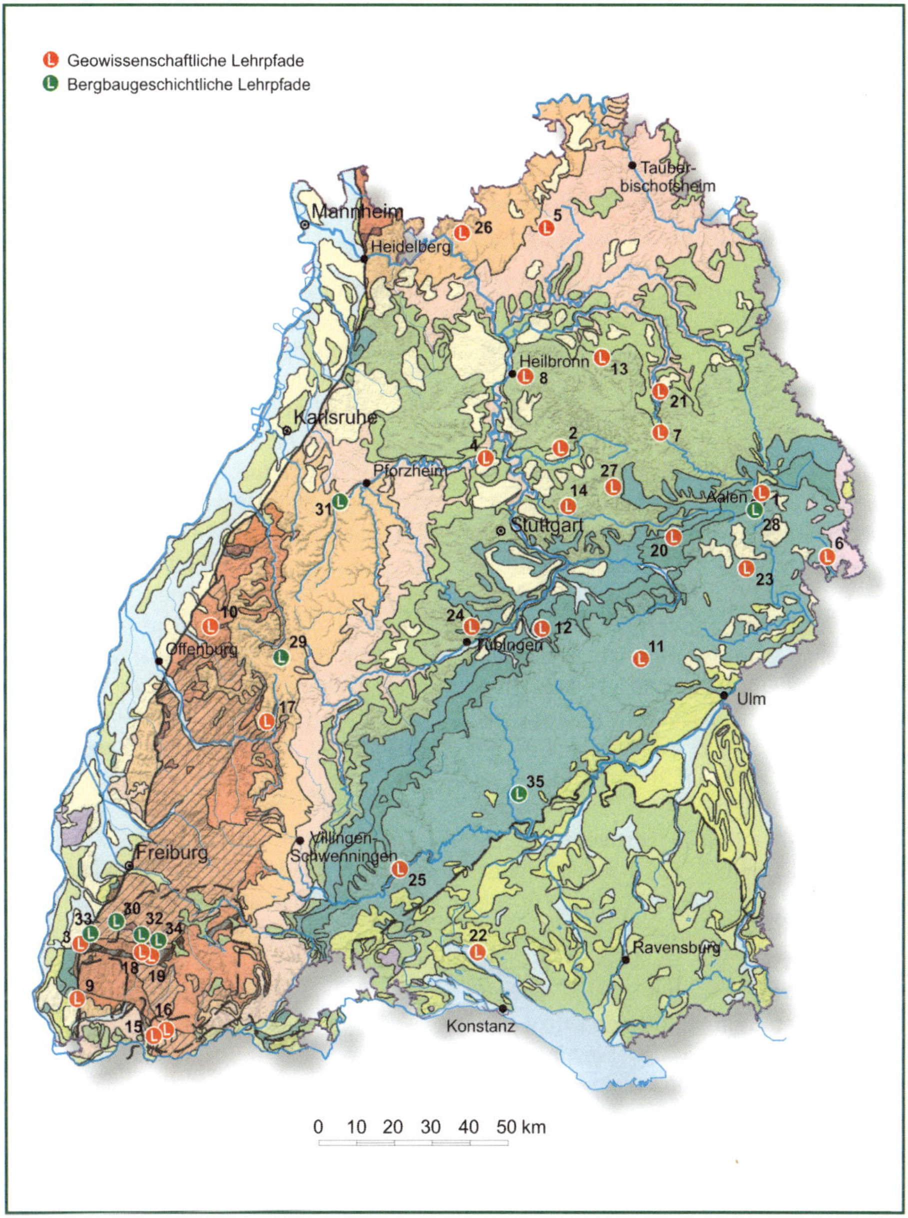

1 Geologischer Rundwanderweg Aalen

Aalen, Ostalbkreis

Anfahrt:
Autobahn A 7 bis Ausfahrt Aalen/Westhausen, Bundesstraße B 29 nach Aalen

Beschreibung:
Im Jahre 1964 wurde der erste Geologische Pfad Deutschlands in Aalen durch Forstdirektor W. Koch und den Amateurgeologen F. Sauter im Bereich des Albtraufs am Langert in der Aalener Bucht eröffnet. Der neue Geologische Rundwanderweg Aalen, der im Juli 2002, passend zum „Jahr der Geowissenschaften" eröffnet werden soll, ersetzt den in die Jahre gekommenen alten Geologischen Pfad.
Als idealer Ausgangspunkt wurde der große Parkplatz vor dem Aalener Thermalbad „Limesthermen" (530 m NN) gewählt, von wo sich dem Besucher ein herrlicher Blick über die Aalener Bucht und das Schichtstufenland der Schwäbischen Ostalb bietet. Nur wenige Meter entfernt, im Eingangsfoyer des modernen Thermalbads, informiert den interessierten Besucher ein 6 m hohes Bohrprofil über den geologischen Untergrund und die Quellen des 37 °C warmen Thermalwassers.
Die knapp 6 km lange Wegstrecke führt an der Thermalbohrung vorbei über offenes Gelände mit herrlichen Ausblicken entlang des Albtraufs und steigt dann über gut begehbare Wege zum 150 m höher gelegenen Aussichtsturm mit Waldwirtschaft „Albäumle" (681 m NN). Von dort zieht sich der gut angelegte Weg wieder in einer kleinen Schlaufe, am Skihang vorbei, durch den Wald hinunter und zum Thermalbad zurück.
Im Bereich des Pfades sind 20 Info- und Erlebnisstationen vorgesehen, die den Besucher in knapper und leicht verständlicher Form über den geologischen Aufbau, geologische Phänomene, den Bergbau und die Fossilien der Schwäbischen Alb informieren sollen. Dabei werden z. B. auch natur- und industriegeschichtliche Bezüge berücksichtigt.
Mehrere Aufschlüsse im Oberjura (Weißjura), darunter ein aufgelassener Steinbruch, in dem das Sammeln von Gesteinen und Versteinerungen erlaubt ist, werden gestreift und durch Infotafeln beschrieben. Ein kurzer Abstecher wird zukünftig zu einem neu angelegten Aufschluss in Gesteinen des „Aaleniums" führen, der geologischen Altersstufe, die nach der Stadt Aalen benannt ist. An mindestens drei Stellen sollen die vom alten Geologischen Pfad her bekannten Steinpyramiden mit Fossilien wieder aufgestellt werden.
Weitere geowissenschaftliche Ausflugsziele in Aalen sind das Besucherbergwerk „Tiefer Stollen" (s. Besucherbergwerke, Nr. 1), das Urweltmuseum (s. Geowissenschaftliche Fachmuseen, Nr. 1) sowie der Bergbaulehrpfad am Braunenberg (s. Bergbaugeschichtliche Lehrpfade, Nr. 28).
Angaben zur geologischen Situation enthält das Blatt 7126 Aalen der Geologischen Karte von Baden-Württemberg 1 : 25 000.

Info:
Urweltmuseum Aalen
Reichsstädterstraße 1
73430 Aalen
Tel.: (07361) 6556,
Fax: (07361) 961839
E-Mail:sauerborn@urweltmuseum-aalen. de
www.aalen.de

181 Steinpyramide mit Fossilien

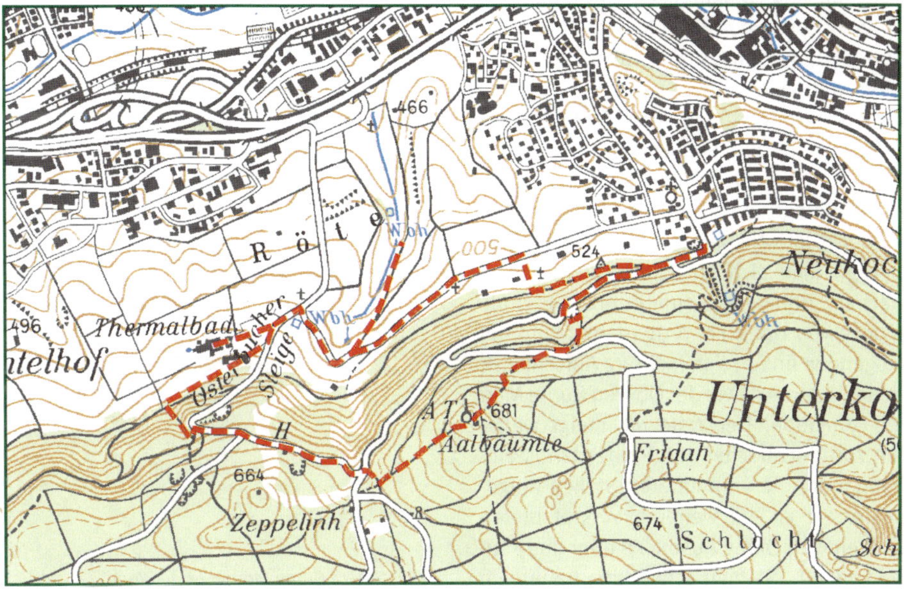

2 Keuperlehrpfad Aspach

Aspach, Rems-Murr-Kreis

Anfahrt:

Autobahn A 81, Ausfahrt Mundelsheim, Landesstraße über Großbottwar nach Aspach; oder von Stuttgart über Bundesstraße B 14 bis Backnang, Landesstraße nach Aspach

Beschreibung:

In Zusammenarbeit mit dem Forstamt Backnang wurde 1988 der Keuperlehrpfad Aspach fertig gestellt. Er verläuft nördlich des Ortsteils Aspach-Rietenau als Rundweg von ca. 10,3 km Länge (Abkürzungsmöglichkeit ist vorgesehen). Auf insgesamt 21 Stationen, die mit ausführlichen Informationstafeln versehen sind, wird der Wanderer in Gesteine und geologische Geschichte der Landschaft eingeführt. Im Verlauf des Weges werden alle Schichtglieder des Mittelkeupers, von der Gipskeuper- bis zur Stubensandstein-Formation, durchwandert und können, anhand von mehreren Aufschlüssen („Fenstern in die Erdgeschichte"), studiert werden.

Zu Beginn erfolgt eine kurze Einführung in die Geologie der Landschaft. Der Weg verläuft zuerst in der Gipskeuper-Formation, die allerdings von mächtigen Lössschichten verdeckt ist. Ab dem Eintritt in den Wald bewegt man sich im Schilfsandstein, der nächst höheren Keuperformation, die jedoch von Hangschutt überlagert wird. Im Folgenden finden sich mehrere Aufschlüsse in der Unteren sowie der Oberen Bunte Mergel-Formation. Der Waldweg steigt weiter an zur Hochfläche der Stubensandstein-Formation, die an mehreren Stellen aufgeschlossen ist. Im weiteren Verlauf bieten sich einige schöne Ausblicke über das Keupervorland, bis man schließlich bei einem ehemaligen Sandbruch im Oberen Stubensandstein angelangt ist. Weitere Steinbrüche folgen auf dem Keuperlehrpfad, der nun wieder bergab durch die schon durchwanderten Keuperschichten führt. Bunte Mergel, Schilfsandstein und Gipskeuper werden angetroffen, bis sich die Runde in Rietenau wieder schließt.

Eine Broschüre mit ausführlicher Wegbeschreibung ist beim Bürgermeisteramt Aspach erhältlich.

Angaben zur geologischen Situation enthalten die Blätter 7022 Backnang der Geologischen Karte von Baden-Württemberg 1 : 25 000 (vorläufige Ausgabe) sowie Naturpark Schwäbisch-Fränkischer Wald 1 : 50000.

Info:

Bürgermeisteramt Aspach
Backnanger Straße 9
71546 Aspach
Tel.: (07191) 212-0
Fax: (07191) 212-39
E-Mail: info@aspach.de
www.aspach.de

182 Untere Bunte Mergel (Rote Wand)

182

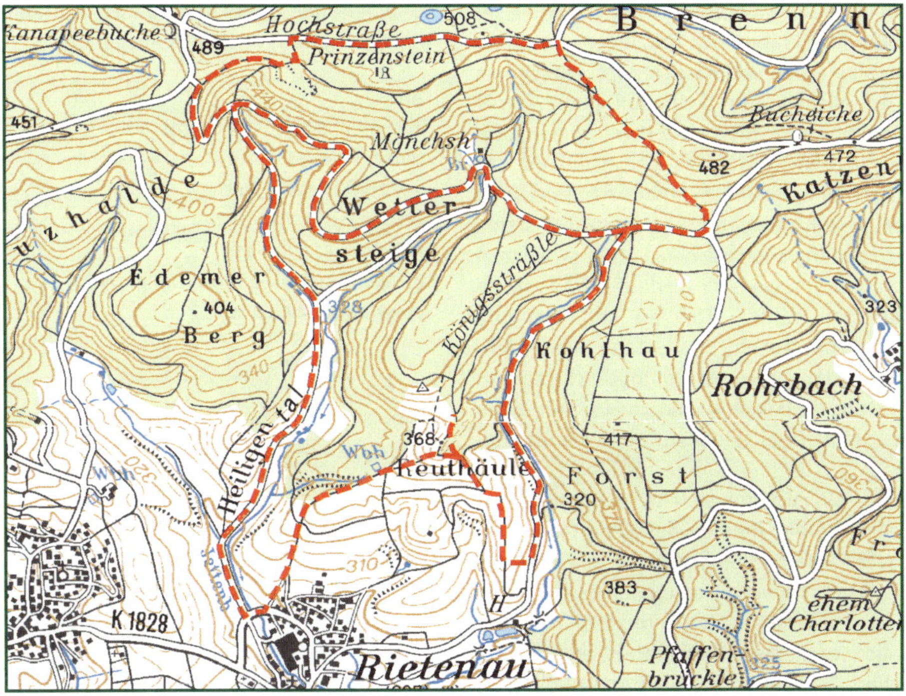
Kanapeebuche
489
Hochstraße
508
Brenn
Prinzenstein
451
Mönchsh
Bucheiche
472
482
Katzen
uzhalde
400
Wetter
steige
Edemer
. 404
Berg
328
Königssträßle
Kohlhau
323
340
Rohrbach
368
417
Heiligen tal
Keuthäule
Forst
320
320
310
383
K 1828
ehem.
Charlotten
Rietenau
Pfaffen-
brückle
325

3 Geologischer Wanderweg am Rheingrabenrand von Badenweiler nach Britzingen

Badenweiler, Landkreis Breisgau-Hochschwarzwald

Anfahrt:
Autobahn A 5, Ausfahrt Müllheim/Neuenburg, Bundesstraße B 378 nach Müllheim, Landesstraße weiter nach Badenweiler

Beschreibung:
Der Bergbau vergangener Zeiten und, in jüngerer Zeit, der Straßenbau haben an vielen Stellen in der Umgebung von Müllheim und Badenweiler zu sehr bedeutsamen geologischen Aufschlüssen geführt. Allein auf der kurzen Strecke zwischen Badenweiler und Britzingen finden sich eine große Zahl dabei freigelegter Gesteine verschiedener geologischer Perioden und andere geologische und morphologische Phänomene.
Der Lehrpfad beginnt bei der Klinik an der Schwärzestraße nach Britzingen mit einem geologischen Aufschluss, der Eingang in die Fachliteratur gefunden hat. Aufgeschlossen ist hier die Schwarzwaldhauptverwerfung, in der bei der Einsenkung des Oberrheingrabens Gesteine der Trias (hier Muschelkalk) gegen Schwarzwald-Gesteine (hier Konglomerate des Karbons) versetzt wurden. Im weiteren Verlauf werden nacheinander Mittel- (Dogger) und Unterjura (Lias, Arietenschichten), dann wieder Mitteljura (Murchisonae-Oolith) durchwandert. Mit dem Hauptrogenstein im Mitteljura endet hier der Jura. Tertiäre Küstenkonglomerate, tertiäre Kalksandsteine, Verkarstung (Versickerungsstelle des Ehebachs) sind weitere Themen des Lehrpfads. Zwei aufgelassene Steinbrüche in den tertiären Kalksandsteinen und Konglomeraten laden ein, das Gestein näher kennenzulernen und nach versteinerten Blattabdrücken zu suchen. Bergbauspuren in Form eines alten Stollenmundlochs finden sich im weiteren Wegverlauf. Es folgt ein Wegabschnitt, der schöne Ausblicke über den Rheingraben bis nach Freiburg im Norden gewährt. In einem lössgefüllten Tälchen kann man Oberflächenkarst beobachten. Im weiteren Verlauf gelangt man zu einem Quarzriff, das während der Rheintalabsenkung durch aufsteigende Minerallösungen entstand und infolge seiner Härte über die umgebenden Gesteine hinausragt. Der Weg endet schließlich in Gneisen des Schwarzwalds.
Eine Broschüre mit ausführlicher Wegbeschreibung ist bei der Thermen & Touristik GmbH, Badenweiler (s. u.), erhältlich.
Angaben zur geologischen Situation enthält das Blatt 8112 Staufen i. Br. der Geologischen Karte von Baden-Württemberg 1 : 25 000 (vorläufige Ausgabe).

Info:
Thermen & Touristik GmbH
Kaiserstraße 5
79410 Badenweiler
Tel.: (07632) 799-0
Fax: (07632) 799-115
E-Mail: touristik@badenweiler.de
www.badenweiler.de

183 Straßenböschung mit Schwarzwald-Hauptverwerfung

183

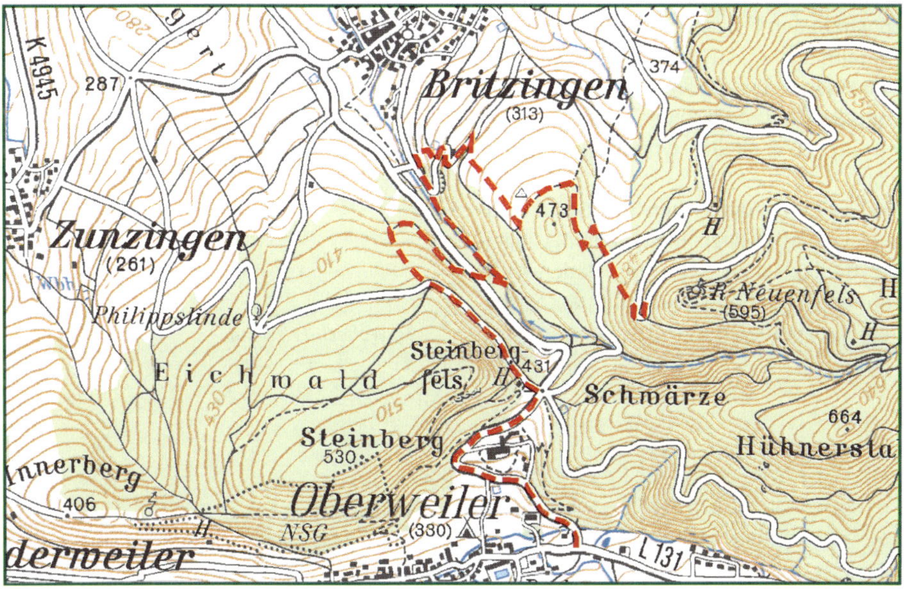

K 4945
287
280
Britzingen
(313)
374
473
Zunzingen
(261)
Philippslinde
410
H
R. Neuenfels
(595)
Steinberg-
fels
431
Eichwald
Schwärze
664
Hühnersta
Steinberg
530
Innerberg
406
Oberweiler
(330)
NSG
derweiler
L 131

4 Geologischer Lehrpfad

ehem. Landesgartenschau

Bietigheim-Bissingen, Landkreis Ludwigsburg

Anfahrt:
Autobahn A 81, Ausfahrt Ludwigsburg-Nord, Bundesstraße B 27 bis Bietigheim-Bissingen

Beschreibung:
Der geologische Lehrpfad im Enztal bietet spannende Einblicke in die Entstehungsgeschichte der Schwäbisch-Fränkischen Schichtstufenlandschaft. Am rechten Ufer der Enz gelegen, bildet die knapp 20 m hohe natürliche Wobach-Felswand den Anlass für den geologischen Lehrpfad. Diese Felswand wurde durch die Erosionskraft der Enz freigelegt. In den Muschelkalkschichten sind unter anderem versteinerte Meeresmuscheln, Seelilienstielglieder und Haifischzähne enthalten.
Den Beginn des Lehrpfads kennzeichnet eine 8 Tonnen schwere, bildhauerisch gestaltete Erduhr aus Granit, auf der die Epochen der Erdgeschichte im zeitlichen Verhältnis dargestellt und entsprechende Leitfossilien abgebildet sind. Ergänzt werden die Lehrtafeln durch einen für das jeweilige Erdzeitalter typischen Gesteinsblock.
Angaben zur geologischen Situation enthalten die Blätter 7020 Bietigheim-Bissingen der Geologischen Karte von Baden-Württemberg 1 : 25 000 sowie Naturpark Stromberg-Heuchelberg 1 : 50 000.

Info:
Stadtinformation Bietigheim-Bissingen
Marktplatz 10
74321 Bietigheim-Bissingen
Tel.: (07142) 74-227
Fax: (07142) 74-229
E-Mail: stadt@bietigheim-bissingen.de
www.bietigheim-bissingen.de

↳ schöne Innenstadt

184 Wobach-Felswand

184

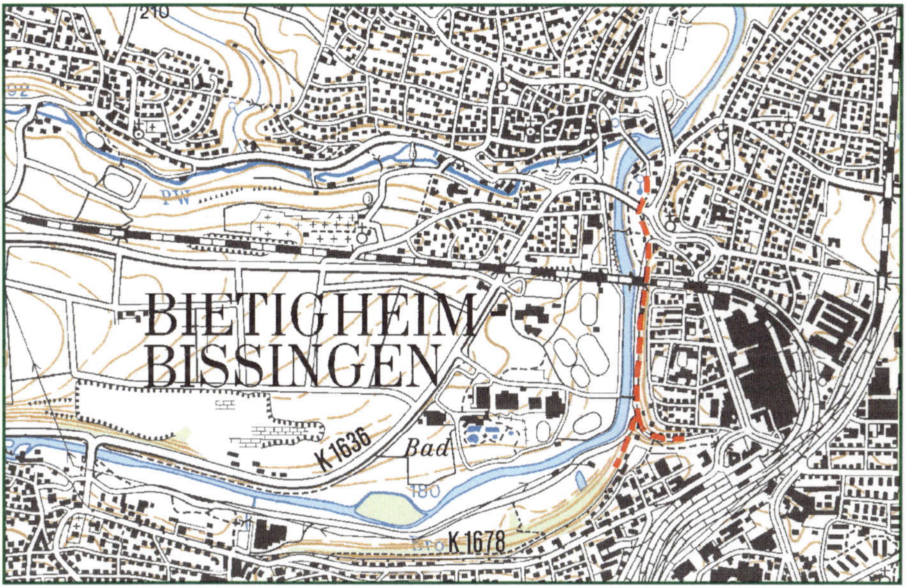
210
PW
BIETIGHEIM-
BISSINGEN
K 1636
Bad
180
K 1678

5 Geologischer Lehrpfad bei der Eberstädter Tropfsteinhöhle

Buchen-Eberstadt, Neckar-Odenwald-Kreis

Anfahrt:
Autobahn A 81, Ausfahrt Osterburken, Landesstraße über Osterburken Richtung Buchen bis Eberstadt; oder Autobahn A 6, Ausfahrt Sinsheim, Bundesstraße B 27 über Mosbach bis Buchen, Landesstraße bis Eberstadt

Beschreibung:
Als Ergänzung der Eberstädter Tropfsteinhöhle wurde 1995 direkt an der Höhle ein geologischer Lehrpfad eingerichtet, der die Schönheiten der Höhle mit der Vermittlung interessanter Details über die Geologie, Landschaft und den Steinbruchbetrieb verbindet.
Zehn Stationen sind entlang des Rundwegs angeordnet, an denen der Besucher über folgende Themenbereiche informiert wird: Geologie von Bauland und Odenwald, geologische Gesteinsabfolgen mit Steinblöcken aus der Umgebung (verschiedene Gesteinsarten, fossilienführendes Material), Gliederung des Muschelkalks, Gliederung der Steinbruchwand, Flora und Fauna im Steinbruch, Entstehung der Tropfsteinhöhle, Betriebsablauf im Steinbruch, Flurneuordnung in Eberstadt (der Lehrpfad wurde von Mitarbeitern des Amtes für Flurneuordnung und Landentwicklung in Zusammenarbeit mit der Stadt Buchen errichtet). Außerdem bietet ein Standort einen guten Überblick über den Steinbruchbetrieb. Bei 8 Stationen stehen Schautafeln, die die Themen in Bildern und mit Text darstellen. Zusätzlich sind Erläuterungen über die jeweiligen Besonderheiten auf kleineren Tafeln zu finden. Eine Sitzgruppe im höher gelegenen Teil des Lehrpfads lädt die Besucher zum Verweilen ein.

Angaben zur geologischen Situation enthält das Blatt 6522 Adelsheim der Geologischen Karte von Baden-Württemberg 1 : 25 000 (vorläufige Ausgabe).

Info:
Verkehrsamt Buchen
Platz am Bild
74722 Buchen
Tel.: (06281) 2780
Fax: (06281) 2732
E-Mail: stadt@buchen.de
www.buchen.de

185 Informationstafeln beim Steinbruch

185

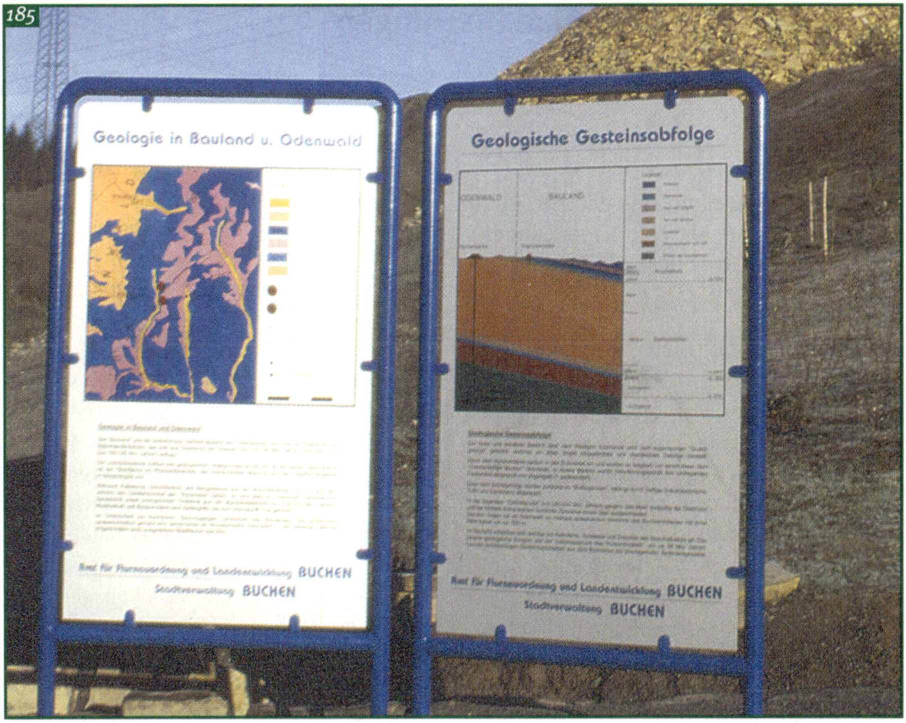
Geologie in Bauland u. Odenwald
Amt für Flurneuordnung und Landentwicklung BUCHEN
Stadtverwaltung BUCHEN
Geologische Gesteinsabfolge
Amt für Flurneuordnung und Landentwicklung BUCHEN
Stadtverwaltung BUCHEN

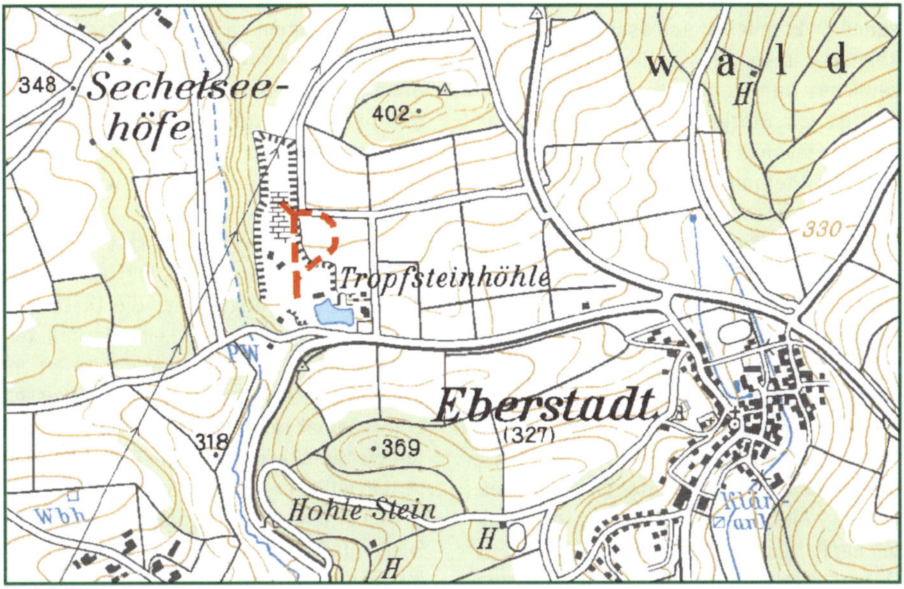
348
Sechelsee-
höfe
402
w a l d
H
330
Tropfsteinhöhle
PW
Eberstadt
(327)
318
369
Hohle Stein
Wbh
H
H

6 Geologischer Lehrpfad Dischingen

Dischingen, Landkreis Heidenheim

Anfahrt:

Autobahn A 7, Ausfahrt Heidenheim, Bundesstraße B 466 bis Nattheim, Landesstraße über Fleinheim nach Dischingen

Beschreibung:

Die Landschaft um Dischingen bietet vielfältige geologische Erscheinungsformen und Ablagerungen. Mehrere Karstaufbrüche mit z. T. ergiebigen Quelltöpfen sind Zeichen der Verkarstung der Landschaft. Der Asteroideneinschlag in das nahe gelegene Nördlinger Ries hatte deutliche Auswirkungen bis hierher: So genannte „Griesbuckel", Gesteinsmassen, die beim Einschlag des riesigen Asteroiden vor 15 Millionen Jahren in sich zertrümmert und bis hierher geschleudert wurden, heben sich als Fremdkörper deutlich in Bewuchs und Landschaftsform ab. Im Tertiär kam es zur Bildung von Bohnerzen, die am nahe gelegenen Erzberg leicht aufgesammelt werden können. Ein weiteres bedeutendes tertiärzeitliches Naturdenkmal im Raum Dischingen ist ein Blockstrand, der ähnlich der Klifflinie im nicht weit entfernten Heldenfingen den Uferbereich des ehemaligen Molassemeers markiert.

In Anbetracht dieser interessanten regionalen Geologie wurde von Rektor a. D. P. Pampuch mit Unterstützung der Gemeinde Dischingen ein geologischer Lehrpfad geplant, der diese landschaftlichen Besonderheiten erschließen soll. Der Lehrpfad ist dreiteilig konzipiert, ein Teilstück besteht seit 1995, das zweite ist weit gediehen und das dritte Teilstück befindet sich in Ausarbeitung. Alle drei Teile beginnen bzw. sollen am Rathaus in Dischingen beginnen.

Der erste Lehrpfadteil liegt im Nordwesten von Dischingen. Er behandelt auf insgesamt 6 Stationen zunächst eine ehemalige Furt über die Egau im Ortsbereich, dann weist er auf die interessanten Bausteine der älteren Häuser aus Kalksteinbrocken mit versteinerten Austern und Bohrmuscheln hin. Die Hangstufe am nördlichen Ortsende von Dischingen auf dem Wasserberg zeigt den bekannten Dischinger Blockstrand: Seine Sohle, der ehemalige Meeresboden, besteht aus harten Plattenkalken des Oberjuras (Weißjura ζ) mit unzähligen Bohrmuschellöchern. Darüber häufen sich, rund 4 m mächtig, Nagelfluh und sandige Blocklagen, überdeckt von kalkigen Mergeln und rauhen, quarzitischen Sanden. Etwas weiter genießt man einen schönen Blick über das Egautal, eine ehemals von Sümpfen und Überschwemmungen geprägte Auenlandschaft. Der weitere Wegverlauf zum Erzberg führt durch eine Karstlandschaft mit einem typischen Trockental. Auf dem Erzberg angekommen, findet man ohne Mühe die eisenhaltigen Kügelchen (Bohnerze) am Boden, die schon die Kelten in so genannten Rennöfen verhütteten. Über Feldwege führt der Weg wieder nach Dischingen zurück.

Der fast fertige zweite Teil des Lehrpfads wird die folgenden Themen behandeln: die tertiärzeitliche Küstenlinie, die Dischinger und Demminger Griesbuckellandschaft, tertiärzeitliche Bodenbildungen mit Rotlehmen. Trümmermassen aus dem Rieskessel, eine ehemalige Kiesgrube im zertrümmerten Weißjurakalkstein sowie Aufschlüsse in tertiärzeitlichen „Pfohsanden" (von „Pfoh" = Fuchs; leicht grabbare Sande mit vielen Fuchs- und Dachsbauten).

Im geplanten dritten Teil sollen tertiärzeitli-

186 Griesbuckel zwischen Dischingen und Demmingen

che Ablagerungen der Meeres- und Süßwassermolasse, ein Quelltopf samt der alten Dischinger Wasserversorgung, die Lehmgrube einer ehemaligen Ziegelei sowie je ein Prall- und Gleithang der Egau besucht werden.

Angaben zur geologischen Situation enthalten die Blätter 7228 Neresheim-Ost der Geologischen Karte von Baden-Württemberg 1 : 25 000 (vorläufige Ausgabe) und 7328 Wittislingen der Geologischen Karte von Bayern 1 : 25 000.

Info:
Gemeindeverwaltung Dischingen
Marktplatz 9
89561 Dischingen
Tel.: (07327) 81-0
Fax: (07327) 81-40
E-Mail: rathaus@dischingen.de
www.dischingen.de
B. Pampuch, Tel.: (07325) 6282

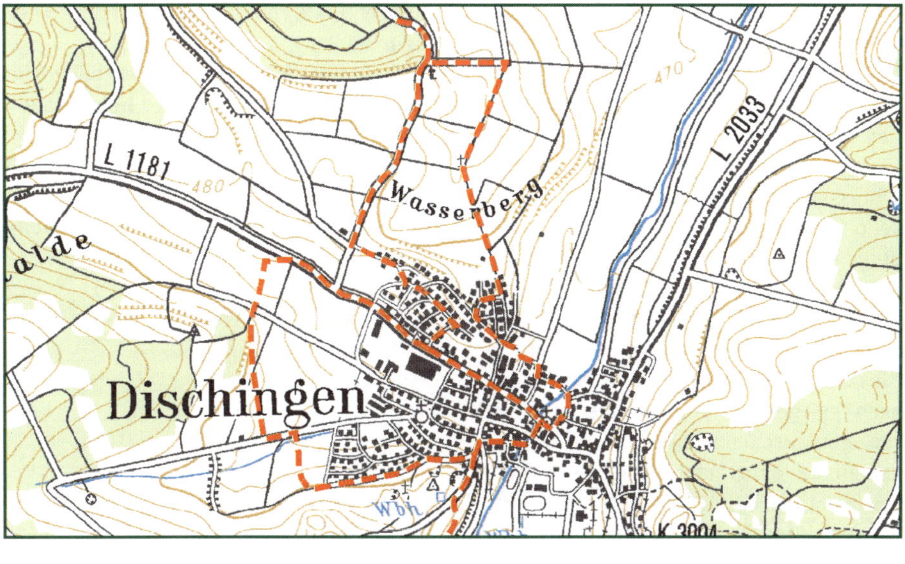

7 Geologischer Pfad von Gaildorf

Gaildorf, Landkreis Schwäbisch Hall

Anfahrt:
Autobahn A 6, Ausfahrt Kupferzell, Bundesstraße B 19 über Schwäbisch Hall nach Gaildorf; oder Ausfahrt Aalen/Westhausen, Bundesstraßen B 29/29a bis Aalen, B19 bis Gaildorf

Beschreibung:
Der geologische Pfad wurde vom Staatlichen Forstamt Gaildorf angelegt. Er bietet die Möglichkeit, im Rahmen einer Wanderung Einblicke in den geologischen Untergrund zu erhalten und sich so unmittelbar mit der erdgeschichtlichen Vergangenheit vertraut zu machen. Der geologische Pfad ist Teil eines Rundwegs, der im nordöstlichen Ortsbereich von Gaildorf beginnt, entlang des Hagerbachs zum geologischen Pfad führt, danach über Waldwege und Wanderwege des Schwäbischen Albvereins wieder zurück nach Gaildorf, Stadtteil Münster, kommt.
Einen Gesamteindruck des geologischen Profils, das im Folgenden erwandert wird, geben die beiden großen Informationstafeln am Anfang und Ende des Lehrpfads. Der Weg erschließt, erläutert durch insgesamt 9 Informationstafeln, in mehreren Aufschlüssen den Mittelkeuper von der Gipskeuper-Formation bis zu den Oberen Bunten Mergeln. Diese Schichtenfolge ist typisch für das Gebiet der Limpurger Berge. Die erste Station zeigt einen Aufschluss in den Grauen Estherienschichten der oberen Gipskeuper-Formation, die ihren Namen nach gelegentlich auftretenden Fossilien winziger Muschelkrebschen (Estherien) bekamen. Es sind graue, fein geschichtete Tonsteine, die in ruhigem Wasser abgesetzt wurden. Über die Ablagerungen des Gipskeupers breiteten sich riesige Flusssysteme, aus dem skandinavisch-baltischen Raum kommend, bis in den heutigen Alpenraum aus. Sie hinterließen mächtige Ablagerungen, die Schilfsandstein-Formation (nach schilfartig aussehenden Farnblättern, die häufig im Sandstein gefunden werden; Station 2). Darüber bildeten sich, nach Absinken der Landschaft, ausgedehnte Seenlandschaften, in denen Tone und Mergel, die so genannte Bunte Mergel-Formation, zur Ablagerung kamen. Sie gehen nach oben über in die grünlich-grauen Lehrbergschichten (Stationen 3–5), anschließend erfolgte die Sedimentation des Kieselsandsteins, nun wieder unter überwiegend festländischen Bedingungen mit großen Flusssystemen, Überschwemmungsebenen und Seen (Stationen 6–8). Der stratigraphisch höchste Teil der Schichtenfolge wird nun mit den Oberen Bunten Mergeln und der letzten Station erreicht, damit endet auch der Lehrpfad, rund 100 m höher als an seinem Beginn.
Eine ausführliche Broschüre ist beim Bürgermeisteramt Gaildorf oder beim Staatlichen Forstamt erhältlich.
Angaben zur geologischen Situation enthält das Blatt 6924 Gaildorf der Geologischen Karte von Baden-Württemberg 1 : 25 000.

Info:

Staatliches Forstamt Gaildorf
Forststraße 6
74429 Sulzbach-Laufen
Tel.: (07976) 92101-0

Bürgermeisteramt
Schloss-Straße 20 (Neues Schloss)
74405 Gaildorf
Tel.: (07971) 253-0
Fax: (07971) 253-188
E-Mail: stadt@gaildorf.de
www.gaildorf.de

187 Untere Bunte Mergel (Rote Wand) bei Gaildorf

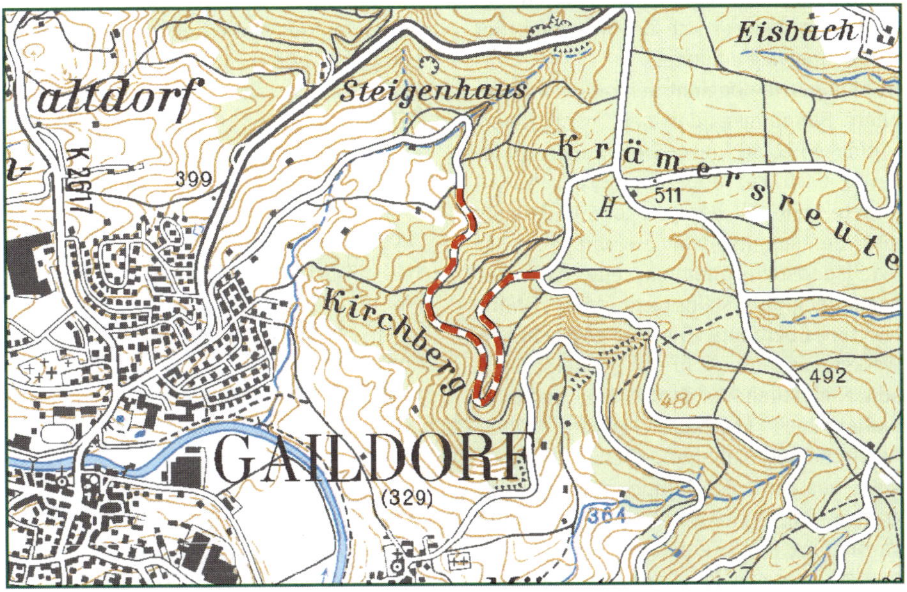

8 Keuperweg

Heilbronn, Stadtkreis Heilbronn

Anfahrt:

Autobahn A 6, Ausfahrt Heilbronn-Untereisesheim nach Heilbronn; oder Autobahn A 81, Ausfahrt Heilbronn-Untergruppenbach

Beschreibung:

Wer von Westen über die flach hügelige Landschaft des lössbedeckten Kraichgaus kommt, steht östlich von Heilbronn vor dem plötzlichen Anstieg zum Heilbronner Bergland. Auch geologisch beginnt hier etwas Neues. Der im Kraichgau an Unter- oder Prallhängen ab und zu aufgeschlossene und sonst überall von meterdicken Lösspaketen überdeckte Gipskeuper bildet nun die steilen, meist von Weinbergen bedeckten Berghänge, die oben mit einer charakteristischen Verebnung im Wald enden. Diese Weinberg/Wald-Grenze stellt eine geologische Schichtgrenze dar, und in diesem Raum bewegt sich der Wanderer, der den Keuperweg erkundet.

Der Keuperweg beginnt beim Jägerhaus im alten Steinbruch, der seit 1972 Naturschutzgebiet ist. Dieser Steinbruch, in dem 1960, nach ca. 800 Jahren, der Abbau endete, galt seit dem 18. Jahrhundert als einer der bedeutendsten Steinbrüche in der Schilfsandstein-Formation, zeitweise war er sogar der größte Steinbruchbetrieb in Württemberg überhaupt. Die hier gebrochenen Werksteine wurden in ganz Deutschland sowie im nahen Ausland als Bau- und Bildhauersteine geschätzt (Kölner Dom, Amsterdamer Bahnhof). Der Schilfsandstein bestimmt den Keuperweg zu einem großen Teil, seine Entstehung, Geologie, Verbreitung u. a. werden erläutert. Im Verlauf des Weges gelangt der Wanderer auch tiefer, wo dann die nach unten folgenden Schichten der Gipskeuper-Formation aufgeschlossen sind. Es handelt sich hierbei um die höchsten Lagen dieser Formation, die so genannten Estherienschichten, die nach einem kleinen Krebschen benannt sind. Auch sie werden ausgiebig behandelt. Außerdem zeigen Aussichtspunkte einen Überblick über die Heilbronner Bucht und den Kraichgau.

Insgesamt wurden 13 Stationen angelegt und der 3,5 km lange Weg läßt sich bequem innerhalb einer Stunde erwandern. Er endet am Parkplatz der B 39 zwischen Heilbronn und Weinsberg.

Ein Faltblatt über den Keuperweg mit ausführlichen Beschreibungen ist bei der unten angegebenen Adresse erhältlich.

Angaben zur geologischen Situation enthalten die Blätter 6821 Heilbronn der Geologischen Karte von Baden-Württemberg 1 : 25 000 sowie Heilbronn und Umgebung 1 : 50 000.

Info:

Städt. Museen Heilbronn/Naturhistorisches Museum
Kramstraße 1
74072 Heilbronn
Tel.: (07131) 56-2302, -3141 o. -2886
Fax: (07131) 56-2859
E-Mail: staedtischemuseenheilbronn. nhm@t-online.de
www.museen-heilbronn.de

188 Wegböschung am Waldrand: Schilfsandstein über Gipskeuper

188

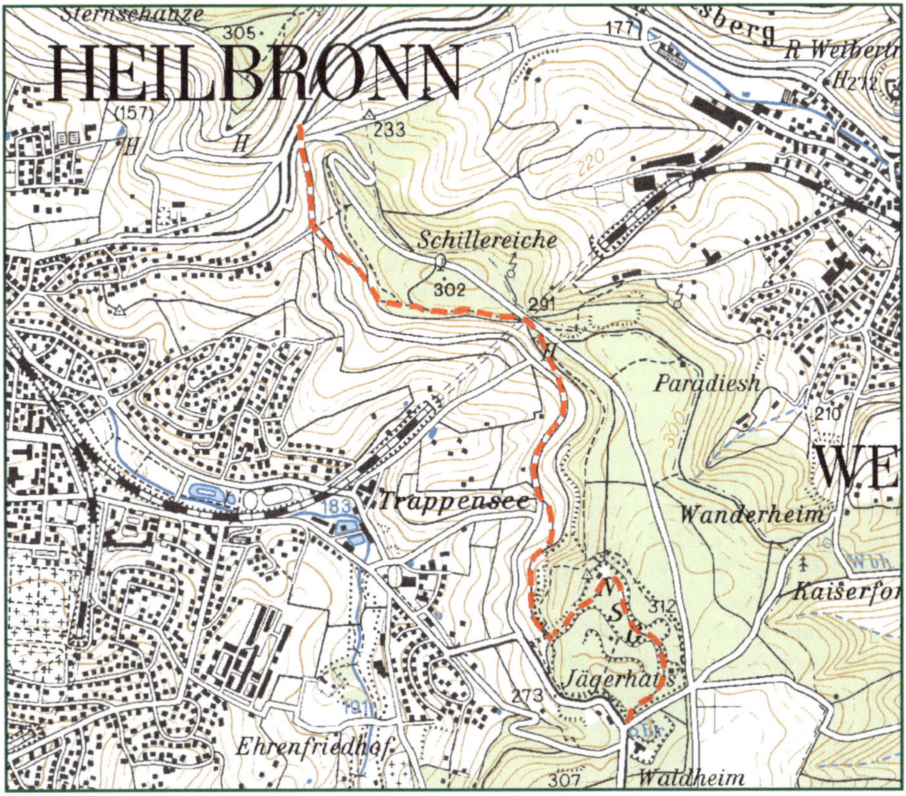
Sternschanze
305
HEILBRONN
(157)
H
233
177
R Weibertr
H272
220
Schillereiche
302
291
H
Paradiesh
210
300
WE
Trappensee
183
Wanderheim
Kaiserfor
312
Jägerhaus
273
191
Ehrenfriedhof
307
Waldheim

9 Geologie-Lehrpfad im oberen Wollbachtal

Kandern-Wollbach, Landkreis Lörrach

Anfahrt:
Autobahn A 5, Ausfahrt Müllheim/Neuenburg, Bundesstraße B 378 nach Müllheim und B 3 nach Schliengen, Landesstraße nach Kandern und weiter nach Wollbach

Beschreibung:
Im vorderen Wollbachtal bei Egerten befindet sich seit 1929 ein alter Kalkbrennofen, der allerdings nur ein Jahr betrieben wurde, bevor er aus technischen Gründen stillgelegt werden musste. Ende der 1960er-Jahre begannen Bestrebungen, aus Naturschutzgründen (Fledermausquartier) diesen noch relativ gut erhaltenen Ofen zu renovieren (Naturschutzgruppe des Schwarzwaldvereins). Als Ergänzung zu den Arbeiten im und am Kalkofen wurde der geologische Erlebnispfad im Wollbachtal angelegt.
Die Landschaft südlich von Kandern liegt im Bereich der Rheingrabenstörungen, hier sind Sedimentgesteine der Vorbergzone gegen Sedimentgesteine des Dinkelbergs versetzt und zum Teil verbogen. Im Wollbachtal kommen demnach mehrere, sehr verschiedene Schichtpakete und Gesteine vor, die im Verlauf des Lehrpfades studiert werden können. Die ältesten Gesteine entstammen der Trias. Es handelt sich um Kalksteine des Oberen Muschelkalks (Trochitenkalk), entstanden vor 230 Millionen Jahren unter Meeresbedeckung. Fossile Reste des damaligen Lebens finden sich heute in wichtigen Leitbänken (Seelilienstielglieder, Muscheln, Kopffüßer). Über dem Muschelkalk folgt nach einer Aufschlusslücke der untere Mitteljura (Braunjura) mit leicht eisenschüssigen Kalksteinen (Murchisonae-Oolith-Formation). 1938 wurden in diesen Schichten Prospektionsarbeiten auf Eisen durchgeführt, von denen heute noch zwei Stollenmundlöcher und Halden, beide am Weg gelegen, zeugen. Der Abbau lohnte sich allerdings aufgrund des nur geringen Gehaltes nicht. Höher folgen Kalksteine, die aus kleinen Kügelchen aufgebaut sind, die an Fischrogen erinnern und daher Hauptrogenstein genannt werden. Damit endet die Schichtenfolge im Wollbachtal. Dieser Kalkstein wurde hier in vielen Steinbrüchen für Bausteine und zur Kalkgewinnung gebrochen. In der auf die Ablagerung des Hauptrogensteins folgenden Zeit bis heute war das Gebiet Festland, unterlag an der Oberfläche der Erosion und der Verkarstung im Untergrund. Höhlensysteme, wie beispielsweise die Haseler Höhle (diese allerdings im Muschelkalk des Dinkelbergs, s. Besucherhöhlen, Nr. 5), entstanden im Bereich des Karstwasserspiegels. Dabei bildeten sich typische schmale Hohlkehlen. Veränderte sich der Karstwasserspiegel, so wurden neue Lösungshohlkehlen (Karstwassermarken) geschaffen. Im großen Steinbruch hinter dem Kalkofen sowie im kleinen Steinbruch am Ende des Lehrpfads sind derartige Karstwassermarken deutlich sichtbar.
Eine ausführliche Broschüre ist beim Städtischen Verkehrsamt erhältlich.
Angaben zur geologischen Situation enthalten die Blätter 8311 Lörrach und 8312 Schopfheim (vorläufige Ausgabe) der Geologischen Karte von Baden-Württemberg 1 : 25 000.

Info:
Städtisches Verkehrsamt
Hauptstraße 18
79400 Kandern
Tel.: (07626) 972356
E-Mail: verkehrsamt@kandern.de
www.kandern.de

189 restaurierter Kalkofen im Wollbachtal

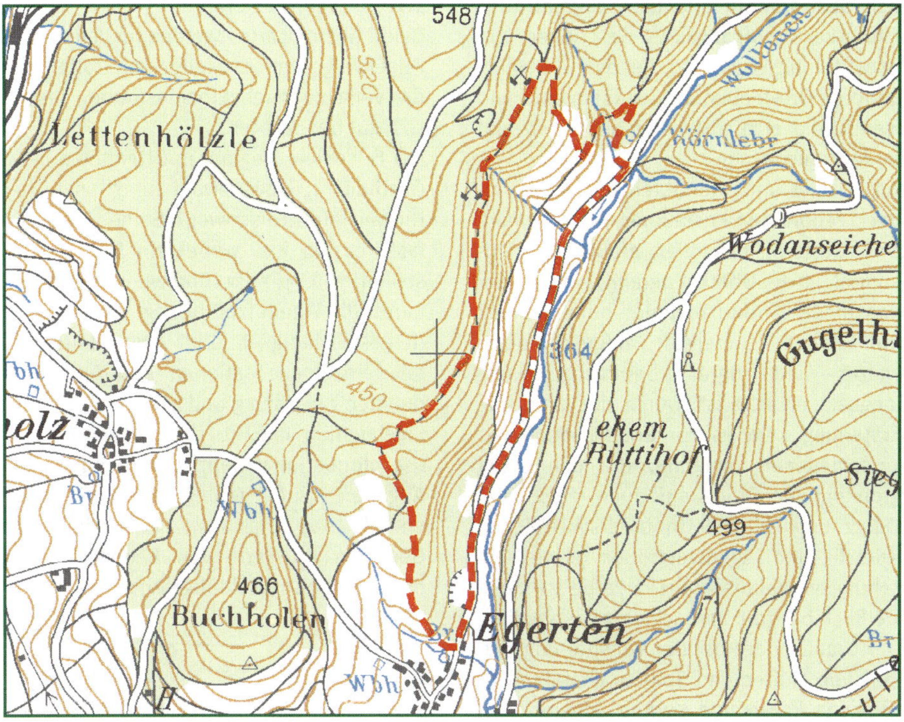

10 Felsenweg

Kappelrodeck, Ortenaukreis

Anfahrt:
Autobahn A 5, Ausfahrt Achern, Landesstraße nach Ottenhöfen

Beschreibung:
Der Felsenweg wurde im Jahre 1976 angelegt. Er verbindet als Rundwanderweg die zahlreichen Felsgruppen und Schrofen des Wald- und Wandergebiets. Ottenhöfen und Kappelrodeck liegen, geologisch gesehen, zwar etwas abseits der großartigen Aufschlüsse, die der südwestdeutsche Raum in großer Zahl zu bieten hat. Dennoch ist eine Wanderung auf dem Felsenweg auch in geologischer Hinsicht interessant, bietet er doch neben großartigen Ausblicken auf den Schwarzwald und das Rheintal auch Einblicke in vulkanisches Geschehen und Verwitterungsvorgänge, die zwar an vielen anderen Orten ebenfalls wirksam sind und waren, die sich aber hier besonders gut beobachten lassen.
Das Gebiet um Ottenhöfen und Kappelrodeck gehört zum kristallinen Schwarzwald. Das Gestein, das hier großflächig vorkommt, ist der Oberkirchgranit, ein Gestein, das in der Erdkruste unter hohem Druck und hoher Temperatur aufgeschmolzen wurde und unter Gebirgsbedeckung langsam erkaltet ist. Durch die langsame Erstarrung kam es zur Kristallisation der verschiedenen Minerale, die den meist grobkörnigen Granit aufbauen (Feldspate, Quarz und Glimmer in unterschiedlichen Kristall- und Aggregatgrößen sowie Mischungsverhältnissen). Die Farbe ist meist weißlich bis grau und schwarz gesprenkelt. Der Granit bildet bei der Verwitterung entlang von Klüften und Spalten charakteristische, an Ecken und Kanten abgerundete, kissenförmige Blöcke. Diese „Wollsackverwitterung“ ist typisch für alle Granite.
Im Zeitalter des Perm (Rotliegend) drangen weitere Gesteinsschmelzen auf, die teilweise die Erdoberfläche erreichten und sich auf der damaligen Landschaft ausbreiteten. Diese Gesteinsschmelzen kühlten relativ schnell ab und es entstanden Gesteine, die als Porphyre bezeichnet werden. Sie sind aufgrund der schnellen Abkühlung oft sehr feinkörnig und führen größere, bereits mitgeförderte Einsprenglinge (porphyrische Struktur). Diese Porphyre sind angewittert meist von bräunlicher bis rötlicher Farbe. Ihre Verwitterungsformen sind eher eckig und kantig – nicht zu verwechseln mit den „Wollsäcken“ des Granits.
Beide Gesteinsarten werden im Verlauf des Felsenweges immer wieder angetroffen und die verschiedenen Erosionsformen lassen sich gut beobachten.
Der Felsenweg beginnt in Ottenhöfen beim Gasthaus „Schwarzwaldstube“ mit der Hinweistafel „Felsenweg”. Seine Länge umfasst ca. 12 km, wobei ein Höhenunterschied von 382 m überwunden werden muss, die Wanderzeit beträgt je nach Wandergeschwindigkeit und Verweildauer bei den einzelnen Stationen und Aussichtspunkten zwischen 3 und 4 Stunden.
Eine ausführliche Broschüre ist bei der Tourist-Information in Kappelrodeck erhältlich.
Angaben zur geologischen Situation enthält das Blatt 7414 Oberkirch der Geologischen Karte von Baden-Württemberg 1 : 25 000 (vorläufige Ausgabe).

Info:
Tourist-Information
Hauptstraße 65
77876 Kappelrodeck
Tel.: (07842) 802-10
Fax: (07842) 802-75
E-Mail: tourist-info@kappelrodeck.de
www.kappelrodeck.de

190 Stierfelsen

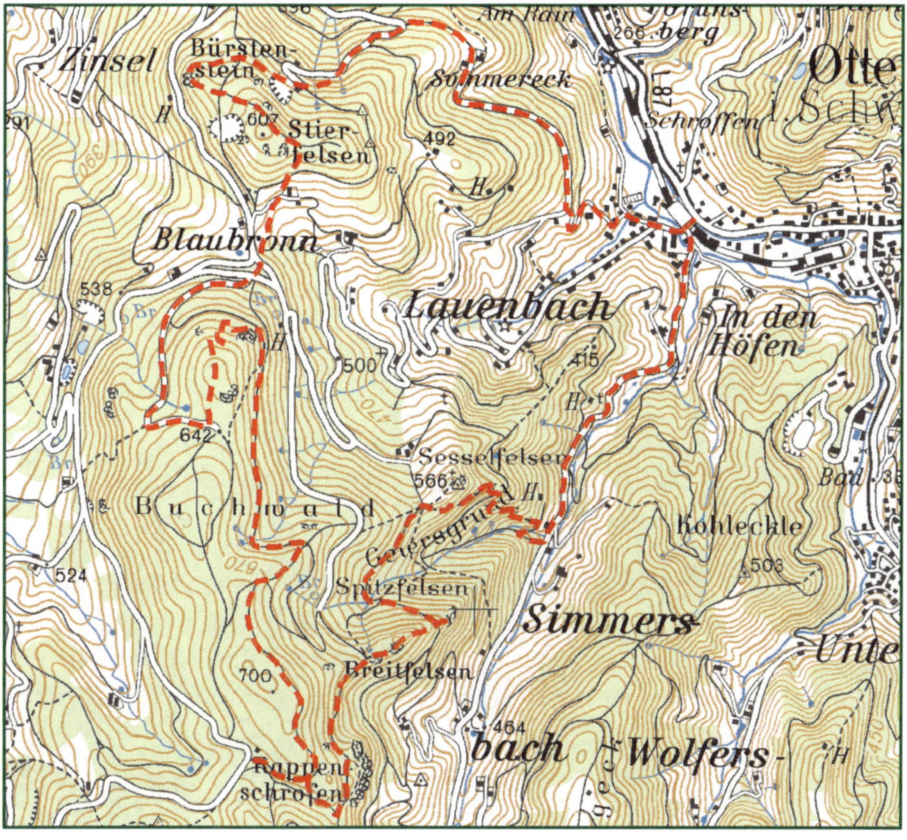

11 Karstkundlicher Wanderweg

Laichingen, Alb-Donau-Kreis

Anfahrt:
Autobahn A 8, Ausfahrt Merklingen, Landesstraße über Merklingen nach Laichingen

Beschreibung:
Die Entstehung einer Karstlandschaft ist an wasserlösliche Gesteine gebunden. Kalksteine, aus denen die Schwäbische Alb überwiegend aufgebaut ist, gehören zu diesen Gesteinen. Das Regenwasser ist in der Lage, diese langsam zu lösen. Die Folge sind Hohlräume und Höhlensysteme, Dolinen und Trockentäler. Einige dieser Karsterscheinungen berührt der rund 11,5 km lange Karstkundliche Wanderweg. Er führt über die Eichhalde in das Erbsental, ein typisches Trockental. Noch vor mehreren 100 000 Jahren gab es in diesem Tal ein Flüsschen, das über das Himpfertal und das Lange Tal zu einer Urlauter floss und damit zur Urdonau entwässerte. Durch Tieferlegung der Urdonau wurde der Karstwasserspiegel auch in den zufließenden Gewässern abgesenkt und viele Flüsse und Bäche, so auch hier, fielen trocken. Obwohl das Tal trocken ist, findet sich im Erbsental eine Wasserstelle, die Feldhüle. Dieses Wasserloch ist allerdings als Viehtränke künstlich durch Abdichtung des Bodens geschaffen worden. Bei Regen füllt sich die Hüle mit Oberflächenwasser, das überschüssige Wasser fließt über einen Damm in eine Doline ab. Durch das Erbsental erreicht der Weg den Hohlen Stein, eine

191 Hohler Stein

191

Höhlenruine, aus deren Decke sich im Laufe der Jahrhunderte durch Frostsprengung immer wieder Blöcke lösten und am Grund anhäuften. Irgendwann in ferner Zukunft wird die Höhlendecke völlig heruntergebrochen sein und nur noch eine Mulde im Gelände an die ehemalige Höhle erinnern. Vorbei an einem weiteren Teich, der Hagsbuch-Hüle, führt der Weg durch ein Dolinenfeld im Gewann Maierwiesen. Hier, wo sich im Untergrund viele Karsthohlräume gebildet haben, brechen immer wieder – zur „Freude" der Landwirte und der Förster – Erdfälle ein, die meist schnell wieder mit Bauschutt oder Erdreich verfüllt werden. Von dort gelangt der Wanderer über das Erbsental zurück zum Beginn des Wegs.

Angaben zur geologischen Situation enthalten die Blätter 7523 Münsingen der geologischen Karte von Baden-Württemberg 1 : 25 000 (vorläufige Ausgabe) sowie 7524 Blaubeuren 1 : 25 000.

Ausführliche Homepage:
www.tiefenhoehle.de

Info:
Höhlen- und Heimatverein Laichingen e. V.
Postfach 1367
89146 Laichingen
Tel.: (07333) 5586 (Tiefenhöhle)
und (07333) 4414 (Vorsitzender)
E-Mail: info@tiefenhoehle.de

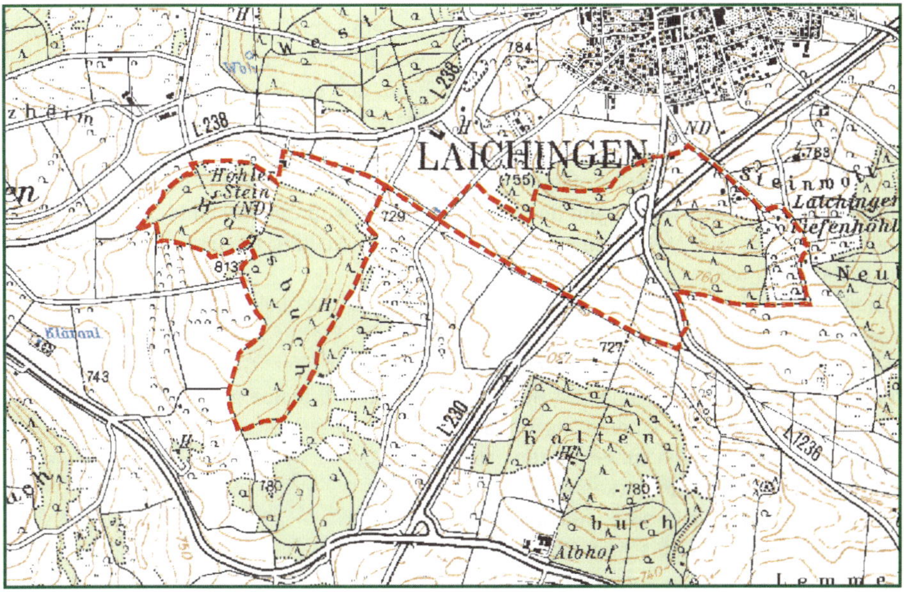

12 Geologischer Pfad Ströhmfeldweg

Neuffen, Landkreis Esslingen

Anfahrt:
Autobahn A 8, Ausfahrt Wendlingen, Bundesstraße B 313 bis Metzingen (bei Startpunkt Metzingen) oder von Metzingen Weiterfahrt über Landesstraße nach Neuffen (Start in Neuffen)

Beschreibung:
Der Geologische Pfad Ströhmfeldweg beginnt in Metzingen an der Kreuzung Nürtinger Straße/Staufenweg und endet in Neuffen. An beiden Endpunkten stehen Orientierungstafeln, auf denen der ganze Weg verzeichnet ist. Gleiche Tafeln stehen an den Wanderparkplätzen zum Florian nordwestlich von Kappishäusern, zum Jusi westlich von Kohlberg, am Ende der Neuffener Steige (Dreispitz) sowie am Aufgang zur Ruine Hohenneuffen. Der Pfad hat eine Länge von insgesamt 20 km und führt über Florian, Jusi, Dettinger Hörnle und Hohenneuffen nach Neuffen. Wahlweise ist er auch von Neuffen zu beginnen oder er kann in mehreren Abschnitten begangen werden.
Der Ströhmfeldweg verläuft in weiten Teilen durch das Albvorland zwischen Metzingen und Kohlberg. Hierbei werden mit dem Florian nordöstlich von Metzingen und dem Jusi zwei Vulkanvorkommen des „Schwäbischen Vulkans" besucht und erklärt. Es handelt sich hierbei um Vulkanschlote, die in den relativ weicheren Gesteinen des Mitteljuras oder Braunjuras als härtere Gesteine erhalten blieben und heute als Hügel über die Landschaft hinausragen. Dabei ist der Jusi nach dem Randecker Maar bei Schopfloch das zweitgrößte vulkanische Vorkommen der Schwäbischen Alb. Seine Verbandsverhältnisse, Vorkommen von Sinkschollen, Tuffen und Basaltresten werden erläutert.
Nach dem Jusi steigt der Pfad den Albtrauf hinauf zum Hörnle und zu dem großen Steinbruch im mittleren Oberjura (Weißjura β-δ), dessen Schichtung gut zu beobachten ist. Auf dem Gratweg führt der Weg über das Schillingskreuz zur Karlslinde. Unterwegs erfährt der Wanderer auf mehreren der insgesamt 41 Informationstafeln einiges über den Albwald, über Versteinerungen allgemein, über Saurier, Ammoniten und Muscheln sowie über die Entstehung und Entwicklung der Landschaft, in der er sich gerade bewegt. Weiter am Rand des Albtraufs erreicht man die Neuffener Steige und hier einen Steinbruch, an dessen Eingang der Kontakt zwischen gelblichen, gebankten Kalksteinen und dunkelgrauen Tuffen besonders gut aufgeschlossen ist. Vorbei an der Barnberghöhle, den Höllenlöchern, die durch Ablösung ganzer Gesteinsschollen am Albtrauf entstanden sind, und der Molach, einem weiteren ehemaligen Vulkanschlot, kommt man zur Ruine Hohenneuffen. Von dort geht man zurück zum Parkplatz und nach kurzem Weg bergab wird der Parkplatz beim Schwimmbad in Neuffen erreicht, wo der Lehrpfad endet.
Angaben zur geologischen Situation enthalten die Blätter 7421 Metzingen und 7422 Lenningen der Geologischen Karte von Baden-Württemberg 1 : 25 000.

Info:

FG Mythos Schwalb
Postfach 1109
72562 Bad Urach
Tel.: (07125) 9432-0
Fax: (07125) 9432-22
E-Mail: kbu@badurach.de
www.mythosschwalb.de

192 Neuffener Steige:
Kontaktstelle eines Tuffschlots mit Kalksteinen des Oberjuras

13 Geologischer Lehrpfad Öhringen-Michelbach

Öhringen-Michelbach, Hohenlohekreis

Anfahrt:

Autobahn A 6, Ausfahrt Öhringen, Landesstraße nach Michelbach am Wald

Beschreibung:

Der geologische Lehrpfad Öhringen-Michelbach wurde 1992 als erster geologischer Lehrpfad im Hohenlohekreis angelegt. Für die Konzeption und Ausgestaltung konnte Dr. h. c. H. Hagdorn gewonnen werden, ein profunder Kenner der Geologie (s. Muschelkalkmuseum Hagdorn bei Geowissenschaftliche Fachmuseen, Nr. 12).

Der geologische Lehrpfad erschließt dem Wanderer die ca. 100 m mächtige Schichtenfolge der Gipskeuper-Formation vom Ortsrand des Öhringer Teilorts Michelbach am Wald durch Wiesen und Weinberge zum Berghäusle. Der Lehrpfad folgt den landschaftlich reizvollen tieferen Teilen des Stufenrands der Waldenburger Berge, der herrliche Ausblicke auf die Hohenloher Ebene erlaubt.

In anderthalb Stunden hat man genügend Zeit, die Tafeln an den sieben Stationen zu studieren und sich die aufgeschlossenen Gesteine anzuschauen, die vor ca. 220 Millionen Jahren, zur Zeit der Oberen Trias abgelagert wurden, als Mitteleuropa noch in den Subtropen lag und zeitweilig vom Meer überflutet wurde.

Daneben werden die spärlichen Spuren des Lebens zur Gipskeuperzeit vorgeführt, außerdem Verwerfungen und Schichtstufen. Die Tafeln führen in Schrift und Bild in die Aufschlüsse ein und erläutern, was Gesteine und Landschaftsformen zu erzählen haben. Aber auch die traditionelle und heutige Nutzung der Rohstoffe Gips oder Sandstein sind Thema.

Eine ausführliche Broschüre ist bei der Stadtverwaltung Öhringen erhältlich.

Angaben zur geologischen Situation enthalten die Blätter 6823 Pfedelbach der Geologischen Karte von Baden-Württemberg 1 : 25 000 (vorläufige Ausgabe) sowie Naturpark Schwäbisch-Fränkischer Wald 1 : 50 000.

Info:

Stadtverwaltung
Marktplatz 15
74613 Öhringen
Tel.: (07941) 68-118
Fax: (07941) 68-222
www.oehringen.de

193 Gipskeuper-Formation: Estherienschichten

193

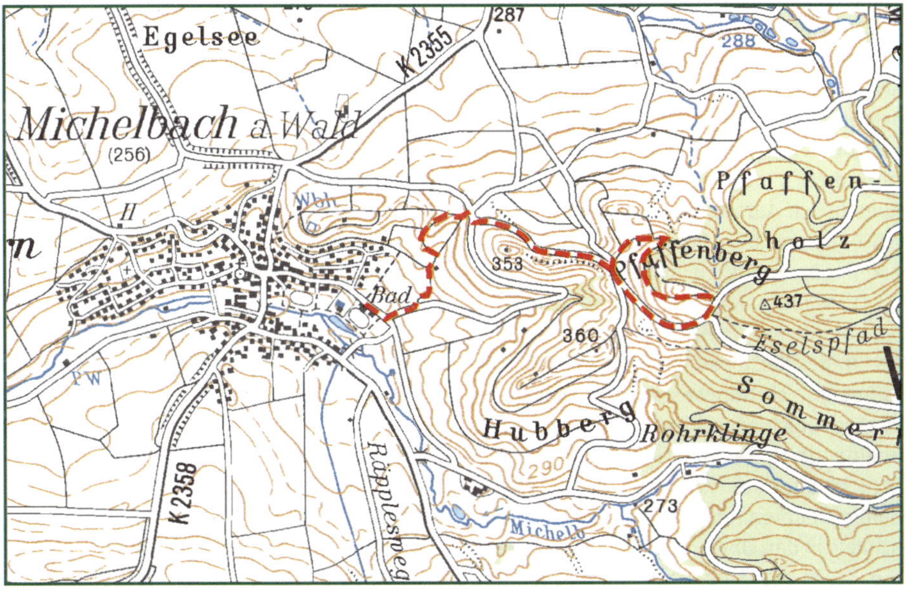
Egelsee
K 2355
287
288
Michelbach a. Wald
(256)
Wbh
Pfaffen-
holz
Pfaffenberg
353
437
Bad
360
Eselspfad
Sommer
PW
Hubberg
Rohrklinge
290
K 2358
Räpplesweg
273
Michelb

14 Geologischer Lehrpfad Winnenden-Grunbach

Remshalden-Grunbach, Rems-Murr-Kreis

Anfahrt:

Autobahn A 81, Ausfahrt Pleidelsheim, Landesstraße über Marbach am Neckar nach Winnenden; oder Autobahn A 8, Ausfahrt Stuttgart-Degerloch, Bundesstraßen B 27/ B 14 bis Winnenden

Beschreibung:

Der geologische Lehrpfad beginnt am südlichen Stadtrand von Winnenden. Er verläuft auf einer Länge von ca. 11 km mit 40 Stationen und mehreren Aufschlüssen durch den Mittel- und Oberkeuper sowie die unterste Schicht des Unterjuras (Schwarzjura) und endet am Ortsrand von Remshalden-Grunbach.

Er beginnt in den Bunten Estherienschichten des Oberen Gipskeupers, graue und rötliche Ton- und Mergelsteine, benannt nach einem Kleinkrebs *(Estheria)*. Der Übergangsbereich zum nächsten Keuperglied, der Schilfsandstein-Formation, ist aufgeschlossen. Beim Schilfsandstein handelt es sich um feinkörnige Sandsteine, die in Aufschlüssen am Weg und in einem kleinen Steinbruch deutliche Schichtungsstrukturen zeigen. Darüber folgen, durch einen künstlichen Aufschluss freigelegt, die Mergel und Tone der Unteren Bunten Mergel, erkennbar an der leuchtend roten Farbe („Rote Wand"). Angekommen auf dem Gipfel des Kleinen Roßbergs findet man nun Felsen des Kieselsandsteins. Der Blick vom Roßberg nach Nordwesten zeigt, dass hier zwei deutlich verschiedene Landschaften aneinanderstoßen: die Gäuebenen und die Schichtstufe des Keuperberglands. Nach einem weiteren, ebenfalls künstlichen Aufschluss in den Oberen Bunten Mergeln wird die Stufe der Stubensandstein-Formation auf dem Haselstein erreicht; in einem alten Steinbruch sind die Sandsteine gut zu beobachten. Dort endete bis vor wenigen Jahren der Lehrpfad. Um auch die übrigen Keuperformationen und den untersten Unterjura mit einzubeziehen, wurde der Lehrpfad über Buoch bis nach Grunbach verlängert. Der Weg steigt nun durch die unruhigen Hänge der Knollenmergel-Formation bis zur nächsten Verebnung an. Diese wird am Rand von geringmächtigen Sandsteinen des Oberkeupers oder Rhätsandsteins gebildet, der vom Unterjura (Arietenschichten des Schwarzjuras α) überlagert wird, auf dem Buoch liegt. Stratigraphisch ist damit der höchste Punkt erreicht. Von Buoch geht es etwas steiler durch alle bisher angetroffenen Schichten wieder bergab, bis der Pfad bei Grunbach endet.

Nicht nur geologisch ist der Lehrpfad lohnend. Von der Steppenheide am Haselstein bis in die vegetationsreichen Wälder im Grunbachtal mit ihrer reichen Frühlingsflora werden mehrere interessante Pflanzenstandorte angetroffen.

Angaben zur geologischen Situation enthalten die Blätter 7122 Winnenden der Geologischen Karte von Baden-Württemberg 1 : 25 000 sowie Stuttgart und Umgebung 1 : 50 000.

Info:

Bürgermeisteramt Remshalden
Postfach 1280
73625 Remshalden
Tel.: (07151) 9731-0
Fax: (07151) 9731-255
www.remshalden.de

194 *Felsen auf dem Haselstein bei Breunigsweiler (Kieselsandstein, Mittelkeuper)*

194

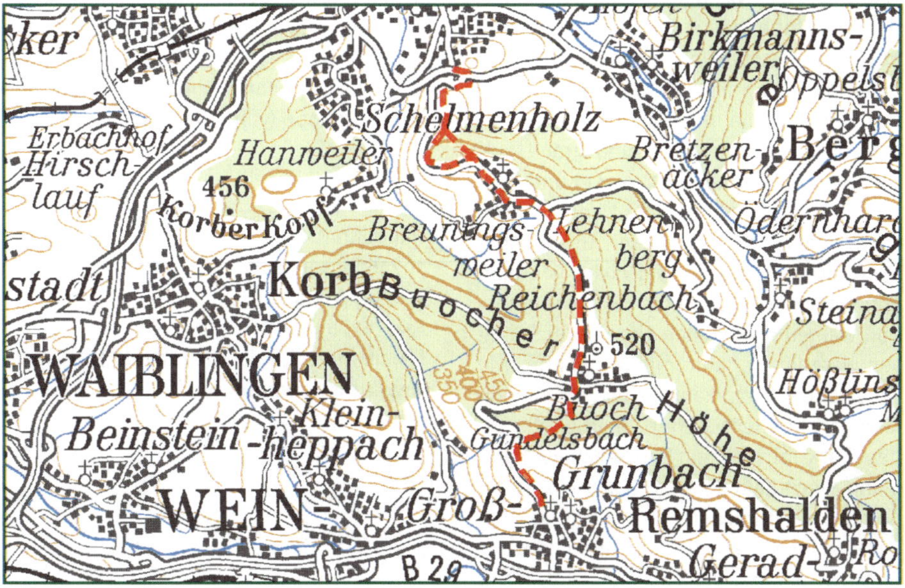
Birkmanns-
weiler
Oppelst
Schelmenholz
Erbachhof
Hirsch-
lauf
Hanweiler
456
Korber Kopf
Bretzen-
acker
Berg
Breunings-
weiler
Lehnen-
berg
Ödernhard
stadt
Korb
Buocher
Reichenbach
Steina
520
WAIBLINGEN
450
400
350
Hößlins
Klein-
heppach
Buoch
Höhe
Beinstein
Gundelsbach
Grunbach
WEIN-
Groß-
Remshalden
Gerad-
B 29

15 Solfelsenweg

Rickenbach, Landkreis Waldshut

Anfahrt:

Autobahn A 98, Ausfahrt Lörrach, Bundesstraße B 317 bis Schopfheim, B 518 bis Wehr, Abbiegen nach Rickenbach oder über B 34 über Bad Säckingen nach Murg, Landesstraße nach Rickenbach

Beschreibung:

Der Solfelsenweg ist einer von vier Heimat- und Naturlehrpfaden der Gemeinde Rickenbach, die auch geologisch ausgerichtet sind. Zwei dieser Pfade können als geologische Lehrpfade angesehen werden (s. Steinbruch- und Murgtalweg, Nr. 16).

Der Solfelsenweg mit einer Länge von ca. 5 km und einem Höhenunterschied von ca. 170 m beginnt am Parkplatz an der Straße von Bergalingen nach Wehr, ca. 400 m nach dem Ortsausgang. Dort steht auch eine große Informationstafel, die den Wegverlauf und einige wichtige Punkte bezeichnet. Der Weg führt zuerst in die imposanten Block- und Felsbastionen des Solfelsengebiets mit dem Solfelsen oder Pelzkappenstein als größtem der Felsen. Die gerundeten Felsen bestehen aus Albtalgranit und sind in ihrer heutigen Form an Ort und Stelle durch Erosion, das heißt, durch Ausschwemmen der grusigen Gesteinsbestandteile entstanden und nicht, wie man annehmen könnte, durch Gletschertransport während der letzten Eiszeit. Der Solfelsen wäre im 19. Jahrhundert beinahe, wie viele andere markante Gesteinsvorkommen, zu Straßenschotter verarbeitet worden, hätte ihn nicht ein Bad Säckinger Kaufmann durch Kauf gerettet. Seit 1950 ist der Solfelsen Naturdenkmal. Im weiteren Verlauf des Weges gelangt man an malerische Aussichtspunkte: Die Bruchzone von Wehr, eine alte Verwerfungslinie, die in der Landschaft deutlich zum Ausdruck kommt, das Hochrheintal und der Dinkelberg liegen vor dem Betrachter. Am Wegrand finden sich immer wieder Granite mit großen Kalifeldspäten und Gneise, die den Albtalgranit umrahmen. Nach weiteren Aussichtspunkten kommt man zur Gruppe des Kellerlefelsens, die, ebenfalls aus Albtalgranit aufgebaut, inmitten der umgebenden Gneise steckt. Der Weg führt weiter, vorbei an alten Kohlplätzen zum Sitihaslengraben, wo durch Erosion ein großes Blockmeer am Hang entstanden ist, wie beim Solfelsen. Über den Eisenbach, in dessen Bachbett viele herausgewitterte Kalifeldspatkristalle auf den im Untergrund anstehenden Albtalgranit hinweisen, gelangt man wieder zurück zum Ausgangspunkt.

Eine ausführliche Broschüre ist bei der Tourist-Info Rickenbach erhältlich.

Angaben zur geologischen Situation enthält das Blatt 8313 Wehr der Geologischen Karte von Baden-Württemberg 1 : 25 000 (vorläufige Ausgabe).

Info:

Tourist-Info
Hauptstraße 7
79736 Rickenbach
Tel.: (07765) 9200-17
Fax: (07765) 656
E-Mail: gemeinde.rickenbach@rickenbach. de
www.rickenbach.de

195 Solfelsen

195

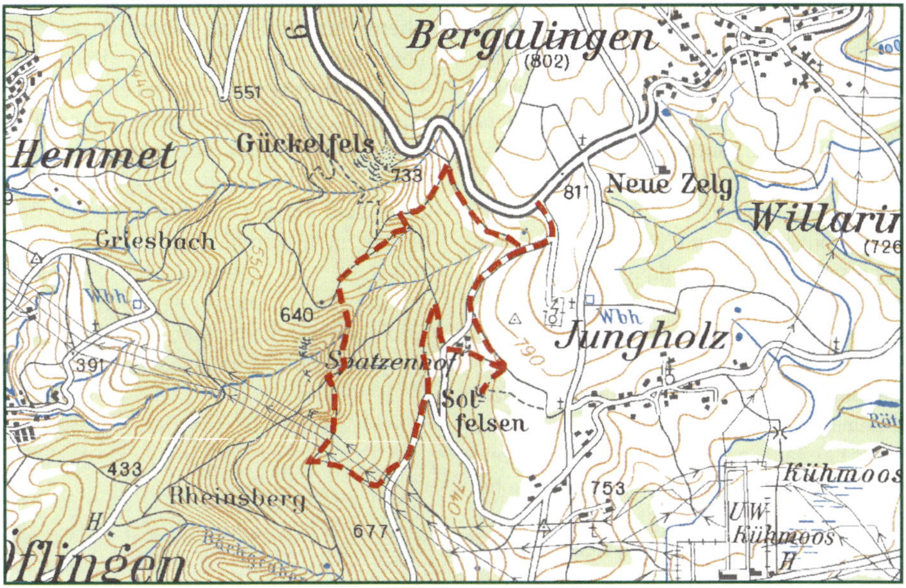
Bergalingen
(802)
551
Hemmet
Gückelfels
733
811
Neue Zelg
Willarin
Griesbach
Wbh
640
Wbh
Jungholz
391
Spatzenhof
Sol-
felsen
433
Rheinsberg
753
Kühmoos
UW
Kühmoos
677
flingen

16 Steinbruch- und Murgtalweg

Rickenbach, Landkreis Waldshut

Anfahrt:

Autobahn A 98, Ausfahrt Lörrach, Bundesstraßen B 317 bis Schopfheim, B 518 bis Wehr, Abbiegen nach Rickenbach; oder B 34 über Bad Säckingen nach Murg, Landesstraße nach Rickenbach

Beschreibung:

Der Steinbruch- und Murgtalweg ist einer von vier Heimat- und Naturlehrpfaden der Gemeinde Rickenbach, die auch geologisch ausgerichtet sind. Zwei dieser Pfade können als geologische Lehrpfade angesehen werden (s. Solfelsenweg, Nr. 15).

Der Lehrpfad beginnt am Parkplatz bei der Sägemühle im Ortsteil Rickenbach-Wickartsmühle, wo eine Übersichtstafel den Weg und markante Stationen beschreibt. Gleich zu Beginn werden bei der Kläranlage größere Blöcke der im Verlauf der Wanderung vorkommenden Gesteine vorgestellt und beschrieben. Von dort geht es zum großen Steinbruch Wickartsmühle, der bereits seit Jahrzehnten als Schotterbruch betrieben wird. Er ist besonders durch seine Verbandsverhältnisse interessant. Alle bereits als Blöcke bei der Kläranlage gesehenen Gesteine kommen vor und durchdringen sich zum Teil. Der Weg führt weiter am Seelbach entlang in das wildromantische Murgtal, das hier überwiegend von schroffen Felsen aus Cordieritgneis aufgebaut wird. Der Strahlbruschwasserfall, der bald erreicht wird und auf den man von einem gesicherten Felsvorsprung aus freie Sicht hat, fällt 12 m über eine Gneisschwelle hinab. Nur wenige Meter weiter ist eine Störungsfläche aufgeschlossen, an der man die Bewegungsrichtung der Gesteinsschollen direkt nachbestimmen kann (Harnisch). Der Weg folgt nun der alten Murgtalstraße. Die vier Straßentunnel, die durch den harten Cordieritgneis gesprengt werden mussten, waren eine besondere straßenbauliche Leistung der damaligen Zeit. An den Tunnelwänden sind die Gesteinsverhältnisse recht gut zu sehen. Die nächsten rund 700 m bringen geologisch nicht viel Neues und man kann sich völlig der malerischen Schluchtlandschaft hingeben. Im Folgenden kommt man an einigen größeren Felsklippen vorbei, die aus Pyroxengneis bestehen, einem Gestein, das schon im Steinbruch angestanden hatte. Bald danach tritt man in die weite Talaue südlich von Hottingen ein. Hier sind jetzt – im Gegensatz zu den bisher gesehenen Gesteinen, die zu den ältesten in Deutschland gehören, die jüngsten Bildungen zu beobachten, Moore, die den breiten Talgrund ausfüllen. Es handelt sich überwiegend um Niedermoore, dazwischen liegt aber auch ein kleines Hochmoor. Damit endet der geologische Lehrpfad. Zum Parkplatz geht man am besten denselben Weg wieder zurück oder man folgt dem Wanderweg, vorbei an der Pfaffenstegkapelle zum Nagelfriedelshof und von dort zurück zur Wickartsmühle.

Angaben zur geologischen Situation enthält das Blatt 8313 Wehr der Geologischen Karte von Baden-Württemberg 1 : 25 000 (vorläufige Ausgabe).

Info:

Tourist-Info
Hauptstraße 7
79736 Rickenbach
Tel.: (07765) 9200-17
Fax: (07765) 656
E-Mail: gemeinde.rickenbach@rickenbach.de
www.rickenbach.de

196 Wasserfall Strahlbrusch

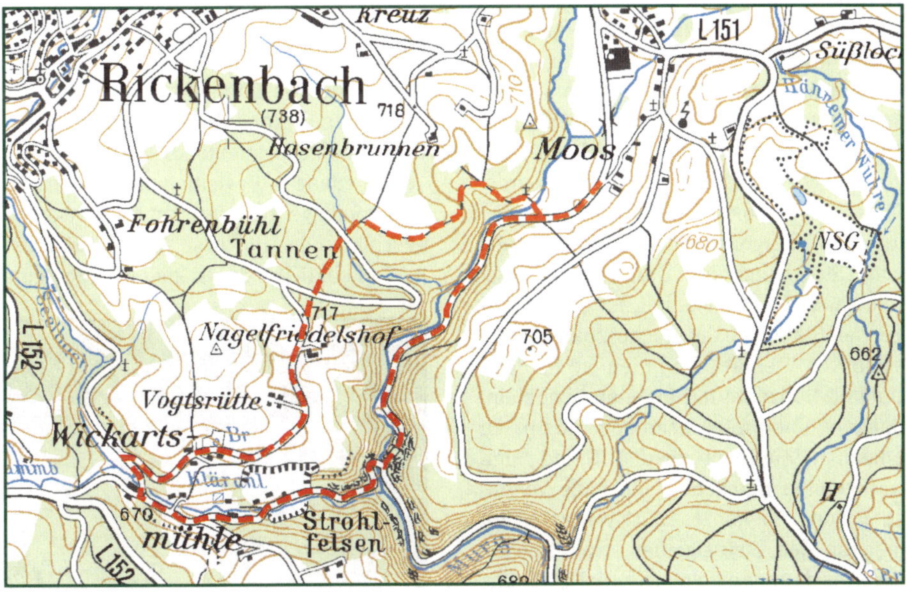

17 Geologischer Lehrpfad rings um Wittichen

Schenkenzell, Landkreis Rottweil

Anfahrt:

Autobahn A 81, Ausfahrt Rottweil, Bundesstraßen B 462 bis Schiltach, B 294 bis Schenkenzell

Beschreibung:

Der geologische Lehrpfad rings um Wittichen führt den Wanderer zu wichtigen geologischen Sachverhalten des Mittleren Schwarzwalds. Grund- und Deckgebirge, Gänge, Vererzungen und vergangene Bergbauaktivitäten sind die Themen, wobei auch der Mineraliensammler nicht zu kurz kommen wird.

Der Weg beginnt wenig unterhalb des ehemaligen Klosters Wittichen und folgt auf der ganzen Strecke befestigten Fahrwegen. Die letzte Station (in der Broschüre wird der Weg rückwärts beschrieben, da an den ersten beiden Stationen Sammelmöglichkeit für Mineralien besteht und man dem Wanderer nicht zumuten will, die gefundenen Schätze den ganzen Lehrpfad mitzuschleppen) quert einen mächtigen Schwerspatgang („Johann vom Burgfelsen"), der im Triberger Granit aufsitzt und in früheren Zeiten mit zwei Stollen angefahren wurde. Als nächstes kommt man an eine Verwerfung im Triberger Granit. Die Überlagerung von Deckgebirge auf Grundgebirge, hier Buntsandstein über Granit, ist bei der folgenden Station an der Wegböschung aufgeschlossen. Deutlich sind mehrere Karneol-Dolomit-Horizonte mit braunen Sandsteinbänken und roten Karneolbändern zu erkennen. Getrennt werden Grund- und Deckgebirge durch eine mächtige Vergrusungszone. Ein ganzes Stück weiter kommt man an den Zundelgraben, wo 1882 ein Bergrutsch oder eine Mure zu Tal ging. Das Unglück forderte fünf Menschenleben und zwei Wohnhäuser! Gesteine des Oberen Rotliegend (Tone und Tonsteine) sind am nächsten Punkt zu sehen. Sie werden hier von gefleckten Sandsteinen, dem Tigersandstein der Zechstein-Formation (früher Unterer Buntsandstein) überlagert. Mit dem Kinzigitgneis, im weiteren Verlauf des Lehrpfades, ist ein sehr altes Gestein des Schwarzwalds erreicht. Jetzt ist die Strecke nicht mehr weit, bis auch der Mineraliensammler zu seinem Recht kommt. Die beiden letzten Stationen des Lehrpfades liegen an ausgedehnten Halden, auf denen Abraum aus dem Bergbau von 1720–1845 deponiert wurde. Am alten Schmiedestollen wurden Silber- und Kobalterze gefördert, das in geringen Mengen vorkommende Uran war noch nicht bekannt und wurde mit auf die Halde geworfen, weshalb auch heute noch schöne Belegstüfchen zu finden sind (Geigerzähler ist hilfreich. Vorsicht, leicht strahlendes Material!). Die zweite Halde, die des Sophienstollens, ist noch ergiebiger, besonders Pechblende (Uranoxid, ebenfalls strahlend!) lässt sich mit verschiedenen Begleitmineralen finden. Die Vorgänge bei der Vererzung werden geschildert und Hinweise auf die vorhandene Radioaktivität der Halden und Gesteine

197

gegeben. Nach kurzer Wegstrecke erreicht man dann wieder das ehemalige Kloster Wittichen und damit das Ende des Rundweges.

Eine ausführliche Lehrpfadbeschreibung ist bei der Kurverwaltung Schenkenzell erhältlich.

Angaben zur geologischen Situation enthält das Blatt 7616 Alpirsbach der Geologischen Karte von Baden-Württemberg 1 : 25 000.

Info:
Kurverwaltung
Haus des Gastes
Landstraße 2
77773 Schenkenzell
Tel.: (07836) 9397-51 oder -52
Fax: (07836) 9397-50
E-Mail: tourist-info@schenkenzell.de

197 *Halde des Sophienstollens*
198 *Überlagerung von Deck- über Grundgebirge*

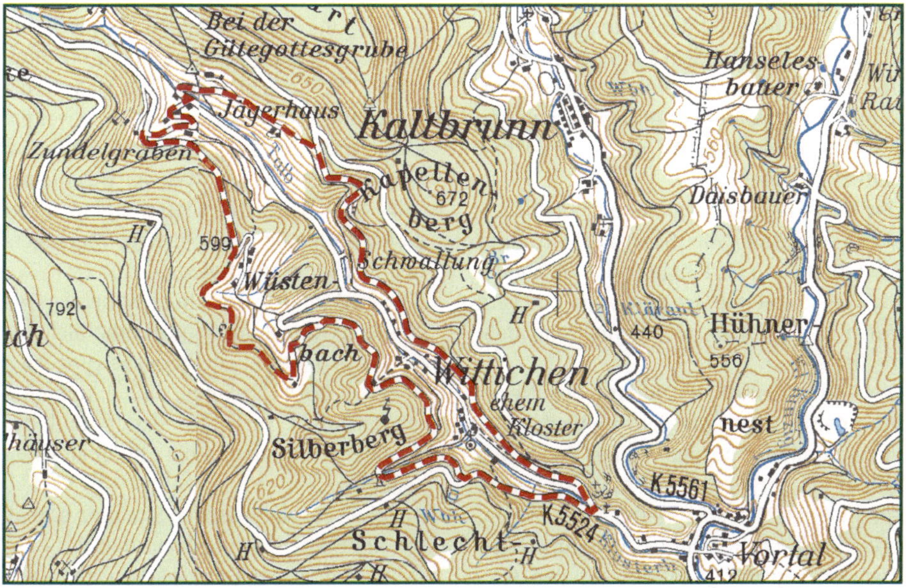

18 Der Wiesegletscher

Schönau, Landkreis Lörrach

Anfahrt:

A 5, Ausfahrt Müllheim/Neuenburg, Bundesstraße B 378 bis Müllheim, Landesstraße über Badenweiler, Schweighof bis Schönau; oder Autobahn A 81, Ausfahrt Geisingen, Bundesstraße B 31 bis Titisee-Neustadt, B 317 bis Schönau; oder Autobahn A 5, Autobahndreieck Weil a. Rhein, A 98, Ausfahrt Lörrach, Bundesstraße B 37 über Schopfheim nach Schönau

Beschreibung:

Für viele ist es überraschend zu erfahren, dass es im Südschwarzwald während der letzten Eiszeit große Gletscher gab. Noch Mitte der 1920er-Jahre stritten sich die Gelehrten, ob damals ein Gletscher bis in den Raum von Utzenfeld und Schönau vorgestoßen ist. Inzwischen weiß man, dass der Wiesegletscher vom Feldberg aus sogar noch weit über Schönau hinaus gereicht hat. Zum Höhepunkt der letzten Eiszeit war er 20 km lang. Nachdem 1928 der eindeutige Beweis der Vergletscherung gelang, konnten die vielen Spuren des gewaltigen Eisstroms im mittleren Wiesetal richtig gedeutet werden.

Der Gletscherweg beginnt am Gletscherschliff oberhalb von Schönau und führt über Aitern und Stockmatte nach Utzenfeld. Die Wegstrecke beträgt rund 7 km und wird durch 12 Stationen mit Informationstafeln gegliedert.

Der Gletscherschliff am Anfang des Weges führt den Besucher gleich in die Vielfalt glazialer Formen ein. Nach seiner Freilegung galt er als der größte und schönste seiner Art in Deutschland außerhalb der Alpen, aber auch nach seiner Sprengung blieb noch eine gewaltige Fläche mit den typischen Kratzspuren erhalten. Die nächste Station zeigt einen Rundhöcker, der durch Umfließen durch den Gletscher geformt wurde. Der größte Findling im Schwarzwald, ein über 8 m langer und 4 m hoher Granitblock liegt nicht am Lehrpfad, sondern, gut zu sehen, am gegenüberliegenden Talhang auf Tonschiefern und Grauwacken. Sein Vorhandensein ist nur durch den Transport im Gletschereis erklärbar, er blieb liegen, als der Gletscher schließlich abschmolz. Weitere Findlinge, erratische Blöcke, finden sich im Verlauf des Weges. Talformen, wie ein Tal ohne Bach, das nur durch sommerliche Schmelzwasserfluten geschaffen worden ist, Kiesablagerungen eines Seitengerinnes des Gletscherstroms und eine daraus resultierende Hangrutschkatastrophe sind weitere Themen des Weges. Von einem Aussichtspunkt genießt der Wanderer einen schönen Überblick über die Utzenfelder Talweitung mit Erläuterung der Landschaftsentwicklung und -formung durch die Gletscher. Schließlich wird noch auf die Verfüllung eines Eisstausees sowie weitere gletscherbedingte Ablagerungen (Moränen) eingegangen, bis der Weg im Utzenfelder Talkessel endet. Der Gletscherpfad bietet eine Wanderung in die frostige Vergangenheit des Südschwarzwalds.

Eine ausführliche Broschüre ist bei der Belchenland Tourist-Information erhältlich. Sie ist für Wissbegierige Voraussetzung zum Begehen des Lehrpfades, da hier auf Informationstafeln verzichtet wurde und nur Schilder mit Nummern die Stationen kennzeichnen.

Angaben zur geologischen Situation enthalten die Blätter 8113 Todtnau und 8213 Zell im Wiesental der Geologischen Karte von

199 Rundhöcker bei Schönau

Baden-Württemberg 1 : 25 000 (vorläufige Ausgaben).

Info:
Belchenland Tourist-Information
Gentnerstraße 2
79677 Schönau
Tel.: (07673) 918130
Fax: (07673) 9181329
E-Mail: info@belchenland.com
www.belchenland.com

19 Pfad ins Erdaltertum

Schönau, Landkreis Lörrach

Anfahrt:

A 5, Ausfahrt Müllheim/Neuenburg, Bundesstraße B 378 bis Müllheim, Landesstraße über Badenweiler, Schweighof bis Schönau; oder Autobahn A 81, Ausfahrt Geisingen, Bundesstraße B 31 bis Titisee-Neustadt, B 317 bis Schönau; oder Autobahn A 5, Autobahndreieck Weil a. Rhein, A 98, Ausfahrt Lörrach, Bundesstraße B 37 über Schopfheim nach Schönau

Beschreibung:

Das Land um den Belchen und die Gegend um Wieden blicken auf eine äußerst bewegte Erdgeschichte zurück. Der Pfad ins Erdaltertum beginnt in Tunau und führt hoch zum Zweistädteblick. Seine Länge beträgt ca. 3,5 km und er ist gegliedert durch 11 nummerierte Stationen, zu denen Informationen in der Begleitbroschüre gegeben werden.

Der Weg beginnt mit einer Einführung in das Erdaltertum, in die Zeiten des Devons und Karbons, die mehr als 300 Millionen Jahre zurückliegen, als es noch keine Vögel und Säugetiere gab, nicht einmal die riesigen Saurier, die erst rund 200 Millionen Jahre später die Erde beherrschten. In diesen Zeiten brachen häufig Vulkane aus, die man allerdings in der heutigen Landschaft nicht einmal mehr erahnen kann. Aber am Gestein, das am Wege ansteht, ist die vulkanische Entstehung noch zu erkennen. Mehrere der Stationen zeigen Gesteinsschnitte und -anschliffe, anhand derer der Gesteinsaufbau und seine Minerale gut zu erkennen sind. Die uralte, erstarrte Lava unterlag und unterliegt seit damals der Verwitterung – die Zeit zerstört auch den härtesten Fels! In einer weiteren Station wird auf die Entwicklung der fossilen Bäume und Sumpfwälder eingegangen, die später zu Steinkohle wurden. Aber nicht nur vulkanische Gesteine gibt es am Weg: Tongesteine, abgelagert in einem Meeresbecken, finden sich ebenfalls – in fast 900 m Höhe über dem heutigen Meeresspiegel! Andere in Meeresbecken entstandene Gesteine wie Grauwacken sind ein weiterer Beweis für frühere Meere. Etwas weiter führt der Weg an einem Gestein vorbei, das seinerseits aus einer Gesteinsschmelze entstanden ist, die allerdings im Unterschied zur bereits angetroffenen Lava nicht an die Oberfläche drang, sondern in den tieferen Bereichen der Erdkruste stecken blieb und deshalb langsamer erkaltet ist (Tiefengestein). Die letzten Stationen befassen sich mit der Gebirgsbildung, in deren Folge die gefundenen Gesteine abgeschert, verfaltet und in große Höhen gehoben wurden. Aussichtspunkte über die Landschaft zeigen die Gesteinsverhältnisse und erklären die geologischen Vorgänge, die zur Entstehung des so genannten variszischen Gebirges geführt haben, eines uralten, längst vergangenen Faltengebirges. Während der Tertiärzeit kam es zum Einbruch des Oberrheingrabens mit gleichzeitiger Hebung von Schwarzwald und Vogesen. Die Erosion, auch die durch Eis, haben im Laufe langer Zeiträume die heute sichtbaren Landschaftsformen geschaffen und die am Lehrpfad vorkommenden Gesteine freigelegt.

Eine ausführliche Broschüre ist bei der Belchenland Tourismus GmbH erhältlich. Sie ist für Wissbegierige Voraussetzung zur Begehung des Lehrpfades, da hier auf Informationstafeln verzichtet wurde und nur Schilder mit Nummern die Stationen bezeichnen.

Angaben zur geologischen Situation enthält das Blatt 8213 Zell im Wiesental der Geologischen Karte von Baden-Württemberg 1 : 25 000 (vorläufige Ausgabe).

200 Lehrpfadstation 2 im Gestein des Tunauer Vulkans (Karbon)

Info:
Belchenland Tourist-Information
Gentnerstraße 2
79677 Schönau
Tel.: (07673) 918130
Fax: (07673) 9181329
E-Mail: info@belchenland.com
www.belchenland.com

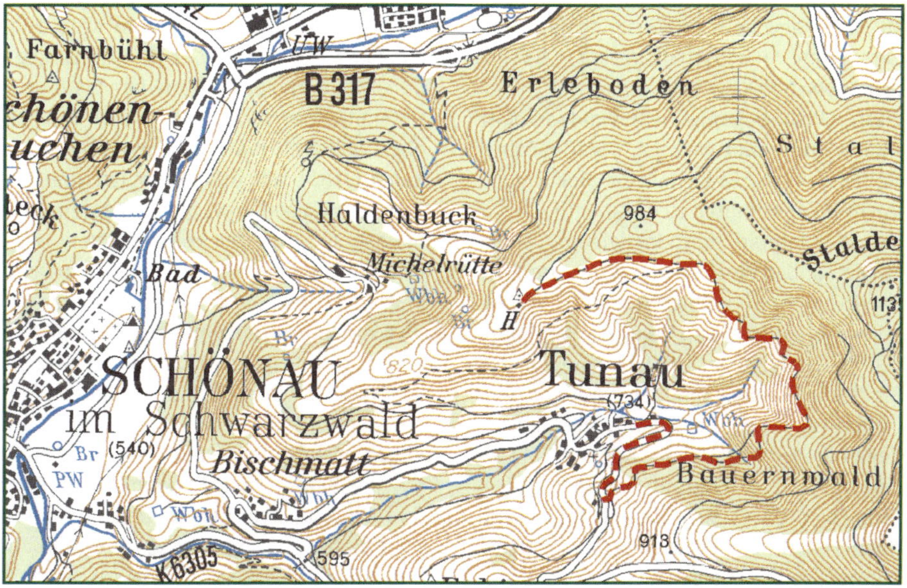

20 Geologischer Pfad Schwäbisch Gmünd-Hohenrechberg

Schwäbisch Gmünd, Ostalbkreis

Anfahrt:
Autobahn A 8, Ausfahrt Aichelberg, Landesstraße bis Göppingen, Bundesstraße B 297 bis Lorch, dann B 29 nach Schwäbisch Gmünd; oder Autobahn A 6, Ausfahrt Kupferzell, Bundesstraße B 19 bis Gaildorf, dann B 298 bis Schwäbisch Gmünd; oder Autobahn A 81, Ausfahrt Mundelsheim, Landesstraße über Backnang nach Schorndorf, Bundesstraße B 29 nach Schwäbisch Gmünd

Beschreibung:
Der Geologische Pfad erschließt die Landschaft um Schwäbisch Gmünd und führt in die vielschichtigen Zusammenhänge zwischen Geologie, Klima, Boden, Flora und Fauna sowie der Nutzung der Landschaft durch den Menschen ein. An 24 Stellen des Pfades werden die Besonderheiten der Landschaft anhand von Weganschnitten, Aufschlüssen oder Aussichtspunkten beispielhaft beschrieben: Gesteine und ihre Entstehung, Landschaftsgestalt, Boden, Landwirtschaft und Vegetation. Der Geologische Pfad beginnt beim Waldparkplatz Hölltal und endet nach ca. 5 km auf dem Hohenrechberg. Es besteht die Möglichkeit, ihn in Teilabschnitten zu erwandern.
Der Wanderpfad führt in seinem Verlauf nacheinander durch vier geologische Epochen: Keuper, Unterjura (Schwarzjura), Mitteljura (Braunjura) und Oberjura (Weißjura). Das Remstal und das Hölltal am Beginn des Pfades liegen noch im oberen Mittelkeuper (Stubensandstein-Formation). Der darüber liegende Knollenmergel (oberster Mittelkeuper) ist am Wegrand zeitweilig aufgeschlossen. Da es sich um quellfähige und daher stark rutschgefährdete Tonsteine handelt, sind hier die Aufschlussverhältnisse eher schlecht. Nacheinander werden alle Schichten des Unterjuras (Schwarzjuras) durchwandert. Insgesamt 6 Informationstafeln beschreiben diese Schichten im Unterjura und erläutern sie anhand von Graben- oder Böschungsaufschlüssen. Nach der letzten Verebnung im Posidonienschiefer (Schwarzjura ε) wird die Landschaftsform unruhig und wellig. Der Mitteljura mit der Opalinuston-Formation (Braunjura α) ist erreicht. Die nächste Steilstufe wird von den harten Sandsteinen der Eisensandstein-Formation (Braunjura β) gebildet. Über dieser Verebnung folgen die verschieden mächtigen Schichten des mittleren und oberen Mitteljuras mit sanften und welligen Hangformen, hervorgerufen durch die sehr unterschiedlichen Gesteinsschichten. Bald ist die Grenze zum Oberjura (Weißjura) erreicht. In diesem Bereich erfolgt im Albvorland meist auch der Wechsel von landwirtschaftlicher Nutzfläche zum Wald. Hinauf zum Gipfelbereich des Hohenrechbergs durchwandert man den Oberjura bis zu den Unteren Felsenkalken (Weißjura δ). Von hier oben genießt man eine eindrucksvolle Rundumsicht auf die Landschaft und die anderen Kaiserberge Hohenstaufen und Stuifen, die, wie der Hohenrechberg, weit vor dem heutigen Albtrauf inmitten tiefer liegender Unter- und Mitteljuraflächen erhalten blieben (Zeugenberge).
Eine ausführliche Broschüre ist beim Naturkundeverein Schwäbisch Gmünd e. V. erhältlich.
Angaben zur geologischen Situation enthalten die Blätter 7224 Schwäbisch Gmünd-Süd der Geologischen Karte von Baden-Württemberg 1 : 25 000 sowie Naturpark Schwäbisch- Fränkischer Wald 1 : 50 000.

Info:

Naturkundeverein Schwäbisch Gmünd e. V.
(U. GEDACK)
Taubentalstraße 34
73525 Schwäbisch Gmünd
Tel.: (07171) 63839

201 Landschaftsbild mit Blick auf den Hohenrechberg

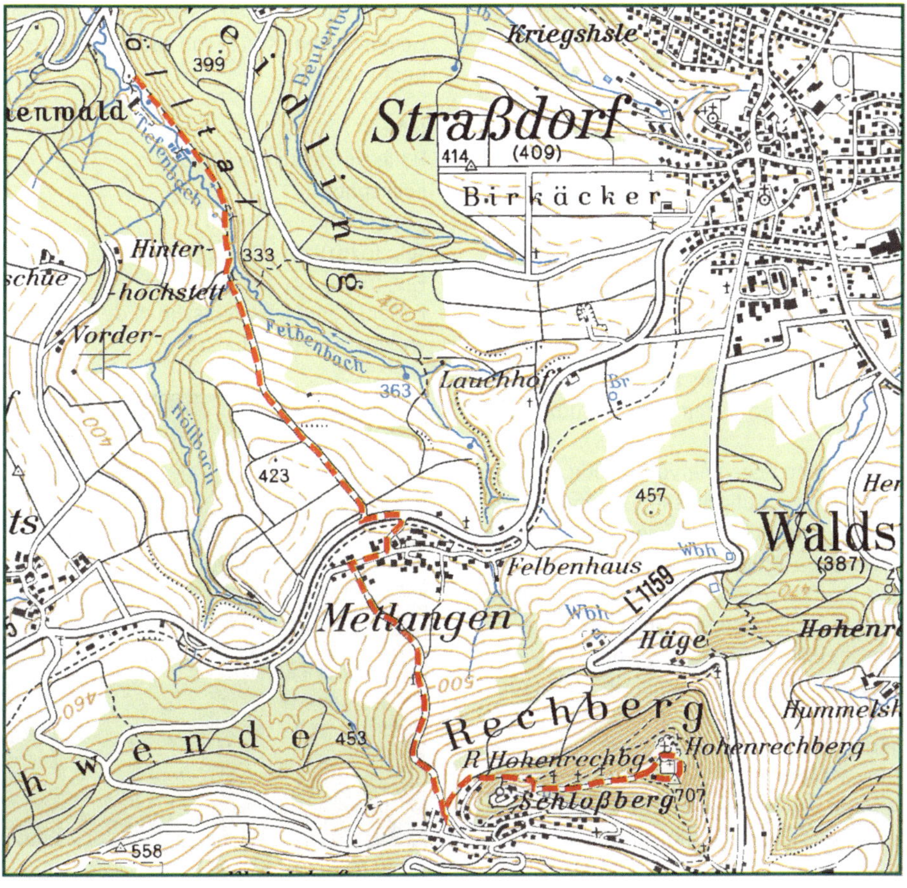

21 Geopfad Schwäbisch Hall

Schwäbisch Hall, Landkreis Schwäbisch Hall

Anfahrt:

Autobahn A 6, Ausfahrt Kupferzell, Bundesstraße B 19 bis Schwäbisch Hall

Beschreibung:

Der Geopfad befindet sich am Nordrand der Kocherbucht, mit der die Hohenloher Ebene weit nach Süden ins Keuperbergland vorstößt. Auf engem Raum rücken hier die drei für das Hohenloher Land so typischen Naturräume zusammen: das enge Tal des Kochers, das steil in den Oberen Muschelkalk eingetieft ist, die flach wellige Gäufläche der Hohenloher Ebene, die von den weichen Schichten des Unterkeupers und stellenweise auch noch von Löss bedeckt ist und schließlich das bewaldete Keuperbergland der Limpurger Berge, deren oberste Schichtstufe hier vom Kieselsandstein gebildet wird.

Auf dem Geopfad Schwäbisch Hall lässt sich auf nur 7 km die Trias-Schichtenfolge vom Mittleren Muschelkalk im Stadtzentrum bis hinauf zum Kieselsandstein des Mittelkeupers auf dem Einkorn durchwandern.

Am Geopfad liegen hervorragende, ja sogar klassische „Aufschlüsse". Aufgelassene Steinbrüche und steinige Böschungen gewähren Einblick in die Gesteinsschichten und ihren Bau. 13 Stationen unterrichten in Wort und Bild über die Schichtenfolge von Muschelkalk und Keuper, über die Verteilung von Land und Meer in der erdgeschichtlichen Vergangenheit, über versteinerte Reste von Lebewesen aus den Trias-Meeren, über die Bedeutung von Klüften und Verwerfungen sowie über die Landschaftsgeschichte der Kocherbucht.

Der Geopfad lässt sich in beiden Richtungen begehen, dabei sind 235 Höhenmeter zu überwinden. Als reine Gehzeit können, je nach Geschwindigkeit und Verweildauer bei den einzelnen Stationen, 2–3 Stunden gerechnet werden.

Sinnvoll ist es auch, zugleich einen Besuch in der Abteilung Geologie des Hällisch-Fränkischen Museums einzuplanen (s. Natur- u. Heimatmuseen, Nr. 66).

Angaben zur geologischen Situation enthält das Blatt 6824 Schwäbisch Hall der Geologischen Karte von Baden-Württemberg 1 : 25 000.

Info:

Hällisch-Fränkisches Museum
Keckenhof
74523 Schwäbisch Hall
Tel.: (0791) 751-289 oder -360
Fax: (0791) 751-305
E-Mail: hfm@schwaebischhall.de
www.schwaebischhall.de

202

202 *Aufgelassener Steinbruch an der Hessentaler Steige*
203 *Station des Lehrpfads bei Tullau im Oberen Muschelkalk*

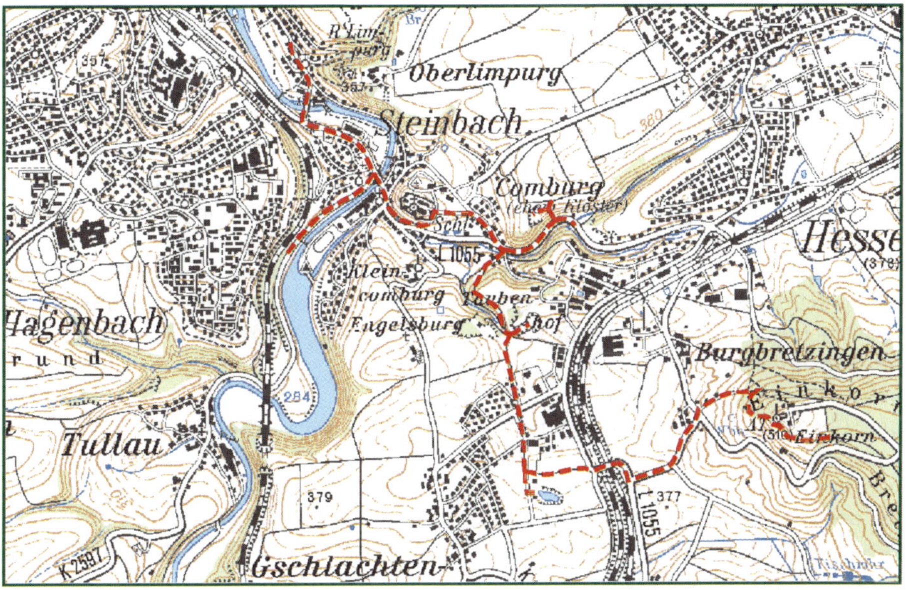

22 Geologischer Lehrpfad Sipplingen

Sipplingen, Bodenseekreis

Anfahrt:

Autobahn A 98, Ausfahrt Stockach-Ost, Bundesstraße B 31 bis Sipplingen

Beschreibung:

Mit der Auffaltung der Alpen im Tertiär bildete sich an der Nordseite dieses entstehenden Gebirges, etwa vom Genfer See über den süddeutschen Raum bis nach Österreich, ein lang gestrecktes Becken, der Molassetrog, in das der Abtragungsschutt der randlich anschließenden Festländer und vor allem der aufsteigenden Alpen eingetragen wurde. Die Gliederung der Molasseschichten in Untere Meeres-, Untere Süßwasser-, Obere Meeres- und Obere Süßwassermolasse findet ihre Erklärung in dem Milieu, in welchem die Sedimente zur Ablagerung kamen.

Im Raum Sipplingen beginnt das geologische Profil mit der Unteren Süßwassermolasse. Der geologische Lehrpfad, der am nordwestlichen Ortsende von Sipplingen beginnt, erschließt die gesamte Schichtenfolge bis hinauf zu den Steinbalmensanden der Oberen Süßwassermolasse. Am Beginn des Weges steht eine große, einführende Informationstafel, der noch mehrere sehr anschauliche Tafeln folgen. Die Schichten der Unteren Süßwassermolasse (tUS), blassgrünlichgraue oder bräunlichgraue feinkörnige Sande, z. T. knauerartig verhärtet, bilden die untersten Lagen. Ab einer Meereshöhe von 535 m NN wird die tUS von der Oberen Meeresmolasse überlagert. Zuunterst stehen die Heidenlöcherschichten an, feinkörnige, grünliche, Glaukonit führende Sandsteine, in die die 1846 leider zerstörten Heidenlöcher gegraben wurden. Darüber folgen die Sandschiefer, parallel geschichtete, schluffige Tonmergel mit grünlichen, glaukonitischen Zwischenlagen und lagenweise Muschelsandsteinen, in denen häufig marine Fossilien gefunden werden. Den Übergang zur nach oben folgenden Oberen Süßwassermolasse bilden Ablagerungen der Brackwassermolasse (Samtsande der Kirchberger Schichten). Die sich anschließenden Haldenhofmergel, benannt nach dem oberhalb von Sipplingen gelegenen Haldenhof, gehören bereits zur Oberen Süßwassermolasse. Sie bestehen aus grauen bis blass-rötlichen Tonmergeln, in die im unteren Teil auch bituminöse Kalksteinbänkchen eingelagert sind. Die stratigraphisch höchsten Lagen des Profils werden mit den lockeren, von zahllosen Glimmerplättchen durchsetzten Steinbalmensanden erreicht. In diese sind rinnenförmig alpine Nagelfluhpakete eingelagert, die im Quartär (Mindel-Eiszeit) abgelagert wurden. Es handelt sich hierbei um durch Kalk verbackene Sande und Gerölle, die bei der Verwitterung malerische Gesteinsformen ergeben. Der Lehrpfad endet hier.

Ein Faltblatt über den Lehrpfad ist im Verkehrsamt Sipplingen erhältlich.

Angaben zur geologischen Situation enthalten die Blätter 8120 Stockach der Geologischen Karte von Baden-Württemberg 1 : 25 000 sowie Hegau und westlicher Bodensee 1 : 50 000.

Info:

Verkehrsamt Sipplingen – Haus des Gastes
Seestraße 3
78354 Sipplingen
Tel.: (07551) 8096-29, Fax: (07551) 3570
E-Mail: Verkehrsamt@Sipplingen.de
www.sipplingen.de

204 *Informationstafeln beim Haldenhof*

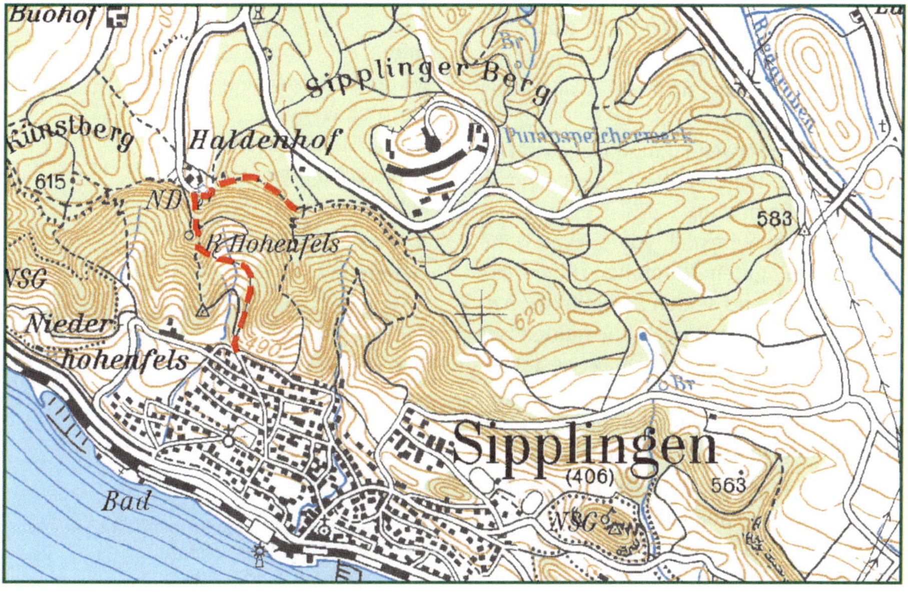

23 Geologischer Wanderweg im Steinheimer Becken

Steinheim am Albuch, Landkreis Heidenheim

Anfahrt:

Autobahn A 7, Ausfahrt Heidenheim, Bundesstraße B 466 über Heidenheim nach Steinheim, Ortsteil Sontheim

Beschreibung:

Vor etwa 15 Millionen Jahren entstand durch den Einschlag eines Asteroiden das Steinheimer Becken – der wohl besterhaltene und prägnanteste Meteorkrater mit Zentralkegel in Europa. Dieses Naturereignis, seine Folgen sowie das Leben und Sterben im und am miozänen Steinheimer See wird seit 1978 im Meteorkratermuseum (s. Geowissenschaftliche Fachmuseen, Nr. 23) des Ortsteils Sontheim anschaulich dargestellt.

Als sinnvolle Ergänzung zu diesem Museum wurde der Geologische Wanderweg im Steinheimer Becken angelegt, der den Besucher zu wichtigen geowissenschaftlichen Stationen im Becken führt, wo er das im Museum Gesehene vor Ort nachvollziehen kann und wo auch der Wanderweg beginnt und endet.

Auf dem Wanderweg können insgesamt 19 Stationen besucht werden. Zuerst führt er in die Umrandung des Steinheimer Beckens, zum Burgstall, von dessen Höhe man einen guten Überblick über das Beckeninnere und seinen Zentralhügel hat. Der Steinbruch im Burgstall vermittelt mit seinen senkrecht und schräg gestellten Schollen und den zertrümmerten und vergriesten Gesteinen, die ursprünglich eben geschichtete Kalksteine waren, einen Eindruck von der ungeheuren Energie, die damals auf die Landschaft eingewirkt hat. Weitere Aufschlüsse mit Informationstafeln kommen am Weg zum Osthang des Knill hinzu, wo alle Varianten der Gesteinsstörung angetroffen werden – selbst gestörte Bereiche im Brenztal-Trümmeroolith. Über den Galgenberg am Ostrand des Beckens führt der Weg weiter durch das Ried auf den Klosterberg (Zentralkegel) mit dem Steinhirt als höchster Erhebung. Dort wird ein großes Algenriff besucht sowie die Lettenhülbe, eine künstliche Hülbe im aufgepressten Opalinuston (Mitteljura). Vorbei an der Pharionschen Sandgrube, die als Fossilfundstelle weltbekannt ist und zahlreiche Fossilien, vor allem eine reiche Schneckenfauna geliefert hat (Schneckensande), endet der Weg wieder am Museum. Der Wanderweg läßt sich als Ganzes (9 km) begehen oder in zwei Teilstücken von 6 km (ohne den Galgenbergbereich) und 3 km (nur Knill-Osthang und Galgenbergbereich, dann Start und Ziel am Knill-Osthang im östlichen Randbereich des Beckens).

Info:

Meteorkrater-Museum
Hochfeldweg 4
89555 Steinheim am Albuch
Ortsteil Sontheim
Tel.: (07329) 9606-56

Rathaus, Verkehrsamt
Hauptstraße 24
89555 Steinheim am Albuch
Tel.: (07329) 9606-0
Fax: (07329) 9606-70
www.steinheim-am-albuch.de

205 *Blick über das Steinheimer Becken mit dem Zentralhügel des Steinhirt, im Vordergrund Sontheim*

205

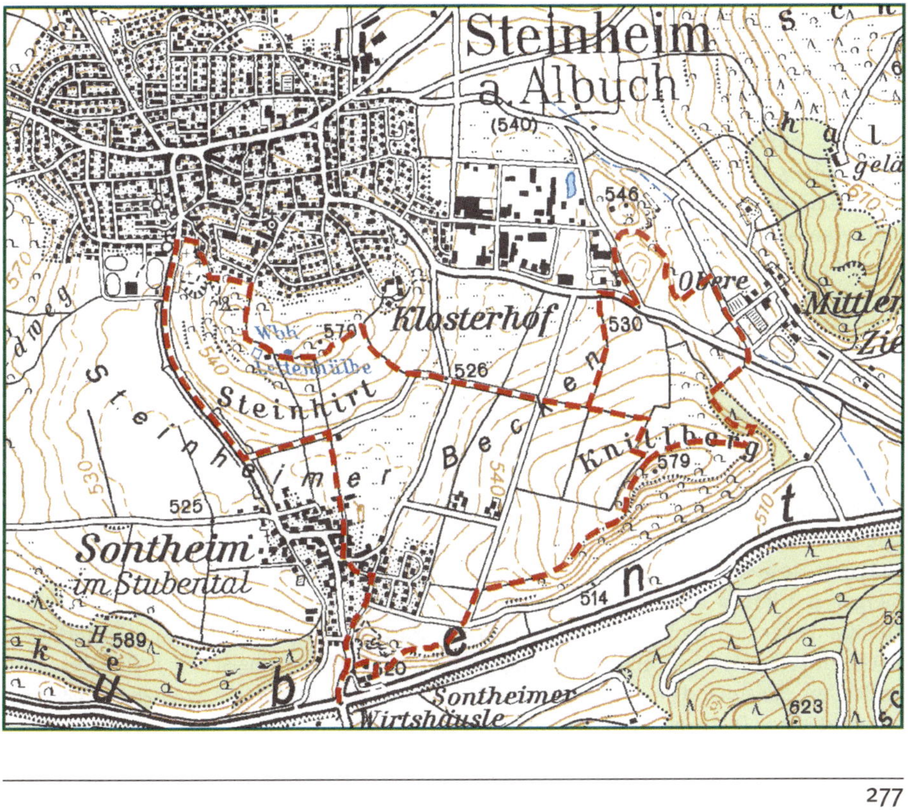

Steinheim
a. Albuch
(540)
546
Obere
Mittler
Klosterhof
530
579
526
Steinhirt
Steinheimer Becken
Knittlberg
579
525
530
540
570
510
514
Sontheim
im Stubental
H. 589
Sontheimer
Wirtshäusle
623

24 Geologischer Lehrpfad am Kirnberg

Tübingen, Landkreis Tübingen

Anfahrt:
Autobahn A 8, Ausfahrt Stuttgart/Degerloch, Bundesstraße B 27a bis Kunsterdingen, B 27 bis Bebenhausen; oder Autobahn A 81, Ausfahrt Herrenberg, Bundesstraße B 28 bis Tübingen, B 27 bis Bebenhausen

Beschreibung:
Der Geologische Lehrpfad Kirnberg wurde 1977 anlässlich der 500-Jahrfeier der Eberhard-Karls-Universität Tübingen vom Institut und Museum für Geologie und Paläontologie, der Naturparkverwaltung Schönbuch und den Forstbehörden angelegt.
Ausgangspunkt für den Geologischen Lehrpfad ist der zwischen Bebenhausen und Tübingen unmittelbar an der Landesstraße gelegene Wanderparkplatz „Kirnbachtal". Auf der 4 km langen Strecke geben 16 Schautafeln Einblick in die Gesteinsabfolgen des oberen Mittelkeupers und des Oberkeupers (Rhät), die entlang des Kirnbachs und beim Anstieg zum Olgahain in mehreren Aufschlüssen betrachtet werden können.
Zu Beginn des Lehrpfads wird ein geologisches Blockbild des Kirnbergs sowie eine geologische Säule mit der Schichtenfolge des gesamten Keupers im Raum Tübingen gezeigt. Die Aufschlüsse im Bachbett zeigen zuerst rote Tonsteine der „Roten Wand" (Untere Bunte Mergel), dann beim nächsten Aufschluss (Prallhang) eine bunte Abfolge (grün, rotviolett und ockerfarbig) aus Ton- und Mergelsteinen der Oberen Bunten Mergel, mit häufig eingelagerten Dolomitsteinbänkchen. Im weiteren Verlauf ist im Bachbett eine kleine Verwerfung aufgeschlossen, die anhand einer Tafel detailliert erläutert wird. Der Weg verlässt nun den Kirnbach und steigt den Hang zum Plateau des Olgahains hinauf. Auch stratigraphisch gelangt man nun in das nächsthöhere Schichtglied, die Stubensandstein-Formation, die weiß absandend hier am Weg ansteht. Dieses Material wurde früher als Scheuersand zum Reinigen der Stubendielen verwendet (Name). Hier werden Entstehung und Ablagerungsbedingungen der Gesteine beschrieben. Wenig oberhalb gelangt man an eine Gesteinsbank, die als Krustenkalk beschrieben wird – ein unter Wüstenbedingungen entstandenes Kalkgestein aus verfestigten Kalksteinbruchstücken. Es ist ein wichtiger Klimazeuge, besagt es doch, dass zur Zeit seiner Entstehung ein trocken-heißes Klima geherrscht haben muss – ähnlich der heutigen „Schotts" in Algerien. Die Entstehung von Schichtstufen allgemein und die Schichtstufen im Tübinger Raum sind Thema der nächsten Tafel. Nach einem weiteren kurzen Anstieg über die nicht aufgeschlossene Schichtfolge der Knollenmergel-Formation erreicht der Weg das Plateau des Oberkeupers (Rhätkeuper-Formation). Die Rhätsandsteine, im Raum Tübingen besonders gut und mächtig aufgeschlossen, können hier bestens studiert werden. Es handelt sich um gut geschichtete, gelbliche, feinkörnige Quarz-Sandsteine, die früher als fast unverwüstlicher Bau- und Pflasterstein abgebaut wurden. Eine Besonderheit des Rhäts sind Bonebedlagen, in denen Knochenfragmente, Zähne und Hornplatten von Fischen und Sauriern gefunden werden. Nach letzten Erläuterungen über das Rhät und einem geologischen Relief des Kirnbergs führt der Weg wieder zum Ausgangspunkt zurück.

Angaben zur geologischen Situation enthalten die Blätter 7420 Tübingen der Geologischen Karte von Baden-Württemberg 1 : 25 000 sowie Tübingen und Umgebung 1 : 50 000.

206 Olgahain: aufgelassener Steinbruch in der Rhätsandstein-Formation

Info:

Bürger- u. Verkehrsverein
An der Neckarbrücke
72072 Tübingen
Tel.: (07071) 9136-0
Fax: (07071) 35070
E-Mail: mail@tuebingen-info.de
www.tuebingen-info.de

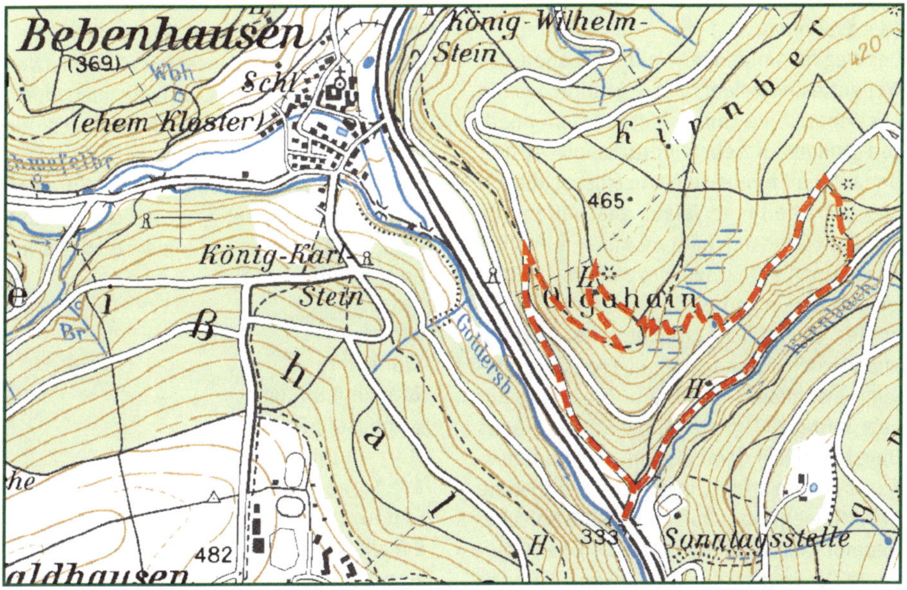

25 Geologischer Lehrpfad

Tuttlingen, Landkreis Tuttlingen

Anfahrt:
Autobahn A 81, Ausfahrt Geisingen, Bundesstraße B 311 bis Tuttlingen

Beschreibung:
Der geologische Lehrpfad auf den Eichen beginnt nahe der hölzernen Donaubrücke in Tuttlingen. Bei den ersten Stationen im Stadtbereich werden die Landschaftsgeschichte um Tuttlingen und das Donautal dargestellt und erklärt. Der Weg steigt sanft bergan auf die Talterrasse des Sonnenbuckels. Die nächste Station schildert die Berge um Tuttlingen – allesamt dem Oberjura (Weißjura β–ζ) angehörig, die Gesteine, ihre Entstehung und es wird auf die Versickerung der Donau in den Wohlgeschichteten Kalken hingewiesen. Fluss- und Landschaftsgeschichte, die Entstehung des Honbergs als Umlaufberg sowie der Werdegang der Erde sind die Themen der nächsten Stationen.
Der Weg folgt nun dem Waldrand, quert das Wellental und gelangt zur 6. Station, wo die Aussicht auf die Landschaft mit dem heutigen Donaulauf sehr eindrucksvoll ist: Die Donau quert heute viele alte Flussschlingen und hat eine breite Talaue geschaffen, die seit der Eiszeit um mehrere Meter aufgefüllt wurde und heute Überschwemmungsgebiet ist. Nach wenigen weiteren Metern ist ein großer Steinbruch erreicht. Hier wurden und werden die mächtigen Lagen der Unteren Felsenkalke (Weißjura δ) abgebaut, sehr harte, z. T. polierfähige Kalke, die als Bausteine (Fundamentsteine für Rathaus, Fruchtkasten und evangelische Stadtkirche in Tuttlingen) aber auch als „Schwäbischer Marmor“ Verwendung finden. An der Oberkante der Bruchwand ist die Grenze zu den Oberen Felsenkalken (Weißjura ε) aufgeschlossen. Erosion, Kalklösung und Verkarstung werden hier erklärt. Der Weg folgt nun der Klifflinie des tertiärzeitlichen Meeres (zur Zeit der Oberen Meeresmolasse). Damit ist der höchste Punkt des Weges erreicht, in weitem Bogen geht es über die Albhochfläche zurück. Die überwiegend flachhügelige Landschaft ist das Ergebnis einer fast 100 Millionen Jahre dauernden Abtragung von vielen Metern Kalkstein. Erst die Hebung der Alb bewirkte die Talbildung von Neckar, Donau und ihren Nebenflüssen. Bei der nächsten Station fallen Schotter am Boden auf, gerundete Gerölle, die so gar nicht zu der Kalklandschaft passen. Es handelt sich um die sehr alten Aare-Donau-Schotter eines frühen Donaulaufs in dieser Höhe.
Gemütlich führt der Weg zurück, die vorletzte Station behandelt Versteinerungen, vor allem Ammoniten, ihre Lebensweise und die Vielfalt ihrer Formen und Größen. Vorbei an der großen Doline „Kesselgrube”, der letzten Station des Lehrpfads, gelangt man durch den Wald wieder zurück nach Tuttlingen. Die Gesamtstrecke beträgt ca. 15 km.
Angaben zur geologischen Situation enthalten die Blätter 7918 Spaichingen und 8018 Tuttlingen der Geologischen Karte von Baden-Württemberg 1 : 25 000.

Info:
Tourist-Info
Rathaus Tuttlingen
Rathausstraße 1
78532 Tuttlingen
Tel.: (07461) 99-340
Fax: (07461) 99-334
E-Mail: touristik@tuttlingen.de
www.tuttlingen.de

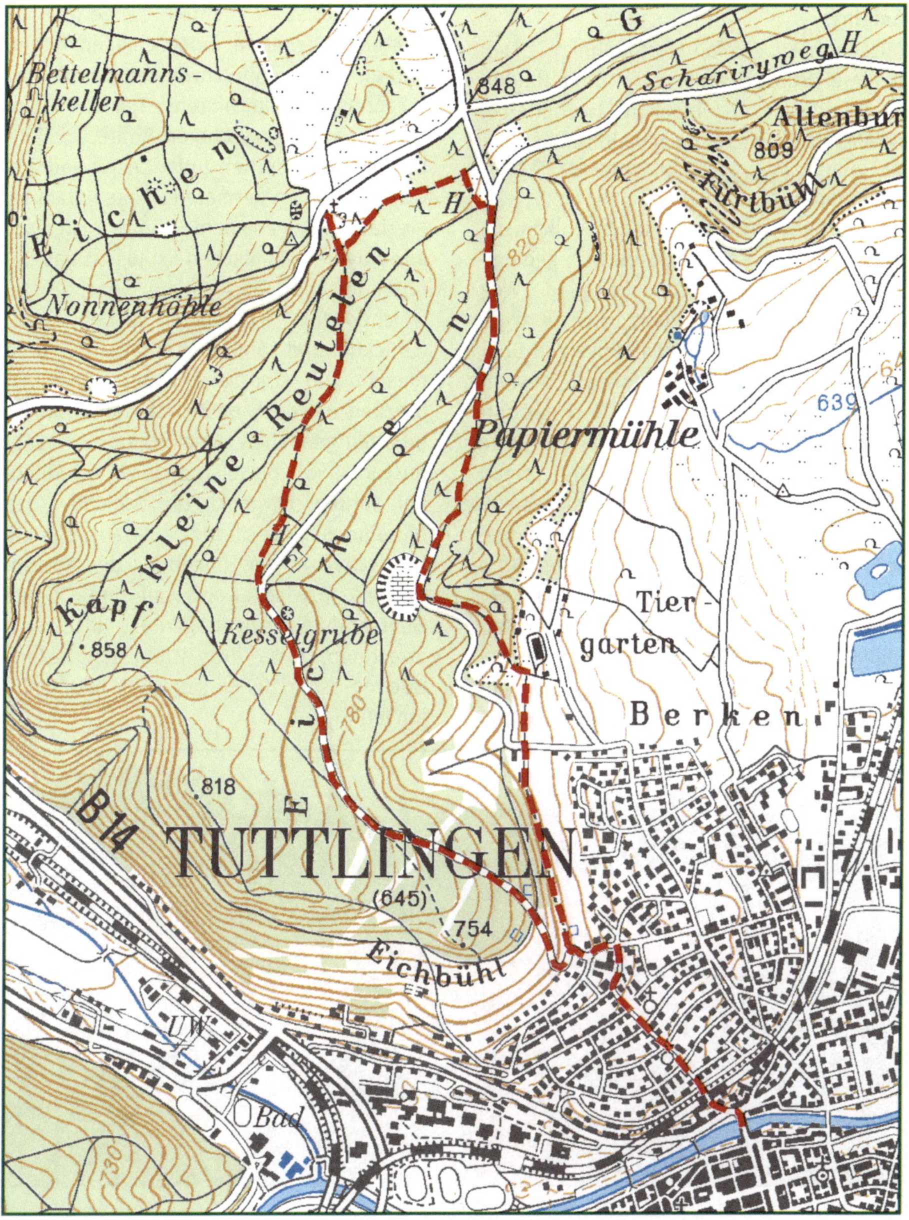
Bettelmanns-
keller
Eichen
Nonnenhöhle
848
Scharirymeg
Altenbur
809
Fürtbühl
820
Kleine Reuteten
Eichen
Papiermühle
639
Kapf
858
Kesselgrube
780
Tier-
garten
Berken
818
B 14
TUTTLINGEN
(645)
754
Eichbühl
UW
Bad
730

26 Weg der Kristalle

Waldbrunn, Neckar-Odenwald-Kreis

Anfahrt:
Autobahn A 5, Ausfahrt Autobahnkreuz Heidelberg, Bundesstraße B 37 über Heidelberg und Neckarsteinach nach Eberbach, Landesstraße weiter nach Waldbrunn

Beschreibung:
Im Oktober 2001 wurde auf dem vulkanisch entstandenen Katzenbuckel der geologische und mineralogische Lehrpfad „Weg der Kristalle" eingeweiht. Der Katzenbuckel, dessen vulkanisch aktive Zeit über 60 Millionen Jahre zurückliegt, besteht eigentlich nur noch aus dem Rest der harten Schlotfüllung. Der vom Weg berührte aufgelassene Steinbruch gewährt einen einzigartigen Blick in das Innere dieses Vulkans. Es sind magmatische Gesteine aufgeschlossen, die sonst nur selten angetroffen werden können: basaltähnliche, wie der Sanidin-Nephelinit, der den Kegel des Katzenbuckels aufbaut, dann der später eingedrungene grobkörnige Natron-Shonkinit, auf den der Steinbruch ursprünglich betrieben wurde, sowie mehrere Gänge, die die Gesteine wiederum durchschlagen haben und an den Steinbruchwänden deutlich zu erkennen sind. Im hinteren Teil des Steinbruchs, auf einer höheren Sohle, schließlich als Besonderheit Tuffe, bestehend aus verfestigtem Lockermaterial, das entstand, als das Magma aus dem Erdinneren in einer gewaltigen vulkanischen Explosion das darüber liegende Deckgebirge wegsprengte, welches zum Teil wieder in den Krater zurückfiel und somit hier erhalten blieb. In diesem Tuff sind geschichtete Gesteinsbrocken mit noch bestimmbaren Fossilien erhalten geblieben (Ammoniten des Opalinustons), was beweist, dass vor 60 Millionen Jahren hier noch die Schichten des Mitteljuras angestanden haben. Da die Landschaft in der Umgebung des Katzenbuckels inzwischen bis auf den Oberen Buntsandstein abgetragen ist, lässt sich errechnen, dass inzwischen mindestens 600 m Gestein der Erosion zum Opfer gefallen ist!

207 Steinbruchwand im großen Steinbruch am Katzenbuckel

In den basaltischen Gesteinen, in Spalten und Klüften haben sich schöne Kristalle gebildet, die mit etwas Glück gefunden werden können. Um die Suche danach etwas zu erleichtern und die geologischen Verhältnisse des Katzenbuckels zu erläutern, informieren ausführliche Schautafeln an insgesamt 9 Stationen über alles Wissenswerte um diesen alten Vulkan. Der Lehrpfad führt rund um den Katzenbuckelsee, vorbei am Gaffsteinblick bei der Mattenschanze und hoch zum Katzenbuckelturm, wo er endet. Vom Turm bietet sich eine einzigartige Rundumsicht auf die Hügellandschaft des Buntsandstein-Odenwalds: Bei klarem Wetter reicht der Blick von den Neckarauen bei Heilbronn über den Krähenberg im hessischen Odenwald bis zum Königstuhl bei Heidelberg.

Ab Sommer 2002 werden regelmäßig geologische Führungen stattfinden (Dr. A. Landmann).

Angaben zur geologischen Situation enthält das Blatt 6520 Waldbrunn der Geologischen Karte von Baden-Württemberg 1 : 25 000.

Info:

Tourist-Information
Alte Marktstraße 4
69429 Waldbrunn
Tel.: (06274) 930-212
Fax: (06274) 930-230
E-Mail: tourismus@waldbrunn-odenwald. de
www.waldbrunn-odenwald.de

Mineralogisches Büro Dr. A. Landmann
Salierstraße 12
74889 Sinsheim
Tel./Fax: (07261) 63430

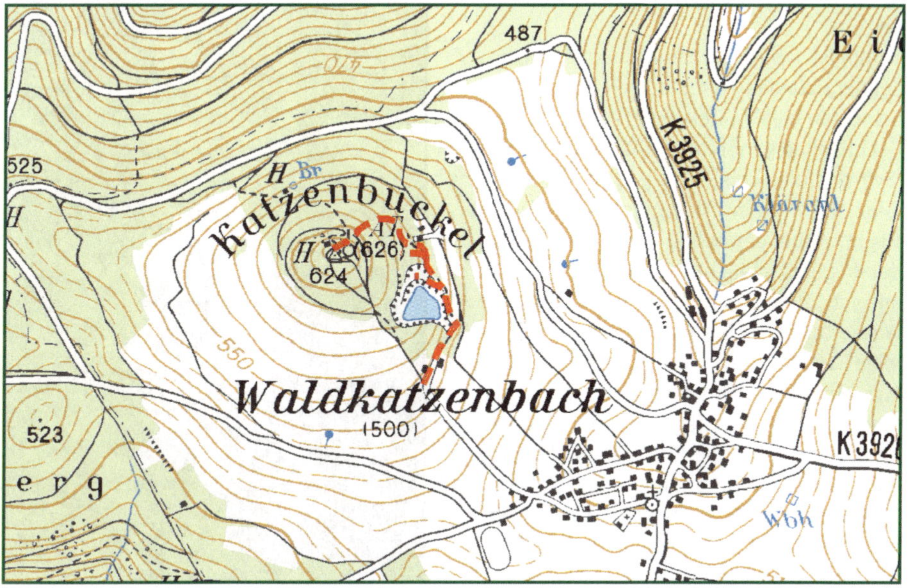

27 Geologischer Pfad Welzheim

Welzheim, Rems-Murr-Kreis

Anfahrt:

Autobahn A 8, Ausfahrt Wendlingen, Bundesstraße B 313 nach Plochingen, Landesstraße über Schorndorf nach Welzheim; oder, von Stuttgart kommend, Bundesstraße B 29 nach Schorndorf, Landesstraße nach Welzheim

Beschreibung:

Der geologische Pfad Welzheim, der vor über 10 Jahren vom Forstamt Welzheim eingerichtet wurde, erschließt dem Wanderer auf insgesamt 14 Stationen einen beispielhaften Querschnitt durch landschaftliche und geologische Besonderheiten, wie sie für den gesamten Schwäbischen Wald typisch sind. Wasserfälle, Grotten und Sandsteinfelsen wechseln ab mit Rodungsinseln und Aussichtspunkten, die einen Ausblick auf die unverwechselbare Landschaft des Schwäbischen Waldes gewähren.

Geologisch wird die Landschaft des Welzheimer Waldes hauptsächlich von den Schichten des Mittelkeupers geprägt. Die Hochflächen gehören bereits zum Unterjura (Schwarzjura, Lias). Der geologische Pfad führt über einen Höhenunterschied von 185 m, wobei der tiefste Punkt mit 365 m in der Wieslaufschlucht liegt und der höchste mit 550 m in der Nähe des Langenberger Wasserturms zu finden ist. Die Schichtenfolge reicht von den Unteren Bunten Mergeln (Mittelkeuper) bis zum Angulatensandstein des Unterjuras (Schwarzjura α; der Oberkeuper, das Rhät, ist im Welzheimer Wald nicht vorhanden.).

Für den etwa 10 km langen Pfad sollte man sich gut 3 Stunden Zeit nehmen. Die einzelnen Stationen liegen teilweise etwas weit auseinander, was sich aus der geologischen Situation ergibt. Daher hat der Pfad mehr den Charakter eines landschaftlich reizvollen Wanderwegs mit geologischen Erläuterungen.

Eine Broschüre mit ausführlicher Wegbeschreibung ist beim Forstamt Welzheim erhältlich.

Angaben zur geologischen Situation enthalten die Blätter 7123 Schorndorf der Geologischen Karte von Baden-Württemberg 1 : 25 000 sowie Naturpark Schwäbisch-Fränkischer Wald 1 : 50 000.

Info:

Staatliches Forstamt Welzheim
Gottlieb-Bauknecht-Platz 3
73638 Welzheim
Tel.: (07182) 93704-0
Fax: (07182) 4460
E-Mail: Poststelle@fa165.lfv.bwl.de

208 Fleinssteinbruch Renzenbühl im Winter
209 Kesselgrotte

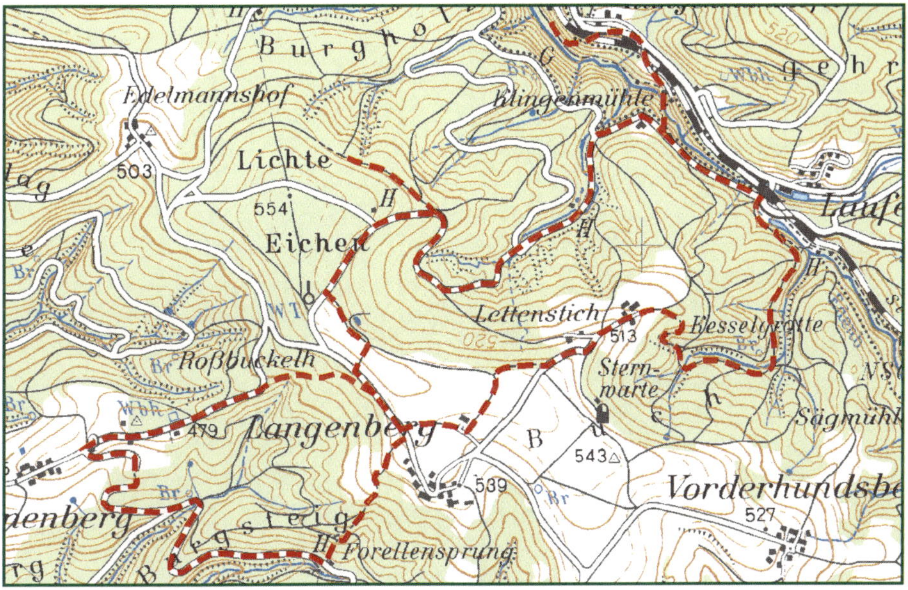

LEHRPFADE

210

Bergbaugeschichtliche Lehrpfade

210 Bergbaugeschichtlicher Wanderweg Münstertal: Riggenbachgang

28 Bergbaupfad

Aalen-Wasseralfingen, Ostalbkreis

Anfahrt:
Autobahn A 7, Ausfahrt Aalen/Westhausen, B 29 nach Aalen; oder Autobahn A 6, Ausfahrt Ellwangen, B 290 nach Aalen.

Beschreibung:
Erzbergbau und Eisenverhüttung haben im Raum Aalen eine lange Tradition. Jahrhundertelang war die Förderung und Verhüttung des Eisens der wichtigste Wirtschaftszweig im Bereich der Ostalb. 1925 wurde jedoch der Hochofen in Wasseralfingen still gelegt, der Bergbau ging am Braunenberg noch bis 1939 weiter. In der Folgezeit drohten die verbliebenen Bergwerksanlagen langsam aber sicher zu zerfallen. Im Interesse der Erhaltung der heimischen industriegeschichtlichen Denkmäler und insbesondere der noch sichtbaren Zeugen der langjährigen Bergbautradition wurde bereits 1979 in den Bereichen der früheren Gruben am Braunenberg ein Bergbaupfad angelegt.

Insgesamt 19 Stationen mit ansprechenden Übersichts-, Lehr- und Objekttafeln wurden eingerichtet, die durch Schaubilder und erläuternde Texte die Geschichte des damaligen Bergbaus aufzeigen. Gleichzeitig wurden die verschiedenen Eingänge der Förder-, Hilfs- und Wetterstollen durch Restaurierung vor dem sicheren Zerfall bewahrt.

Der Weg beginnt beim heutigen Besucherbergwerk „Tiefer Stollen", wo einige Betriebsgebäude des ehemaligen Bergwerks erklärt werden: die Schmiedehütte, der Erzscheideplatz sowie die Grubenbahn. Ein Unterkunftshaus der Bergleute und ein Pulverhäuschen zum Lagern des damals verwendeten Sprengpulvers vervollständigen die Anlage. In diesem Bereich des Bergbaupfades befinden sich auch weitere Stollenmundlöcher. Über das Erzhäusle, die damalige Unterkunft für den Erzmeister und seine Knappen, heute ein Waldgasthof, erreicht man weitere Stollen sowie den Wetterstollen, der für die Belüftung im Berg zu sorgen hatte. Unterwegs quert man die Trasse der damaligen Schwebebahn, mit der das Erz aus dem Stollen „Süßes Löchle" nach Wasseralfingen transportiert wurde. Südlich des Weilers Attenhofen, wo der Wanderer inzwischen angekommen ist, steht direkt an der Straße der so genannte Woellwarthstein, ein Gedenkstein, der an den ersten Fund von Eisenerzen durch H. S. von Woellwarth 1602 erinnern soll. In der Nähe findet sich die letzte Infotafel beim „Attenhofer Stollen", der ebenfalls ein Bewetterungsstollen war. Er steht mit dem Tiefen Stollen in Verbindung und man konnte vor Zeiten durch den ganzen Berg bis zum Fördermund dieses Stollens gehen. Der Weg führt nun hangparallel durch Wiesen und Weiden nach Röthardt und von dort wieder zurück zum Parkplatz beim „Tiefen Stollen".

211 Woellwarth-Stein bei Attenhofen

Eine ausführliche Broschüre über das Besucherbergwerk „Tiefer Stollen“ (s. Besucherbergwerke, Nr. 1) und den Bergbaupfad in Wasseralfingen ist beim Touristik-Service erhältlich.

Weitere geowissenschaftliche Ausflugsziele in Aalen sind das Urweltmuseum (s. Geowissenschaftliche Fachmuseen, Nr. 1) sowie der Geologische Rundwanderweg (s. Geowissenschaftliche Lehrpfade, Nr. 1).

Angaben zur geologischen Situation enthält das Blatt 7126 Aalen der Geologischen Karte von Baden-Württemberg 1 : 25 000.

Info:

Touristik-Service
Marktplatz 2
73430 Aalen
Tel.: (07361) 52-2358
Fax: (07361) 52-1907
E-Mail: touristik-service@aalen.de
www.aalen.de

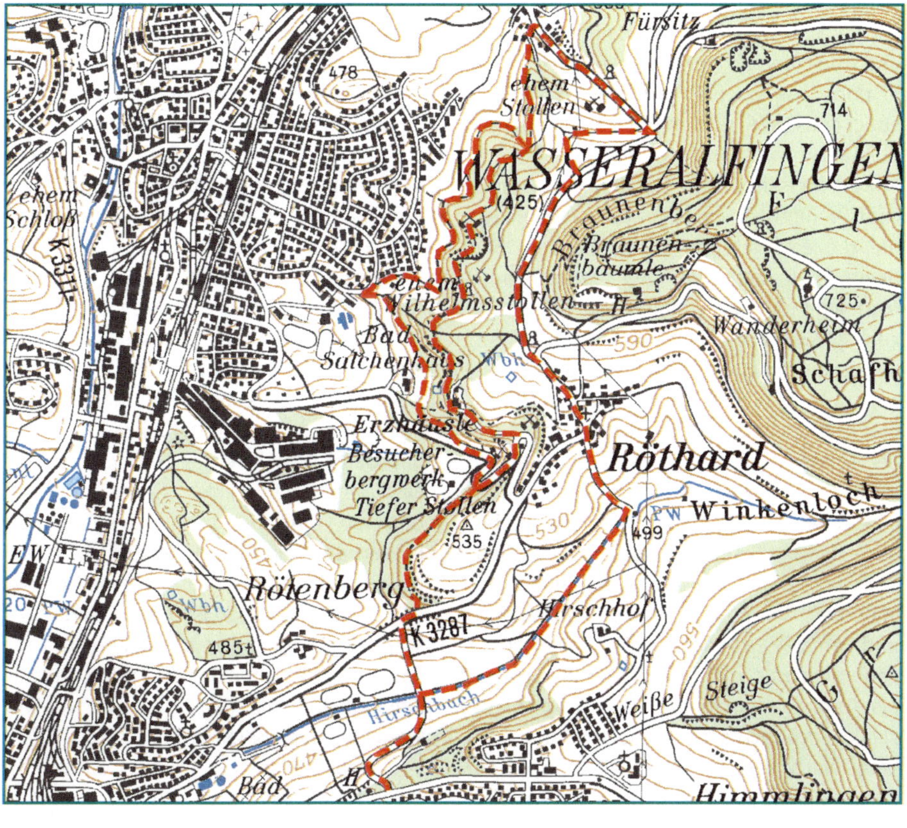

29 Eugen-Drissler-Weg

Freudenstadt, Landkreis Freudenstadt

Anfahrt:

Autobahn A 81, Ausfahrt Horb, Bundesstraße B 32 bis Horb, Landesstraße bis Dornstetten, Bundesstraßen B 28a/B 28 bis Freudenstadt; oder Autobahn A 5, Ausfahrt Appenweier, Bundesstraße B 28 über Oberkirch und Oppenau bis Freudenstadt

Beschreibung:

Der 1985 der Öffentlichkeit übergebene Eugen-Drissler-Weg verbindet als schöne und geschichtlich fundierte Wanderroute die beiden Gemeinden Freudenstadt und Baiersbronn.

Der gesamte Weg besteht aus drei Etappen und weist eine Länge von 9 bzw. 7,5 km auf, je nachdem, ob man die 2. und 3. Teilstrecke als Waldrandetappen begehen will oder als kürzere Strecken durch das Tal.

Als geologischer bzw. bergbaugeschichtlicher Wanderweg im eigentlichen Sinn ist nur die erste Etappe zu bezeichnen. Sie beginnt am Marktplatz von Freudenstadt. Man geht die Murgtalstraße abwärts bis zum südwestlichen Stadtrand, dann auf der alten, mit Kopfsteinpflaster belegten Kniebisstraße bis zum Talwirtshaus St. Christoph. Dieses Gasthaus, vermutlich älter als Freudenstadt, war für Passanten und vor allem Bergleute ein wichtiger Anlaufpunkt. Links über dem Bach befindet sich das einstige Bergwerk „Christophorusstollen", von dem erste Bergberichte aus dem Jahr 1267 stammen. Gefördert wurden damals Kupfer- und Fahlerze, wobei das Silber an letztere gebunden war, mit Schwerspat und Quarz als Hauptgangmaterial. Der Weg biegt scharf nach rechts und führt den Hang entlang. Nach kurzer Strecke sieht man am Oberhang das „Bärenschlössle", früher Sitz des Bergamts. Es liegt in einer breiten Karmulde, die während der letzten Eiszeit von Gletschern ausgehobelt wurde. Links und rechts sind noch Reste von Moränen zu sehen. Der kleine Weiher beim Bärenschlössle ist möglicherweise der Rest eines Karsees. Etwas weiter den Weg abwärts stehen im Talgrund die alten Gebäude der einstmals so wichtigen Hüttenwerke Christophstal, denen Freudenstadt seine Gründung zu verdanken hat. Der Forbach ist in seinem Lauf mehrfach gefasst worden und seine Kraft wurde vor allem in der Zeit von 1550–1750 für Eisen- und Hammerwerke nutzbar gemacht. Nach weiteren 800 m zweigt ein Sträßchen zum „Boschenloch" ab, einer weiteren großen Karmulde, in der auch ein Steinbruch angelegt ist. In diesem Steinbruch lässt sich eine mineralisierte Verwerfungsspalte beobachten, ähnlich der hinter dem Freudenstädter Kurmittelhaus. Von hier hat der Wanderer einen schönen Blick auf Freudenstadt. Zurück auf dem Talweg gelangt man nach weiteren 300 m zu einer ehemaligen Bohrstelle, bei der eine Bohrung auf über 300 m abgeteuft wurde, allerdings ohne auf das erhoffte Mineralwasser zu treffen. Zwischen Weg und den Fischteichen im Forbachtal finden sich Abraumhalden der „Grube Dorothea" und am Hang über dem Weg kleinere Pingen des „Ferdinand-Stollens", wo Fahlerz gefunden werden kann. Die bergbaugeschichtliche Strecke ist da zu Ende. Der Wanderer kann über die Talstraße nach Freudenstadt zurückkehren oder, falls er Zeit und Muße hat, dem Eugen-Drissler-Weg weiter bis nach Baiersbronn folgen.

Von Freudenstadt aus werden ab und zu geführte geologische Exkursionen angeboten.

1999 wurde das Besucherbergwerk „Friedrichs Fundgrube“ in Freudenstadt eröffnet (s. Besucherbergwerke, Nr. 5).
Angaben zur geologischen Situation enthält das Blatt 7516 Freudenstadt der Geologischen Karte von Baden-Württemberg 1 : 25 000.

Info:
Gäste-Büro Kongresse-Touristik-Kur
Marktplatz 64
72250 Freudenstadt
Tel.: (07441) 864-730
Fax: (07441) 85176
E-Mail: ktk.touristinfo@freudenstadt.de
www.freudenstadt.de

212 Bärenschlösschen, ehemaliges Bergamt

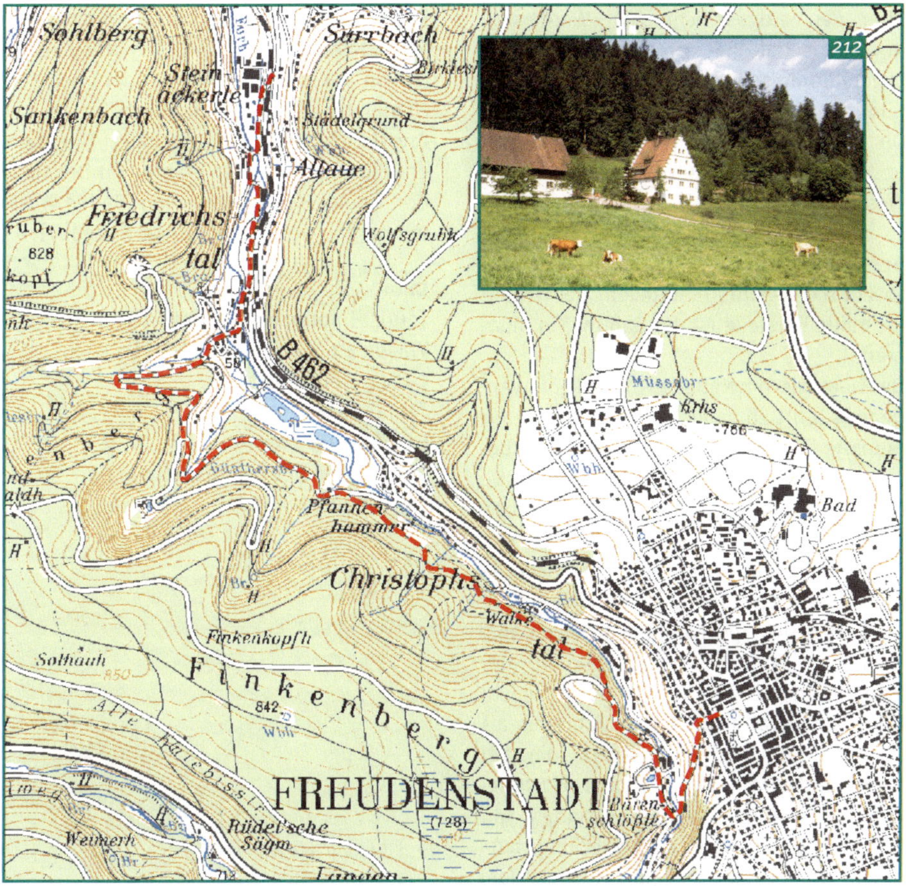

30 Geologisch-bergbaugeschichtlicher Wanderweg Münstertal

Münstertal/Schwarzwald, Landkreis Breisgau-Hochschwarzwald

Anfahrt:

Autobahn A 5, Ausfahrt Bad Krozingen, Landesstraße über Staufen nach Münstertal/Schwarzwald

Beschreibung:

Nach der Eröffnung des Besucherbergwerks „Teufelsgrund“ (s. Besucherbergwerke, Nr. 8) folgte als wichtige Ergänzung 1982 die Einrichtung des Geologisch-bergbaugeschichtlichen Wanderwegs. Er soll einen Überblick über den erdgeschichtlichen Werdegang der Landschaft mit ihren Gesteinen und Lagerstätten sowie über den Bergbau im Südschwarzwald geben.

Der Wanderweg hat eine Gesamtlänge von 17 km, er kann aufgeteilt werden in eine Westroute von 5 km und eine Ostroute von 12 km Länge. Insgesamt sind 28 Stationen beschildert, wobei 16 auf die Ostroute und 12 auf die Westroute entfallen. Der Beginn für beide Wegteile ist der Bahnhof in Münstertal.

Der Geologisch-bergbaugeschichtliche Wanderweg führt zu zahlreichen Stollen, quert mehrere Erzgänge und kommt an Erzaufbereitungsanlagen wie der ehemaligen Poche und der Schmelzhütte Wildsbach vorbei. Die anstehenden Gesteine Gneis, Metatexit und Quarzporphyr sind an Hand schöner Aufschlüsse zu sehen. An zahlreichen Stellen finden sich Spuren frühesten Bergbaus, einmal in Form von Verhauen, wo der Erzgang an die Oberfläche trat und leicht abgebaut werden konnte, zum anderen als Pingen (dolinenartige Trichter), die bei flachgründigem Bergbau durch Nachbrechen des Nebengesteins entstanden. Mit fortschreitender Bergbauentwicklung, besseren Werkzeugen und später auch dem Einsatz von Schwarzpulver konnten Stollen und Schächte tief in den Berg getrieben werden. Einer dieser Stollen, an denen der Weg vorbeiführt, wurde auf dem „Schindlergang“ betrieben und nach Erliegen der bergbaulichen Tätigkeit (1958) zum heutigen Besucherbergwerk Teufelsgrund ausgebaut. Auf der Westroute kommt man an dem letzten Kohlenmeiler im Schwarzwald vorbei, an dem von Zeit zu Zeit noch Buchenholz verkohlt wird.

Eine ausführliche Broschüre über den Geologisch-bergbaugeschichtlichen Wanderweg ist im Besucherbergwerk oder bei der Gemeinde Münstertal erhältlich.

Angaben zur geologischen Situation enthält das Blatt 8112 Staufen im Breisgau der Geologischen Karte von Baden-Württemberg 1 : 25 000 (vorläufige Ausgabe).

Info:

Tourist-Information Münstertal
Wasen 47
79244 Münstertal
Tel.: (07636) 707-0
Fax: (07636) 707-48
E-Mail: gemeinde@muenstertal.de
www.muenstertal.de

213 Station des Wanderwegs
214 Leopold-Stollen

213

214

601 Mühlenmatten
Sundmatte
Streichenkopf
801
Neubruck
St Trudpert
(Münster)
Hasengrund
Breitmatt
Prestenberg
Hof
Wasen
Münster
Münstertal/Sch
Schindelkopf
861
860
Untermünstertal
Sußenbrunn
602
Mulden
473
Mühlfelsen
738

31 Frischglück-Pfad

Neuenbürg, Enzkreis

Anfahrt:
Autobahn A 8, Ausfahrt Pforzheim-West, Bundesstraßen B 10 nach Pforzheim, B 294 nach Neuenbürg, dort Richtung Waldrennach abbiegen

Beschreibung:
Der Frischglück-Pfad verbindet die Frischglück-Grube des einstigen „Königlich-Württembergischen Eisenbergwerks zu Neuenbürg" (s. Besucherbergwerke, Nr. 10) mit dem neu renovierten Schloss und dem Nordschwarzwald-Museum.
Grund für diese Wegführung ist die Tatsache, dass auf dem heutigen Schlossberg einst Kelten siedelten. Und diese haben in den umliegenden Wäldern ca. 500 Jahre v. Chr. Eisenerz gegraben und verhüttet. Jüngste archäologische Ausgrabungen unweit des heutigen Besucherbergwerks konnten den Nachweis erbringen, dass Neuenbürg den ältesten Bergbau auf Eisen im süddeutschen, wenn nicht sogar im gesamten deutschsprachigen Raum aufzuweisen hat.
Die Aufgabe dieses Frischglück-Pfads, der zum Keltenpfad werden soll, ist es, den Schloss- und Bergwerksbesuchern den archäologischen wie kulturgeschichtlich bedeutsamen Schlossberg sowie die historische Vergangenheit des Bergbaus auf Eisen und Mangan nahe zu bringen. Wandern auf dem künftigen „Keltenpfad" heißt wandern auf wahrhaft geschichtsträchtigem Boden durch die herrliche Schwarzwaldlandschaft und in abwechslungsreicher Natur, vorbei an alten Bergwerksanlagen und an Informationstafeln, welche Erläuterungen über Geologie, Bergbau und Heimatgeschichte geben.
Der Pfad kann sowohl vom Besucherbergwerk wie vom Schloss aus und wieder zurück erwandert werden. Die einfache Wegstrecke beträgt etwa 3 km.
Angaben zur geologischen Situation enthält das Blatt 7117 Birkenfeld der Geologischen Karte von Baden-Württemberg 1 : 25 000.

Info:
Stadtverwaltung
Rathausstraße
75305 Neuenbürg
Tel.: (07082) 7910-0
Fax: (07082) 7910-65
E-Mail: stadtverwaltung@neuenbuerg.de
www.neuenbuerg.de

215 Schloss Neuenbürg

215

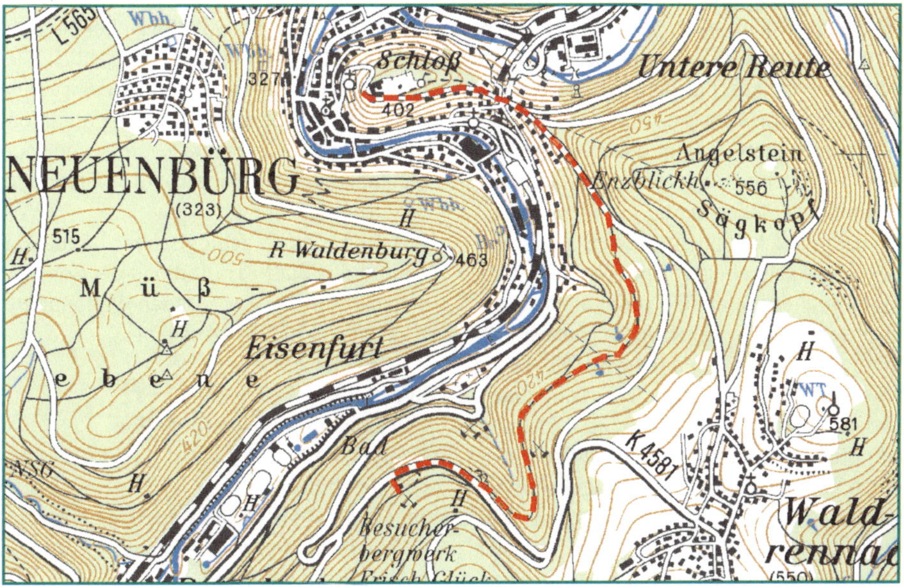
L 565
Whh
Schloß
327
402
Untere Reute
450
Angelstein
Enzblickh.
556
Sägkopf
NEUENBÜRG
(323)
515
H
R Waldenburg
463
500
M ü ß -
e b e n e
Eisenfurt
420
WT
581
K 4581
Bad
NSG
Besucherbergwerk
Wald-
(550)

32 Bergbau im Wiedener Tal

Schönau, Landkreis Lörrach

Anfahrt:
Autobahn A 5, Ausfahrt Freiburg-Mitte, Bundesstraße B 31a/31 bis Titisee, B 317 nach Utzenfeld, abbiegen nach Wieden; oder Autobahn A 5, Autobahndreieck Weil am Rhein, A 98, Ausfahrt Lörrach, B 37 über Schopfheim und Schönau nach Utzenfeld.

Beschreibung:
Schon die ältesten noch erhaltenen Urkunden, in denen Wieden genannt wird, hatten mit Bergbau zu tun. Der Bergbau brachte Arbeit und Wohlstand in abgelegene Täler. Auf einige Jahrzehnte der Blüte folgten jedoch Jahrhunderte, in denen die alten Gruben wieder vergessen waren.
Der Bergbaupfad führt als Rundweg von Wieden zum Besucherbergwerk Finstergrund (s. Besucherbergwerke, Nr. 18), dann weiter zum ehemaligen Eingang des Anton-Stollens und wieder zurück nach Wieden. Wahlweise kann auch der Talweg nach Utzenfeld zum Gebäude der Flussspataufbereitung angeschlossen werden. Der Rundweg umfasst ca. 7,5 km, für den Talweg kommen weitere 4 km dazu. Insgesamt sind 12 Stationen ausgewiesen, die mit Nummern versehen sind.
Der Lehrpfad beginnt mit der Schilderung des Schicksals einiger Grubenbetreiber im 14. Jahrhundert. Der eine verlor alles, nachdem seine Grube keine ausreichende Erzführung aufwies, der andere wurde reich, gründete das ehemalige Dorf Laitenbach und konnte sich sogar in die Stadt Freiburg als Bürger einkaufen. Silberhaltige Erze, deren Vorkommen und Entstehung sind die folgenden Themen. Der alte Bergbau war in erster Linie auf Silber ausgegangen, alle anderen Minerale wurden ebenso wie das taube Gestein auf Halde geworfen. Erst im letzten Jahrhundert erkannte man den Wert der Hauptminerale der Gänge, Schwer- und Flussspat. Letzterer wurde ab 1936 in der Grube Finstergrund bis 1974 abgebaut. Zur Verhüttung waren im Mittelalter riesige Mengen Holzkohle nötig – der Pfad streift als nächstes den Platz eines ehemaligen Kohlenmeilers. Man gelangt nun zum Schaubergwerk Finstergrund. Hier angekommen, wäre gegebenenfalls die Möglichkeit, das Bergwerk zu besichtigen. Die Gebäude der längsten Seilbahn des Wiesentals, mit der der Flussspat abtransportiert wurde, sind noch vorhanden, dienen heute aber einem anderen Zweck (Schinkenräucherei). Der Weg endet, falls die Variante nach Utzenfeld gewählt wurde, bei der ehemaligen Flussspataufbereitungsanlage in Utzenfeld, die von 1944 bis zur Stilllegung der Gruben 1974 betrieben wurde.
Eine ausführliche Broschüre ist bei der Belchenland Tourist-Information erhältlich. Sie ist für Wissbegierige Voraussetzung zum Begehen des Lehrpfades, da hier auf Informationstafeln verzichtet wurde und nur Schilder mit Nummern die Stationen bezeichnen.
Angaben zur geologischen Situation enthält das Blatt 8113 Todtnau der Geologischen Karte von Baden-Württemberg 1 : 25 000 (vorläufige Ausgabe).

Info:
Belchenland Tourist-Information
Gentnerstraße2
79677 Schönau
Tel.: (07673) 918130, Fax: (07673) 9181329
E-Mail: info@belchenland.com
www.belchenland.com

Schanzen
Rütte
Dachsrain
Eckle
Hüttbach
Laitehöhe
Neßlerhäuser
Wiedenmatt
Aftersteg
Laitehäuser
Wieden
Warbach
Niedermatt
Säge
Graben
Hasbach
Laitenbach
Hasbacher Höhe
Besucherbergwerk Finstergrund
Rollspitz
Knöpflesbrunnen
Oberrollsbach
Unterrollsbach
Königshütte
Auf den Winden
Tannenboden
L 123
Falken
Naturschutzgebiet
Stutz
Holzinshaus
Aitern
Utzenfeld
Ochsenberg
L 142
Farnbühl
B 317
Erleboden
Schönenbuchen
Letzberg

33 Bergbaugeschichtlicher Wanderweg

Sulzburg, Landkreis Breisgau-Hochschwarzwald

Anfahrt:
Autobahn A 5, Ausfahrt Heitersheim/Hartheim, Landesstraße bis Sulzburg

Beschreibung:
Der Werdegang von Sulzburg ist eng mit dem in seiner unmittelbaren Umgebung umgegangenen Erzbergbau verbunden. So lag es nahe, einen Wanderweg anzulegen, der den Wanderer durch die Bergbaugeschichte der Stadt führt. Er weist dabei auf einige noch heute erhaltene Zeugnisse hin und erläutert die Zusammenhänge zwischen der erdgeschichtlichen Entwicklung der Landschaft, dem daraus resultierenden Bergbau und dessen Einfluss auf die Entwicklung der Stadt.
Der 1979 eingerichtete Wanderweg, der in der Stadt beginnt, führt zuerst durch die Vorberge des Schwarzwalds, am ehemaligen Kloster St. Cyriak vorbei, durch Lösswege und über Keuperhänge, in denen früher Gips für Düngezwecke abgebaut wurde. Über malerische Aussichtspunkte gelangt man in den eigentlichen Schwarzwald und trifft im Krebsgrund auf die ersten Spuren mittelalterlichen Erzbergbaus – Stollen am Weg und, darüber im Wald, Pingen und Halden –, der hier noch bis ins 18. Jh. auf Bleierze in Schwerspat und Quarz betrieben wurde. Dann führt der Weg in den Riestergrund, in dem der Riestergang mit ähnlicher Vererzung, allerdings höheren Silbergehalten, abgebaut wurde. Hinterlassen hat dieser Abbau eine große Schachtpinge mit Halde. Vorbei an einem größeren Steinbruch, in dem Gneis für den Straßenbau abgebaut wurde, geht der Wanderweg durch eine Landschaft, deren unruhige Oberflächenformen Folge intensiver Bergbautätigkeiten sind, zu weiteren Stollen. An der Kobaltgrube „Segen Gottes", auf der neben den schon genannten Erzen und Mineralen auch Kobalt-, Kupfer- und Uranerze auftreten, kommt man als nächstes vorbei. Vor allem die Kobalterze waren gesucht, da sie bei der Glasherstellung den Gläsern eine herrlich blaue Farbe verliehen. Der Himmelsehre-Gang ist der letzte, der auf dem Weg gequert wird, dann führt der Weg entlang des Sulzbachs wieder zurück nach Sulzburg.
Besucher der Stadt Sulzburg sollten nicht versäumen, dem Landesbergbaumuseum in der alten Stadtkirche (s. Geowissenschaftlich-technische Museen, Nr. 31) einen Besuch abzustatten.
Eine Broschüre mit ausführlicher Wegbeschreibung ist beim Bürgermeisteramt der Stadt Sulzburg oder im Landesbergbaumuseum erhältlich.
Angaben zur geologischen Situation enthält das Blatt 8112 Staufen i. Br. der Geologischen Karte von Baden-Württemberg 1 : 25 000 (vorläufige Ausgabe).

Info:
Verkehrsamt
Am Marktplatz
79295 Sulzburg
Tel.: (07634) 5600-40
Fax: (07634) 5600-50
E-Mail: tourist-info@sulzburg.de
www.sulzburg.de

216 Stollenmundloch auf dem Riestergang

216

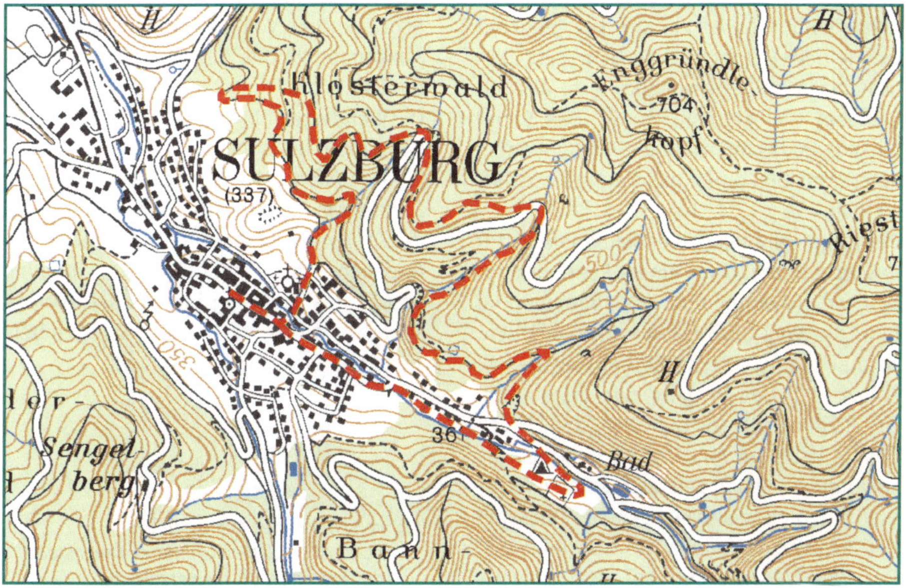

Klosterwald
SULZBURG
(337)
Enggründle
704
kopf
Riest
500
350
Sengel-
berg
361
Bad
Bann-

34 Bergbaulehrpfad über den Mausboden

Todtnau, Landkreis Lörrach

Anfahrt:

Autobahn A 5, Ausfahrt Freiburg-Mitte, Bundesstraße B 31a/31 bis Kirchzarten, Landesstraße über Oberried, Notschrei nach Todtnau

Beschreibung:

Todtnau war im Mittelalter eines der Zentren des Südschwarzwälder Silberbergbaus. Um die Erinnerung an den bedeutenden Abbau über und unter Tage wachzuhalten, wurde der bergbaugeschichtliche Wanderweg angelegt. Er gibt dem interessierten Wanderer die Möglichkeit, einige der noch vorhandenen Spuren der bergmännischen Tätigkeit kennen zu lernen.

Unter den zahlreichen Gruben, die seit dem Mittelalter aufgefahren und wieder aufgegeben wurden, nimmt die „Grube Maus“ eine Sonderstellung ein: Sie war die einzige Grube, die eine eigene Erzaufbereitung und Schmelzhütte besaß, in der das gepochte (zerkleinerte) und gewaschene Erz geschmolzen und abgetrieben, d. h. das Silber vom Blei getrennt wurde. Das Silber musste an das Münzamt in Günzburg abgeliefert, das Blei durfte dagegen frei verkauft werden.

Der Weg beginnt mit einer Seilbahnfahrt auf das Hasenhorn. Nach einem Rundblick auf Belchen, Feldberg und das Todtnauer Tal führt der Weg nach Osten zum Gisiboden. Bald schon, nach etwa 800 m Wegstrecke, kreuzt man den Erzgang zum ersten Mal. Der Erzgang, der zu den Blei-Zink-Gängen des Südschwarzwalds zählt, enthält als Haupterze Bleiglanz mit geringem Silbergehalt, Zinkblende und Pyrit. Quarz, Flussspat und Schwerspat bilden die Gangminerale. Der Weg verläuft nun auf dem abwärts führenden Zimmerwinkelweg und ändert häufig die Richtung (serpentinenartig), wobei der Erzgang mehrfach gequert wird. Der Wanderer kommt vorbei an alten Stollen, an einer, durch einen Waldweg angeschnittenen Halde, auf der noch Flussspat gefunden werden kann, und an einer Schutzhütte. Unterhalb befindet sich eine weitere alte Halde mit Quarz- und Flussspat. Wenig später überquert der Weg den Maustobel und gelangt zum alten St. Barbara-Stollen, der heute als Brunnenstube für die Wasserversorgung von Todtnau benutzt wird. Weitere Stollen folgen am und unterhalb des Weges. Nahe dem Stadtgebiet von Todtnau erreicht man den Ortsteil Poche, wo, wie der Name sagt, die oben genannten Aufbereitungsanlagen und Hütten gestanden haben. Aus dem Teich, der zum Betrieb der Wasserräder aufgestaut worden war, entstand das heutige Schwimmbad. Von dort ist bald wieder der Ausgangpunkt des Weges an der Talstation erreicht.

Die Wanderzeit einschließlich der Fahrt zum Hasenhorn beträgt etwa 2–3 Stunden.

Eine ausführliche Broschüre über die „Grube Maus“ ist an der Seilbahn und bei der Tourist-Information Todtnau erhältlich.

Angaben zur geologischen Situation enthält das Blatt 8113 Todtnau der Geologischen Karte von Baden-Württemberg 1 : 25 000 (vorläufige Ausgabe).

217 verschlossenes Mundloch des St. Barbara-Stollens, heute Brunnenstube der Todtnauer Wasserversorgung

Öffnungszeiten:
Der Weg ist ganzjährig begehbar, die Seilbahn wird allerdings während des Winters für den Skisport betrieben.

Info:
Tourist-Information Todtnau –
Haus des Gastes
M.-Thoma-Straße 21
79670 Todtnau
Tel.: (07671) 96969-5
Fax: (07671) 636
www.todtnau.de

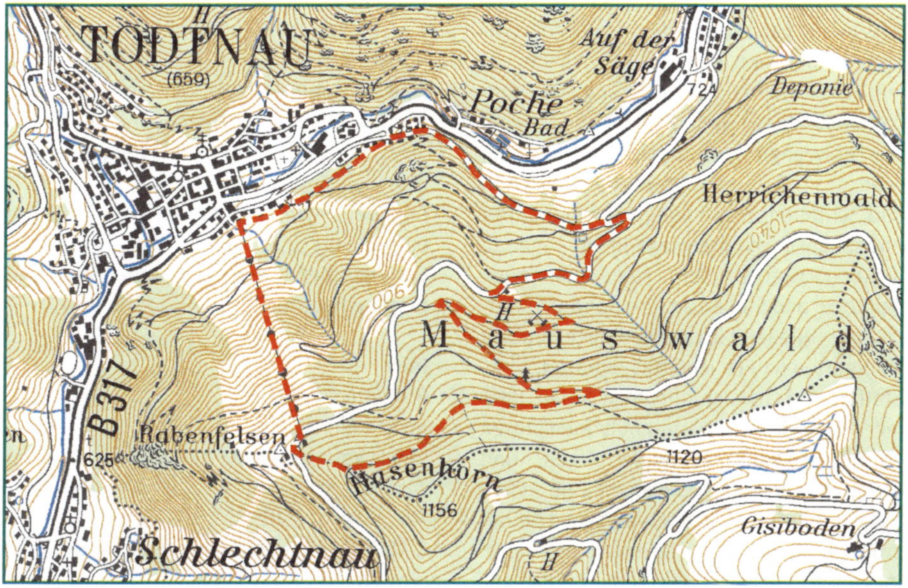

35 Heimatgeschichtlicher Rundweg Veringenstadt

Veringenstadt, Landkreis Sigmaringen

Anfahrt:

Autobahn A 81, Ausfahrt Rottweil, Bundesstraßen B 27 nach Balingen und B 463 nach Winterlingen, Landesstraße über Harthausen nach Veringenstadt; oder Autobahn A 8, Ausfahrt Ulm-Ost, Bundesstraße B 19 bis Ulm und B 311 bis Riedlingen, Landesstraße über Langenenslingen nach Veringenstadt

Beschreibung:

Der heimatgeschichtliche Rundweg Veringenstadt will Aufschluss über Geologie und Siedlungsgeschichte des Tales geben. Er gliedert sich in drei Stationen, die der Wanderer besucht:

Station I, Erzgruben: Das südliche Lauchertgebiet gehörte noch bis ins 19. Jahrhundert zu den wichtigsten Bohnerzabbaugebieten Süddeutschlands. Bohnerze entstanden im subtropischen Savannenklima des Alttertiärs und vermutlich der Kreidezeit vor 65–135 Millionen Jahren in wechselfeuchten Senken durch Mobilisierung und Konkretionsbildung von Eisenverbindungen. Die bohnengroßen Kügelchen enthalten etwa 30–35 % Eisen und wurden in Taschen und Schlotten zusammengeschwemmt. Der Abbau geschah überwiegend im Tagebau (Gruben, Gräben), z. T. legte man auch Schächte und Stollen an. Die Bohnerze wurden anschließend in den Hüttenwerken von Thiergarten und Laucherttal verhüttet.

Station II, Schwammriff: Im warmen Jurameer der Zeit vor etwa 140 Millionen Jahren bauten kalkausscheidende Algen und Tiere, vor allem Kalkschwämme, ein mächtiges Riff auf. Dieses blieb aufgrund seiner größeren Verwitterungsresistenz als emporragender Aussichtspunkt am Rande des Lauchertgrabens erhalten. Dieser ist etwa 3–4 km breit und 80–90 m tief und setzt sich im Hohenzollerngraben fort, in dessen Umgebung häufig Erdbeben auftreten. An der Station wird ein geologisches Profil gezeigt, das einen Querschnitt durch den Lauchertgraben darstellt.

Station III, Verlassene Siedlungsstätte: In der Umgebung von Veringenstadt wurden anhand von archäologischen Funden die Menschheitsepochen vom Neandertaler über Alt-, Mittel- und Jungsteinzeit bis Bronzezeit nachgewiesen. Im Bereich dieser 3. Station wurden Gegenstände aus der Jungsteinzeit (ca. 4000–1800 v. Chr.) und der Bronzezeit (1800–800 v. Chr.) ergraben. Die hier sichtbaren Siedlungsreste stammen allerdings aus dem Mittelalter und können wohl in unmittelbarem Zusammenhang mit der damaligen Eisenerzgewinnung gesehen werden. Gezeigt werden die Grundrisse (Fundamentreste) zweier Häuser und eines Vorratskellers.

Eine Broschüre sowie weitere Veröffentlichungen über Veringenstadt und den Bohnerzabbau sind im Bürgermeisteramt erhältlich.

Angaben zur geologischen Situation enthält das Blatt 7821 Veringenstadt der Geologischen Karte von Baden-Württemberg 1 : 25 000.

Info:

Bürgermeisteramt
Im Städtle 116
72519 Veringenstadt
Tel.: (07577) 930-0
Fax: (07577) 1681
E-Mail: webmaster@veringenstadt.de
www.veringenstadt.de

218 Veringerhütte

219

Wasser-, Quellen- und Moorlehrpfade

219 Alpirsbach: Schwarzwälder Wasserpfad

Erläuterungen zur gegenüberliegenden Karte:

Wasser-, Quellen- und Moorlehrpfade

36 **Alpirsbach:**
Schwarzwälder Wasserpfad

37 **Bad Buchau:**
Archäologischer Moorlehrpfad

38 **Bad Herrenalb:**
Quellenerlebnispfad Bad Herrenalb

39 **Bad Peterstal-Griesbach:**
Wasserlehrpfad

40 **Freiburg i. Br.:**
Freiburger Wasserweg

41 **Kißlegg:**
Arrisrieder Moos

42 **Königsbronn:**
Karstquellenweg

43 **Singen:**
Flusserlebnispfad Hegauer Aach

44 **Stockach:**
Stockacher Quellenerlebniswege

45 **Titisee-Neustadt:**
Erlebnispfad Wasser

46 **Wilhelmsdorf:**
Riedlehrpfad

Sonstige Lehrpfade und Lehrpfade mit mehr als 5 geowissenschaftlichen Stationen

47 **Bad Urach-Hengen:**
Dolinenweg

48 **Bad Urach:**
Rulamanweg

49 **Bad Waldsee:**
Waldlehrpfad mit geologischem Teil

50 **Beuren:**
Bodenlehrpfad Beuren

51 **Blaubeuren:**
Höhlenwanderwege um Blaubeuren

52 **Feldberg (Schwarzwald):**
Naturlehrpfad Feldberg

53 **Freiburg i. Br.:**
Erzkasten-Rundweg

54 **Freiburg i. Br.:**
Naturlehrpfad am Schönberg

55 **Gomadingen:**
Waldlehrpfad auf den Sternberg

56 **Grabenstetten:**
Heidengraben

57 **Herbertingen-Hundersingen:**
Heuneburg-Rundwanderweg

58 **Karlsruhe:**
Bodenkundlicher Lehrpfad Weiherfeld

59 **Külsheim:**
Geologisch-naturkundlicher Wanderweg

60 **Sasbach:**
Wissenschaftlicher Lehrpfad bei Sasbach

61 **Schömberg:**
Naturlehrpfad Schömberg

62 **Singen:**
Vulkanpfad Hohentwiel

63 **Stuttgart:**
Geographischer Lehrpfad Schwäbleskinge

64 **Tengen:**
Rundwanderweg Mühlbachschlucht

65 **Ubstadt-Weiher:**
Hohlwegelehrpfad

66 **Vogtsburg im Kaiserstuhl, OT. Achkarren:**
Geologischer Weinlehrpfad

67 **Vogtsburg im Kaiserstuhl, OT. Oberrotweil:**
Naturlehrpfad Badberg

Lage der Wasser-, Quellen- und Moorlehrpfade sowie der Sonstigen Lehrpfade und der Lehrpfade mit mehr als 5 geowissenschaftlichen Stationen

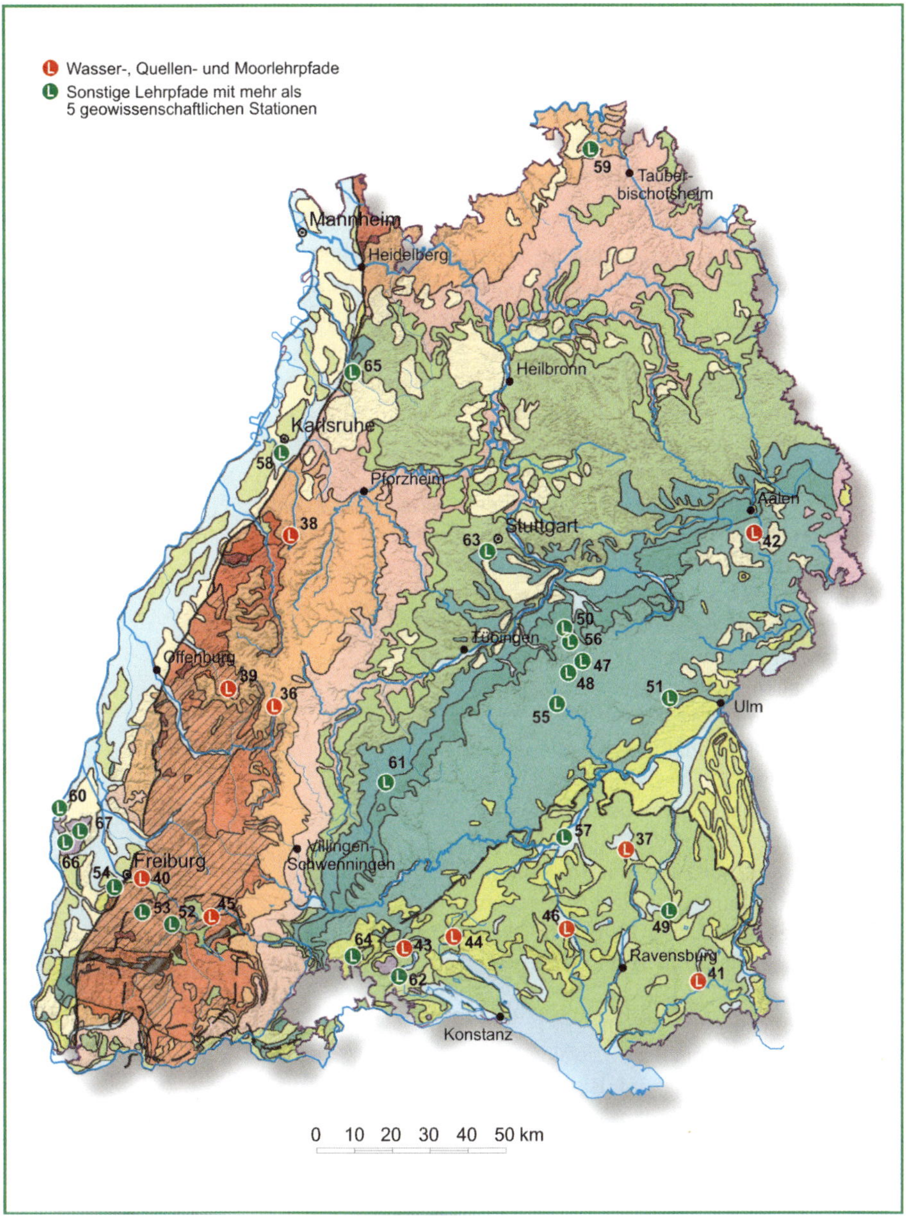

36 Schwarzwälder Wasserpfad

Alpirsbach, Landkreis Freudenstadt

Anfahrt:
Autobahn A 5, Ausfahrt Offenburg, von Offenburg Bundesstraße B 33 bis Haslach, B 294 über Wolfach und Schiltach bis Schenkenzell, Landesstraße über Reinerzau bis Oberes Dörfle

Beschreibung:
Der 1997 durch den Arbeitskreis Wasserpfad unter Mitwirkung des Zweckverbands Wasserversorgung Kleine Kinzig und des Schwarzwaldvereins Alpirsbach erstellte Schwarzwälder Wasserpfad beginnt an einem Infopavillon am Wanderparkplatz Oberes Dörfle/Kleine Kinzig bei Reinerzau.
In dem landschaftlich sehr schönen, ruhigen Tal der Kleinen Kinzig wird auf einer Streckenlänge von 6 km, bei Umrundung des Stausees am Uferrandweg insgesamt 12 km, auf 34 Tafeln vieles erklärt, was mit Wasser zu tun hat: Gewässerökologie, Tiere und Pflanzen an Gewässern, Quellhorizonte und Quellen, Karbildungen, Wässerwiesen, Wasser und Wald, Trinkwasserversorgung und Wasserreinhaltung.
Der Weg beginnt im Tal der Kleinen Kinzig und verläuft bis zum Wasserwerk des Zweckverbands Wasserversorgung Kleine Kinzig. Von dort hoch auf den Staudamm, diesen überquerend, nach dem Staudamm links abbiegend auf dem Burgstaller Weg durch den Wald zum Wanderparkplatz zurück.
Ein ausführliches Begleitheft sowie ein Videofilm sind bei dem Schwarzwaldverein Alpirsbach sowie bei der Tourist-Information Alpirsbach erhältlich.
Angaben zur geologischen Situation enthält das Blatt 7616 Alpirsbach der Geologischen Karte von Baden-Württemberg 1 : 25 000.

Info:
Schwarzwaldverein Alpirsbach
Reinerzauer Oberdörfle 9
72275 Alpirsbach-Reinerzau
Tel.: (07444) 91145
Fax: (07444) 91146

Tourist Information Alpirsbach
Haus des Gastes
Hauptstraße 20
72275 Alpirsbach
Tel.: (07444) 9516-281
Fax: (07444) 9516-283
E-Mail: tourist-info@alpirsbach.de
www.alpirsbach.de

220 Blick über den Stausee „Kleine Kinzig"

220

hansgrohe

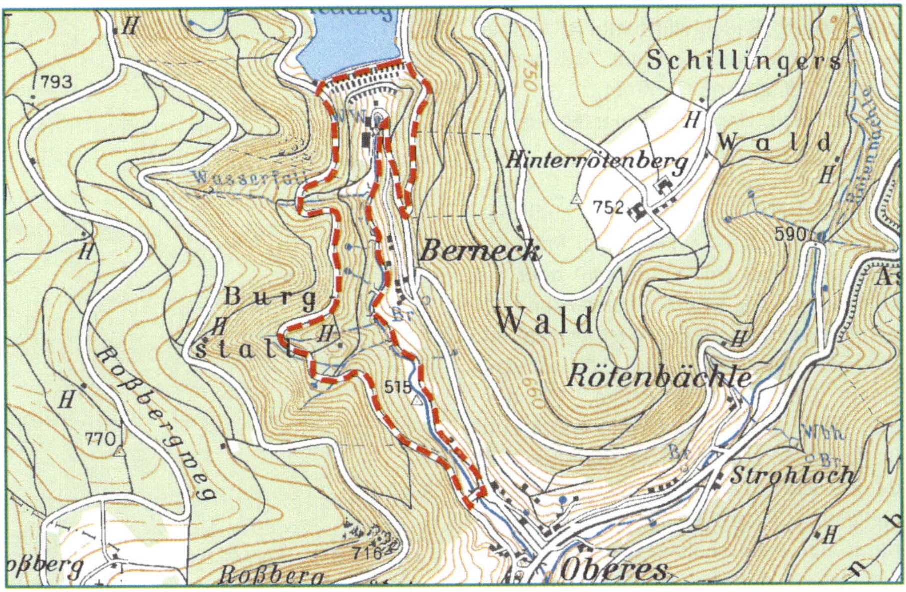
793
Schillingers
Wald
Hinterrötenberg
752
590
750
Berneck
Wald
Burg-
stall
515
660
Rötenbächle
Roßbergweg
770
Wbh
Br
Strohloch
716
Roßberg
Oberes

37 Archäologischer Moorlehrpfad

Bad Buchau, Landkreis Biberach

Anfahrt:
Autobahn A 7, Ausfahrt Berkheim, Bundesstraße B 312 bis Biberach, Landesstraße nach Bad Buchau; oder Autobahn A 8, Ausfahrt Ulm-West, B 10 über Ulm bis Biberach, Landesstraße bis Bad Buchau

Beschreibung:
Das Federseeried ist das Moor mit den meisten archäologischen Funden Europas. Noch heute liegen hier menschliche Zeugnisse von internationaler Bedeutung aus der Stein-, Bronze- und Eisenzeit im Boden. Natur- und Denkmalschutz arbeiten am Federsee eng zusammen. Um auch die Öffentlichkeit verstärkt zu informieren und für die Vorgeschichte zu begeistern, wurde, als sinnvolle Ergänzung zum Federseemuseum (s. Archäologische Museen, Nr. 33) der archäologische Moorlehrpfad eingerichtet. Die Konzeption wurde vom Landesdenkmalamt Baden-Württemberg erarbeitet, er wurde von der Stadt Bad Buchau eingerichtet und 1999 eröffnet.
Der Lehrpfad, der beim Federseemuseum beginnt (zwei weitere Zugänge sind möglich), führt zu bedeutenden Fundstätten der archäologischen Forschung im südlichen Federseeried. Als 9,5 km langer Rundweg kann er zu Fuß (ca. 3 Stunden) oder mit dem Fahrrad (ca. 1 Stunde) begangen oder befahren werden. Der Pfad ist geschottert, streckenweise auch geteert und fahrradgeeignet. Ruhebänke, Holzstege, eine Aussichtsplattform und ein Aussichtsturm sind integriert. An insgesamt 11 Stationen wird der Besucher durch ausführliche Informationstafeln über die Archäologie, Geologie, Natur- und Landschaftsgeschichte des Gebiets unterrichtet. Teilrekonstruktionen verdeutlichen in einigen vorgeschichtlichen Siedlungsarealen die Lage von Gebäuden und Palisaden im Gelände.
Ein Führer zum Federseemuseum mit archäologischem Freigelände und Moorlehrpfad ist im Museum erhältlich.
Angaben zur geologischen Situation enthält das Blatt 7923 Bad Saulgau-Ost der Geologischen Karte von Baden-Württemberg 1 : 25 000 (vorläufige Ausgabe).

Ausführliche Homepage:
www.federseemuseum.de

Info:
Federseemuseum
August-Gröber-Platz 2
88422 Bad Buchau
Tel.: (07582) 8350
Fax: (07582) 933810
E-Mail: info@federseemuseum.de

221 *Archäologischer Moorlehrpfad, geologische Station*

Geologische
Situation

221

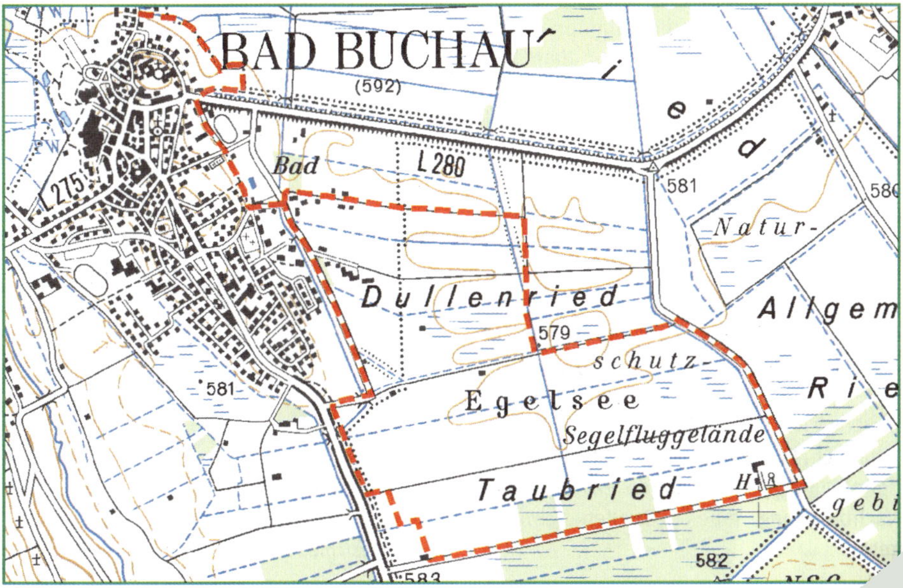
BAD BUCHAU
(592)
Bad
L 280
L 275
581
580
Natur-
Dullenried
Allgem
579
schutz-
Egelsee
Rie
Segelfluggelände
Taubried
gebi
581
582
583

38 Quellenerlebnispfad Bad Herrenalb

Bad Herrenalb, Landkreis Calw

Anfahrt:
Autobahn A 5, Ausfahrt Ettlingen, Landesstraße über Ettlingen nach Bad Herrenalb; oder A 5, Ausfahrt Rastatt, B 462 bis Gernsbach, Landesstraße bis Bad Herrenalb

Beschreibung:
Der Quellenerlebnispfad Bad Herrenalb verläuft durch eines der schönsten Täler des Nordschwarzwalds, das obere Albtal, vom südlichen Ortsbereich Bad Herrenalbs bis nach Zieflesberg. Mit einer Länge von ca. 3 km und insgesamt 16 Stationen lädt er den Besucher ein, die Natur auf vielfältige Art und Weise zu erleben. Der Wanderer kann eintauchen in eine Wunderwelt der Quellen und wilden Wässer, der dunklen Wälder und vielfarbigen Gesteine. Auf dem Pfad sind alle Sinne gefordert: nicht nur sehen, sondern auch hören, riechen, schmecken und fühlen. Hierzu gibt es viele Anregungen und Hintergrundinformationen zu Naturphänomenen, die auf dem Weg angetroffen werden. Bewusst wurden neben Aktivitäten rund ums Wasser auch Anregungen zu Waldentdeckungen aufgenommen.

Der Quellenerlebnispfad verläuft fast durchgängig auf asphaltierten bzw. geschotterten Wegen und ist somit weitgehend auch kinderwagen- bzw. rollstuhlgeeignet. Lediglich die Zugänge zu einzelnen Stationen bestehen manchmal aus schmalen Pfaden. Eine ausführliche Broschüre über den Lehrpfad ist beim Tourismusbüro Bad Herrenalb … chulklassen gibt es Informa- … eitsmappen zur Vor- bzw. … eines „Quellenerlebnista-

Angaben zur geologischen Situation enthält das Blatt 7216 Gernsbach der Geologischen Karte von Baden-Württemberg 1 : 25 000.

Info:
Tourismusbüro
Bahnhofsplatz 1
76332 Bad Herrenalb
Tel.: (07083) 500555
Fax: (07083) 500544
E-Mail: info@badherrenalb.de
www.badherrenalb.de

222 Ansichten eines Schwarzwaldbachs

222

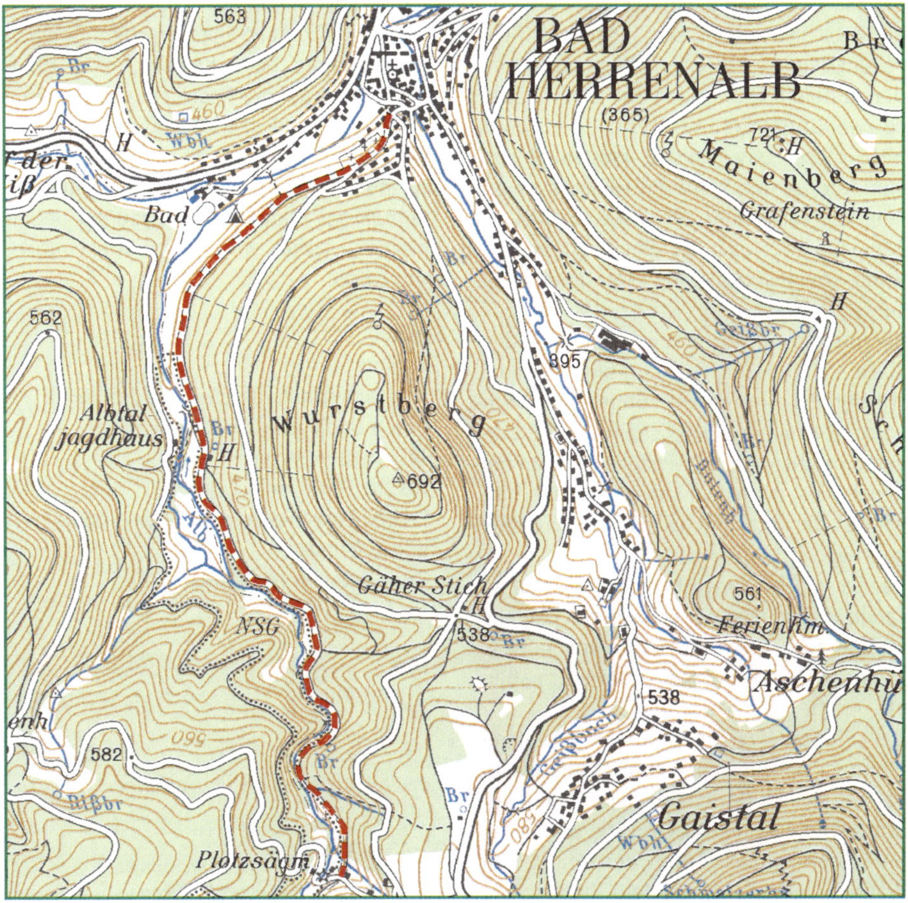
BAD
HERRENALB
(365)
563
460
Wbh
H
Bad
Maienberg
Grafenstein
721
H
Br
562
Albtal-
jagdhaus
Wurstberg
692
395
Geißbr
Alb
Gäher Stich
538
NSG
561
Ferienhm.
Aschenhü
538
582
Br
Gaistal
Plotzsägm

39 Wasserlehrpfad

Bad Peterstal-Griesbach, Ortenaukreis

Anfahrt:
Autobahn A 5, Ausfahrt Appenweier, Bundesstraße B 28 über Oberkirch und Oppenau nach Bad Peterstal-Griesbach

Beschreibung:
Ein Bundesbürger verbraucht pro Tag durchschnittlich 145 Liter Trinkwasser. Nur etwa 3 Liter davon werden als Lebensmittel genutzt, die Hauptmenge wird für andere Zwecke verwendet und fließt in die Toilette, die Waschmaschine oder sonstige Abflüsse, um dann kostspielig in Kläranlagen wieder aufbereitet zu werden. Die Erde ist zwar zu zwei Dritteln von Wasser bedeckt, doch trotz dieser unvorstellbar großen Menge sind nur 0,2–0,3 % für die Trinkwasserversorgung verwertbar und, wie immer es genutzt wird, jeder Tropfen kehrt irgendwann einmal in den großen Wasserkreislauf zurück.
In Anbetracht dieser großen Bedeutung des „Lebensmittels Wasser“ und angeregt vom Wasserreichtum der Gemeinde, aber auch vom Vorkommen natürlichen Mineralwassers, welches die Entwicklung des oberen Renchtales entscheidend mitgeprägt hat, wurde die Idee eines Wasserlehrpfads geboren.
Der ca. 5,7 km lange Lehrpfad will auf 17 Tafeln über einige Aspekte dieses Themas informieren, wobei das Motto von Tafel 3: „Ohne Wasser kein Leben“ gewissermaßen als Oberbegriff gelten kann.
Der Lehrpfad beginnt mit einer Infotafel am Rathaus zum Thema Mineralwasser, das im Verlauf des Weges immer wieder unter verschiedenen Aspekten betrachtet wird. Über die „Sophienquelle“ führt der Weg in den Wald hinauf; dabei werden Themen wie „Wasser und Wald“, „der Wildbach“ oder die „Entstehung von Quellen“ behandelt. Die „Trinkwasserversorgung“ und ihre „Gefährdung“, „Wasserschutzgebiete“ und der „Kreislauf des Wassers“ sind weitere Themen des Pfades. Durch das Künsbachtal zurück werden schließlich noch die Themen „Heilwasser“ und die „Wirkung bei äußerlicher Anwendung“ (nach S. Kneipp), sowie „Oberflächenwasser – Grundwasser – Tiefenwasser“ und die „Nutzung des Wassers in früheren Zeiten“ angesprochen. Der Weg endet wieder beim Rathaus, nicht ohne zuvor noch auf die Geschichte des Schlüsselbads und der gleichnamigen Klinik einzugehen.
Angaben zur geologischen Situation enthält das Blatt 7515 Oppenau der Geologischen Karte von Baden-Württemberg 1 : 25 000.

Info:
Kurverwaltung
Schwarzwaldstraße 11
77740 Bad Peterstal-Griesbach
Tel.: (07806) 7933
Fax: (07806) 7950
E-Mail: kurverwaltung@bad-peterstal-griesbach. de
www.bad-peterstal-griesbach.de

223 Station des Wasserlehrpfads bei der Mündung eines Mühlkanals

223

Nutzung des Wassers früher

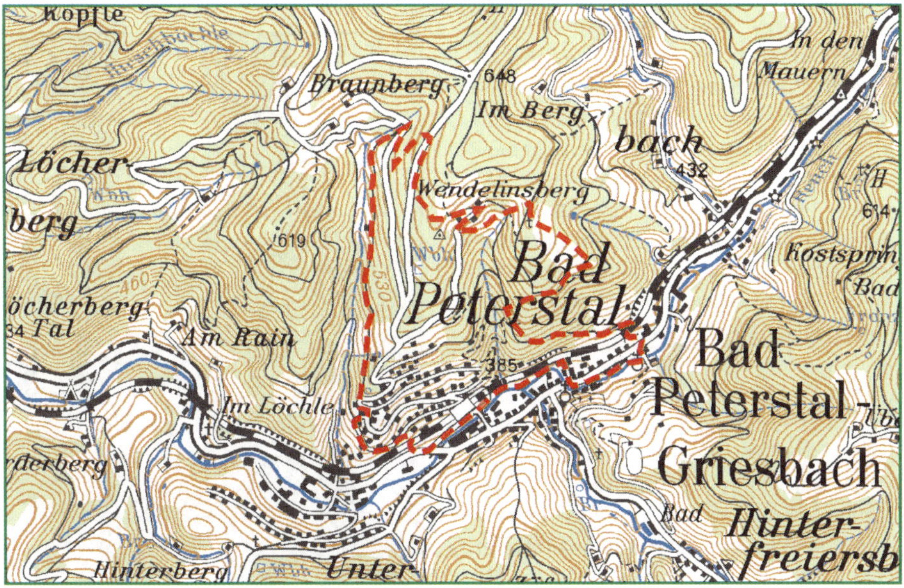
Braunberg
648
Im Berg
bach
432
In den
Mauern
Löcher-
berg
619
Wendelinsberg
Bad
Peterstal
Löcherberg
Tal
460
Am Rain
385
Im Löchle
Bad
Peterstal -
Griesbach
614
Bad
Hinter-
freiersb
Hinterberg
Unter-
derberg

40 Freiburger Wasserweg

Freiburg i. Br., Stadtkreis Freiburg

Anfahrt:
Autobahn A 5, Ausfahrt Freiburg-Mitte, Bundesstraße B 31a/31 bis Freiburg-Ebnet

Beschreibung:
Zum internationalen „Tag des Wassers 2001“ wurde im Osten Freiburgs, in Ebnet, entlang der Dreisam der Freiburger Wasserweg eröffnet. Die Freiburger Energie- und Wasserversorgung (FEW), die auf eine 125-jährige Geschichte zurückblicken kann, hat mit diesem Lehrpfad einer breiten Öffentlichkeit und nicht nur, wie zunächst geplant, Freiburger Schülerinnen und Schülern in einer reizvollen Umgebung ein interessantes Informationsangebot zu vielen Fragen des Wassers gemacht.
Der Lehrpfad verläuft über einen zwei Kilometer langen Rundweg an beiden Ufern der Dreisam. Auf zehn Informationstafeln, bunt gestaltet und graphisch ausgearbeitet von dem Freiburger Wasserexperten J. LANGE, können aufmerksame Besucher nahe dem Ebneter Wasserwerk viel Wissenswertes über das Wasser und die besonderen geologischen und wasserechtlichen Gegebenheiten im Dreisambecken zwischen Kirchzarten und Ebnet erfahren. Auf den einzelnen Tafeln wird jeweils ein Unterthema in sich abgeschlossen behandelt. Damit hat der Beschauer und Spaziergänger auch einen Gewinn, wenn er sich lediglich einzelne Tafeln anschaut. Er muss nicht den ganzen Wasserweg ablaufen, um für sich sinnvolle Informationen zu entdecken. „Wie viel Wasser braucht der Mensch?“, „Wie funktioniert das Wasserwerk?“ oder „Woher kommt unser Trinkwasser in Freiburg?“ sind Fragen, die dort beantwortet werden. Andere Informationstafeln befassen sich mit dem „Lebensraum Dreisam", mit „Wasserschutzgebieten", mit genauen Karten dazu oder auch mit der Geschichte der Wasserversorgung in Freiburg und dem interessanten Thema „700 Jahre Deicheln in Freiburg". An der Tafel „Gewässerbiologie“ ist ein sinnlicher Kontakt mit dem Element Wasser in verschiedenen Formen möglich.
Eine ausführliche Broschüre ist im Rathaus Ebnet sowie im FEW-Wasserwerk erhältlich. Angaben zur geologischen Situation enthalten die Blätter 8013 Freiburg i. Br.-Südost der Geologischen Karte von Baden-Württemberg 1 : 25 000 sowie Freiburg i. Br. und Umgebung 1 : 50 000.

Info:
AK Regiowasser 2005
E-Mail: post@regiowasser.de
www.regiowasser.de

224

224 *Eingangstafel zum Freiburger Wasserweg*
225 *Blick Dreisam-abwärts über den beidseitig verlaufenden Freiburger Wasserweg*

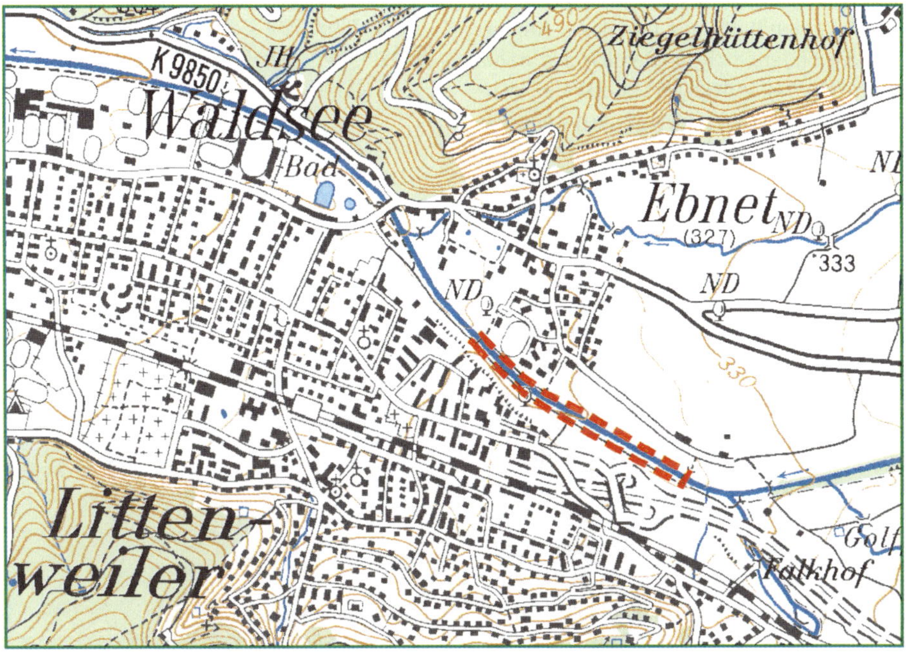

41 Arrisrieder Moos

Kißlegg, Landkreis Ravensburg

Anfahrt:
Autobahn A 7 bis Memmingen, A 96 bis Leutkirch, Bundesstraße B 18 bis Hilpertshofen; oder vom Bodensee über Lindau-Wangen A 96 Richtung Leutkirch bis Hilpertshofen

Beschreibung:
Das Arrisrieder Moos entstand nach Abschmelzen der Gletscher vor ca. 10 000 Jahren. Im Unterschied zu den meisten anderen Mooren in Oberschwaben, die ihre Entstehung der Verlandung eines Eisstausees oder Toteislochs verdanken, wuchs das Arrisrieder Moos direkt auf dem Schmelzwasserschutt der Inneren Würmmoräne, ausgehend von flachen, nassen Mulden bei vermutlich noch nicht geschlossener Vegetationsdecke. Aufgrund der relativ kühlen Witterung und hoher Niederschläge bildete sich im Bereich des nährstoffreichen Grundwassers zuerst ein Flachmoor (Niedermoor) aus, das nach weiterem Emporwachsen irgendwann den Anschluss an das Grundwasser verlor – ein Übergang zum sauren Hochmoor, das ausschließlich vom nährstoffarmen Regenwasser gespeist wird. Heute weist das Moor eine durchschnittliche Tiefe von 4 m, im Zentrum des Moores maximal bis 5,30 m auf. Mit seiner artenarmen und seltenen Fauna und Flora, seinem von der Umgebung unabhängigen Wasserhaushalt und Lebenskreislauf, abgegrenzt durch seinen Randwald, bildet das Arrisrieder Moos ein ökologisches System eigener und einmaliger Art.
Um dieses Ökosystem zu erkunden, wurde ein Lehrpfad angelegt, der den interessierten Wanderer, aber auch Schulklassen, an die sich die Broschüre besonders wendet, auf insgesamt 12 Tafeln durch alle wichtigen Gegebenheiten dieses Moores führt. Die Tafeln erläutern das Verfahren des Torfstechens, die Folgen und die Versuche, das Moor zu rekultivieren, sie erklären Formen, Aufbau und Eigenschaften oberschwäbischer Moore samt zugehöriger Fauna und Flora sowie die angrenzenden mit dem Moor verbundenen Waldformen.
Eine ausführliche Broschüre mit Moor- und Wegbeschreibung ist beim Gäste- und Kulturamt erhältlich.

Info:
Bürgermeisteramt
Gäste- und Kulturamt
Neues Schloss
88353 Kißlegg
Tel.: (07563) 936-143
Fax: (07563) 936-199
E-Mail: tourist@kisslegg.de
www.kisslegg.de

226 blühende Moosbeeren (Vaccinium oxycoccus) im Arrisrieder Moos

226

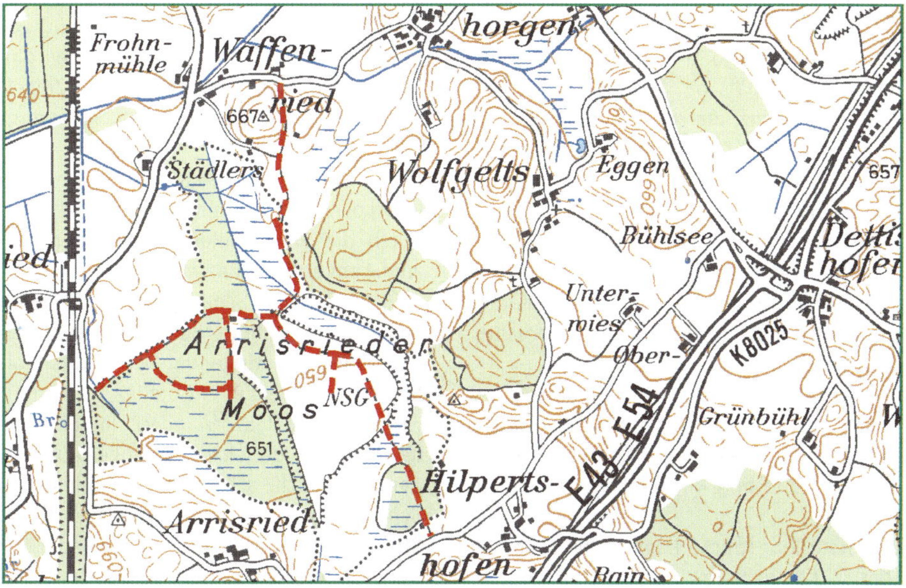

Frohn-
mühle
Waffen-
ried
horgen
667
640
Städlers
Wolfgelts
Eggen
657
Bühlsee
Unter-
ries
Ober-
K8025
Grünbühl
E43
E54
Arrisrieder
Moos
NSG
650
651
Hilperts-
hofen
Arrisried

42 Karstquellenweg

Königsbronn, Landkreis Heidenheim

Anfahrt:
Autobahn A 7, Ausfahrt Heidenheim, Bundesstraße B 466 a Richtung Heidenheim, B 19 bis Königsbronn; oder A7, Ausfahrt Aalen-Oberkochen, Landesstraße bis Unterkochen, B 19 bis Königsbronn

Beschreibung:
Das Obere Brenz- und Kochertal hat eine bewegte Landschaftgeschichte hinter sich. Ursprünglich war es als Tal einer Urbrenz entstanden, deren Einzugsgebiet nördlich der Alb den Schwäbisch-Fränkischen Wald bis hinauf nach Crailsheim umfasste und die nach Süden über das heutige Kocher- und Brenztal in Richtung Donau floss. Durch großräumige tektonische Bewegungen im Jungtertiär wurde die Urbrenz von einem Großteil ihres Einzugsgebiets abgeschnitten und war dadurch nicht mehr in der Lage, den Schutt aus den Seitentälern der Alb fortzuschaffen. Das Tal wurde dadurch um gut 50 m aufgefüllt und bildet jetzt die Europäische Wasserscheide zwischen der Brenz, die zur Donau fließt, und dem Kocher, der zum Einzugsgebiet des Rheins gehört.

Dieser Teil der Schwäbischen Ostalb ist nicht nur wegen seiner bewegten Landschafts- und Flussgeschichte interessant, er ist auch ein Gebiet, in dem sich Karsterscheinungen, vor allem Karstaufbrüche, besonders häufen.

Der Karstquellenweg weist als Rundweg mit insgesamt 15 Stationen und erklärenden Tafeln eine Gesamtlänge von rund 26 km auf und kann in 3 Ringstrecken begangen werden.

Die erste Ringstrecke beginnt beim Brenztopf in Königsbronn, der zu den größten und schönsten Quelltöpfen der Schwäbischen Alb gehört, und führt zum Itzelberger See. Über das Wasserwerk Itzelberg, dem Hauptpumpwerk der Härtsfeld-Albuch-Wasserversorgung, zieht der Weg weiter zur Pfefferquelle. Das nächste Ziel ist die nur wenig entfernte Leerausquelle, die nur nach der Schneeschmelze Wasser liefert (Überlaufquelle des Pfefferursprungs). Über den Seegartenhof, vorbei noch an der Ziegelbachquelle, führt der Weg nach Königsbronn zurück.

Die zweite Ringstrecke kann am Seegartenhof begonnen werden. Sie führt nach Norden über die in der Landschaft kaum auffallende Europäische Wasserscheide nach Oberkochen, quert im südlichen Teil von Oberkochen das jetzige Kochertal und erreicht den Ölweiher, einen künstlich gestauten See, der im tiefen Wasser von seitlich gelegenen Quellen gespeist wird. Wieder nach Süden kommt man bald zur Kocherquelle (Kocherursprung). Über das Tiefental gelangt man, vorbei an der Ziegelbachquelle (s. o.), wieder zum Seegartenhof.

Die dritte Ringstrecke kann im Südteil von Oberkochen begonnen werden. Sie führt durch die Stadt entlang dem Gutenbach zum Langertbrunnen, macht einen Abstecher zur Oberen Schlachtquelle, die zwar das ganze Jahr über schüttet, deren Wasser allerdings bald wieder versickert. Das Wolfertstal, im Oberlauf ein breites Trockental, wird als nächstes erwandert. Im Zentrum des Tals befindet sich ein Hungerbrunnen, der nur nach starken Regenfällen der Schneeschmelze kurzfristig Wasser führt. Ständig wasserführend ist dann wieder der Neubrunnen am Ausgang des Wolfertstals.

Nach Süden gelangt man schließlich noch über die Katzenbachquelle zurück zum Ausgangspunkt.
Angaben zur geologischen Situation enthält das Blatt 7226 Oberkochen der Geologischen Karte von Baden-Württemberg 1 : 25 000 (vorläufige Ausgabe).

Info:
Bürgermeisteramt
Herwartstraße 2
89551 Königsbronn
Tel.: (07328) 9625-0
Fax: (07328) 9625-27
E-Mail: rathaus@koenigsbronn.de
www.koenigsbronn.de

227 Karstquelle Brenztopf

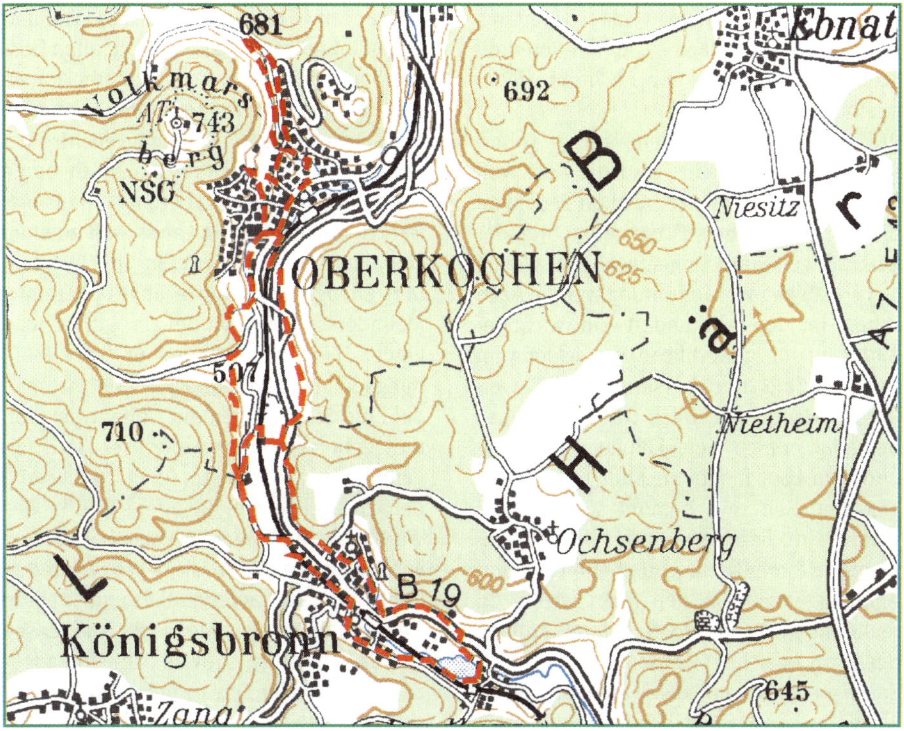

43 Flusserlebnispfad Hegauer Aach

Singen, Landkreis Konstanz

Anfahrt:
Autobahn A 81, Ausfahrt Engen, Bundesstraße B 31 bis Engen, B 33 bis Mühlhausen-Ehingen

Beschreibung:
Die Hegauer oder Radolfzeller Aach ist ein außergewöhnliches Gewässer. Sie entspringt im Aachtopf, der größten Karstquelle Deutschlands, und mündet nach nur 32 km bei Radolfzell in den Bodensee. Interessant ist, dass die Aach zwei Drittel ihrer gesamten Wasserführung aus der Donau bezieht, deren Wasser zwischen Immendingen (s. Geowissenschaftlich bedeutende Wanderungen, Nr. 11) und Fridingen in den verkarsteten Hohlräumen des Oberjuras verschwindet und nach ca. 12 km unterirdischem Lauf (Luftlinie) am Aachtopf wieder austritt.

Auf ihrem Weg durch die einzigartige Kulturlandschaft des Hegaus wird die Aach von vielen tier- und pflanzenreichen Feuchtgebieten, malerischen Ortschaften und der geschäftigen Stadt Singen gesäumt. Wegen der ergiebigen Wasserführung war die Aach schon im 19. Jahrhundert ein wichtiger Motor für die gewerbliche Entwicklung im Hegau (Mühlen und Wasserräder für Gewerbe und Handwerk). Dazu wurde der Fluss begradigt, durch viele Kanäle gezwungen und sein Lauf monoton, aber pflegeleicht gestaltet. Seit 1991 bemüht sich nun die Wasserwirtschaftsverwaltung in Zusammenarbeit mit Naturschutzbehörden und Anrainergemeinden, den Fluss wieder zu renaturieren. Erste Erfolge können entlang des Pfads besichtigt werden.

Er weist eine Gesamtlänge von 38,4 km auf, kann aber in 2 Etappen bewältigt werden. Er verläuft über öffentliche Wege (kleinere Ortsverbindungssträßchen, befestigte landwirtschaftliche Wege) und ist daher sowohl für Wanderer als auch für Radfahrer geeignet.

Der Pfad beginnt am Bahnhof Mühlhausen-Ehingen. Entlang dem Saubach und durch die sanft gewellte, vom Rheingletscher modellierte Moränen- und Terrassenlandschaft führt die erste Etappe nach Aach zum Aachtopf, dem eigentlichen Startpunkt der Tour. Kurz nach Aach biegt der Fluss nach Süden hin ab und durchfließt bis Volkertshausen ein enges Kerbtal im Oberjura – der Weg verläuft etwas abseits und oberhalb des Tals. Über Beuren a. d. A. weiter nach Hausen a. d. A. bis Singen führt der Weg wieder am Fluss entlang. Der Wanderer/Radfahrer kommt an Kanälen, alten Flussverbauungen, einer so genannten Rauen Rampe im Flussbett vorbei und gelangt zu Wässerwiesen und weiteren Feuchtgebieten, die im Frühsommer malerisch bunte Landschaften sind. Im Friedinger/Hausener Becken weitet sich die Landschaft zu einer charakteristischen Niederung mit Weiden- und Erlengebüsch sowie abgeschnittenen Mäanderschlingen. Vorbei am Naturschutzgebiet Hausener Aachried und am Mündungsdelta des Saubachs erreicht man bald die Stadt Singen am Hohentwiel. Von dort geht es, immer weiter der Aach folgend, nach Rielasingen und Worblingen, danach erreicht man die offene Feldflur des Worblinger/Bohlinger Beckens. Bereits kurz vor Bohlingen fließt die Aach wieder in ihrem alten gewundenen Bett und strebt in weitem Bogen über Moos dem Bodensee zu, um schließlich südwestlich von Radolfzell in den Zeller See zu münden. Der Weg selber endet an der Brücke über die Aach zwischen Moos und Radolfzell. Mit dem „Seehas" genannten Zug kann man vom Bahnhof Radolfzell wieder zurück nach Mühlhausen-Ehingen fahren.

Angaben zur geologischen Situation enthalten die Blätter 8119 Eigeltingen und 8219 Singen (Hohentwiel) der Geologischen Karte von Baden-Württemberg 1 : 25 000 sowie Hegau und westlicher Bodensee 1 : 50 000.

Info:

Bezirksstelle für Naturschutz und Landschaftspflege Freiburg, Werderring 14
79098 Freiburg i. Br.
Tel.: (0761) 20799-0
Fax: (0761) 20799-26

Arbeitsgemeinschaft Hegau
August-Ruf-Straße 13
78224 Singen/Hohentwiel
Tel.: (07731) 85-262
Fax: (07731) 85-263

44 Stockacher Quellenerlebniswege

Stockach, Landkreis Konstanz

Anfahrt:
Autobahnen A 81, Kreuz Hegau, A 98, Ausfahrt Stockach-West oder Stockach-Ost

Beschreibung:
Von besonderer Schönheit sind die „tausend Quellen“ der Stockacher Aach. Einige wenige dieser verborgenen Naturschönheiten wurden 1999 mit den Stockacher Quellenerlebniswegen der Öffentlichkeit zugänglich gemacht. Es handelt sich um vier leicht zu bewältigende Rundwanderwege von 4–6 km Länge rund um Stockach. Die Wanderwege führen durch eine abwechslungsreiche Landschaft mit schattigen Wäldern. Auf insgesamt 27 Stationen entlang der Pfade sind grüne Quellsümpfe und sprudelnde Sturzquellen zu entdecken. Das Rauschen von sanft dahingleitenden Quellbächen begleitet den Wanderer auf seinem Weg. Unterwegs erfährt er, woher das Trinkwasser stammt, wie der Kalk ins Wasser kommt und wo sich die kleinen Bachflohkrebse versteckt halten. Viele quelltypische Pflanzen, zahlreiche Insekten und eine artenreiche Vogelwelt sind zu bewundern.
Die Pfade sind für Erwachsene und Kinder gleichermaßen geeignet: Farbige Tafeln entlang der Wege bieten Naturfreunden vielfältige und interessante Informationen zum Lebensraum Quelle in Wort und Bild. Durchblick-Stationen laden ein, sich mit der natürlichen Umgebung zu befassen und die Baumstumpftafeln enthalten Rätselspaß und Aufgaben für kleine und große Naturdetektive, die es gemeinsam zu lösen gilt.
Eine Broschüre mit ausführlichen Wegbeschreibungen ist im Rathaus Stockach erhältlich.
Während der Sommermonate bietet die Stadt Stockach für alle Interessierten regelmäßig naturkundlich geführte Quellenerlebniswanderungen an. Termine sowie weitere Informationen bei der Stockacher Tourist-Info.
Angaben zur geologischen Situation enthalten die Blätter 8119 Eigeltingen und 8120 Stockach der Geologischen Karte von Baden-Württemberg 1 : 25 000 sowie Hegau und westlicher Bodensee 1 : 50 000.

Info:
Rathaus Stockach
Adenauerstraße 4
78333 Stockach
Tel.: (07771) 802-192
(Hauptamt, Herr Walk)
Fax: (07771) 802-290
E-Mail: h.walk@stockach.de
www.stockach.de

Tourist-Info-Stockach
Salmannsweilerstraße 1
78333 Stockach
Tel.: (07771) 802-300
Tel.: (07771) 802-310
E-Mail: tourist-info@stockach.de

228 Station mit Quelle und Kalktuffabscheidungen

228

Harthof
Oberes Härtle
Unteres
Bleiche
Heidenhöhlen
Berlingerhof
K 6180
572
Hengelau
B 313
584
602
K 6104
Hindelwangen
(498)
Eggenried
Nellenburger
Berg
624
520
Jettweiler
Winterspi
483
Nellenburg
Rosenberg
Hohenfels
Lohnerhof
Airach
STOCKACH
(491)
Loretto
B 31
456
Dietsche
AS 13 Stockach-Ost
AS 12 Stockach-West
Bühlhof
Blumhof
Laubegg Forsthaus
E 54
Wilhelmshöhe
572
Althau
Regentsweil
479
538
452

45 Erlebnispfad Wasser

Titisee-Neustadt, Landkreis Breisgau-Hochschwarzwald

Anfahrt:
Autobahn A 5, Bundesstraße B 31a/31 über Freiburg und Hinterzarten nach Titisee

Beschreibung:
Das Ziel dieses Erlebnispfads ist die Verbindung von vielfältigen Informationen mit dem unmittelbaren Spüren und Erleben von Wasser und seiner Umgebung während einer Wanderung in der schönen Natur um Titisee. Auf jeder Tafel gibt es deshalb ein gerahmtes Kästchen, in dem Spannendes, Spielerisches und auch Besinnliches für den praktischen Umgang mit dem Lebenselixier Wasser zu finden ist.

Der „Erlebnispfad Wasser“ beginnt am Eisweiher im westlichen Ortsbereich von Titisee. Dieser Weiher, der aufgrund seiner schattigen Lage bis weit in den Frühling vereist ist, wurde schon von alters her als Eislauf- und Eisweiher genutzt. Die Wanderung umrundet den kleinen Weiher und befasst sich auf den Stationstafeln mit der Bedeutung des Waldes für den Wasserkreislauf sowie der Vermoorung des Eisweiher-Einzugsgebiets. Der Weg des Wassers von der Quelle bis zur Mündung wird aufgezeigt, etwas Fischökologie vermittelt. Gewässergüte sowie ihre Bestimmung sind weitere Themen im späteren Wegverlauf. An einer Wassertretstelle wird auf die Bedeutung des Wassers nach S. Kneipp eingegangen. Im Folgenden verläuft der Pfad am Titisee entlang, die Themen drehen sich nun um die Entstehungsgeschichte des Sees, die Fischerei sowie um Geschichten um den See, z. B. der Sage von der untergegangenen Stadt. Der Erlebnispfad verlässt schließlich den See und folgt der Gutach, die den Titisee entwässert und die schließlich zur Wutach wird.

229

Angaben zur geologischen Situation enthalten die Blätter 8014 Hinterzarten und 8015 Titisee-Neustadt der Geologischen Karte von Baden-Württemberg 1 : 25 000.

Info:
Tourist-Information
Postfach 2052
79815 Titisee-Neustadt
Tel.: (07651) 9804-0 und 206250
Fax: (07651) 9804-40 und 4436
E-Mail: touristinfo@titisee.de
www.titisee-neustadt.de

229 Lehrpfadtafel beim Eisweiher
230 Lehrpfadtafel am Titisee

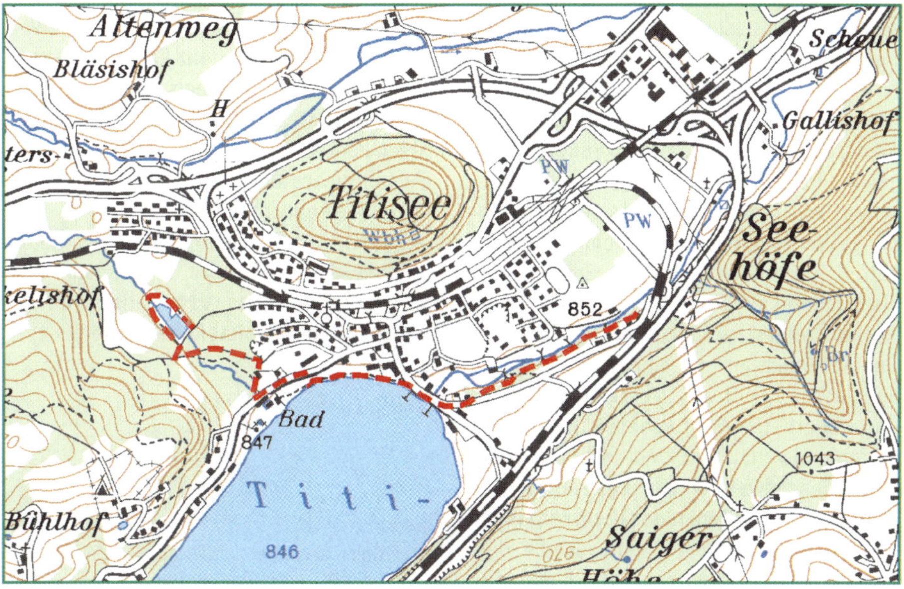

46 Riedlehrpfad

Wilhelmsdorf, Landkreis Ravensburg

Anfahrt:
Autobahn A 8, Ausfahrt Ulm-West, Bundesstraßen B 10 bis Ulm, dann B 30 bis Bad Waldsee, Landesstraßen über Aulendorf und Altshausen nach Ostrach, weiter nach Wilhelmsdorf; oder Autobahn A 81, Kreuz Hegau, A 98 bis Stockach, Landesstraße über Pfullendorf nach Ostrach, weiter bis Wilhelmsdorf

Beschreibung:
Das Pfrunger-Burgweiler Ried zwischen Ostrach, Kreis Sigmaringen, und Wilhelmsdorf, Kreis Ravensburg, gelegen, ist mit 2600 ha vermoorter Talaue nach dem Federsee das zweitgrößte Moor Südwestdeutschlands. Durch menschliche Eingriffe wurde diese Moorwildnis stark verändert, so dass heute Wirtschaftsgrünland, Birkenbruchwälder, Torfstichgewässer und Hochmoorreste das Landschaftsbild prägen.
Das seit 1994 bestehende Naturschutzzentrum Pfrunger-Burgweiler Ried (s. Naturschutzzentren, Nr. 9) ist der Ausgangspunkt eines sehr anschaulich angelegten Lehrpfads, der thematisch in mehrere Teile gegliedert ist. Er beginnt mit einem geologischen Teil, in dem neben einer über 9000 Jahre alten Mooreiche in einem Gletschergarten 9 Findlingsblöcke als Zeugen des Eiszeitalters vorgestellt und auf Tafeln erklärt werden. Daran schließt sich ein Gehölzbereich an, der einheimische Hecken, Buschgruppen und Feldgehölze nennt und erklärt. Der Weg verlässt nun festen Boden und verläuft im Ried, wobei auf Tier- und Pflanzenwelt eingegangen wird, bis nach etwa 10 Stationen der Themenbereich der naturgeschichtlichen Entwicklung des Rieds erreicht ist. Geologische Abläufe, die zur Bildung des Rieds geführt haben, Toteisbildungen, Verlandungsprozesse, die Bildung von Beckentonen, Entstehung von Mudden, Seekreide sowie die unterschiedliche Entwicklung von Flach-, Nieder- und Hochmooren werden an 9 Stationen abgehandelt. „Der Mensch und das Moor“ sowie die Torfgewinnung werden an den nächsten Stationen erläutert. Zwei wichtige Grenzen berührt der Weg: zum einen die Europäische Wasserscheide zwischen Donau und Rhein und zum anderen die politische Grenze zwischen dem ehemaligen Großherzogtum Baden und dem ehemaligen Königreich Württemberg, markiert durch einen eichenen Grenzpfahl von 1812. Ab hier kann wieder zum Informationszentrum zurückgekehrt werden, wahlweise auch auf einem längeren Weg durch das Naturschutzgebiet „Überwachsener See“ und das Hochmoor „Eulenbruck“. Er trifft nach ca. einer Stunde wieder auf den ersten Weg. Die an diesem Abschnitt liegenden Stationen behandeln nochmals Tier- und Pflanzenwelt sowie die Ökologie dieser einzigartigen Landschaft.
Ausführliches Begleitmaterial ist im Naturschutzzentum erhältlich.
Angaben zur geologischen Situation enthält das Blatt 8122 Wilhelmsdorf der Geologischen Karte von Baden-Württemberg 1 : 25 000 (vorläufige Ausgabe).

231 Gletschergarten und Gehölzlehrpfad beim Naturschutzzentrum

231

Öffnungszeiten des Naturschutzzentrums:
März bis Oktober: Sonn- und Feiertag
13–17 Uhr oder nach tel. Vereinbarung

Info:
Naturschutzzentrum Pfrunger-Burgweiler
Ried, Schwäbischer Heimatbund
Riedweg 3, 88271 Wilhelmsdorf
Tel.: (07503) 739, Fax: (07503) 91495
E-Mail: NSZPfruRie@aol.com

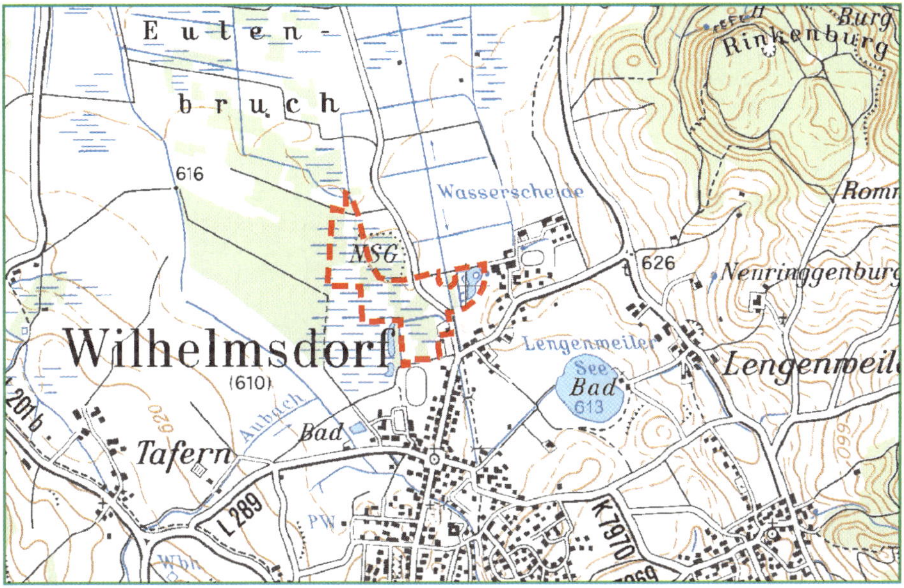

LEHRPFADE

Sonstige Lehrpfade und Lehrpfade mit mehr als 5 geowissenschaftlichen Stationen

232 Tengen: Wasserfall in der Mühlbachschlucht

47 Dolinenweg

Bad Urach-Hengen, Landkreis Reutlingen

Anfahrt:
Autobahn A 8, Ausfahrt Merklingen, über Laichingen zur Bundesstraße B 28, Richtung Bad Urach bis Hengen; oder Autobahn A 8, Ausfahrt Wendlingen, Bundesstraße B 313 bis Metzingen, B 28 über Bad Urach bis Hengen; oder Autobahn A 81, Ausfahrt Herrenberg, Bundesstraße B 28 über Tübingen-Reutlingen–Metzingen–Bad Urach bis Hengen.

Beschreibung:
Der erst im April 2001 eröffnete Dolinenweg führt durch die Karstlandschaft nordöstlich von Hengen, in der mehrere interessante Karstphänomene angetroffen werden. Die Gründung der Ortschaft Hengen geht auf eines der seltenen Wasservorkommen auf der Schwäbischen Alb zurück, wobei hier ein im Untergrund anstehender vulkanischer Tuff des Urach-Kirchheimer Vulkangebiets für den Wasserstau verantwortlich ist (Maar). Außerhalb dieses Maares herrscht deutliche Verkarstung vor, d. h. dass das Niederschlagswasser bereits nach kürzester Zeit in den zerklüfteten Kalksteinen des umgebenden Oberjuras versickert. Durch Kalklösung entstanden und entstehen Hohlräume im Untergrund, die häufig einbrechen und Dolinen (Einbruchstrichter) hinterlassen. Der Bereich nordöstlich von Hengen, in dem sich derartige Erscheinungen häufen (Karstwanne), wird durch den Dolinenweg erkundet. Im Verlauf des Wegs, der am Wanderparkplatz östlich von Hengen bei den Sportanlagen beginnt, erfährt der Wanderer im Verlauf von ca. 8 km Weglänge auf 6 Tafeln mit Texten, Grafiken und Fotos Wissenswertes über die Geologie der Umgebung von Hengen, über die Landschaftsentwicklung und Verkarstung, über die Dolinen im Besonderen sowie über deren Flora und Fauna. Mehrere Dolinen werden angetroffen, dabei auch das „Auloch", eine Doppeldoline mit Ponor (Schluckloch), in der das Regenwasser direkt im tiefen Karst des Untergrunds verschwindet, sowie weitere Dolinen und Hülen – infolge natürlicher (durch tonige Kalklösungsrückstände) oder künstlicher Abdichtung wassergefüllte Dolinen. Interessante Pflanzenstandorte werden angetroffen, wo Feuchtbiotope über undurchlässigem Tonuntergrund entstanden, oder Bereiche mit Pflanzen, die auf deutliche Bodenversauerung hinweisen (Heidekraut), durchaus etwas Besonderes in der sonst von kalkliebenden Pflanzen geprägten Albhochfläche. Interessant sind schließlich noch die rotbraunen, tonigen Böden, häufig durchsetzt mit Feuersteinen und kleinen rostbraun glänzenden Bohnerzkügelchen, alles Reste einer uralten, bereits tertiärzeitlichen Verwitterung der Oberjura-Kalkgesteine.
Dieser Lehrpfad ist bundesweit der erste Dolinenweg. Er kann zu Fuß in etwa 3 Stunden begangen, bequem aber auch mit dem Rad abgefahren werden.
Angaben zur geologischen Situation enthält das Blatt 7522 Bad Urach der Geologischen Karte von Baden-Württemberg 1 : 25 000.

233 Doppeldoline „Auloch"

233

Info:
Ortsverwaltung Hengen
Böhringerstraße 1
Tel.: (07125) 3543

Herr G. Künkele (Initiator)
Narzissenweg 6
72574 Bad Urach-Hengen
Tel./Fax: (07125) 3613

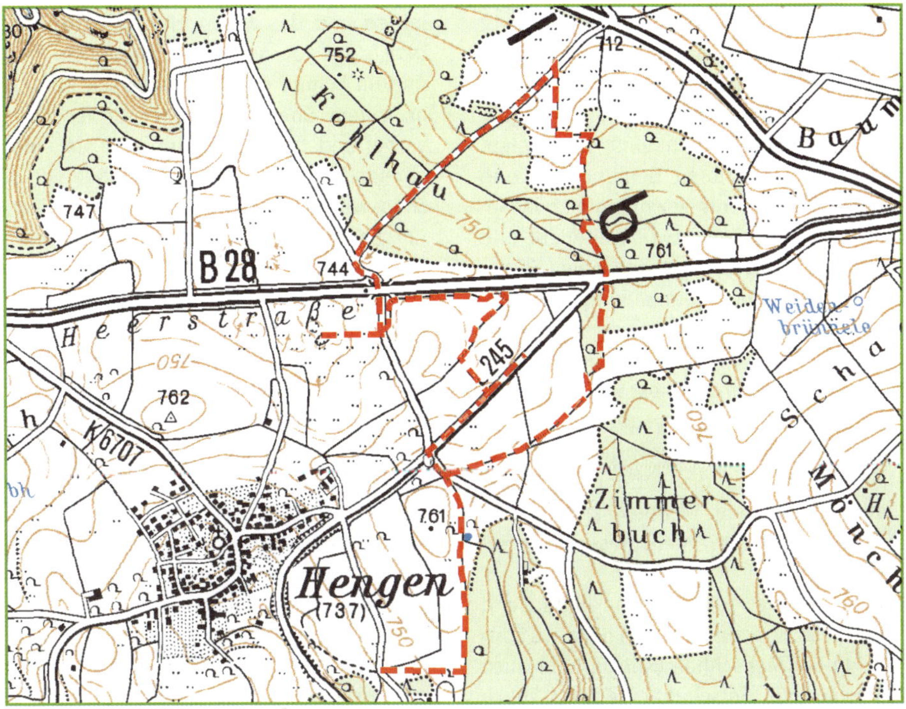

48 Rulamanweg

Bad Urach, Landkreis Reutlingen

Anfahrt:

Autobahn A 8, Ausfahrt Merklingen, über Laichingen zur Bundesstraße B 28 bis Bad Urach, weiter durch das Ermstal (B 465) bis Hohenwittlingen; oder Autobahn A 8, Ausfahrt Wendlingen, Bundesstraße B 313 bis Metzingen, B 28 bis Bad Urach, durch das Ermstal (B 465) bis Hohenwittlingen; oder Autobahn A 81, Ausfahrt Herrenberg, Bundesstraßen B 28 über Tübingen, Reutlingen und Bad Urach bis Hohenwittlingen

Beschreibung:

Unterhalb von Hohenwittlingen, in der Wolfsschlucht, lädt seit kurzem ein Naturlehrpfad in einem felsumsäumten Tal auf einer Strecke von 500 Metern zu einer Zeitreise in die Steinzeit ein. Mit jedem Schritt geht der Wanderer 1000 Jahre zurück bis zu den ersten Urmenschen.

Auf fünf Tafeln wird den Fragen nachgegangen, wie die Vorfahren einst hier gelebt haben, was aus ihren Bemühungen und ihrem Erbe bis heute geworden ist, was im heutigen Menschen davon weiterlebt und was sich geändert hat. Neben vielen Zeittafeln und Kopien berühmter Fundstücke finden sich auch Skulpturen sowie ein Sommerlager und eine Steinschmiede der Urmenschen, wo man selbst Werkzeuge der damaligen Zeit herstellen kann.

Am Beginn des Weges erwartet den Besucher eine Skulptur, die eindringlich auf die stark zunehmende Weltbevölkerung hinweist und darauf, wie stark dieser Druck auf der Erde lastet.

Die erste Tafel (die letzten dreitausend Jahre) zeigt positive und auch negative Fortschritte der Menschheit (Kriege, aber auch Medizin und Forschung). Bereits nach 8 Schritten befindet man sich in der Jüngeren und Mittleren Steinzeit (erste Ackerbauern und Viehzüchter). Nach weiteren 20 Metern wird die Altsteinzeit erreicht (Tafel mit den ersten Kunstwerken, die in den Höhlen der Schwäbischen Alb gefunden wurden). Während des Begangs der nächsten 90 Meter (bis 120 m vom Startpunkt) bewegt man sich in der Zeit des Neandertalers. Die dazu gehörige Tafel informiert über heutige Erkenntnisse, Leben, Untergang und Bestattungswesen dieser vorzeitlichen Menschen. Weitere rund 400 m sind es bis zur letzten Tafel, bei der der Besucher nun in den Jahren um 500 000 v. Chr. angelangt ist (Zeit des *Homo erectus steinheimensis* vor 250 000 Jahren und des *Homo erectus heidelbergensis* vor 500 000 Jahren). Auf dem Weg dorthin kommt man (bei Meterschritt 300) an einem Sommerlager der Urmenschen vorbei und bei Meterschritt 400 an einer „Steinschmiede", wo jeder selber versuchen kann, Steinwerkzeuge herzustellen. Am Ende des Weges befindet sich eine Truhe (s. u.), in der Materialien wie Knochen, Feuersteinknollen und Hölzer liegen. Außerdem ein Beutel zum Feuermachen: ein Stück Pyrit, Feuersteine und Zunderschwamm zum Feuerschlagen wie in der Urzeit. Der Weg führt entweder weiter zur Schillerhöhle – der sagenhaften „Tulkahöhle" des „Rulaman" (nach dem Jugendroman v. D. Fr. Weinland von 1875), der auch der Namenspatron dieses Weges ist, oder man geht den gleichen Weg zurück und erlebt, vielleicht nachdenklich geworden, die Menschheitsentwicklung nochmals – diesmal jedoch in der richtigen Zeitfolge.

Ein Begleitbuch ist im örtlichen Buchhandel erhältlich (7 Euro).
Angaben zur geologischen Situation enthält das Blatt 7522 Bad Urach der Geologischen Karte von Baden-Württemberg 1 : 25 000.

Öffnungszeiten:
frei zugänglich, Schlüssel für die Truhe in der Jugendherberge Bad Urach erhältlich

Info:
R. Bürck, Oberstudienrat i. R.
Am Samuelstein 9
72574 Bad Urach
Tel.: (07125) 7458

234 Hölzerne Skulptur: „Adorant“, der Anbetende, nach einer kleinen Elfenbeinschnitzerei, gefunden im Geissenklösterle

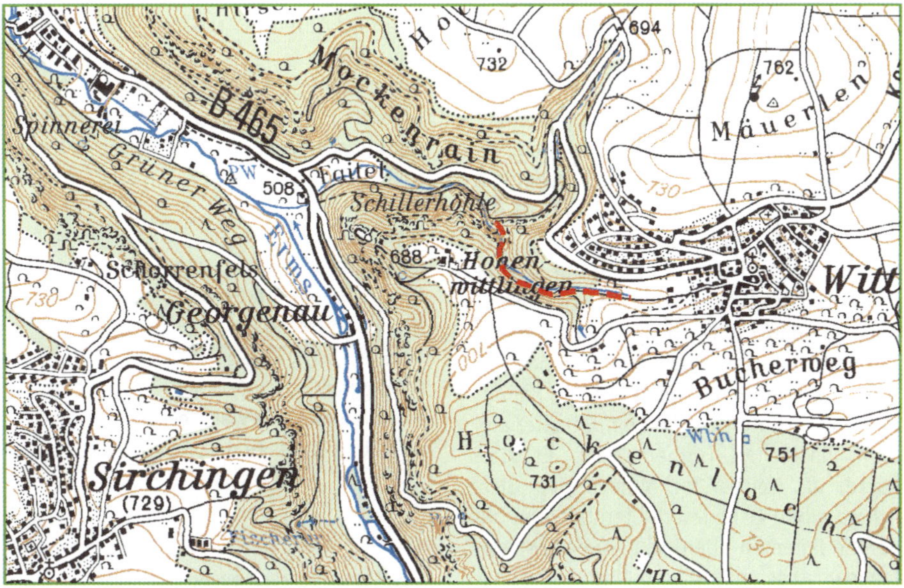

49 Waldlehrpfad mit geologischem Teil

Bad Waldsee, Landkreis Ravensburg

Anfahrt:
Autobahn A 8, Ausfahrt Ulm-West, ab Ulm Bundesstraße B 30 über Laupheim und Biberach a. d. Riss nach Bad Waldsee; oder A7, Kreuz Memmingen, A 96 Ausfahrt Leutkirch-West, B 465 bis Bad Wurzach, Landesstraße bis Bad Waldsee

Beschreibung:
Der Waldlehrpfad befindet sich ca. 1,5 km östlich von Bad Waldsee, im Naherholungsgebiet Tannenbühl.
Bad Waldsee selbst liegt in einer Niederung auf der tiefen Innenseite des Würmendmoränenwalls. Dieses vom letzteiszeitlichen Gletscher ausgeschürfte Becken füllte sich nach dessen Rückzug mit Wasser. Reste des ursprünglich viel größeren Eisstausees sind heute Stadtsee und Schlosssee. Nach Osten schließen sich Schotterfelder an, die zur Jungendmoräne ansteigen, in deren Bereich der Waldlehrpfad auf dem Tannenbühl angelegt wurde.
Der 3,5 km lange Lehrpfad mit geologischem Teil stellt auf insgesamt 54 Info-Tafeln die Baumarten, die Waldbewirtschaftung, die heimische Tierwelt, die Geologie des Raums Bad Waldsee und die Sozialfunktionen des Walds dar.
In diesem Rahmen besonders interessant ist der Teil des Weges, der die Geologie des Raums behandelt. Nach einem Anstieg zum Tannenbühl, der hier die Europäische Wasserscheide Rhein-Donau bildet, kommt man an ein Toteisloch, einem Beispiel aus dem glazigenen Formenschatz. Es entstand, als beim Abschmelzen des Gletschers große Eisreste erhalten blieben, die von Sedimenten überdeckt wurden, später langsam abschmolzen und eine solche charakteristische Hohlform hinterlassen haben. Findlinge oder erratische Blöcke sind weitere glaziale Besonderheiten: große, meist gerundete Steinbrocken, die auf oder im Eis der Gletscher transportiert wurden und beim Abschmelzen des Eises am jetzigen Fundort liegengeblieben sind – weit ab von ihrem Herkommen aus den Alpen. In einer größeren Kiesgrube am Weg kann der innere Aufbau des Endmoränenwalls gut studiert werden: Geschiebemergel, kantige Blöcke sowie Gerölle in allen Größen und Farben, teilweise blankpoliert, häufig mit feinen Kratzern, die durch das Aneinanderreiben im Gletschereis entstanden sind („gekritzte Geschiebe"). An der Oberkante des Walls ist die Bodenentwicklung aus derartigem Moränenmaterial aufgeschlossen (flachgründige, kiesige Parabraunerde). Vom östlichen Rand des Tannenbühls hat man schließlich noch einen guten Überblick über das Haisterkircher Feld zur Altmoräne.
Angaben zur geologischen Situation enthält das Blatt 8024 Bad Waldsee der Geologischen Karte von Baden-Württemberg 1 : 25 000.

Info:
Städtische Kurverwaltung/Gästeamt
Ravensburger Straße 1
88339 Bad Waldsee
Tel.: (07524) 941342
Fax: (07524) 941345
E-Mail: info@bad-waldsee.de
www.bad-waldsee.de

235 Moorlandschaft bei Bad Waldsee

235

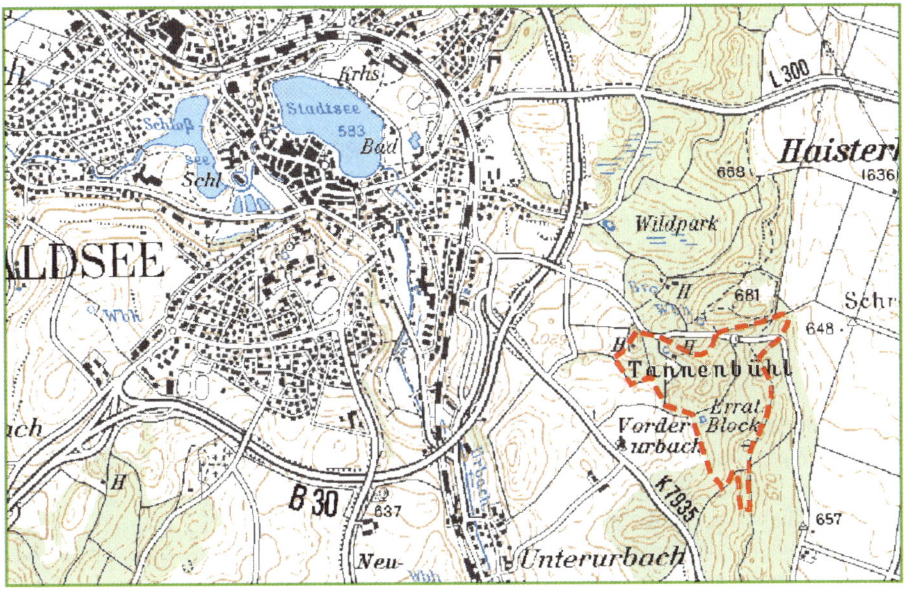
Krhs
Stadtsee
583
Bad
Schloß
see
Schl
L 300
Haister
668
636
Wildpark
ALDSEE
Wbh
681
Schr
648
H
Tannenbühl
Errat. Block
Vorder urbach
ach
H
B 30
637
K 7935
657
Neu-
Unterurbach

50 Bodenlehrpfad Beuren

Beuren, Landkreis Esslingen

Anfahrt:
Autobahn A 8, Ausfahrt Kirchheim u. Teck-Ost, Bundesstraße B 465 bis Owen, Abfahrt nach Beuren

Beschreibung:
Das Thema Boden nimmt im Bewusstsein der Bevölkerung bisher einen eher untergeordneten Platz ein. Anhaltend hoher Bodenverbrauch und Bodenbelastungen sind Beispiele für einen sorglosen Umgang mit dem Schutzgut Boden in unserer Gesellschaft. Die Auseinandersetzung mit diesem unvermehrbaren Schutzgut ist daher unabdingbar.
Man schützt nur, was man kennt. Daher ist die Bildung eines „Bodenbewusstseins" bei der Bevölkerung der erste Schritt zu schonenderem Umgang mit diesem Naturgut.
Vom Bundesverband Boden e. V., Regionalgruppe Süd, wurde ein Bodenlehrpfad konzipiert, der diesem Ziel dienen soll. Es gibt in Baden-Württemberg bisher außer diesem nur noch einen bodenkundlichen Lehrpfad bei Karlsruhe-Weiherfeld (s. Nr. 58); Die Konzeption beschreitet hier in Beuren neue Wege: Erstmals werden Böden nicht nur auf Informationstafeln erklärt, sondern auch als Naturkörper „begreiflich" gemacht.
Der Lehrpfad beginnt am Parkplatz des Freilichtmuseums Beuren und hat eine Länge von ca. 4 km. Entlang bestehender Wege sind 10 Stationen eingerichtet, die typische Böden zeigen und ihre Eigenschaften, Funktionen und Gefährdungspotentiale erklären. Sieben begehbare Profilgruben sind angelegt, die durch eine neuartige Profilwandsicherung geschützt sind. Hier können Böden mit allen Sinnen erforscht und erfahren werden. Weitere Informations- und Panoramatafeln zeigen die Zusammenhänge zwischen Landschaftsaufbau sowie Nutzungs- und Bodenmuster.
Neben der großen naturräumlichen Vielfalt an Böden und Nutzungsformen bietet der Standort Beuren durch die Zusammenarbeit mit dem nahe gelegenen Freilichtmuseum integrative Lernmöglichkeiten für Schulklassen, Fortbildungsveranstaltungen und Reisegruppen.
Der Lehrpfad wird am 2. Juli 2002 eröffnet und ist dann jeweils während des Sommerhalbjahrs für die Öffentlichkeit zugänglich.
Finanziert wurde die Einrichtung des Lehrpfads durch das Ministerium für Umwelt und Verkehr Baden-Württemberg sowie durch den Landkreis Esslingen, in dessen Trägerschaft er weiterhin betrieben wird.
Angaben zur geologischen Situation enthält das Blatt 7422 Lenningen der Geologischen Karte von Baden-Württemberg 1 : 25 000.

Öffnungszeiten:
Freilichtmuseum Beuren: April bis Oktober: täglich außer Montag 9–18 Uhr
Profilgruben des Bodenlehrpfads:
März bis Oktober

Info:
Bundesverband Boden e. V. (BVB)
Regionalgruppe Süd –
Prof. Dr. H.-K. Hauffe – FH Nürtingen

236 Blick über das Gelände des Bodenlehrpfads mit den beide Vulkankegeln von Engelberg und Spitzberg

Schelmenwasen 4–8,
72622 Nürtingen
Tel.: (07022) 404170
Fax: (07022) 404166

Landratsamt Esslingen
Amt für Wasserwirtschaft und Bodenschutz
Pulverwiesen 11
73726 Esslingen am Neckar
Tel.: (0711) 3902-2470
Fax: (0711) 3963-2470

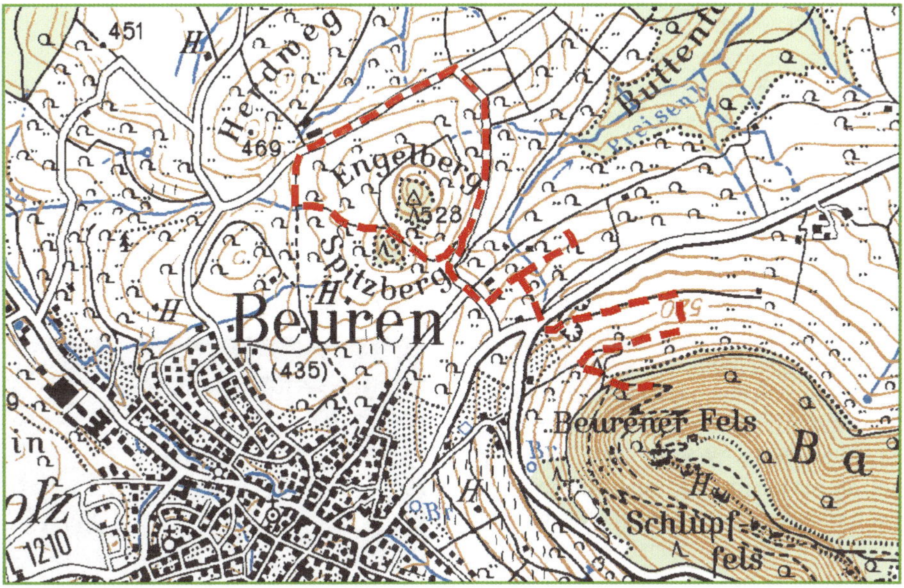

51 Höhlenwanderwege um Blaubeuren

Blaubeuren, Alb-Donau-Kreis

Anfahrt:
Autobahn A 8, Ausfahrt Ulm-West, Bundesstraße B 10 nach Ulm und B 28 nach Blaubeuren

Beschreibung:
Von der Stadt Blaubeuren und ihrem Urgeschichtlichen Museum wurden 2 Wanderrouten zu den urgeschichtlichen Fundstellen Brillenhöhle, Geißenklösterle und Große Grotte ausgewiesen.
Start ist in beiden Fällen das Urgeschichtliche Museum in der Innenstadt von Blaubeuren.
Die Route I führt aus der Stadt nach Westen ins Achtal, dort wird zuerst die Brillenhöhle (s. Sonstige begehbare Höhlen, Nr. 2) besucht, danach führt der Weg über das Felsenlabyrinth mit der „Küssenden Sau" (großer Massenkalkfelsen) bis zur Ruine Günzelburg, von der man einen schönen Ausblick über das Achtal genießen kann. Bei Weiler quert der Weg das Achtal und steigt an zum Geißenklösterle, einer der wichtigsten Ausgrabungsstätten altsteinzeitlicher Funde, die zum großen Teil im Urgeschichtlichen Museum der Stadt zu bewundern sind. Durch das Achtal führt der Weg wieder nach Osten und zurück nach Blaubeuren.
Route II führt nach Osten in die Hangbereiche des Blautals. Zuerst wird der Ruckenberg, ein alter Umlaufberg der Urdonau, bestiegen, von dem man eine schöne Aussicht auf das Urdonautal mit Blaubeuren genießen kann. Weiter nach Südosten gelangt man in das Ried der Blau und steigt auf der anderen Talseite wieder bergan zur Großen Grotte (s. Sonstige begehbare Höhlen, Nr. 22) und anschließend zur Ruine Rusenschloss, auch hier wieder ein schöner Ausblick auf die Landschaft um Blaubeuren. Der Weg führt, hoch über dem Blautal, die Albkante entlang zum Blaufelsen nördlich oberhalb der Stadt. Der Abstieg zum Blautopf beendet diese Route.
Angaben zur geologischen Situation enthalten die Blatter 7524 Blaubeuren und 7624 Schelkingen der Geologischen Karte von Baden-Württemberg 1 : 25 000.

Ausführliche Homepage:
www.blaubeuren.de/museen/urgeschichte

Info:
Urgeschichtliches Museum Blaubeuren,
Karlstraße 21
89143 Blaubeuren
Tel.: (07344) 921030
Fax: (07344) 921052
E-Mail: urmu-blb@web.de

237 Pferdekopf aus Mammutelfenbein, ca. 30 500 Jahre alt, gefunden im Hohlen Fels, Schelklingen
238 Geissenklösterle

237

238

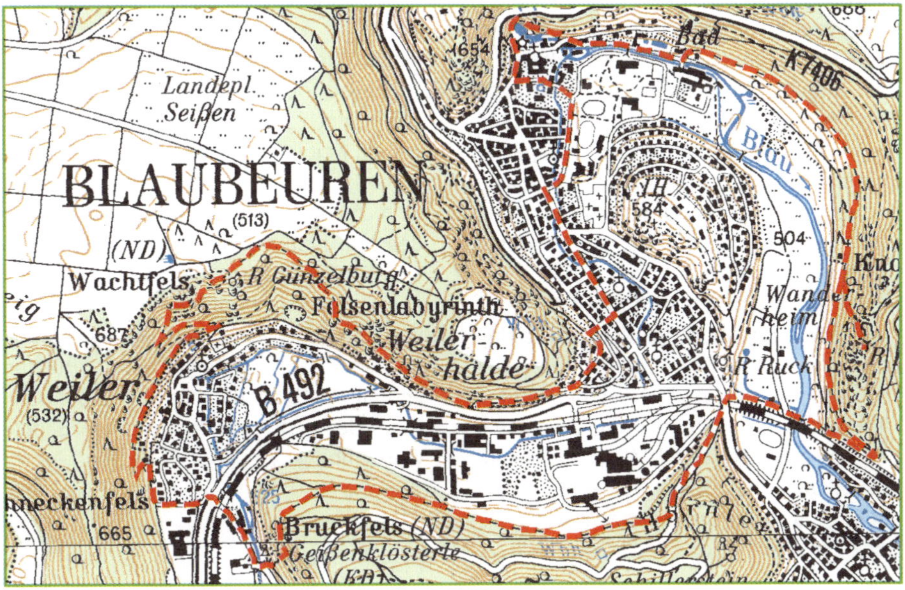
Landepl.
Seißen
BLAUBEUREN
(513)
(ND)
Wachtfels
R Günzelburg
Felsenlabyrinth
Weiler-
halde
687
Weiler
(532)
B 492
654
Bad
K7406
Blau
JH
584
504
Wander
heim
R Ruck
665
Bruckfels (ND)
Geißenklösterle

52 Naturlehrpfad Feldberg

Feldberg (Schwarzwald), Landkreis Breisgau-Hochschwarzwald

Anfahrt:

Autobahn A 5, Ausfahrt Freiburg-Mitte, Bundesstraße B 31a/31 über Freiburg nach Kirchzarten, Landesstraße durchs Zastlertal zum Parkplatz am Rinken; oder Autobahn A 81, Ausfahrt Bad Dürrheim, Zubringer bis Donaueschingen, Bundesstraße B 27 bis Hüfingen, dann B 31 nach Hinterzarten, Landesstraße über Bisten, Alpersbach bis zum Parkplatz Rinken

Beschreibung:

Im Jahre 1994 wurde der erstmals 1970 der Öffentlichkeit zugänglich gemachte Lehrpfad vom Schwarzwaldverein, Ortsgruppe Hinterzarten-Breitnau, neu ausgewiesen und beschildert. Er führt über 7,5 km vom Rinkensattel über die Zastlerhütte zum Feldbergturm hinauf, dann im großen Bogen um das Zastler Loch herum zum Baldenweger Sattel, über den Baldenweger Buck hinunter zur Baldenweger Hütte und zurück zum Rinken. Am Rinkensattel, bei der Zastler Hütte und allen wichtigen Zugängen stehen große Informationstafeln, die über das gesamte Naturschutzgebiet informieren. Dazu kommen 37 Erklärungstafeln, die den komplett im Naturschutzgebiet Feldberg liegenden Naturlehrpfad beschreiben.

Im Verlauf des Weges wird die „subalpine Insel" des Feldbergs in all ihren vielen Facetten berührt: Geologische Themenbereiche sind einmal die vorkommenden Gesteine, dann die Spuren der Gebirgsbildung an einer Felswand, die Ursache und Auswirkung eines Felssturzes vom Februar 1966, gletscherbedingte Formen wie Karbildung und Rundhöcker bei der Zastler Hütte, Endmoränen und Erosionsrinnen sowie anthropogen verursachte Erosionsprobleme.

Einen bedeutenden Anteil am Lehrpfad nehmen Themen ein, die sich mit dem Wald befassen: Misch- und Nadelwälder der montanen und subalpinen Region, die Lage der Waldgrenze und ihre Gründe, höhenlagen- und klimabedingte Wuchsformen der Bäume, Erosions- und Lawinenschutz.

Im dritten großen Themenbereich werden die typischen Pflanzenstandorte außerhalb des Waldes, die Hochmatten, subalpinen Hochstaudenfluren, Sauerwiesen und Moorflächen besucht, die den Feldberg großflächig überziehen und zahlreiche botanische Kostbarkeiten beherbergen.

Unterwegs führt der Weg noch am Feldberg-Observatorium vorbei, das vor allem Wetterbeobachtungen aufzeichnet und an alle meteorologischen Stationen Europas weiter leitet.

Immer wieder bieten sich vom Weg aus grandiose Ausblicke über die Berglandschaft, nach Süden, bei gutem Wetter, bis 145 km weit in die Alpen (Finsteraarhorn).

Beim Begehen des Naturlehrpfads ist damit zu rechnen, dass stellenweise noch bis in den Juni hinein Schneereste liegen, auch sind für die oft ausgewaschenen, steinigen und steilen Wege entsprechende Kleidung und passendes Schuhwerk unumgänglich.

Angaben zur geologischen Situation enthält das Blatt 8114 Feldberg (Schwarzwald) der Geologischen Karte von Baden-Württemberg 1 : 25 000.

Info:
Touristik Information Feldberg
Kirchgasse 1
79868 Feldberg
Tel.: (07655) 8019
Fax: (07655) 80143
E-Mail:
tourist-info@feldberg-schwarzwald.de
www.feldberg-schwarzwald.de

Naturschutzzentrum Südschwarzwald
(s. u. Naturschutzzentren, Nr.12)

239 Zastler Hütte

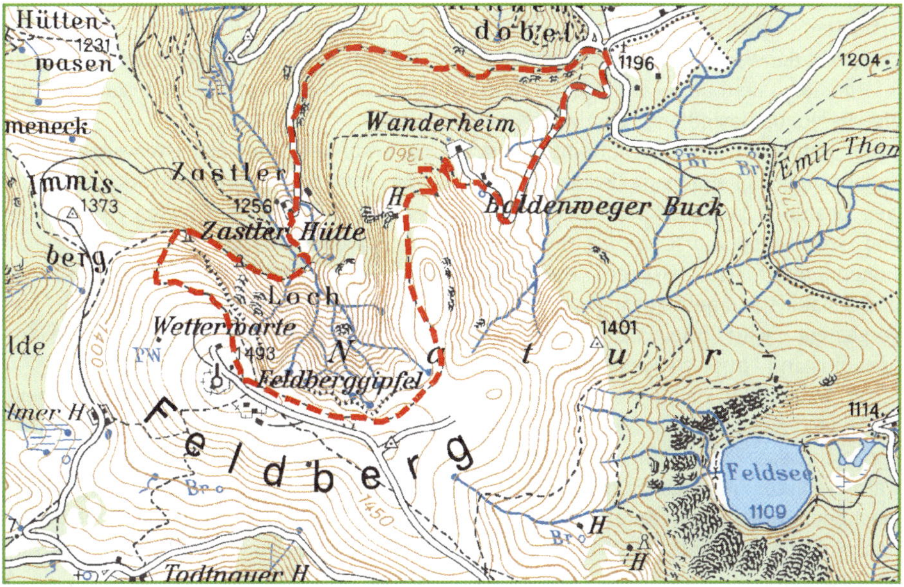

53 Erzkasten-Rundweg

Freiburg i. Br., Stadtkreis Freiburg

Anfahrt:

Autobahn A 5, Ausfahrt Freiburg-Mitte, über den Zubringer (B 31a) nach Freiburg, ab Freiburg-Günterstal Landesstraße zum Schauinsland (ehemalige Schauinsland-Rennstrecke) zur Bergstation oder bis zum Parkplatz Talstation in Horben, Schauinslandbahn; oder ab Freiburg mit ÖPNV zur Bergstation

Beschreibung:

Der Erzkasten-Rundweg wurde 1999 von der Interessengemeinschaft Schauinsland (IGS) unter Mitwirkung namhafter Wissenschaftler und ehrenamtlicher Mitarbeiter um den Schauinsland-Gipfelbereich eingerichtet. Dieser Pfad führt auf Wanderwegen und Fußpfaden durch die reizvolle Landschaft am Schauinsland zu Besonderheiten und typischen Merkmalen dieser einzigartigen Kulturlandschaft. Auf einem Weg von ca. 5 km Länge, angelegt in mehreren Schleifen, wobei Abkürzungen möglich sind, wird der Wanderer durch insgesamt 18 Informationstafeln über Landschaft, Geologie, Bergbau, Besiedlung, Landwirtschaft, Wald, Natur- und Biotopschutz informiert. Zugangsmöglichkeiten zum Erzkastenrundweg bestehen vom Parkplatz Bergstation und von Hofsgrund Ortsmitte aus, der Höhenunterschied zwischen Hofsgrund und Schauinsland beträgt ca. 300 m.

Vorgestellt wird die Landschaft am Schauinsland aus geowissenschaftlicher Sicht, unterstützt durch malerische Ausblicke vom Aussichtsturm über die Freiburger Bucht, das Rheintal und den Schwarzwald, bei guter Sicht nach Süden bis zu den Westalpen. Auf einer weiteren Station werden typische Gesteine des Schauinslands anhand großer polierter Blöcke gezeigt. Zum anderen wird der Bergbau an mehreren Stationen durch Infotafeln erläutert. Der Silberbergbau, hier am Schauinsland bereits seit dem frühen Mittelalter belegt, begründete den Reichtum der Stadt Freiburg und ermöglichte den Bau des Münsters. Vom Erzkastenweg berührt werden alte Stollen, umfangreiche Halden sowie mit dem Fallerhäusle das letzte der alten Bergmannshäuser, wie sie für den Schauinsland typisch waren. Der Weg führt auch am Besucherbergwerk Schauinsland vorbei (s. Besucherbergwerke, Nr. 4). Die im Mittelalter und der frühen Neuzeit für die Verhüttung der Erze benötigten riesigen Mengen an Holzkohle führten zu großer Holzknappheit und im 18. Jahrhundert zu einer ersten geregelten Forstwirtschaft. Ein kleiner Abstecher zu einem ehemaligen Kohlplatz im Wald ist möglich. Auf der Südseite des Schauinslands wird bei einer Station oberhalb von Hofsgrund ein Überblick über eiszeitliche Geländeformen gegeben, die von hier besonders gut zu erkennen sind.

Zu erwähnen ist am Erzkastenweg oberhalb von Hofsgrund schließlich noch das Bauernhausmuseum im 1593 errichteten „Schniederlihof". Er ist seit 1972 Heimatmuseum und repräsentiert den klassischen Typ eines Schauinslandhauses. (Info über Öffnungszeiten und Führungen: Telefon 07602/448 oder 0761/492427)

Eine ausführliche Begleitbroschüre ist beim Naturpark Südschwarzwald e. V. erhältlich.

Angaben zur geologischen Situation enthalten die Blätter 8013 Freiburg i. Br.-Südost der Geologischen Karte von Baden-Württemberg 1 : 25 000 sowie Freiburg i. Br. und Umgebung 1 : 50 000.

240 Aussichtsturm auf dem Schauinslandgipfel
241 Schauinslandbahn

Info:
Naturpark Südschwarzwald e. V.
Haus der Natur Südschwarzwald
Dr.-Pilet-Spur 4
79868 Feldberg

Tel.: (07676) 9336-10 oder -14
E-Mail: naturpark@naturpark-suedschwarz-wald. bml.de
www.naturpark-suedschwarzwald.de

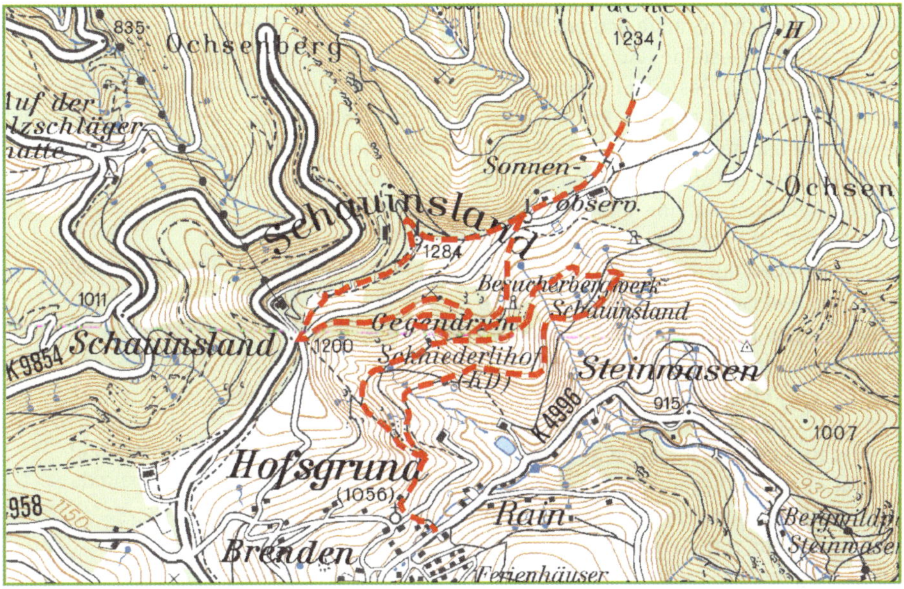

54 Naturlehrpfad am Schönberg

Freiburg i. Br., Stadtkreis Freiburg

Anfahrt:

Autobahn A 5, Ausfahrt Freiburg-Mitte, über den Zubringer (B 31a) bis zur Innenstadt, Stadtteile St. Georgen, Ebringen oder Merzhausen

Beschreibung:

Der 644 m hohe Schönberg, ein Hügelzug unmittelbar südlich von Freiburg im Breisgau, stellt die größte Vorbergscholle dar, die dem Schwarzwald zwischen Lahr und Lörrach vorgelagert ist. Während des Einbruchs des Rheingrabens im Tertiär machte die Scholle die Abwärtsbewegung des Grabens nur zum Teil mit, wurde schräggestellt und mehrfach zerbrochen. Als Ergebnis dieser tektonischen Vorgänge, zu denen auch Vulkanismus kam, findet man heute am Schönberg ein enges Nebeneinander verschiedener Gesteine, von der Trias (Buntsandstein, Muschelkalk und Keuper) bis Jura (Mittel- oder Braunjura). Dazu kommen kleinflächig auch Vulkanite und großflächig tertiärzeitliche Gesteine. Auf diesen sehr unterschiedlichen Gesteinen konnten sich je nach Klimaeinfluss eine Reihe bemerkenswerter und seltener Pflanzen- und Tiergesellschaften entwickeln. Neben diesem bunten Reichtum an Tier- und Pflanzenarten hat der Schönberg auch einen interessanten Bergbau auf eisenhaltige Mitteljuraerze aufzuweisen, der allerdings nicht lange dauerte (1937–1942). Aus dieser Zeit sind noch Halden, Fundamentreste von Stollen und Verladeanlagen vorhanden.

Der erste Lehrpfad am Schönberg wurde bereits 1971 eingeweiht. Rund 25 Jahre später war eine grundlegende Erneuerung und Überarbeitung notwendig geworden. 1996 wurde der neue Naturlehrpfad der Bevölkerung übergeben. Er besteht aus zwei Abschnitten, die beim Gasthaus „Unterer Schönberger Hof“ zusammentreffen und zusammen oder einzeln begangen werden können. Der eine Rundweg führt um den Schönberggipfel (4,3 km), der andere um die Ruine Schneeburg (4,2 km). Von den Randgemeinden Merzhausen, Au, Wittnau, Ebringen, Leutersberg und Freiburg-St. Georgen führen jeweils Zugänge zu den Rundwegen, alle am Anfang mit einer geschnitzten Übersichtstafel mit Karte versehen. Im Verlauf des Naturlehrpfads und seiner Zugänge weisen 112 kleinere Schilder auf die wichtigsten Bäume, Sträucher und andere charakteristische Pflanzen hin. Auf 28 ausführlichen Texttafeln werden die landschaftlichen, geschichtlichen, geologischen, bergbaulichen, botanischen und forstlichen Besonderheiten erläutert.

Eine ausführliche Broschüre ist beim Landkreis Breisgau-Hochschwarzwald erhältlich. Angaben zur geologischen Situation enthalten die Blätter 8012 Freiburg i. Br.-Südwest der Geologischen Karte von Baden-Württemberg 1 : 25 000 sowie Freiburg i. Br. und Umgebung 1 : 50 000.

Info:

Landkreis Breisgau-Hochschwarzwald
Stadtstraße 2
79104 Freiburg
Tel.: (0761) 2187-0
Fax: (0761) 2187-550
E-Mail:
Info@breisgau-hochschwarzwald.de
www. breisgau-hochschwarzwald.de

242 Wegböschung mit grobem Tertiärkonglomerat

242

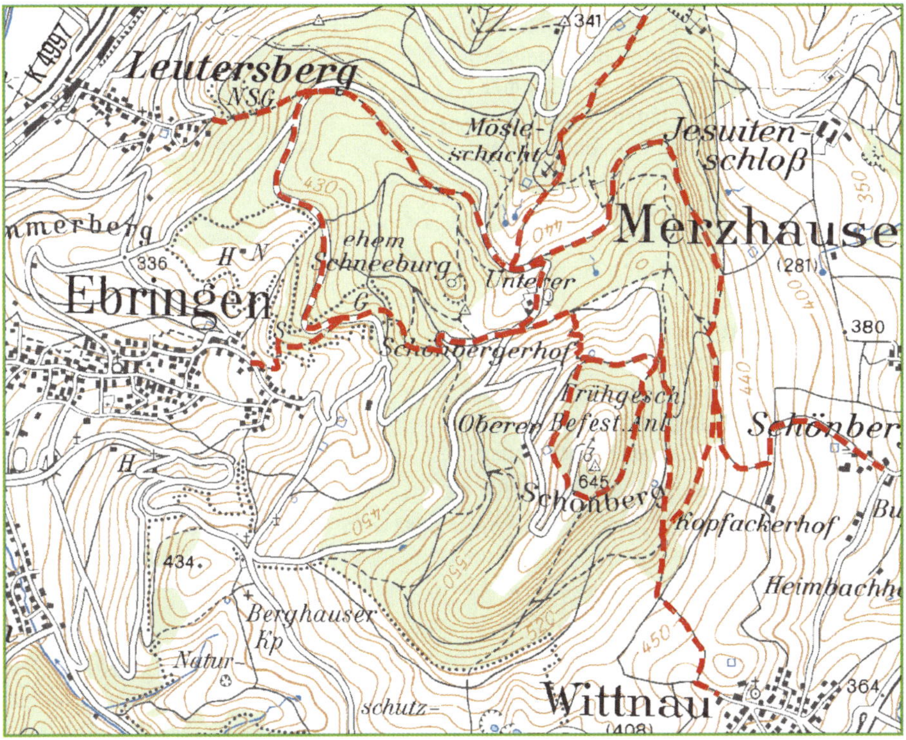
K 4997
Leutersberg
NSG
341
Mösle-
schacht
Jesuiten-
schloß
430
440
Merzhause
350
(281)
400
ehem
Schneeburg
Unterer
336
Ebringen
Schönbergerhof
380
Frühgesch
Oberer Befest. Anl
440
Schönber
645
Schönberg
Kopfackerhof
434
450
550
Heimbachh
Berghauser
Kp
520
Natur-
450
schutz-
Wittnau
(408)
364

55 Waldlehrpfad auf den Sternberg

Gomadingen, Landkreis Reutlingen

Anfahrt:
Autobahn A 8, Ausfahrt Stuttgart-Degerloch, Bundesstraße B 27, B 312 über Reutlingen–Pfullingen nach Engstingen, Landesstraße nach Gomadingen; oder Autobahn A 8, Ausfahrt Ulm-West, Bundesstraße B 10 bis Ulm, B 311 nach Ehingen, dann B 465 nach Münsingen, Landesstraße bis Gomadingen

Beschreibung:
Der Lehrpfad stellt auf einer Länge von ca. 3 km mit 35 Stationen die Lebensräume Wald und Wacholderheide vor. Geologie und Geschichte werden ebenfalls einbezogen. Anhand einiger Beispiele wird die heute praktizierte naturnahe Forstwirtschaft erläutert. Eine Station der Ameisenschutzwarte zeigt das Leben der Waldameise. Einige Stationen laden zum Lösen verschiedener Aufgaben ein oder geben Tipps zu einem intensiveren Naturerleben.
Der Startpunkt des Erlebnispfades liegt am Waldrand oberhalb des Sternberg-Hallenbads beim Feriendorf, ca. 100 m vom Parkplatz entfernt.
Gut die Hälfte des Pfades führt über ungeschotterte Waldwege und durch Wacholderheide, wobei ca. 300 m relativ steiler Auf- und Abstieg zu bewältigen sind.
Vom Sternberg kann man auch in das letzte Teilstück einsteigen, welches auf einem befestigten Waldweg wieder zurück in den Ort führt.

Angaben zur geologischen Situation enthält das Blatt 7622 Hohenstein der Geologischen Karte von Baden-Württemberg 1 : 25 000.

Info:
Tourist-Info
72532 Gomadingen
Tel.: (07385) 9696-33
Fax: (07385) 9696-22
E-Mail: info@gomadingen.de
www.gomadingen.de

243 Silberdistel (Carlina acaulis) in einer Wacholderheide

243

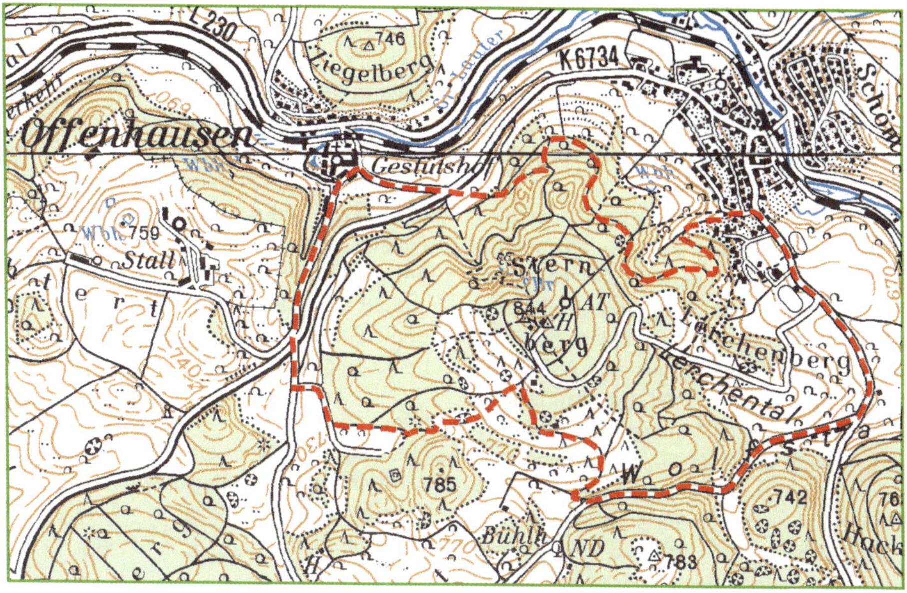
L 230
746
Ziegelberg
K6734
Offenhausen
Stall
759
844
AT
Lerchenberg
Lerchental
785
ND
783
742

56 Heidengraben

Grabenstetten, Landkreis Reutlingen

Anfahrt:
Autobahn A 8, Ausfahrt Kirchheim u. Teck-Ost, Bundesstraße B 465 bis Unterlenningen, Abzweigung und Landesstraße nach Grabenstetten

Beschreibung:
Das spätkeltische Oppidum Heidengraben auf der schwäbischen Alb, nordöstlich von Bad Urach, verbindet historische Bedeutung mit besonderem Reiz der Landschaft auf der Grabenstetter Berghalbinsel. In der prähistorischen Forschung wird als Oppidum eine befestigte Siedlung der Spät-La-Tène-Zeit bezeichnet – in Anlehnung an die von Cäsar beschriebenen stadtähnlichen befestigten Siedlungen der Kelten im Gallien des ersten vorchristlichen Jahrhunderts. Das Oppidum Heidengraben ist wohl das größte seiner Art in Deutschland und gliedert sich in zwei Bereiche: die äußeren Sperrwerke, die ein Eindringen von der Albhochfläche und den aus den Tälern führenden Wegen verhindern sollten, und ein inneres Befestigungssystem, das die so genannte „Elsachstadt" schützen sollte, wohl die Kernstadt.
Drei Wanderungen führen zu den archäologischen Denkmälern des Heidengrabens. Der längste Weg berührt sie alle (er dauert allerdings mindestens 5 Stunden). Günstigster Startpunkt ist der Parkplatz nördlich von Erkenbrechtsweiler, wo eine Relieftafel eine gute Übersicht bietet. Der Wanderweg trifft bald auf den Heidengraben, der den Zugang zum Lenninger Tälchen abriegelte, sowie auf ein zum Teil rekonstruiertes Tor in diesem. Über die Ebene südwestlich von Erkenbrechtsweiler gelangt der Weg zum Burrenhof mit einem hallstattzeitlichen Gräberfeld (8.–7. Jahrh. v. Chr.). Der Heidengraben beim Burrenhof, ein fast 1000 m langer Wall, der die beiden Talköpfe des Neuffener und des Kaltentals verbindet, ist noch sehr gut erkennbar, zumindest im westlichen Teil. Das Tor in diesem Wall ist das besterhaltene und gleichzeitig das größte dieses Oppidums. Wenig östlich wird der Heidengraben erreicht, der das ehemalige Siedlungszentrum „Elsachstadt" bogenförmig umgibt. Weiter nach Grabenstetten, wo wieder Befestigungsanlagen zu sehen sind, beispielsweise beim Rathaus, dann wenig südlich, wo ein Heidengraben die engste Stelle des Plateaus abriegelt. Dann geht es wieder zurück nach Grabenstetten. Schließlich führt der Rundweg über die Hochfläche zum Albtrauf und diesen entlang bis zum Parkplatz. Angeschlossen werden kann noch ein kleiner Abstecher zur Berghalbinsel „Bassgeige", ebenfalls durch einen Heidengraben geschützt, auf der mehrere mittelalterliche Gebäudereste im Wald erhalten geblieben sind. Die beiden anderen Wege besuchen Teilausschnitte des ersten großen Weges, zum einen die Berghalbinsel „Bassgeige" (Weg 2) und den Bereich um und südlich von Grabenstetten (Weg 3).
Angaben zur geologischen Situation enthält das Blatt 7422 Lenningen der Geologischen Karte von Baden-Württemberg 1 : 25 000.

Info:
Gesellschaft für Vor- und Frühgeschichte in Württemberg und Hohenzollern
Silberburgstraße 193
70178 Stuttgart

244 Hallstatt-zeitliches Großgräberfeld beim Burrenhof

57 Heuneburg-Rundwanderweg

Herbertingen-Hundersingen, Landkreis Sigmaringen

Anfahrt:
Autobahn A 7, Ausfahrt Berkheim, Bundesstraße B 312 über Biberach bis Riedlingen, B 311 bis Herbertingen, Abzweigung nach Herbertingen-Hundersingen

Beschreibung:
Der archäologische Rundwanderweg lädt zu einem Gang in die Vorgeschichte ein. Er führt über eine Strecke von insgesamt 8 km vom Heuneburg-Museum in Hundersingen zu den Stätten der frühkeltischen Kultur, vorbei an Grabhügeln und Ausgrabungsstätten der Hallstattzeit und nach 2,5–3 Stunden wieder an den Ausgangpunkt zurück.
Der Weg zum Lehenbühl, einem Großgrabhügel aus der ersten Hälfte des 6. Jahrhunderts, folgt der Randhöhe über der Donau. An dieser Strecke liegt auch die mittelalterliche Baumburg, die im Kern auf einen eiszeitlichen Großgrabhügel zurückgehen mag. Von dort führt der Weg weiter am Talhof vorbei zur Heuneburg. Über die Außensiedlung und eine Gruppe von vier Großgrabhügeln im Gießübel/Talhau ist in 30 Minuten mit dem Hohmichele einer der größten noch erhaltenen Grabhügel Mitteleuropas zu erreichen.
Die archäologischen Denkmäler sind mit ausführlichen Erläuterungstafeln versehen (s. Archäologische Museen, Nr. 38 und 39).
Angaben zur geologischen Situation enthält das Blatt 7922 Bad Saulgau-West der Geologischen Karte von Baden-Württemberg 1 : 25 000 (vorläufige Ausgabe).

Ausführliche Homepages
über den Heuneburg-Rundwanderweg, das Heuneburgmuseum in Hundersingen sowie das Freilichtmuseum Keltischer Fürstensitz Heuneburg:
http://heuneburg.de
www.dhm.de/museen/heuneburg/index.html

Info:
Heuneburg-Museum
Ortsstraße 2
88518 Herbertingen-Hundersingen
Tel.: (07586) 917303
E-Mail: flm.heuneburg@t-online.de
Bürgermeisteramt Herbertingen
Tel.: (07586) 92080

245 mittelalterliche Baumburg, im Kern auf ein eiszeitliches Großgrab zurückgehend

245

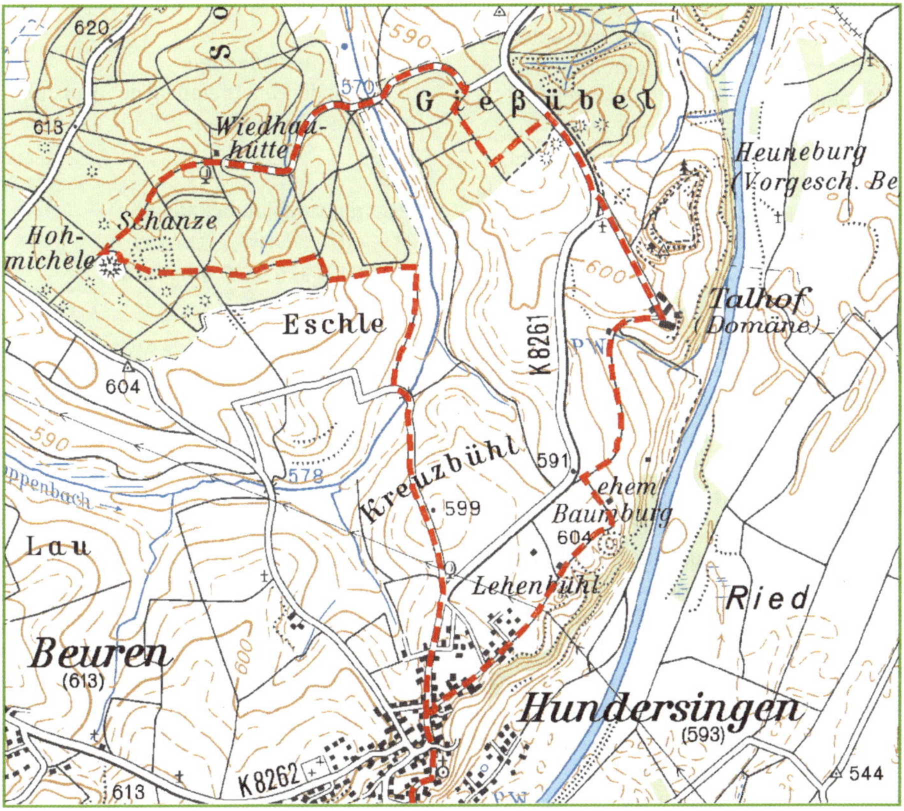
620
613
Wiedhau-
hütte
Gießübel
570
590
Heuneburg
(Vorgesch. Be
Schanze
Hoh-
michele
600
Talhof
(Domäne)
Eschle
K8261
PW
604
590
578
Kreuzbühl
591
ehem
Baumburg
604
599
Lau
Lehenbühl
Ried
Beuren
(613)
600
Hundersingen
(593)
613
K8262
544
PW

58 Bodenkundlicher Lehrpfad Weiherfeld

Karlsruhe, Stadtkreis Karlsruhe

Anfahrt:
Autobahn A 5, Ausfahrt Ettlingen, Richtung Karlsruhe, Abfahrt nach KA-Weiherfeld oder von Karlsruhe mit Bus und Bahn

Beschreibung:
Der Bodenlehrpfad „Weiherfeld", einer von zwei Bodenlehrpfaden in Baden-Württemberg (wobei der andere Bodenlehrpfad in Beuren, Nr. 5, erst im Laufe des Jahres 2002 eröffnet werden soll), zeigt einen Ausschnitt aus der Niederterrassenlandschaft im Süden von Karlsruhe zwischen Weiherfeld und Rüppurr.
Diese Niederterrassenlandschaft entstand vor ca. 120 000–16 000 Jahren. In diesem Zeitraum wurden im Oberrheingraben mächtige Kies- und Sandflächen aufgeschottert. Aus vegetationsfreien Schotterfluren wurden durch Westwinde Flugsande und Löss ausgeweht. Zum Ende der letzten Eiszeit, vor ca. 12 000 Jahren, als die Gletscher zurückgeschmolzen waren, begannen der Rhein und die Schwarzwaldflüsse sich in die Niederterrasse einzuschneiden. Im Zuge der darauf folgenden Klimaerwärmung (10 000 Jahre bis heute) setzte eine intensive Bodenentwicklung ein, das Pflanzenwachstum nahm zu, es entstanden humose Böden, die durch die Erosion abgetragen und bei Hochwasser in die Auenbereiche umgelagert wurden. In Zeiten großer Wasserführung (vor 5 500 bis 2 500 Jahren) brachen die Schwarzwaldflüsse durch die Niederterrasse zum Rhein durch. Große Teile der alten Rinnensysteme wurden vom Wasserzufluss abgeschnitten, gleichsam inaktiv und verlandeten. Dort entstanden Altwasserablagerungen und Moore.
Diese Bodenbildungsprozesse sind auf dem Lehrpfad Weiherfeld in 10 Anlaufstellen mit erläuternden Tafeln zum jeweiligen Standort zu sehen. Der Bodenlehrpfad ist als Rund- bzw. als Radwanderweg angelegt, misst ca. 6 km und kann auf ebener Strecke bequem zu Fuß in etwa 2 Stunden erwandert werden.
Eine Broschüre mit ausführlicher Wegbeschreibung ist beim Regierungspräsidium Karlsruhe erhältlich.
Angaben zur geologischen Situation enthält das Blatt 7016 Karlsruhe-Süd der Geologischen Karte von Baden-Württemberg 1 : 25 000.

Ausführliche Homepage:
www.rp.baden-wuerttemberg.de/ karlsruhe/ bodenlehrpfad_weiherfeld/bod_karte.htm

Info:
Regierungspräsidium Karlsruhe
Ref. 52 (Frau Rößing-Böckmann)
Tel.: (0721) 926-6552 od. -3238
Fax: (0721) 926-6211
E-Mail:
Monika.Roessing-Boeckmann@RPK.BWL.de
www.rp.baden-wuerttemberg.de/
karlsruhe/index.htm

246 Bodenform der Rheinebene um Karlsruhe: Parabraunerde
247 Bodenform der Rheinebene um Karlsruhe: Auenboden-Auengley

7015.203
Rheinstetten I
246

7015.202
Steinmauern I
247

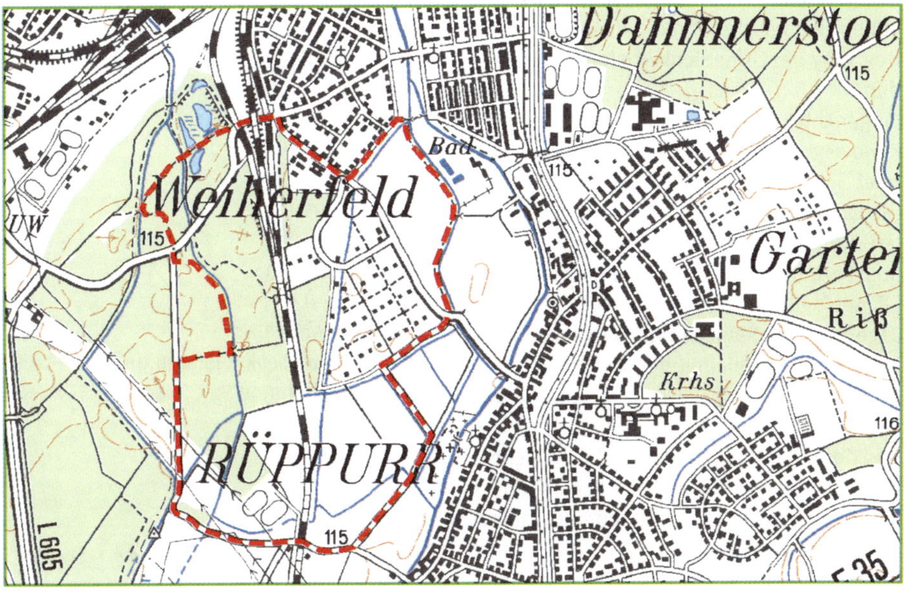
Dammerstoe
115
Bad
115
Weiherfeld
UW
115
Garten
Riß
Krhs
116
RÜPPURR
115
L 605
E 35

59 Geologisch-naturkundlicher Wanderweg

Külsheim, Main-Tauber-Kreis

Anfahrt:

Autobahn A 81, Ausfahrt Tauberbischofsheim, Bundesstraße B 27 bis Tauberbischofsheim, Landesstraße bis Külsheim

Beschreibung:

Im Jahr 1989 gelang dem Arzt Dr. W. DIETZ in Külsheim bei Straßenbauarbeiten ein besonderer Fund: eine große Steinplatte aus Plattensandstein (Oberer Buntsandstein), die auf der Unterseite deutlich erkennbare Spuren eines Landsauriers (*Chirotherium*, Handtier) aus der Zeit vor 240 Millionen Jahren trug. Dieser Fund, der beschrieben, präpariert und bei Külsheim aufgestellt wurde, war der Anfang der Idee, in dieser geologisch so interessanten und landschaftlich so vielfältigen und reizvollen Gegend einen Lehrpfad anzulegen. Nach viel Engagement der Beteiligten aus Geologie, Weinbau und Naturschutz konnte der neue geologisch-naturkundliche Wanderweg 1997 der Öffentlichkeit übergeben werden.

Eingerichtet wurde ein rund 5,5 km langer Rundweg mit insgesamt 22 Stationen und zwei Schwerpunkten: einmal die Geologie der Landschaft um Külsheim und zum Zweiten natürliche und vom Menschen beeinflusste Naturräume dieser Landschaft.

Elf geologische Schautafeln erläutern die Lage von Külsheim inmitten der südwestdeutschen Schichtstufenlandschaft im Grenzbereich zwischen dem geologisch zum Odenwald gehörenden Buntsandstein und dem zum Bauland zählenden Muschelkalk. Es wird auf erdgeschichtliche Abläufe eingegangen, die vorkommenden Gesteine werden vorgestellt und erklärt, die Entstehung der Schichtstufenlandschaft wird erläutert und die Frage behandelt, warum Külsheim so viele Quellen und auch ebenso viele Brunnen („Stadt der Brunnen") aufzuweisen hat. Ein Kernstück und das Glanzlicht des geologisch-naturkundlichen Wanderwegs ist aber zweifelsohne der Buntsandsteinblock mit den Abdrücken des Landsauriers *Chirotherium*, der an der Bronnbacher Straße an einem geschützten und überdachten Platz betrachtet werden kann.

Neben den geologischen Erläuterungstafeln weisen weitere elf Tafeln auf die interessante und vielfältige Umwelt in dieser Landschaft hin. Ruhezonen mit Bänken laden die Besucher ein, kurze Rast einzulegen und die Naturschönheiten und Besonderheiten auf sich wirken zu lassen.

Eine ausführliche Broschüre über den Lehrpfad ist bei der Stadtverwaltung Külsheim erhältlich.

Angaben zur geologischen Situation enthält das Blatt 6323 Tauberbischofsheim-West der Geologischen Karte von Baden-Württemberg 1 : 25 000.

Info:

Stadt Külsheim
Postfach 1240
97898 Külsheim
Tel.: (09345) 673-0
Fax: (09345) 673-40
E-Mail: rathaus@kuelsheim.de
www.kuelsheim.de

248 Fährtenstein mit Abdrücken des Handtiers (Chirotherium)

248

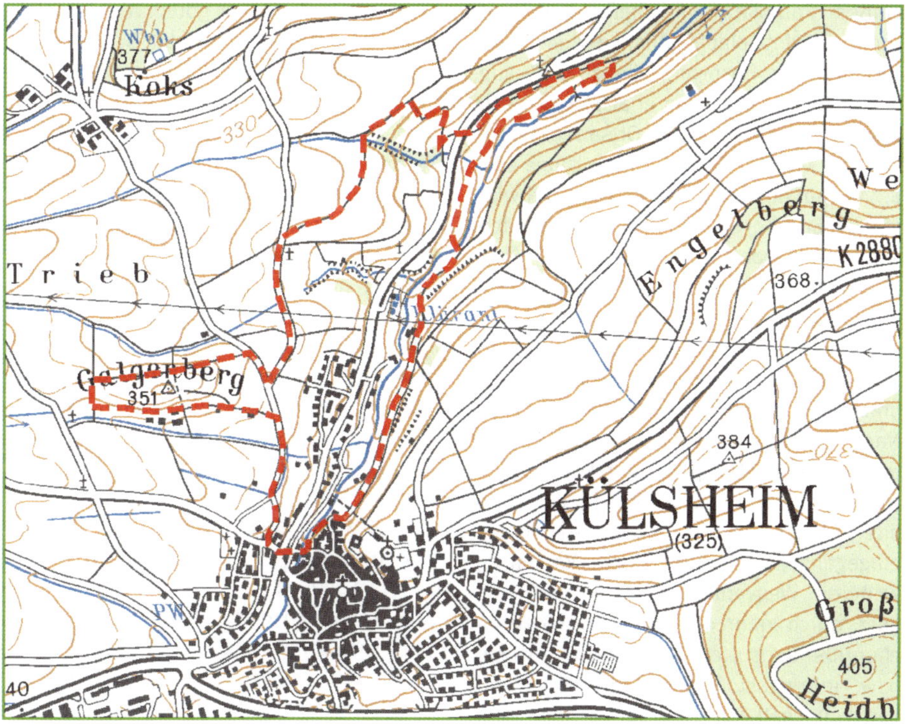

377
Koks
330
T r i e b
Galgenberg
351
E n g e l b e r g
We
K 2880
368.
384
370
KÜLSHEIM
(325)
Groß
405
Heidb
PW
40

60 Wissenschaftlicher Lehrpfad bei Sasbach

Sasbach am Kaiserstuhl, Landkreis Emmendingen

Anfahrt:
Autobahn A 5, Ausfahrt Riegel, Landesstraße über Endingen nach Sasbach

Beschreibung:
Der Wissenschaftliche Lehrpfad am Limberg wurde 1977 von der Gemeinde Sasbach a. K. und dem Landkreis Emmendingen eingerichtet. Er erschließt einen besonderen Reichtum an Sehenswürdigkeiten und Besonderheiten aus mehreren Sachgebieten. Die über 90 teilweise farbigen Lehrpfadtafeln informieren den Besucher über die Bereiche Vulkanismus, Wein, Wald, Wasser und Geschichte.

Der Wissenschaftliche Lehrpfad beginnt am großen Parkplatz am Rhein und führt zunächst mit einem Anstieg zur Ruine Limburg. Für Besucher, die zu Fuß von Sasbach kommen, kann er allerdings auch direkt am nordwestlichen Ortsausgang begonnen werden. Er weist eine Länge von 6,2 km auf und kann je nach Gehgeschwindigkeit und Verweildauer in 2–3 Stunden begangen werden.

Der wissenschaftliche Lehrpfad führt in die vulkanischen Verhältnisse des Limbergs ein, indem mehrere Steinbrüche und Aufschlüsse besucht werden, deren Gesteine und Verbandsverhältnisse erklärt werden. Nach einem Schwenk nach Norden kommt man zu den Resten eines alten Keltenwalls, wobei im Folgenden auf die jüngere und ältere Besiedlungsgeschichte des Limbergs eingegangen wird. Der Weinbau kommt im weiteren Wegverlauf ebenfalls nicht zu kurz: durch mehrere Tafeln wird der Besucher über Rebsorten, Anbauflächen, Lagen usw. informiert. Themen aus Wald und Forstwirtschaft kommen immer dann zum Tragen, wenn der landschaftlich sehr abwechslungsreiche Weg wieder durch ein Waldstück führt. Der gesamte Limberg ist Naturschutzgebiet – auch dies ein Themenschwerpunkt der Informationstafeln. Über die Lützelbergkapelle gelangt man nach Sasbach a. K., der Rückweg zum Ausgangspunkt führt durch die Auewälder des Rheins, die vor der Rheinkorrektur durch Tulla, auf die ebenfalls eingegangen wird, noch regelmäßig und lang andauernd überflutet wurden. Hier wird auf Besonderheiten dieser Waldform, Baum- und Straucharten sowie den Jahreslauf in der Aue hingewiesen. Auf dem ganzen Weg kommt der Wanderer immer wieder an Aussichtspunkten vorbei, von denen bei gutem Wetter großartige Aussichten auf Rheintal, Schwarzwaldrand mit Freiburger Bucht und Vogesen genossen werden können.

Ein ausführliches Begleitheft zum „Naturschutzgebiet Limberg am Kaiserstuhl" mit genauer Wegbeschreibung ist beim Bürgermeisteramt Sasbach sowie im Buchhandel erhältlich.

Angaben zur geologischen Situation enthält die Geologische Exkursionskarte des Kaiserstuhls 1 : 25 000 sowie das Blatt Freiburg i. Br. und Umgebung der Geologischen Karte von Baden-Württemberg 1 : 50 000.

Info:
Bürgermeisteramt Sasbach
Hauptstraße 15
79361 Sasbach
Tel.: (07642) 9101-0
Fax: (07642) 9101-30
E-Mail: rathaus@sasbach-am-kaiserstuhl.de
www.sasbach-am-kaiserstuhl.de

249 *Aufgelassener Steinbruch Nr. VII am Limberg*

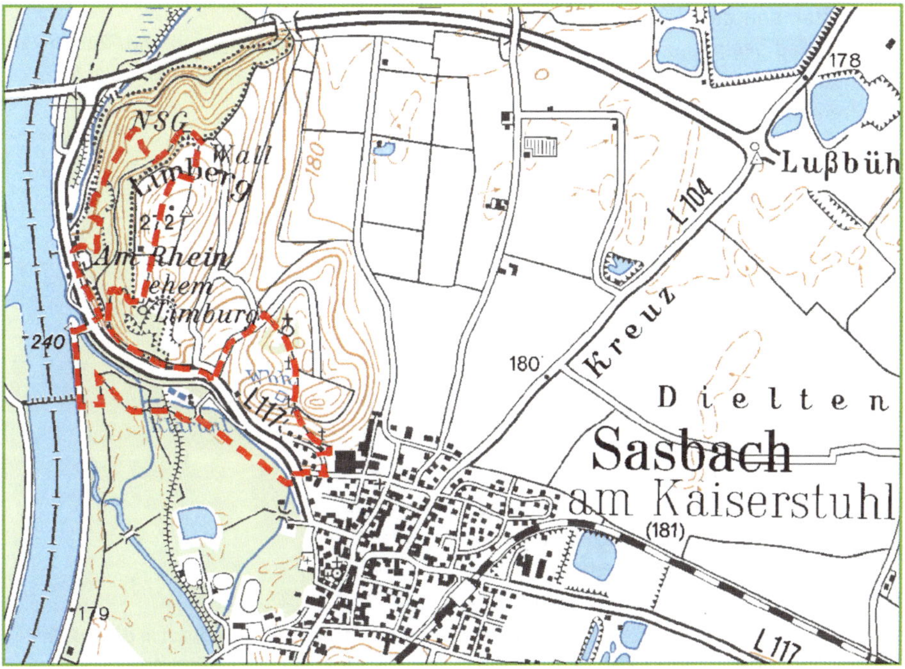

61 Naturlehrpfad Schömberg

Schömberg, Zollernalbkreis

Anfahrt:
Autobahn A 81, Ausfahrt Rottweil, Bundesstraße B 27 nach Schömberg

Beschreibung:
Der Naturlehrpfad Schömberg um den Palmbühl wurde im Jahr 2000/2001 von der Ortsgruppe Schömberg des Albvereins angelegt. Seine Themen sind Geologie, Insekten, allgemeines über den Wald, einzelne Sträucher und Baumarten, Tiere und Pflanzen. Auf über 60 Infotafeln wird der Wanderer bestens informiert. Der Lehrpfad ist didaktisch etwas Neues: Hier verlaufen eigentlich zwei Lehrpfade ineinander: einer für Erwachsene und einer für Kinder in kindgerechter Aufmachung und in kindgerechter Augenhöhe, wobei jeweils 30 Tafeln für die Großen und die Kleinen gedacht sind.
Der Lehrpfad beginnt am Stauseeparkplatz oberhalb der Palmbühlkirche und führt als Rundweg nach etwa 2,5 km wieder hierher zurück; dabei wird ein Höhenunterschied von knapp 70 m überwunden.
Der Weg startet am Stausee und folgt dem Uferweg ein Stück nach Südosten. Schon die erste Tafel befasst sich mit der Geologie. Die berührte Schichtfolge reicht hier vom oberen Unterjura (Schwarzjura δ-ζ) bis zum untersten Mitteljura (Opalinuston-Formation, Braunjura α). Die Posidonienschiefer-Formation (Unterjura, Schwarzjura ε), ist besonders gut aufgeschlossen – noch besser kann sie allerdings im Zementwerk Dotternhausen studiert werden, wo diese Formation großtechnisch abgebaut wird und die darin enthaltenen Versteinerungen in schönster Präparation im Werkforum zu besichtigen sind (s. Geowissenschaftliche Fachmuseen, Nr. 4). Der Opalinuston baut den Palmbühl und die umgebenden Hügel und Hänge auf. Der Weg führt durch den Viadukt (Infostand über Wildbienen), durch ein Waldtälchen und bewaldete Hänge hinauf zum Palmbühlkopf, wo der Wald wieder verlassen wird. Hier genießt man einen schönen Blick über Schömberg und seine Umgebung. Der Weg führt am Waldrand hinab und erreicht schließlich wieder den Ausgangspunkt.
Ausführliche Broschüren über die Wanderwege und diesen Naturlehrpfad sind beim Gemeindeverwaltungsverband erhältlich.
Angaben zur geologischen Situation enthält das Blatt 7718 Geislingen der Geologischen Karte von Baden-Württemberg 1 : 25 000.

Info:
Gemeindeverwaltungsverband/Touristikgemeinschaft Oberes Schlichemtal e. V.
Schillerstraße 29
72355 Schömberg
Tel.: (07427) 9498-0
Fax: (07427) 9498-30
E-Mail: gvv@oberes-schlichemtal.de
www.oberes-Schlichemtal.de

250 aufgelassener Steinbruch in der Posidonienschiefer-Formation (Schwarzjura ε)

250

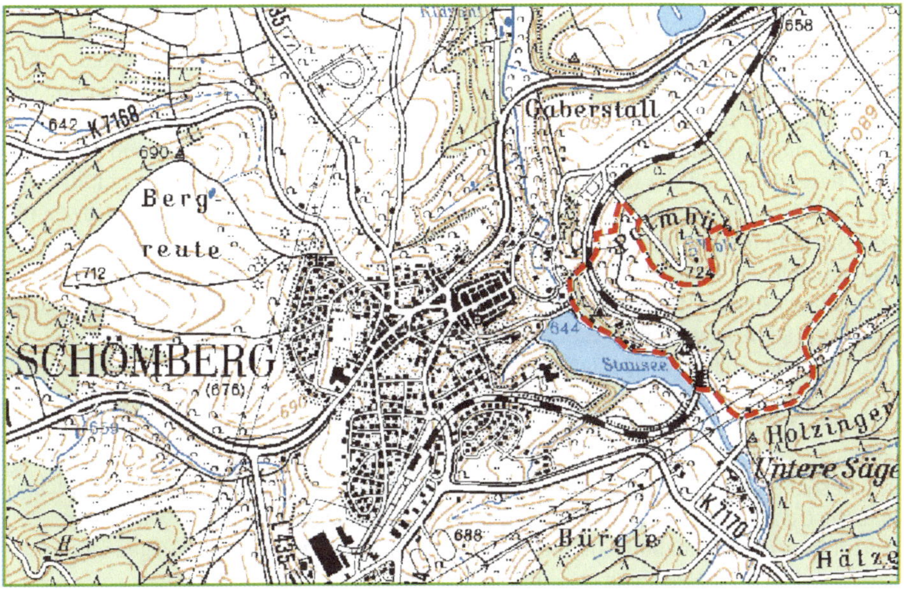

642
K7168
690
Berg-
reute
712
SCHÖMBERG
(676)
Gaberstall
658
724
644
Stausee
Holzinge
Untere Säge
K7170
688
Bürgle
Hätze

62 Vulkanpfad Hohentwiel

Singen, Landkreis Konstanz

Anfahrt:
Autobahn A 81, Ausfahrt Singen

Beschreibung:
Der Hohentwiel ist das weithin sichtbare Wahrzeichen der Stadt Singen. Herrliche Ausblicke und die Festungsruine verlocken zum Besuch. Doch der Hohentwiel hat noch mehr zu bieten:
Der mächtige Vulkanfels mit den steilen Abstürzen erzählt von feurigem Vulkanismus und eiskalter Vergletscherung. Aber auch der Mensch hat seit der ersten Besiedelung vor rund 7000 Jahren seine Spuren hinterlassen – selbst in der Pflanzen- und Tierwelt des Berges. Der heutige Hohentwiel spiegelt mit seinen vielfältigen Lebensräumen das Zusammenwirken von Erdkräften, Natur und Mensch wider. Wegen seiner landschaftlichen Schönheit und des Reichtums an seltenen Pflanzen und Tieren steht er seit 1941 unter Naturschutz.
Die Besonderheiten des Naturschutzgebiets können bei einem Rundweg um den Hohentwiel entdeckt werden. Der Weg beginnt am Informationszentrum beim Besucherparkplatz an der Domäne Hohentwiel und führt über rund 3 km mit insgesamt 12 Stationen um den Gipfel des ehemaligen Vulkans herum und zurück zum Informationszentrum. Der Pfad ist teilweise recht steil, so dass er für Besucher mit Kinderwagen oder Rollstuhl ungeeignet ist. Für diese Fälle ist eine Abkürzung vorgesehen, die wenigstens einen Teil des Weges befahren lässt.
Der Besucher wird auf dem Weg in die Naturgeschichte des Hohentwiels eingeführt. Die erste Informationstafel schildert die Entstehung der Hegauvulkane, auf die man von dieser Station einen besonders schönen Überblick hat: Hohenkrähen, Mägdeberg, Hohenhewen und Hohenstaufen (von Ost nach West). Die weiteren Stationen behandeln die Schafweide im Jahreslauf, die Pflanzen- und Tierwelt der beweideten Flächen, Landschaften im Wandel, vom Wald über Reblandnutzung bis hin zum Trockenrasen, der durch Schafe ständig offen gehalten werden muss. Weitere Stationen weisen auf die Hänge und Felsen des Hohentwiels hin, schildern ihre Besonderheiten, Bodenbildung, Pflanzendecke und Tiere (v. a. Eidechsen und Schmetterlinge). Der Weg führt zurück durch den Bannwald, eine wieder „urwüchsige“ Waldform, in der menschliche Eingriffe zugunsten einer ungestörten Wald(-rück)entwicklung völlig eingestellt wurden. Der Lehrpfad wurde in erster Linie unter Naturschutzaspekten angelegt, doch kommt die Geologie in den verschiedenen Stationen (4 Stationen zu überwiegend geologischen Themen) nicht zu kurz. Die Verbindung von Naturschutz und Geologie zeigt im Gegenteil die engen Beziehungen und Abhängigkeiten zwischen dem Untergrund, der sich darauf entwickelnden Flora und der darin lebenden Tierwelt auf.
Eine ausführliche Broschüre, ein Videofilm sowie eine CD über den Vulkanpfad sind im Infozentrum am Hohentwiel sowie bei der Bezirksstelle für Naturschutz und Landschaftspflege in Freiburg i. Br. (s. u.) erhältlich.
Angaben zur geologischen Situation enthalten die Blätter 8218 Gottmadingen der Geologischen Karte von Baden-Württemberg 1 : 25 000 sowie Hegau und westlicher Bodensee 1 : 50 000.

251 Blick vom Hohentwiel über den nordwestlichen Hegau

Info:

Bezirksstelle für Naturschutz und Landschaftspflege Freiburg
Werderring 14
79098 Freiburg i. Br. (Frau Tribukait)
Tel.: (0761) 20799-17
Fax: (0761) 20799-26

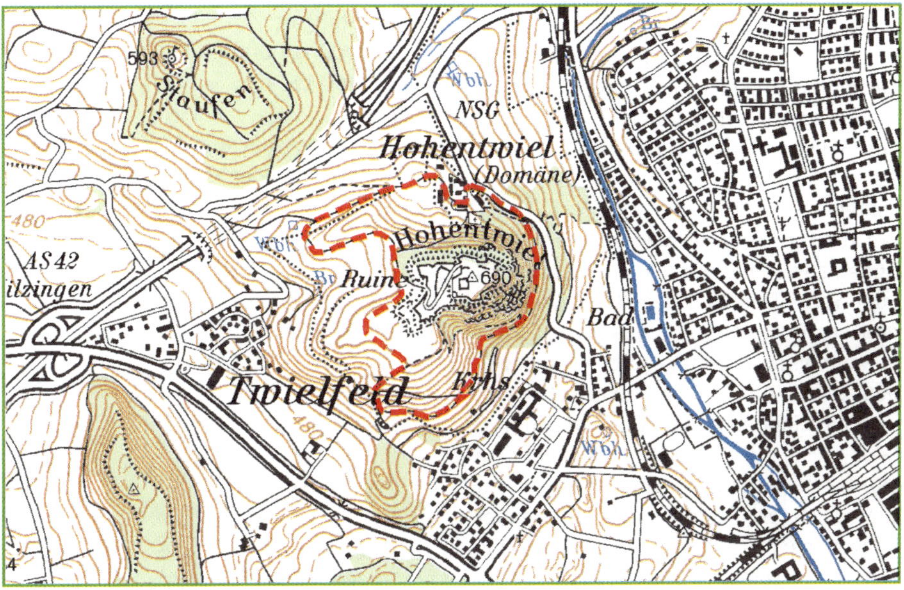

63 Geographischer Lehrpfad Schwäblesklinge

Stuttgart, Stadtkreis Stuttgart

Anfahrt:

Von Stuttgart mit Öffentlichem Personennahverkehr (Linien 1 und 14) bis Haltestelle Waldeck; mit dem Pkw Böblinger Straße Richtung Kaltental bis Christian-Belser-Straße

Beschreibung:

Der Geographische Lehrpfad Schwäblesklinge wurde erst im Mai 2001 eröffnet. Er wurde von einer studentischen Arbeitsgruppe des Institut für Geographie der Universität Stuttgart konzipiert und eingerichtet. Es handelt sich um den ersten geographischen Lehrpfad Baden-Württembergs überhaupt.

Er verläuft durch einen interessanten Ausschnitt der südwestdeutschen Schichtstufenlandschaft im Stuttgarter Stadtgebiet. Sein Schwerpunkt liegt in der Verdeutlichung von Abhängigkeiten zwischen verschiedenen landschaftprägenden Faktoren. Dazu gehören die Gesteine, die Oberflächenformen, das Klima, die Gewässer, der Boden, die Vegetation und nicht zuletzt der Mensch, der die Landschaft seit etwa 8000 Jahren zunehmend prägt und umgestaltet.

Der rund 3 km lange Weg mit ca. 150 m Höhenunterschied kann je nach Gehtempo oder Verweilzeit in 1–1,5 Stunden erwandert werden.

Er kann in zwei Richtungen begangen werden, es bestehen 3 Einstiegsmöglichkeiten, jede mit einer einführenden Orientierungstafel. Zusätzlich wurden 8 Thementafeln erarbeitet, die sich beispielsweise mit der Landschaftgeschichte des Stuttgarter Raums, dem Stadtklima, der Regulierung von Fließgewässern oder, je nach Eigenschaften der Gesteine, der Böden und des Reliefs, mit der darauf wachsenden unterschiedlichen Vegetation beschäftigen. Die Thementafeln wurden von B. Allgaier, einem Mitglied der studentischen Arbeitsgruppe, sehr anschaulich mit naturalistischen Aquarellzeichnungen illustriert – auch etwas Besonderes für einen Lehrpfad! In der kurzen Zeit seit seiner Eröffnung wurde der Lehrpfad schon von zahlreichen Besuchern und Schulklassen besucht.

Angaben zur geologischen Situation enthalten die Blätter 7220 Stuttgart-Südwest der Geologischen Karte von Baden-Württemberg 1 : 25 000 sowie Stuttgart und Umgebung 1 : 50 000.

Info:

Institut für Geographie der Universität Stuttgart
Azenbergstraße 12
70174 Stuttgart
Tel.: (0711) 121-1410 (Fr. C. Rieg, Sekret.)
Fax: (0711) 121-1472
E-Mail:
carmen.rieg@geographie.uni-stuttgart.de
www.geographie.uni-stuttgart.de

252 Blockbild der eiszeitlichen Landschaft um Stuttgart

252

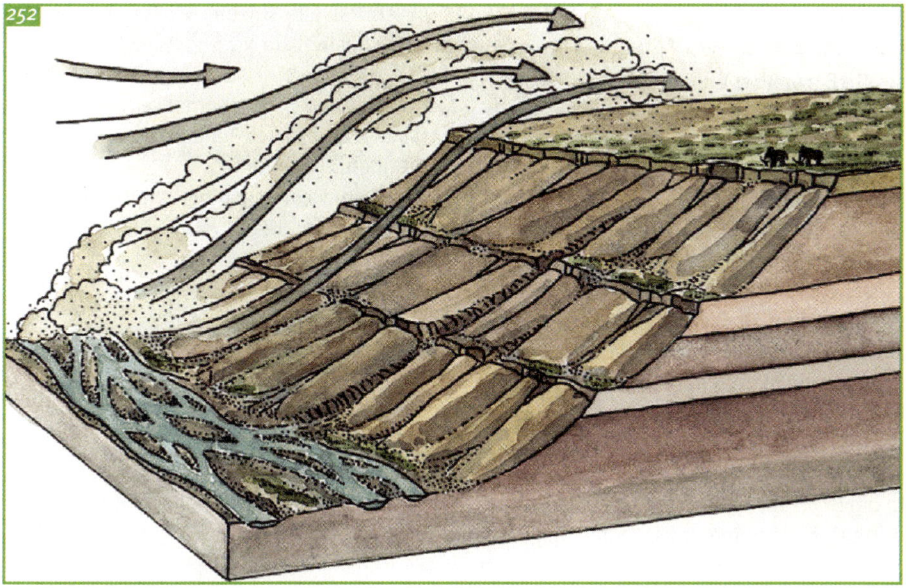

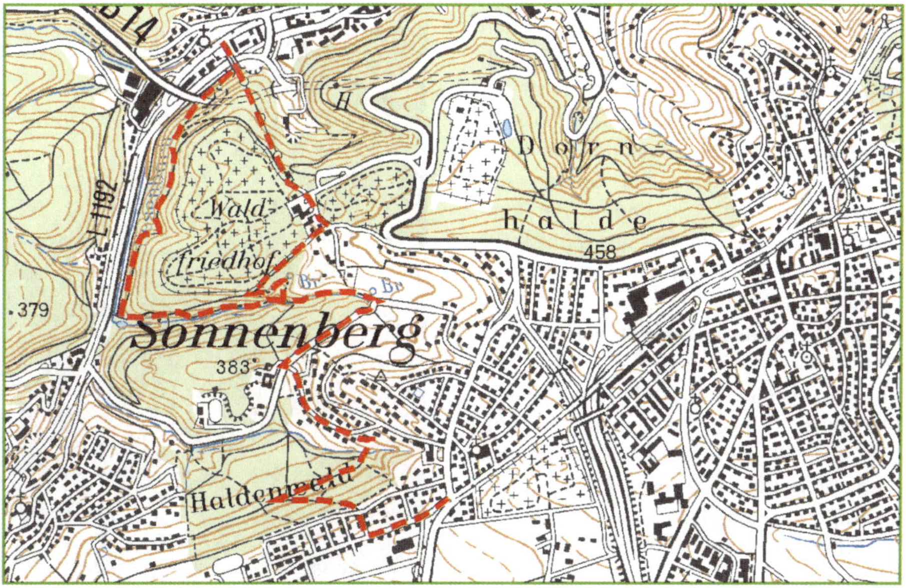

64 Rundwanderweg Mühlbachschlucht

Tengen, Landkreis Konstanz

Anfahrt:
Autobahn A 81, Ausfahrt Hilzingen, Bundesstraße B 314 über Blumenfeld nach Tengen; oder A 81, Abfahrt Engen, Landesstraße nach Tengen

Beschreibung:
Der Rundwanderweg Mühlbachschlucht im südlichen Ortsbereich von Tengen wurde zwischen 1976 und 1978 von der Stadt Tengen und dem Flurbereinigungsamt Radolfzell eingerichtet. Zuvor war die wildromantische Schlucht mit ihren Wasserfällen für Wanderer unzugänglich. Ausgangspunkt für die etwa 1 km lange Rundwanderung ist der 1983 renovierte Marktbrunnen in der Stadt.
In der Schlucht wurden in früheren Jahrhunderten Mühlsteine aus dem Tengener „Muschelkalk“ gewonnen. Es handelt sich allerdings nicht um den Muschelkalk der Trias, sondern um einen tertiärzeitlichen Kalkstein der Oberen Meeresmolasse, den Randengrobkalk, der nahezu ausschließlich aus Muschel- und Schneckenschalen aufgebaut ist. Am Felsen des Hinterburgturms sowie im Wegverlauf und am Rastplatz Mühlsteingrube sind Spuren der Mühlsteingewinnung zu finden. Der Randengrobkalk, aus dem die Mühlsteine gehauen wurden – ein Schaustück ist im Rathaus aufgestellt – war im 20. Jahrhundert zeitweise auch ein beliebter Naturstein für Sichtmauerwerk.
Für Hobbygeologen besteht die Möglichkeit, im ehemaligen Steinbruch nach Zeugen der Vergangenheit zu suchen. Mit etwas Glück lässt sich sogar ein versteinerter Haifischzahn finden.
Im unteren Teil der Schlucht steht eine Mühlenruine mit laufendem Mühlrad. Im Innern ist ein Teil des Platzes überdacht, ein Grill steht zur Verfügung. Von dort führt der Rundweg schluchtaufwärts über Brücken und Stege, vorbei an den Wasserfällen, zurück nach Tengen und zum Marktbrunnen.
Angaben zur geologischen Situation enthält das Blatt 8117 Blumberg der Geologischen Karte von Baden-Württemberg 1 : 25 000.

Info:
Stadtverwaltung Tengen
Marktstraße 1
78250 Tengen
Tel.: (07736) 9233-0
E-Mail: stadt@tengen.de
www.tengen.de

253 Wasserfall in der Mühlbachschlucht
254 Mühlenruine in der Mühlbachschlucht

253

254

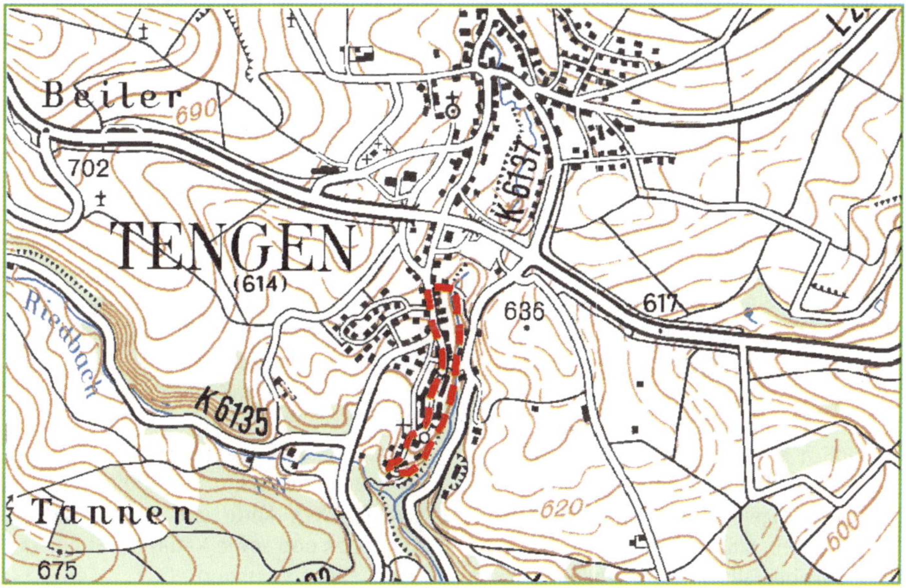
Beiler
690
702
TENGEN
(614)
K 6137
636
617
Riedbach
K 6135
620
Tannen
675
600

65 Hohlwegelehrpfad

Ubstadt-Weiher, Landkreis Karlsruhe

Anfahrt:

Autobahn A 5, Ausfahrt Bruchsal, Bundesstraßen B 35 bis Bruchsal, B 3 bis Ubstadt-Weiher-Settfeld, Landesstraße bis Zeutern

Beschreibung:

Der Kraichgau ist eine Landschaft, deren Fläche zu rund 75 % von Löss bedeckt ist, wobei Mächtigkeiten von wenigen Zentimetern bis über 20 m vorkommen. Dieser Löss entstand in den Kaltzeiten des Pleistozäns (Eiszeitalter). Damals wurde aus den ungeschützten, vegetationslosen Schotterflächen der Rheinebene fein zerriebenes Gesteinsmaterial ausgeblasen und mit dem Wind über den Kraichgau, das Bauland bis in den Taubergrund und die Hohenloher Ebene verfrachtet.

Hohlwege – tiefe, die Lösslandschaft durchziehende Wegschluchten – sind dagegen infolge menschlicher Einwirkung dadurch entstanden, dass auf den seit alters befahrenen Wegen die Wagenräder immer wieder die Lössoberfläche zerfurcht haben. In den entstehenden Spurrillen floss oberflächlich Niederschlagswasser ab und schwemmte den Löss talwärts. Mit zunehmender Vertiefung und fortschreitender Erosion entstanden im Laufe einiger hundert Jahre die typischen, mehrere Meter tiefen Lössschluchten, die sich durch gelegentliches Abbrechen der Seitenwände verbreitern. Dabei offenbart sich auch der innere Aufbau der Lösswände. Häufig lassen sie Schichtungen erkennen, was auf unterschiedlich alte Lössablagerungen der vergangenen Eiszeiten zurückzuführen ist. Bodenbildungen in den Zwischeneiszeiten (Warmzeiten) sind in Form von braunen Bändern ebenfalls oft festzustellen.

Hohlwege haben eine hohe kulturhistorische und vor allem ökologische Bedeutung. Die Vegetation zeigt hier eine große Vielfalt: auf engstem Raum trifft man die unterschiedlichsten Standortsverhältnisse an, von trockenen, sonnseitig exponierten Steilböschungen bis hin zu den schattig feuchten Schluchten am Grund der Wege mit jeweils typischer Vegetation, dazu alle Übergänge. Auch die Tierwelt, vor allem Insekten und Vögel, finden hier die verschiedensten Lebensbereiche vor.

Durch die Flurbereinigungsverfahren seit Beginn der 1960er-Jahre wurden die meisten der ursprünglich zahllosen Hohlwege verfüllt oder zugeschoben. Die verbliebenen wurden inzwischen größtenteils unter Naturschutz gestellt.

Die Gemeinde Ubstadt-Weiher hat mit dem Lehrpfad auf Gemarkung Zeutern ein Zeichen gesetzt, dass diese alten Kleinstrukturen, die für Lössgebiete wie den Kraichgau so typisch sind, für die Nachwelt erhalten, gepflegt und wieder ins Bewusstsein der Bevölkerung gebracht werden müssen. Auf dem Lehrpfad, der die „Altackerhohl“ und die „Hirschhohl“ einschließt, werden dem Besucher das Charakteristische der Hohlwege, ihre Vegetation und Tierwelt, die Entstehung und weitere Pflege, aber auch ihre Gefährdungen nahegebracht. Im Bereich des Lehrpfads liegende Streuobstwiesen werden ebenfalls behandelt und als wichtige Elemente dieser Kulturlandschaft gewürdigt.

Angaben zur geologischen Situation enthalten die Blätter 6818 Kraichtal der Geologischen Karte von Baden-Württemberg 1 : 25 000 sowie Naturpark Strom- und Heuchelberg 1 : 50 000.

255 *alter Löss-Hohlweg im Kraichgau*

Info:
Gemeinde Ubstadt-Weiher
Bruchsaler Straße 1–3
76698 Ubstadt-Weiher
Tel.: (07251) 617-0
Fax: (07251) 617-60
E-Mail: gemeinde@ubstadt-weiher.de
www.ubstadt-weiher.de

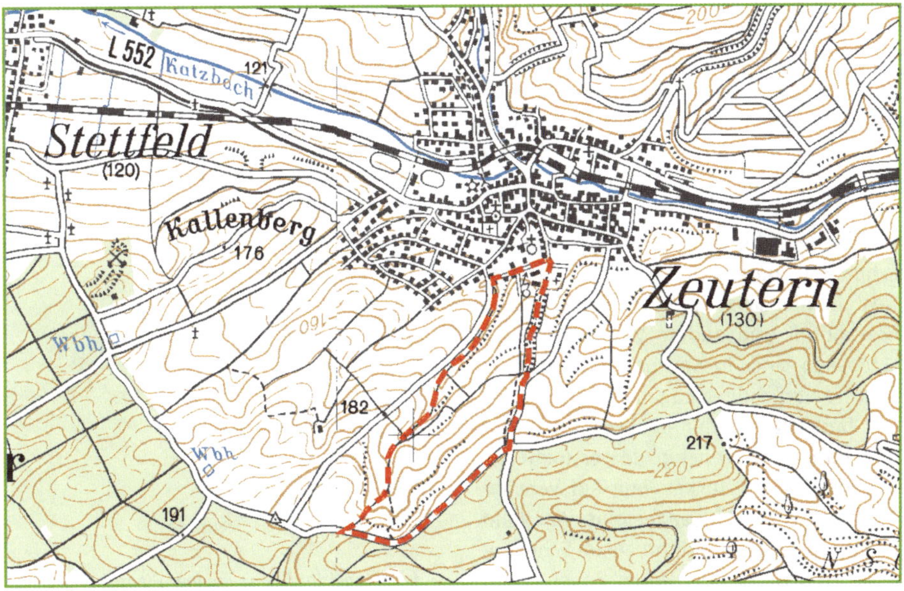

66 Geologischer Weinlehrpfad

Vogtsburg im Kaiserstuhl, OT. Achkarren, Landkreis Breisgau-Hochschwarzwald

Anfahrt:

Autobahn A 5, Ausfahrt Freiburg-Mitte, Landesstraße über Umkirch – Ihringen, vor Breisach abbiegen in Richtung Burkheim und Achkarren; oder Landesstraße über Umkirch – Bötzingen – Oberbergen bis Achkarren

Beschreibung:

Der vom Ortschaftsrat Achkarren am Schlossberg eingerichtete Geologische Weinlehrpfad führt den Wanderer auf einer Länge von rund 2,4 km an vieles Sehenswerte der Landschaft um Achkarren heran. Er bietet mit seinen Informationstafeln eine ideale Gelegenheit, die intensiven Zusammenhänge zwischen Weinbau und Geologie kennen zu lernen.

Der Weg beginnt gegenüber der Winzergenossenschaft Achkarren und führt zunächst entlang von Weinbergsmauern, deren braune, rötliche und graue Farben schon die Vielfalt der vulkanischen Gesteine erahnen lassen, die im Verlauf des Weges anstehen. Ausführliche Schautafeln informieren über den Weinbau und die Rebsorten, die hier angebaut werden. Bald steigt der Weg – immer durch Weinberge führend – zum Schlossberg hinauf, wobei an den Böschungen zunehmend das vulkanische Gestein, hier Laven und Tuffe (Leucittephrit, Brockentuff und andere Vulkanite) aufgeschlossen sind. In den unteren Bereichen noch von mächtigen Lagen des gelben Lösses bedeckt, dünnen die Lössdecken zu den höheren Lagen hin immer mehr aus und die Reben stocken nun auf Verwitterungsböden der Vulkangesteine. Am Waldrand wird ein alter Steinbruch am Scheibenplatz erreicht, in dem früher Bausteine für die Weinbergsmauern gebrochen wurden. Heute sind derartige Steinbrüche längst verfallen und von einer alles überwuchernden Vegetation verdeckt – zur Freude der Vögel und anderer Tiere, die hier ungestörte Biotope finden. Im Verlauf des Weges wird an einer Böschung ein Monchiquitgang gezeigt, der beim Wegebau angeschnitten worden war: Deutlich ist das graue Gestein in der sonst bräunlichen Umgebung zu erkennen. Nach vielen weiteren interessanten Informationen über Weinbau, Gesteine und Landschaft führt der Weg zurück nach Achkarren.

Eine ausführliche Broschüre mit genauer Wegbeschreibung ist bei der Kaiserstühler Touristik-Information erhältlich.

Angaben zur geologischen Situation enthalten die Geologische Exkursionskarte des Kaiserstuhls 1 : 25 000 sowie das Blatt Freiburg i. Br. und Umgebung der Geologischen Karte von Baden-Württemberg 1 : 50 000.

Info:

Kaiserstühler Touristik-Information
Bahnhofstraße 20
79235 Vogtsburg im Kaiserstuhl
Tel.: (07662) 94011
Fax: (07662) 812-46
E-Mail: info@vogtsburg.de
www.vogtsburg.de

256 Monchiquitgang in einer Wegböschung

256

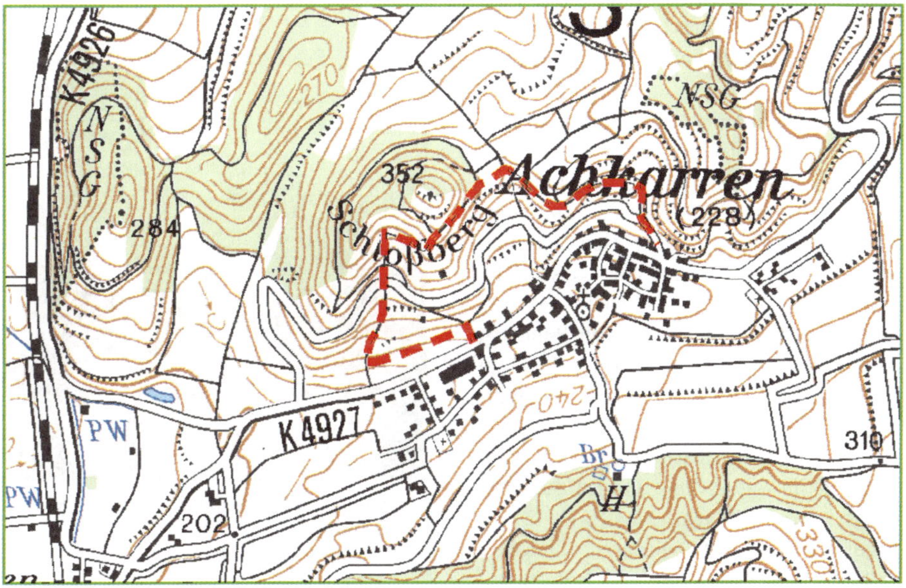
K4926
NSG
270
352
Achkarren
(228)
284
Schlossberg
K4927
240
PW
310
202
330

67 Naturlehrpfad Badberg

Vogtsburg im Kaiserstuhl, OT. Oberrotweil, Landkreis Breisgau-Hochschwarzwald

Anfahrt:
Autobahn A 5, Ausfahrt Freiburg Mitte, Landesstraße über Umkirch, Gottenheim, Bötzingen nach Vogtsburg, Ortsteil Oberrotweil

Beschreibung:
In den Naturschutzgebieten Badberg und Haselschacher Buck wurden 1999 neue Wanderwege mit ausführlichen Informationstafeln eingerichtet. Fünf große Eingangstafeln stehen an den Zugängen zum Naturschutzgebiet: am Horberig bei Oberbergen, am Parkplatz Badloch, auf dem Vogelsangpass, auf der Schelinger Höhe sowie in Schelingen. Auf diesen Tafeln ist neben einer Einführung in die Naturschutzgebiete und allgemeinen Verhaltensregeln eine Karte zu sehen, in der drei markierte Rundwanderwege abgebildet sind. Einer dieser Wege, der Naturlehrpfad am Badberg, folgt einem schon früher angelegten Lehrpfad (geologisch-botanischer Lehrpfad), der überarbeitet und erweitert wurde.
Diesen Naturlehrpfad beginnt man am besten am Parkplatz an der Westspitze des Badbergs (Horberig) oder am Parkplatz am Badloch. Die insgesamt 26 Tafeln am Naturlehrpfad informieren über Geologie und Entstehung des Kaiserstuhls, Lösswände, Tier- und Pflanzenleben sowie über den Naturschutz am Kaiserstuhl. Der Rundweg weist eine Länge von ca. 4 km auf, wobei ein Höhenunterschied von 170 m zum Badbergrücken überwunden werden muss.
Eine ausführliche Broschüre ist bei der Landesstelle für Naturschutz und Landschaftspflege (s. u.) erhältlich.
Angaben zur geologischen Situation enthalten die Blätter 7912 Freiburg i. Br.-Nordwest der Geologischen Karte von Baden-Württemberg 1 : 25 000 (vorläufige Ausgabe) sowie die Geologische Exkursionskarte des Kaiserstuhls 1 : 25 000.

Info:
Bezirksstelle für Naturschutz und Landschaftspflege Freiburg
Werderring 14
79098 Freiburg i. Br.
Tel.: (0761) 20799-0
Fax: (0761) 20799-26

Kaiserstühler Touristik-Information
Bahnhofstraße 20
79235 Vogtsburg im Kaiserstuhl
Tel.: (07662) 94011,
Fax: (07662) 812-46
E-Mail: info@vogtsburg.de
www.vogtsburg.de

257 aufgelassener Steinbruch beim Badloch (Karbonatit und Gänge)
258 Küchenschelle (Pulsatilla vulgaris) am Badberg

258

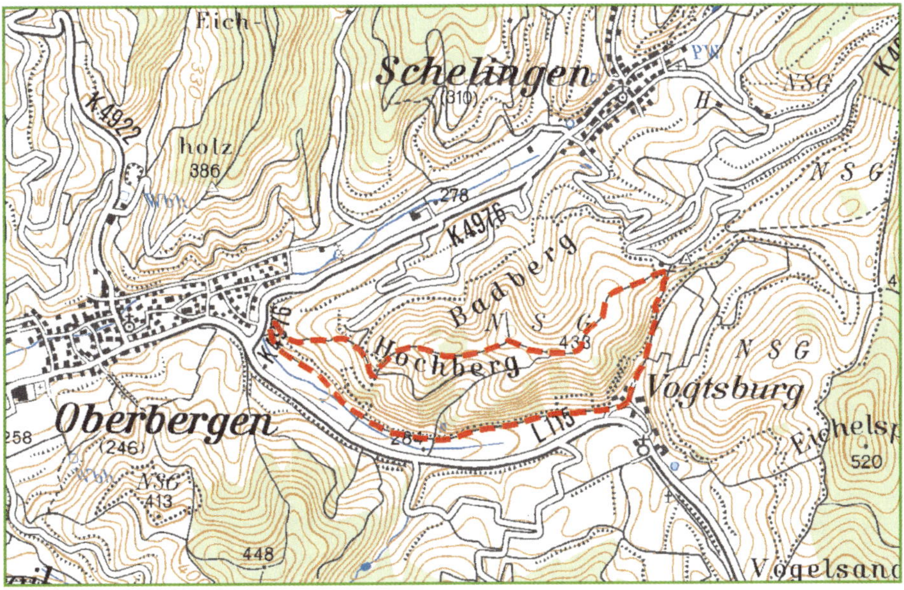
Eich-
Schelingen
(310)
PW
NSG
H
K4922
holz
386
278
K4976
N S G
Badberg
N S G
433
Hochberg
N S G
Vogtsburg
Oberbergen
(246)
258
284
L115
Eichelsp
520
NSG
413
448
Vogelsand

259

WANDERUNGEN

Geowissenschaftlich bedeutende Wanderungen

259 Kirchzarten, Hirschsprungfelsen im Höllental

Baden-Württemberg besteht aus wesentlich mehr schönen Landschaften als durch die vorgenannten Lehrpfade besucht und erkundet werden können. Diese, geowissenschaftlich ebenfalls bedeutend, haben eine touristische Erschließung durch Lehrpfade noch nicht erfahren. Um dennoch einige dieser Landschaften zu präsentieren, werden 20 weitere Wanderungen vorgeschlagen, die zwar z. T. durch Wanderwege erschlossen, aber durch keine weiteren geowissenschaftlichen Angaben oder Informationen erläutert sind.

Einige dieser Wandertouren, beispielsweise die durch die Wutachschlucht, das Eselsburger Tal oder der Weg zum Uracher Wasserfall sind so bekannt, dass es verwunderlich ist, dass hier noch keine erläuterten geowissenschaftlichen Lehr- oder Wanderpfade angelegt wurden. Obwohl sie eigentlich keiner besonderen zusätzlichen Erwähnung bedürfen, werden sie dennoch hier mit aufgeführt.

260

260 Baden-Baden, Battertfelsen: Blick auf den Merkur (Großer Staufenberg)
261 Efringen-Kirchen: Isteiner Schwellen

Die Wandergebiete verteilen sich ziemlich gleichmäßig über das Land und über seine geologischen Perioden. Vorgeschlagen werden nicht nur größere Wanderungen, sondern auch kürzere Strecken, die aber zu besonderen Landschaftselementen führen.

In der Beschreibung dieser Wanderwege wird auf die geologischen Verhältnisse eingegangen und eine relativ genaue Wegbeschreibung geliefert. Die Wege sind meist in einem guten bis sehr guten Zustand, zumal, wenn sie von Wanderorganisationen wie dem Schwäbischen Albverein oder dem Schwarzwaldverein angelegt wurden und gepflegt werden. Naturereignisse, wie die letzten Stürme oder Hochwasser, die dem einen oder anderen Weg in unterschiedlichem Maß geschadet haben, könnten inzwischen jedoch zu Schwierigkeiten führen, die der Autor im Einzelnen nicht überblicken konnte.

Hilfreich ist auf jeden Fall die Mitnahme einer Topographischen Karte 1 : 25 000 (mit derselben Blattnummer wie die der angegebenen Geologischen Karte) oder einer guten Wanderkarte.

261

Erläuterungen zur nebenstehenden Karte:

Geowissenschaftlich bedeutende Wanderungen

1 **Abtsgmünd-Laubach:**
Riegelbach

2 **Baden-Baden:**
Battert

3 **Bad Urach:**
Uracher und Gütensteiner Wasserfall

4 **Bühlertal:**
Gertelbachschlucht

5 **Crailsheim:**
Reußenberg

6 **Efringen-Kirchen, OT. Istein:**
Isteiner Klotz und Isteiner Schwellen

7 **Feldberg (Schwarzwald):**
Felsenweg

8 **Fridingen a. d. Donau:**
Donautal zwischen Fridingen und Beuron

9 **Herbrechtingen:**
Eselsburger Tal

10 **Hessigheim:**
Hessigheimer Felsengärten

11 **Immendingen:**
Donau-Versickerung

12 **Isny im Allgäu-Ratzenhofen:**
Schleifertobel–Schwarzer Grat–Eisenbacher Tobel

13 **Kirchzarten:**
Höllental

14 **Löffingen, Blumberg, Stühlingen:**
Wutachschlucht

15 **Murrhardt:**
Hörschbach-Wasserfälle

16 **Neckargerach:**
Margaretenschlucht

17 **Ottenhöfen im Schwarzwald:**
Gottschlägtal–Karlsruher Grat

18 **Spiegelberg:**
Bodenbachschlucht

19 **Villingen-Schwenningen:**
Neckarursprung

20 **Weilheim a. d. Teck, OT. Hepsisau:**
Schopflocher Torfgrube und Randecker Maar

Lage der Geowissenschaftlich bedeutenden Wanderungen

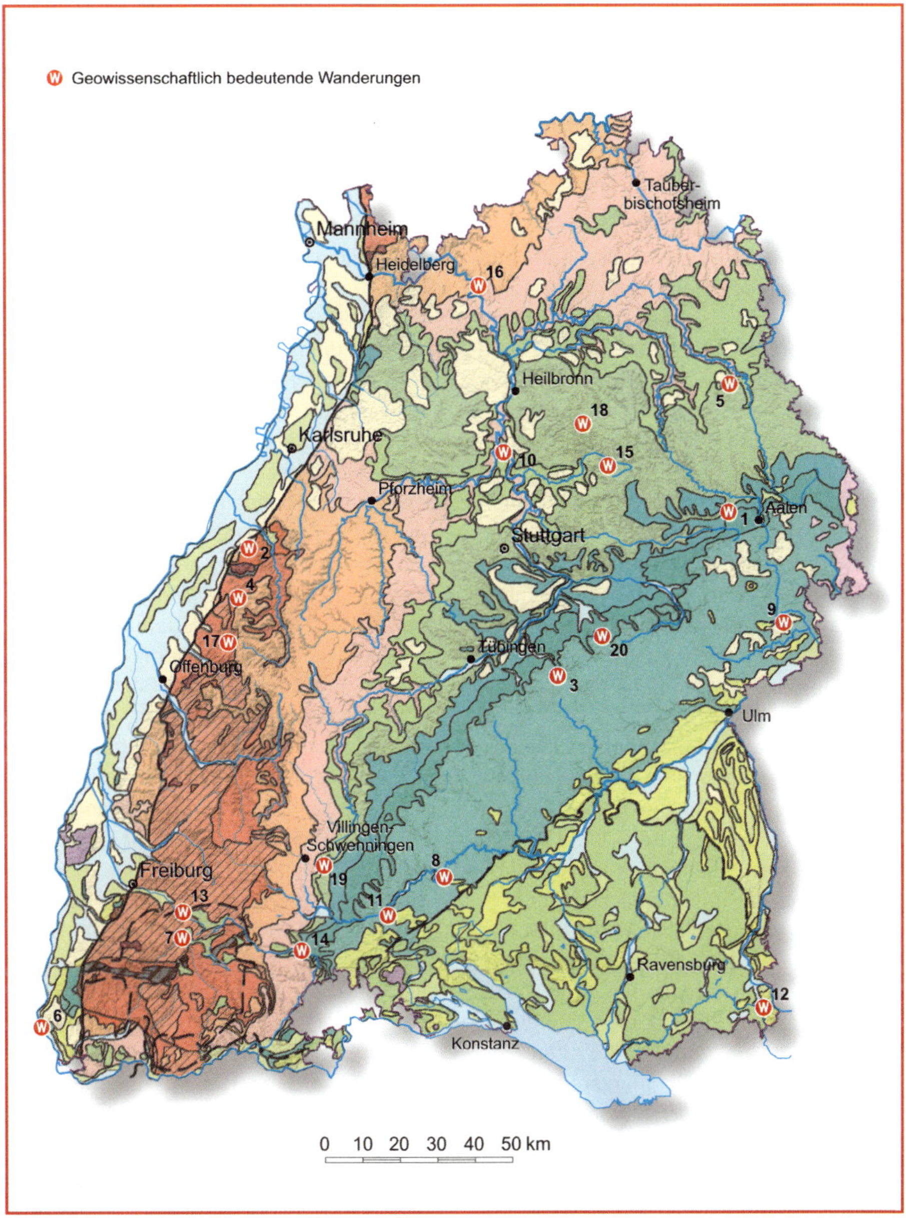

1 Riegelbach

Abtsgmünd-Laubach, Ostalbkreis

Anfahrt:
Autobahn A 7, Ausfahrt Aalen-Westhausen, Bundesstraße B 29 über Aalen bis Essingen, Landesstraße in Richtung Dewangen, Abzweigung nach Laubach

Beschreibung:
Der Riegelbach, auf der Topographischen Karte 1 : 25 000 auch Laubach genannt, entspringt östlich des Riegelhofs in einer breiten Hangmulde im untersten Mitteljura (Opalinuston-Formation, Braunjura α) und fließt nach Westen zur Lein, einem Nebenfluss des Kochers. Er durchschneidet in seinem Verlauf bis zu seiner Mündung den gesamten Unterjura (Schwarzjura) und den oberen Mittelkeuper von der Knollenmergel- bis zur Stubensandstein-Formation. Alle diese Schichten sind an den Prallhängen des Bachs zum Teil recht gut aufgeschlossen. Ein bequemer Wanderweg ist nicht vorhanden, man geht teils im Bach, teils auf der wenig befahrenen Landesstraße.

Die Wanderung durch das geologische Profil beginnt man am besten auf halbem Weg zwischen Laubach und Reichenbach. Unterhalb der Straße stehen bereits die weißen Felswände der Stubensandstein-Formation an, unterbrochen von bräunlichen und rötlichen Ton- und Mergelsteinschichten. Im Verlauf der weiteren Strecke nach Reichenbach fallen die unruhigen Hangformen mit einer Häufung von Rutschkissen und Abrisskanten auf, ab und zu sind die roten Mergelsteine der Knollenmergel-Formation (km5) freigelegt, die auch am Bachufer stellenweise beobachtet werden können. Kurz vor Reichenbach erreicht man die Unterjurakante: Hier ragen Kalksteinbänke des Unterjuras aus dem Hang. Es handelt sich um die harten Bänke der Angulatensandstein-Formation (he2, Schwarzjura α 2) und insbesondere der Arietenkalk-Formation (si1, Schwarzjura α 3), die die Schichtstufe bilden, auf der Reichenbach steht. Die darunter liegenden Schichten des Unterjuras (Schwarzjura α1) sind größtenteils verrutscht und der Beobachtung nicht zugänglich.

Am östlichen Ortsausgang von Reichenbach kann man wieder im Bachbett gehen. Hier sind am Prallhang dunkelblaugraue, feinsandige Tone der Obtususton-Formation (si2, Schwarzjura β) erschlossen, denen graue, fossilreiche Kalksteine der Numismalismergel-Formation (pb1, Schwarzjura γ) aufliegen. Talauf verläuft die Straße nun in der Amaltheenton-Formation (pb2, Schwarzjura δ), die steil ansteigenden Hänge werden bereits von den härteren Mergelsteinen der Posidonienschiefer-Formation (tc1, Schwarzjura ε) gebildet. Im Bachbett selber können die recht eintönigen, graublauen schiefrigen Tone (Amaltheentone) beobachtet werden. Im Bereich einer kleine Seitenklinge sind diese Schichten am besten zu sehen. Vor allem im Frühling, nach der Schneeschmelze, können schöne Fossilien gefunden werden (*Amaltheus* spec., z. T. mit Pyritknollen und Belemniten). Weiter bachaufwärts ragen die blaugrauen, schiefrig-blättrigen Mergelsteine und Stinkkalkbänke der Posidonienschiefer-Formation aus dem Hang. Diese Schichtenfolge, die im Raum Aalen bis 11 m mächtig wird, kann im weiteren Verlauf bis kurz vor dem Riegelhof studiert werden, wobei bachaufwärts immer höhere Schichtglieder anzutreffen sind. Das sichtbare Bachprofil im Schwarz-

262 *steile Prallhänge des Riegelbachs in der Posidonienschiefer-Formation (Schwarzjura)*

jura endet im höheren Posidonienschiefer, die Jurensismergel-Formation (tc2, Schwarzjura ζ) ist nicht mehr aufgeschlossen, verstürzte Reste können am Ende der oben genannten Seitenklinge beobachtet werden.

Angaben zur geologischen Situation enthalten die Blätter 7125 Mögglingen und 7126 Aalen der Geologischen Karte von Baden-Württemberg 1 : 25 000.

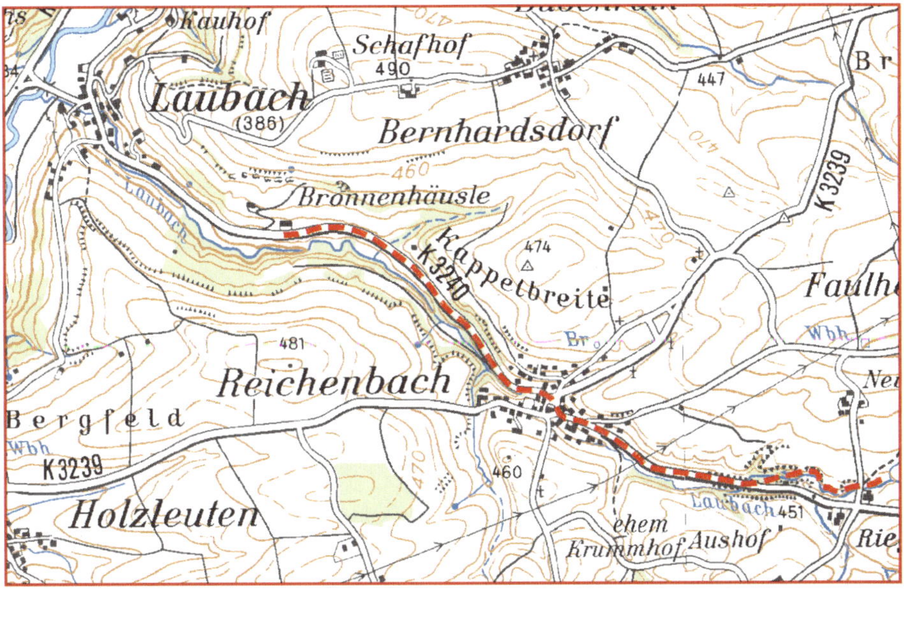

2 Battert

Baden-Baden, Stadtkreis Baden-Baden

Anfahrt:

Autobahn A 5, Ausfahrt Baden-Baden, Bundesstraße B 500 nach Baden-Baden, Fahrweg zur Ruine Hohenbaden

Beschreibung:

Das Felsmassiv des Battert erhebt sich, schon von weitem sichtbar, knapp 2 km nördlich von Baden-Baden über der Stadt. Nicht nur landschaftlich, sondern auch geologisch stellt das Battertmassiv etwas Besonderes dar und kann auf einem kurzen Wanderweg von ca. 3,5 km kennen gelernt werden.

Ausgangspunkt ist die Ruine Hohenbaden, das alte Schloss der Markgrafen von Baden, das 1599 abgebrannt ist und seit 1832 wieder zugänglich gemacht wurde.

Direkt unterhalb der steil aufragenden Felstürme der Battertfelsen verläuft der Weg nahezu hangparallel nach Osten. Oberhalb des Wegs ragen steile Blockhalden bis an den Fuß der nahezu senkrechten Felsen, zum Teil von großen Laubbäumen überwachsen, teilweise auch durch immer wieder nachrutschende Blöcke fast vegetationsfrei; unterhalb des Wegs stehen alte Laubwaldbestände. Stellenweise reichen Ausläufer der Battertfelsen bis an den Weg, und die Gesteine, die sie aufbauen, können gut betrachtet werden. Es handelt sich hierbei um ein verkieseltes Porphyrkonglomerat aus dem Rotliegend (älteres Perm), das waagerecht gelagert und relativ grobkörnig ist. Außerdem sind Fanglomerate (verfestigter Schutt und Gerölle), Arkosen (Sandsteine mit hohem Anteil an Feldspäten) und, zurücktretend, feinere Schüttungen eingelagert. Die Schichtfolge entstand aus gewaltigen Schuttströmen, die bei periodischen Starkniederschlägen im sonst wüstenähnlichen Klima des Rotliegenden abgelagert und im Laufe von Jahrmillionen verfestigt wurden. Während der Tertiärzeit wurden sie entlang einer Ost-West verlaufenden Störung verkieselt, dadurch gegen die Erosion äußerst widerstandsfähig und blieben deshalb als lang gezogenes Felsmassiv, das heute den Battert bildet, erhalten.

Der Battert ist ein bekanntes Klettergebiet. In den steilen, oft nahezu senkrechten Felstürmen sind mehrere Kletterrouten ausgewiesen – alle anderen Wände und Felsen sind gesperrt. Vom unteren Battertweg gehen zwei steile Pfade ab, auf denen man zu den Klettereinstiegen, aber auch auf steilen Steigen durch die Felsen auf das Plateau des Battert gelangen kann. Hier sollte man auch als Nicht-Kletterer festes Schuhwerk benutzen!

Hat man dieses Plateau nach etwa 1,5 km und einem kurzen Anstieg erreicht, geht es auf bequemen Waldwegen zurück zur Ruine Altbaden (mit kurzem Abstieg zum Schluss). Vom Plateauweg lässt sich die grandiose Kulisse der steilen Felstürme besonders genießen, auch die Aussicht auf die umliegende Baden-Badener Landschaft ist sehenswert.

Angaben zur geologischen Situation enthält das Blatt Blatt 7215 Baden-Baden der Geologischen Karte von Baden-Württemberg 1 : 25 000.

263 Battertfelsen nordöstlich von Baden-Baden

263

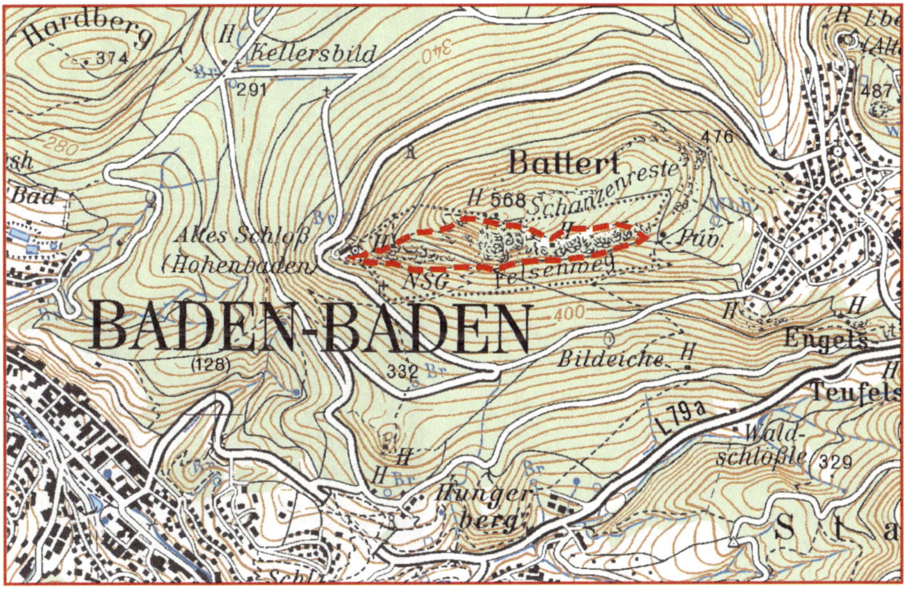
Hardberg
374
Kellersbild
291
340
280
Bad
Battert
476
487
H 568
Schanzenreste
Altes Schloß
(Hohenbaden)
NSG
Felsenweg
Pav.
BADEN-BADEN
(128)
332
400
Bildeiche
Engels
Teufels
L 79a
Wald-
schlößle
329
Hunger-
berg
S t a

3 Uracher und Gütersteiner Wasserfall

Bad Urach, Landkreis Reutlingen

Anfahrt:
Autobahn A 8, Ausfahrt Merklingen, über Laichingen zur Bundesstraße B 28, dort bis Bad Urach; oder Autobahn A 8, Ausfahrt Wendlingen, Bundesstraßen B 313 bis Metzingen, B 28 bis Bad Urach; oder Autobahn A 81, Ausfahrt Herrenberg, Bundesstraße B 28 über Tübingen und Reutlingen nach Bad Urach

Beschreibung:
Die Landschaft um Bad Urach gehört zu den beliebtesten Wandergebieten der Schwäbischen Alb. Dementsprechend zahlreich sind auch Wanderwege und Routen vorhanden, um die vielen Sehenswürdigkeiten und Aussichtspunkte zu besuchen. Hier soll nun eine Wanderung vorgeschlagen werden, die den geologischen Aufbau von Albtrauf und Alb behandelt sowie zwei bekannte und besonders schöne Wasserfälle besucht.

Der Weg beginnt westlich von Bad Urach am Ausgang des Brühltals zwischen Rundem Berg und Schlossberg. Den Waldrand entlang, das Brühltal hinauf bewegt man sich im unteren Oberjura (Impressamergel-Formation, Weißjura α und Wohlgeschichtete Kalk-Formation, Weißjura β) die allerdings von mächtigen Hangschuttdecken überlagert sind) und erreicht bald den kurzen Steilanstieg zum Uracher Wasserfall. Dieser wohl bekannteste Wasserfall der Schwäbischen Alb stürzt über ein gewaltiges Polster von Quellkalken 37 m senkrecht in die Tiefe, um dann über weitere Kaskaden aus abgebrochenem Kalktuff und neu gebildetem Quellkalk ins Brühltal zu fallen. Der steile, durch zerstäubendes Wasser ständig feuchte Hangbereich um den Wasserfall sorgt für eine reiche und typische Schluchtwaldflora mit Massenbeständen des seltenen Hirschzungenfarns (*Asplenium scolopendrium = Phyllitis s.*). Beim Aufstieg über den Treppenweg kommt man an frischen Aufschlüssen in den Felsenkalken (Weißjura δ und ε), durchgehend in gebankter Ausprägung, vorbei. Über dem Wasserfall erhebt sich der steile Albaufstieg in seiner schönsten Ausprägung, 90 m hoch, gekrönt vom Rutschenfelsen, der über einen steilen Weg erreicht wird. Vom Rutschenfelsen, aufgebaut aus Massenkalken (im Niveau des ki5, Weißjura ζ), genießt man eine herrliche Aussicht auf Hohenurach, den Runden

264 Uracher Wasserfall

Berg, sieht am Horizont den Hohenneuffen und hinab ins Schießtal mit der Hölle, einen wilden Felsenkessel mit mächtigen Geröllhalden am Fuß des Rutschenfelsens. Südwestlich dieses Felsens, auf der Albhochfläche, fällt eine weite Senke ohne oberirdischen Abfluss mit zwei Vulkanschloten auf. Der Weg führt weiter entlang des Albtraufs bis zur Fohlensteige, der man abwärts bis zur ersten Spitzkehre folgt. Hier ist die Obere Felsenkalk-Formation (ki3, Weißjura ε) aufgeschlossen, darunter die Unteren Massenkalke (im Niveau des Weißjura δ 4) als zuckerkörniger Lochfels. Kurz danach erreicht man einen kleinen Steinbruch im δ 3 mit der Glaukonitbank, die gut zu sehen ist. Von hier besteht die Möglichkeit, einen Abstecher zum Runden Berg zu unternehmen, auf dessen vorderem Rücken eine frühgeschichtliche Burg stand. Archäologische Funde reichen bis in die Urnenfelderzeit (1000–800 v. Chr.) zurück. Bei der nächsten Spitzkehre geht ein Waldweg geradeaus weiter und erreicht nach kurzer Strecke die ehemalige Kartause Güterstein und den Gütersteiner Wasserfall. Auch hier hat sich das Wasser eine Kalktuffbarriere aufgebaut, allerdings fällt es nicht – wie beim Uracher Wasserfall – über eine vorspringende Quellkalknase senkrecht in die Tiefe, sondern in zahlreichen kleineren Fällen über Kalktuffstufen und durch schmale Rinnen, überrieselt die von Moos bedeckten Kalktuffpolster, dabei ständig neue Quellkalkschichten bildend. Von hier führt der Weg steil über Serpentinen und Treppen durch den tieferen Oberjura (Weißjura γ, β und α, jetzt Lacunosamergel-, Lochen-, Wohlgeschichtete Kalk- und Impressamergel-Formation genannt), der stellenweise am Weg aufgeschlossen ist, zum Gestütshof Güterstein ab und durch das breite Maisental wieder zurück zum Ausgangspunkt.

Angaben zur geologischen Situation enthält das Blatt 7522 Bad Urach der Geologischen Karte von Baden-Württemberg 1 : 25 000.

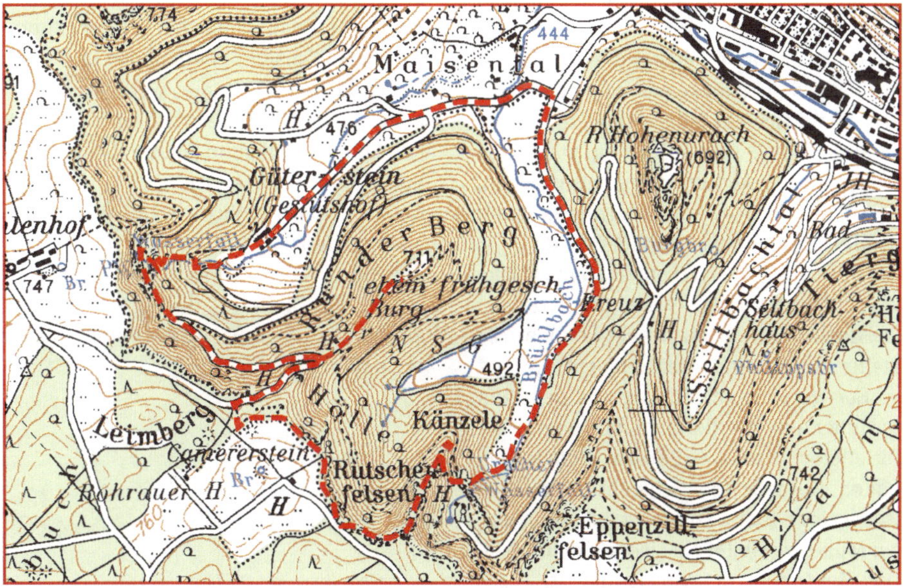

10/6/04 +++ ~3,04

4 Gertelbachschlucht

Bühlertal, Landkreis Rastatt

Anfahrt:

Autobahn A 5, Ausfahrt Bühl, Landesstraße nach Bühlertal, dort in Richtung Schwarzwaldhochstraße B 500, im Ortsteil Obertal in Höhe des Hotels „Schindelpeter“ zur Kurpension „Gertelbach“ abbiegen

Beschreibung:

Der Gertelbach, dessen Schlucht zu den malerischsten und wildromantischsten Schluchten des Mittleren Schwarzwalds gehört, entspringt wenig westlich der Schwarzwaldhochstraße und mündet ca. 2,5 km weiter in den Wiedenbach südöstlich von Bühlertal, Ortsteil Obertal. Auf dieser relativ kurzen Strecke muss der Gertelbach ein Gefälle von 350 m überwinden. Besonders steil ist sein unteres Drittel, etwa zwischen Schwellmannsbrücke und Mündung, wo er auf einer Strecke von knapp über einen Kilometer rund 250 Höhenmeter herabstürzt.

Es ist dieser untere Teil, der die Gertelbachschlucht so bekannt gemacht und den „Verschönerungsverein Bühl“ schon 1889 dazu veranlasst hat, einen Fußweg mit vielen hölzernen Brücken und Stegen anzulegen, der 1950 vom Schwarzwaldverein erneuert wurde und seitdem unterhalten wird.

Der Gertelbach stürzt über mehrstufige Wasserfälle talwärts, wobei die einzelnen Fallstufen bis 7 m hoch sein können. Die steilen Seitenwände der Schlucht sind mit großen gerundeten Blöcken aus dem hier anstehenden Bühlertalgranit überdeckt, die allerdings von den Baumwurzeln festgehalten werden. Die Schlucht weist eine wechselnde Breite von nur 5 bis 20 m auf, zur Mündung weitet sie sich auf rund 40 m. Das Besondere der Wasserfälle ist, dass keine anstehenden Gesteinsschichten die Wasserfallbänke bilden, sondern dass es sich um gerundete Granitblöcke (so genannte Wollsäcke) riesigen Ausmaßes (bis 7 m Durchmesser!) handelt. Auch heute werden bei Starkregen oder während der Schneeschmelze kleine und mittelgroße Blöcke weiter verfrachtet, was den Bach immer wieder zwingt, sich neue Wege über die Brocken oder darunter hindurch zu suchen. Es sind jedoch nicht nur die gigantischen Blöcke, die die Schlucht prägen, auch Felsen wurden von der Erosion freigestellt und ragen in der Schlucht auf. Der etwa 10 m hohe „Emilienfelsen“ im unteren Bereich der Schlucht ist wohl der größte davon, der auch die typische Verwitterungsform des Bühlertalgranits entlang von Klüften zeigt, die Wollsackverwitterung. Der Weg durch die Schlucht endet schließlich bei der Schwellmannsbrücke, deren Namen auf die Flößerei vergangener Jahrhunderte zurückgeht, als der Wiedenbach und seine Nebenbäche aufgestaut wurden, um im entscheidenden Augenblick für die Scheitholzflößerei genügend Wasser (Schwall) zur Verfügung zu haben.

Die Gertelbachschlucht ist als Naturdenkmal geschützt.

Angaben zur geologischen Situation enthält das Blatt 7315 Bühlertal der Geologischen Karte von Baden-Württemberg 1 : 25 000.

265 Gertelbachwasserfälle

265

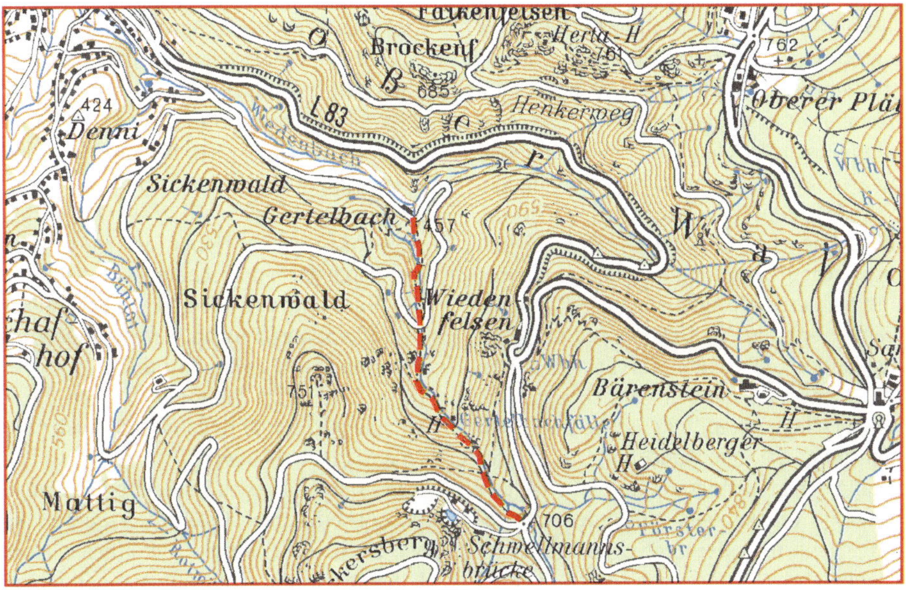

Herta
761
685
Henkerweg
L 83
762
424
Sickenwald
Gertelbach
457
Wieden-
felsen
Sickenwald
751
Bärenstein
Heidelberger
Mattig
706
Schwellmanns-
brücke

5 Reußenberg

Crailsheim, Landkreis Schwäbisch Hall

Anfahrt:
Autobahn A 8, Ausfahrt Kirchberg a. d. Jagst, Landesstraßen in Richtung Crailsheim bis Maulach

Beschreibung:
Beim Weiler Maulach, wenige Kilometer westlich von Crailsheim, erhebt sich eine flache, leicht wellige Anhöhe, der Reußenberg oder Reisenberg. Durch dieses Gebiet kann ein kleiner Rundweg begangen werden, der die wichtigsten Bereiche der Landschaft erschließt. Von Maulach aus führt der Fahrweg bis zum Eintritt in den Wald durch eine wellige, von breiten Mulden und Senken geprägte Acker- und Wiesenlandschaft. Kurz nach der Feld/Wald-Grenze steht man vor den ersten beiden von mehreren Weihern. Weitere Wasserflächen, Tümpel und kleine Seen folgen – die ganze Landschaft scheint nur aus Mulden und Senken zu bestehen, von denen die größeren mit Wasser gefüllt sind. Der bekannteste Weiher ist die „Schwarze Lache", daneben gibt es eine „Grüne Lache" und eine „Neue Lache". Allen Weihern ist gemein, dass sie keinen Damm und keinen künstlichen Zu- oder Ablauf haben, also nicht vom Menschen angelegt sind. Die Waldflächen dazwischen sind ebenfalls wellig, unruhig und mehrere tiefe Mulden und steilwandige Trichter erinnern an Dolinen aus Muschelkalklandschaften oder der Schwäbischen Alb. In der Tat handelt es sich auch um Karsterscheinungen, nur ist es hier kein Kalkstein, der der Auflösung zum Opfer gefallen ist, sondern Gipsgesteine des Unteren Gipskeupers (Grundgipsschichten). Wenn man bei der Schwarzen Lache angelangt ist, kann man einen kleinen Abstecher zu einem Gipsbruch am nordwestlichen Rand des Reußenbergs machen, wo die weißen Grundgipsschichten sowie die darüber lagernden grauen, rotvioletten und grünlichen Schlufftonsteine des Bochinger Horizonts aufgeschlossen sind. In den Grundgipsschichten sind die Spuren der Gipslösung gut zu erkennen: rundlich zerfressen, z. T. zu Pfeilern aufgelöst, zeigen sich die sonst eben gebankten Schichten des Gipses. Der ganze Reußenberg wird von diesen Schichten des Gipskeupers aufgebaut und die vielen Mulden und Senken sind die Folge der Auslaugung im Untergrund. Im Unterschied zu den Kalkgebieten, deren Dolinen in Karsthohlräume münden und die daher nur selten und bei künstlicher Abdichtung Wasser führen, sind die Gipsdolinen überwiegend durch tonige Gipsauslaugungsreste abgedichtet, wodurch diese einmalige Weiherlandschaft entstand und immer noch entsteht. Die Einsenkungen erfolgen hier selten plötzlich, sondern eher schleichend. Bei der Neuen Lache ist dies gut zu beobachten, diese soll 1911 begonnen haben sich einzusenken und heute stehen abgestorbene Bäume im Wasser, die ursprünglich auf trockenem Boden gewachsen waren. Neben den interessanten geologischen Erscheinungen ist auch die Tier- und vor allem die Pflanzenwelt bemerkenswert. Feucht-, Sumpf- und Moorvegetation sind zu beobachten.
Nach rund 3 km Wanderung durch diese einmalige Gipsdolinenlandschaft endet der Weg wieder in Maulach.
In der Umgebung des Reußenbergs fallen in den Ackerflächen stellenweise dunkle bis schwarze Ackerböden auf. Diese stark humosen Böden sind auf Anmoorbildung

266 Schwarze Lache, Reußenberg

zurückzuführen, ganz deutlich wird dies am nördlichen Rand des Reußenbergs im Rüdderner Moor.

Angaben zur geologischen Situation enthält das Blatt 6826 Crailsheim der Geologischen Karte von Baden-Württemberg 1 : 25 000.

6 Isteiner Klotz und Isteiner Schwellen

Efringen-Kirchen, OT. Istein, Landkreis Lörrach

Anfahrt:
Autobahn A 5, Ausfahrt Efringen-Kirchen, Landesstraße bis Istein

Beschreibung:
Das hier beschriebene Gebiet wird nicht durch eine größere Rundwanderung erschlossen, es handelt sich vielmehr um zwei flächige Sehenswürdigkeiten, die nahe beieinander liegen und geologisch sehr viel gemeinsam haben.

Als Isteiner Klotz, früher nur der eigentliche Klotzenfelsen, wird heute das ganze Gebiet zwischen Rheinweiler, Welmlingen, Wintersweiler und Efringen-Kirchen bezeichnet. Landschaftlich gehört er zur Vorbergzone des Markgräflerlands. Geologisch wird er von zwei Haupteinheiten aufgebaut, wobei Gesteine des unteren Oberjuras (Oxfordium) das untere Stockwerk bilden, auf dem die Gesteine des Alttertiärs als oberes Stockwerk liegen. Im Quartär wurde die Vorbergzone schließlich von einer wechselnd mächtigen Lössauflage verhüllt.

Der markante Klotzenfelsen wird von Kalkgesteinen aufgebaut, korallenreichen Oberjura- sowie Bankkalken mit Kieselknollen und Jaspisvorkommen. Es waren vor allem diese Vorkommen, die bereits in der Jungsteinzeit zu einem Bergbau auf Jaspis (einem begehrten Rohmaterial für Feuersteinwerkzeuge) geführt haben. Bei Kleinkems sind Abbauten und Schlagplätze gefunden und ausgegraben worden.

Der Klotzenfelsen erhebt sich rd. 93 m über der Niederterrasse des Rheins. Sein unterster Sporn zeigt eine ausgeprägt glattgeschliffene Hohlkehle, das so genannte „Schiff". Diese Hohlkehle wurde vom Rhein ausgewaschen, als er, vor der Rheinkorrektur durch Tulla, direkt an den Fuß des Felsens brandete. Die Rheinkorrektur, vollendet 1876, war eine flussbauliche Großtat, die erstmals den bis dahin wilden Fluss, der ständig sein Bett wechselte, Kiesbänke und neue Wasserrinnen schuf, in ein festes Bett zwängte und dadurch die breite Rheinaue zu fruchtbarem, sicherem Gestade machte. Als Nebeneffekt grub sich der Rhein ein tieferes Bett, worauf der Grundwasserspiegel um bis 8 m sank, dies mit gravierenden Auswirkungen auf den damaligen, vorher jährlich überfluteten Auenwald (heute trockene, steppenähnliche, völlig veränderte Vegetation).

Unmittelbar im Zusammenhang mit der Rheinkorrektur stehen auch die Isteiner Schwellen. Davor waren sie von mächtigem Auenkies bedeckt und wurden erst zu Beginn des 20. Jahrhunderts freigespült. Diese Schwellen, im Sommer vor und nach der alpinen Schneeschmelze beliebte Ausflugs- und Badeziele – dazwischen sind sie mehrere Wochen vom Hochwasser überspült – bestehen wie der Isteiner Klotz aus Oberjurakalken, wobei zwei Barren aus unterschiedlichen Gesteinen vorkommen. Die obere Barre besteht aus Bankkalken des Séquanien, die untere, die sich schräg quer über die gesamte Breite erstreckt und eine kleine Gefällstufe bildet, besteht aus Korallenkalken des Rauracien. Diese letztere ist durch zahllose Rinnen, Kolke, Strudellöcher, viele noch mit harten Mahlsteinen im Kessel, geprägt. Unterhalb der Schwellen hat sich eine große, lang gezogene Kiesbank gebildet, die bis mehrere Meter über das Flussniveau aufgeschottert wurde und den ganzen Reichtum der alpinen Gesteine in großen rundgeschliffenen Kieselsteinen zeigt.

267 Isteiner Klotzenfelsen mit dem „Schiff“ (Brandungs-Hohlkehle des früheren Rheinlaufs)

Erreichbar sind die Schwellen durch die Unterführung der Autobahn südlich von Istein, dann den Hochwasserdamm ca. 400 m flussaufwärts gehend.

Ausführliche Beschreibung s. ”Isteiner Klotz“ aus der Reihe: „Die Natur- und Landschaftsschutzgebiete Baden-Württembergs“ (s. Literaturverzeichnis)

Angaben zur geologischen Situation enthält das Blatt 8311 Lörrach der Geologischen Karte von Baden-Württemberg 1 : 25 000 (aktualisierte Ausgabe).

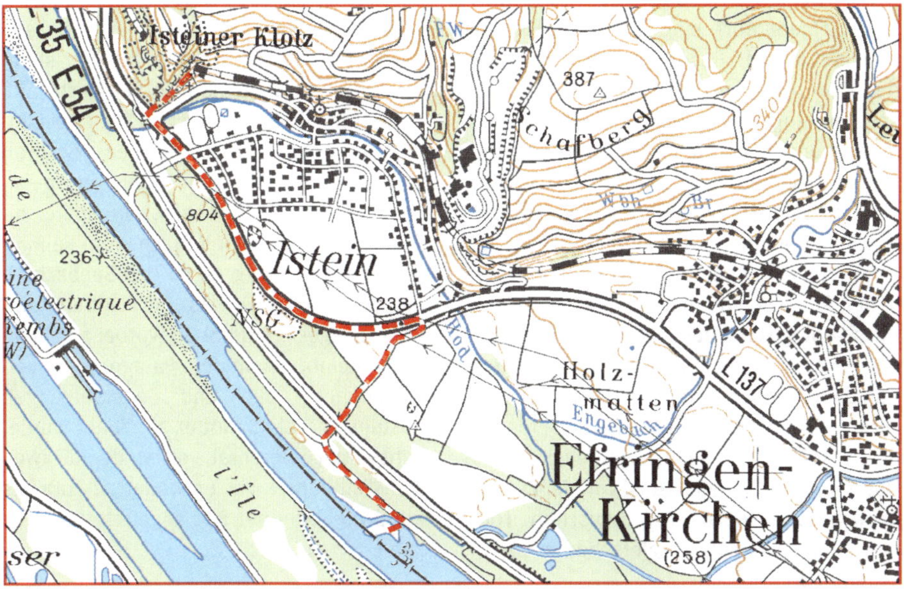

7 Felsenweg

Feldberg (Schwarzwald), Landkreis Breisgau-Hochschwarzwald

Anfahrt:
Autobahn A 5, Ausfahrt Freiburg-Mitte, Bundesstraße B 31 über Freiburg nach Titisee-Neustadt, B 317 bis Feldberg; oder Autobahn A 81, Ausfahrt Bad Dürrheim, Zubringer bis Donaueschingen, Bundesstraße B 27 bis Hüfingen, B 31 bis Titisee-Neustadt, B 317 bis Feldberg

Beschreibung:
Der Feldberg im Schwarzwald ist der höchste Berg der deutschen Mittelgebirge. Das Feldbergmassiv erstreckt sich über mehrere Kilometer von Nordwesten nach Südosten. Der etwa 2 km lange Höhenrücken weist drei Gipfelbereiche auf, den „Höchsten" mit 1493 m NN, den Baldenwegerbuck mit 1461 m NN und den Seebuck mit 1450 m NN.

Das Feldberggebiet ist nicht nur wegen der reizvollen Landschaft und der zahlreichen Wanderwege ein viel besuchtes Wandergebiet, es bietet auch eine Fülle geologischer und botanischer Besonderheiten. So werden Pflanzenstandorte und Pflanzengesellschaften angetroffen, die noch alpine Florenelemente aufweisen (Relikte der Eiszeit). Matten, Lägerfluren, Bergwald, Feuchtwiesen und Moore, dazu alpine und nivale Florenelemente in den Schneelöchern, in denen der Altschnee in manchen Jahren bis in den August erhalten bleibt.

Auch geologisch findet sich eine Fülle interessanter und bemerkenswerter Aspekte. Auf dem Feldberggipfel ist die Bodenentwicklung und die Problematik der Erosion durch Viehtritt und Besucher offensichtlich. Das ganze Feldberggebiet ist von der Eiszeit geprägt und weist den typischen Formenschatz ehemals vergletscherter Landschaften auf.

Der Felsenweg ist Teil eines Wanderwegs, der vom Feldberg über den Feldsee durch das Seebachtal bis nach Bärental führt. Begonnen wird die Wanderung an der Talstation des Lifts beim Feldberger Hof. Der erste steile Weg – sofern man nicht eine Fahrt mit dem Lift vorzieht – führt über die erosionsgefährdeten Matten und Weiden auf genau bezeichneten Wegen, deren Verlassen unweigerlich eine Rüge des Feldberg-Rangers zur Folge hat, hinauf zum Seebuck. Nach einer grandiosen Sicht über die Gipfel des Südschwarzwalds und hinunter auf den Feldsee, bei guter Sicht auch zu den fernen Alpen, zieht der gut bezeichnete Felsenweg durch Weiden, Feuchtwiesen und vermoorte Hänge oberhalb des Feldsees in den Wald und führt in einem großen Bogen hinunter zum Raimartihof. Von dort ist in wenigen Minuten der Feldsee erreicht, ein großer, nahezu runder Karsee, den der Gletscher des Feldseestandes hinterlassen hat (Tiefe bis 33 m). Direkt dahinter steigt die steile Karwand nahezu senkrecht auf. Östlich schließen sich an den See zwei Endmoränenwälle an. Der Feldsee wird von zahlreichen Bächen und Quellen gespeist, sein Ausfluss, der Seebach, wird später zur Gutach und dann zur Wutach. Vom Raimartihof führt der Weg durch das Seebachtal, ein breites Trogtal, das die Feldberg-Gletscher ausgeschürft haben. Vorbei an einem alten Steinbruch, in dem Paragneis mit verschiedenen Aplit- und Pegmatitgängen ansteht und als Schotter abgebaut wurde, geht es nach Bärental, von wo der Rückweg zum Feldberger Hof entweder zu Fuß (als Rundweg) oder per Bus angetreten werden kann.

268 Bergsee: Blick über den See auf die steile Karwand

Angaben zur geologischen Situation enthält das Blatt Blatt 8114 Feldberg (Schwarzwald) der Geologischen Karte von Baden-Württemberg 1 : 25 000.

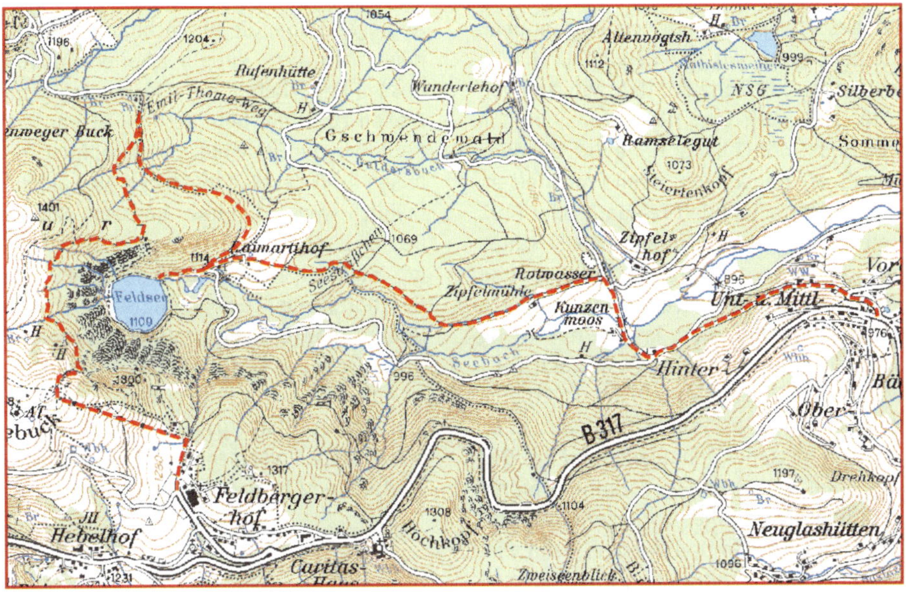

8 Donautal zwischen Fridingen und Beuron

Fridingen a. d. Donau, Landkreis Tuttlingen

Anfahrt:
Autobahn A 81, Ausfahrt Tuningen, Bundesstraße B 523 bis Tuttlingen, Landesstraße über Mühlheim a. d. Donau und Fridingen bis Beuron

Beschreibung:
Das Durchbruchstal der Donau zwischen Mühlheim an der Donau und Sigmaringen gehört wohl zu den wildromantischsten Landschaften Süddeutschlands. Die Donau hat sich hier in die harten Kalksteine des Oberjuras (Weißjuras) eingeschnitten und eine grandiose Kulisse hinterlassen, die jeden beeindruckt, der sie besucht. Tiefe, enge Schluchten, steile Wände, meist bis zum Talgrund bewaldet, aus denen die strahlend weißen Felstürme und -bastionen herausragen – besonders malerisch im Herbst, wenn der Albwald in den buntesten Farben leuchtet!
Die beschriebene Wanderung beginnt beim Kloster Beuron, wo gute Parkmöglichkeiten bestehen. Das Donautal flussaufwärts verläuft der Weg am Rand des breiten Talgrunds, wobei linker Hand die Albhänge bereits steil ansteigen. Beim Probstfelsen, einem überhängenden Felsdach oder Abri, unter dem schon frühe Jäger Schutz gesucht haben, beginnt das Tal enger und steiler zu werden. Die Felsen ragen nahezu senkrecht empor und lassen nur wenig Raum für den Wanderweg zwischen Felswand und Donau. Vorbei am Jägerhaus, darüber Schloss Bronnen und ein alter, längst verlassener Donaulauf, führt der Weg weiter an der ehemaligen Bronner Mühle und unterhalb der Ruine Roggenbusch vorbei. Durch Wiesen und Weiden, dann wieder durch dunkle Albwälder, vorbei an steilen Felsen erreicht man bei der Ziegelhütte die Brücke über die Donau. Wenig flussaufwärts weist die Donau Versickerungstellen auf, in denen aber nur wenig Wasser verloren geht – im Gegensatz zu denen bei Immendingen (s. Donauversickerung, Nr. 11). Der Weg steigt nun steil an und verläuft oberhalb des Donautals, zumeist an der Talkante. Immer wieder öffnen sich malerische Ausblicke in das über 180 m tief eingeschnittene Tal. Vorbei an gewaltigen Kalksteinmassiven, Bastionen und Türmen, wie dem Leibfelsen, dem Nägelesfelsen und dem Stiegelesfelsen, durchwandert man eine Landschaft, die auch botanisch und zoologisch äußerst interessant ist. Trockenrasenvegetation und wärmeliebende Eidechsen auf den warmen, sonnexponierten Felsen, hunderte von Schmetterlingen und andere Insekten – das Donautal bietet eine Vielzahl unterschiedlichster Biotope!
Abbiegend über die Albhochfläche erreicht man bald den Knopfmacherfelsen, von dessen Besucherplattform man einen grandiosen Blick tief hinunter ins Tal und auf Beuron in der Ferne hat. Vom Knopfmacherfelsen führt der Weg durch den Albwald allmählich wieder hinunter und zum Kloster Beuron zurück.
Im Kloster Beuron befindet sich die Geschäftsstelle des Naturparks Obere Donau sowie das Naturschutzzentrum Obere Donau (s. Naturschutzzentren, Nr. 8).
Angaben zur geologischen Situation enthält das Blatt 7919 Mühlheim an der Donau der Geologischen Karte von Baden-Württemberg 1 : 25 000.

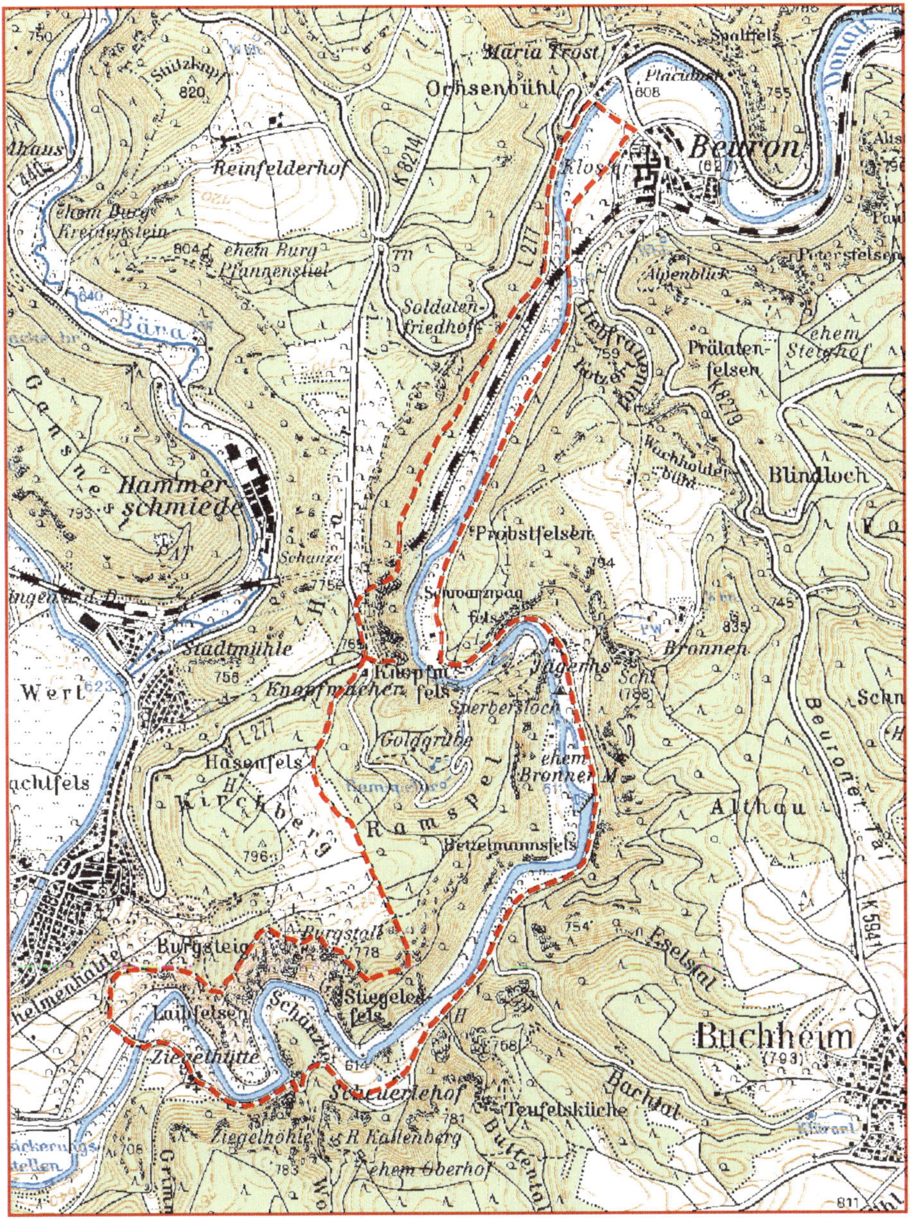
Maria Trost
Ochsenbühl
Spaltfels
Beuron
Kloster
Donau
Reinfelderhof
Stutzkopf
820
ehem Burg Kreidenstein
ehem Burg Pfannenstiel
804
771
Soldatenfriedhof
K 8214
L 277
Bära
Hammerschmiede
Schanze
Liebfrauen
Prälatenfelsen
ehem Steighof
Petersfelsen
Alpenblick
K 8279
Wachholderbühl
Blindloch
Probstfelsen
794
Schwarzwagfels
Bronnen
835
745
Stadtmühle
Wert
Knopfmacherfels
Jägerhs
Sperberloch
Goldgrube
Hasenfels
Kirchberg
ehem Bronner M
Ramspel
Althau
Beuroner Tal
Bettelmannsfels
796
Burgsteig
Burgstall
778
Stiegelesfels
754
Eselstal
Laibfelsen
Schänzle
Ziegelhütte
768
Buchheim
(793)
Scheuerlehof
Teufelsküche
Bachtal
Ziegelhöhle
R. Kallenberg
ehem Oberhof
Buttental
K 5941
811

9 Eselsburger Tal

Herbrechtingen, Landkreis Heidenheim

Anfahrt:
Autobahn A 7, Ausfahrt Herbrechtingen

Beschreibung:
Als Eselsburger Tal wird ein Flussabschnitt der Brenz bezeichnet, der zwischen Anhausen und Herbrechtingen liegt. In diesem Teilstück durchfließt die Brenz, deren Lauf heute sonst relativ gestreckt ist, eine große, weit nach Süden ausholende Talschlinge, in deren Mitte der Weiler Eselsburg liegt. Die harten und widerstandsfähigen Massenkalke des Oberjuras, in die sich die Brenz eingegraben hat, sind der Grund für die sehr enge Durchbruchstrecke, die von vielen markanten Felsen gesäumt wird. Mehrere Kleinhöhlen befinden sich in den Felsen, beispielsweise die Spitzbubenhöhle und die Bernhardshöhle. Die bekannteste Felsgruppe im Eselsburger Tal sind die „Steinernen Jungfrauen", zwei freistehende, fingerförmige Felsen am Westhang des Tals zwischen Herbrechtingen und Eselsburg. Weitere bekannte Felsen sind der Bachfelsen, der Fischerfelsen sowie der Bindstein. Daneben sind es vor allem die Wacholderheiden, die dieser Landschaft ihr besonderes Gepräge geben.

Der Rundweg durch das Eselsburger Tal kann beim ehemaligen Kloster Anhausen begonnen werden, er verläuft dann in Fließrichtung der Brenz. Nach kurzer Zeit erreicht man den Bindstein, auf dem früher einmal eine Burg das Tal überblickte, schräg gegenüber dem Fischerfelsen. Nur wenig weiter kommt man zu dem mächtigen Felsen des Falkensteins, auf dem einstmals die gleichnamige Burg stand. Heute führt ein Fußweg zu einem Aussichtspunkt auf dem Falkenstein. Bald taucht hoch über dem Tal die Spitzbubenhöhle auf, und nach kurzer weiterer Strecke ist der Weiler Eselsburg erreicht. Auch hier gab es eine Burg, die auf dem Felskopf über dem Ort ihren Sitz hatte. Auf der rechten Talseite weiterwandernd, erreicht man schon bald die markanten Felsen der Steinernen Jungfrauen. In der Nähe findet sich im Talgrund ein kleiner Weiher, der früher als Eisweiher diente. Oberhalb der Steinernen Jungfrauen öffnet sich in den Felsen der Eingang zur Bernhardshöhle. In Herbrechtingen verläuft der Rundweg nun nach Westen über den Fast-Umlaufberg des Buigen, der auch archäologisch interessant ist: Es wurden die Reste mehrerer keltischer Schanzen ausgegraben (Kulturdenkmäler). Der Buigen wird wohl in geologisch naher Zukunft zum vollständigen Umlaufberg werden. Schon jetzt beträgt der Niveauunterschied zwischen der Brenz bei Anhausen und bei Herbrechtingen nur noch 10 m und ein Teil des Brenzwassers nutzt bereits unterirdisch den kürzeren Weg, um bei Herbrechtingen in Quellen wieder auszutreten.

Eine weitere große, inzwischen allerdings verlassene Brenzschlinge befindet sich zwischen Herbrechtingen und Giengen. Hier konnte die Brenz weiche Zementmergelschichten ausräumen und so eine weite Senke schaffen – ganz im Gegensatz zum engen Eselsburger Tal. Altwasserrinnen und feuchte Wiesen sowie der Umlaufberg im Gewann Eifeld zeugen noch heute von ihrer Entstehung.

Angaben zur geologischen Situation enthält das Blatt 7327 Giengen an der Brenz der Geologischen Karte von Baden-Württemberg 1 : 25 000 (vorläufige Ausgabe).

269 *Eselsburger Tal mit Steinernen Jungfrauen*

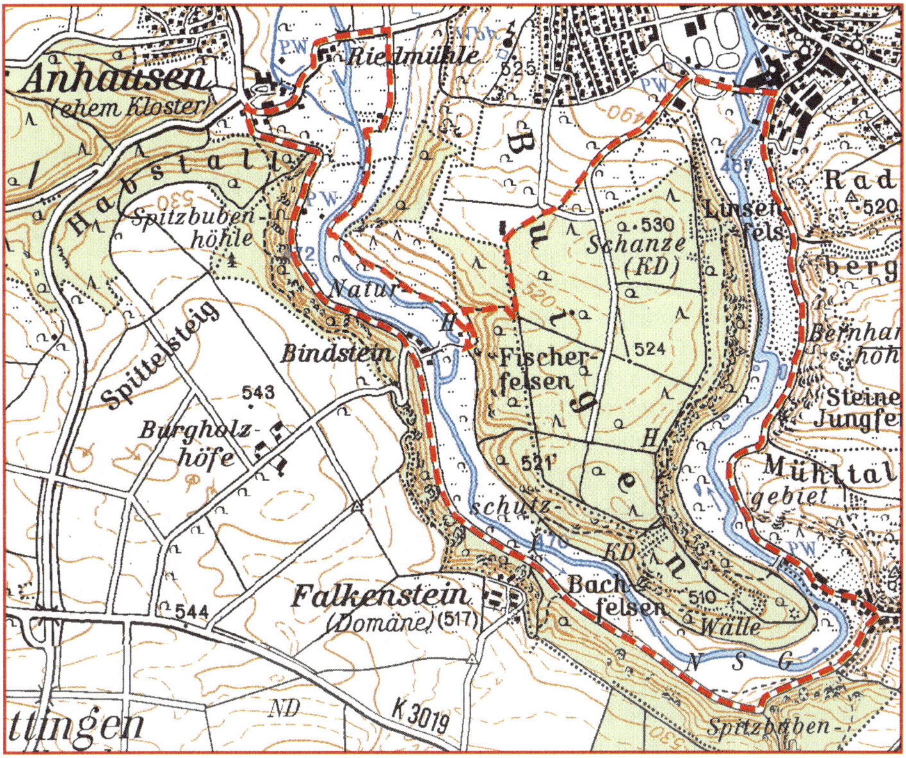

10 Hessigheimer Felsengärten

Hessigheim, Landkreis Ludwigsburg

Anfahrt:
Autobahn A 81, Ausfahrt Mundelsheim, Landesstraße über Mundelsheim nach Hessigheim

Beschreibung:
Die Hessigheimer Felsengärten stehen in einem großen Bogen hoch über dem Neckar zwischen Hessigheim und Besigheim. Es handelt sich um freistehende Felstürme und -bastionen, die durch bis 10 m breite und 12 m tiefe Klüfte und Spalten von der festen Felswand getrennt sind. Viele der Felstürme sind leicht schräg verkippt oder etwas abgesunken. Die Neigung der Felsen kann auch zu Felsstürzen führen – der letzte spektakuläre war 1924.
Der Neckar fließt im Bereich der Hessigheimer Felsengärten durch den so genannten Hessigheimer Sattel, eine lokale Aufwölbung, die die Muschelkalkschichten um über 60 m angehoben hat. Der Neckar hat sich durch den gesamten Oberen Muschelkalk eingeschnitten und verläuft bereits in den Schichten des Mittleren Muschelkalks. Diese bestehen nun allerdings – im Gegensatz zu den harten und widerstandsfähigen Kalkgesteinen des Oberen Muschelkalks aus Wechselfolgen von Dolomit, Gips, Anhydrit und Salzgesteinen, die leicht gelöst werden können. Das führt zum einen dazu, dass der Talgrund des Neckars hier relativ breit ausgeräumt ist, zum anderen zu der Übersteilung der Felsengärten. Durch Wasserführung in den Unterhängen kam es zu weit reichender Auf- und Weglösung des Anhydritgebirges und zur Aufweichung der tonig-schluffigen Auslaugungsrückstände des Mittleren Muschelkalks. Das hatte zur Folge, dass die Talschultern ihren festen Halt verloren, parallel zur Hangkante abrissen, sich nach vorne neigten oder abrutschten. In geologisch naher Zukunft werden alle heute noch stehenden Felstürme abkippen und zu Tal poltern.
Die Felsengärten sind aber nicht nur geologisch und landschaftlich interessant: Inmitten der intensiv genutzten Weinbergslandschaft stellen die Hessigheimer Felsengärten eine Insel dar, in der sich Pflanzengesellschaften halten konnten, die sonst überall dem Weinbau zum Opfer gefallen sind. Vor allem Arten der Steppenheide finden sich auf den trockenen und heißen Simsen und Köpfen der Felstürme – ein weiterer Grund, diese Landschaft unter Naturschutz zu stellen.

270 Felsturm in den Hessigheimer Felsengärten

Zu erreichen sind die Felsengärten am besten von Hessigheim aus. Am nördlichen Ortsrand liegt die Felsengartenkellerei, bei der sich ein großen Parkplatz mit Kinderspielplatz befindet. Zu den Felsengärten gelangt man, wenn man ca. 300 m der Weinbergstraße nach oben folgt, dann nach rechts über Treppen entlang der terrassierten Weinberge steil nach oben steigt. Der Weg über die Felsengärten verläuft auf der Steilkante, stellenweise kann man auch zu den freistehenden Felstürmen absteigen und durch die breiten Spalten und Klüfte wandern. Vom nördlichen Ende dieser Felsgruppen hat man einen schönen Blick in das Neckartal vor Besigheim. Hier ist ein riesiger, steiler Prallhang mit Weinbergen und oben mit senkrecht stehenden Muschelkalkfelsen sowie links des Neckars ein breiter, flacher Gleithang mit Acker- und Grünland zu sehen.

Angaben zur geologischen Situation enthalten die Blätter 6921 Großbottwar und 7021 Marbach am Neckar der Geologischen Karte von Baden-Württemberg 1 : 25 000 sowie Heilbronn und Umgebung 1 : 50 000.

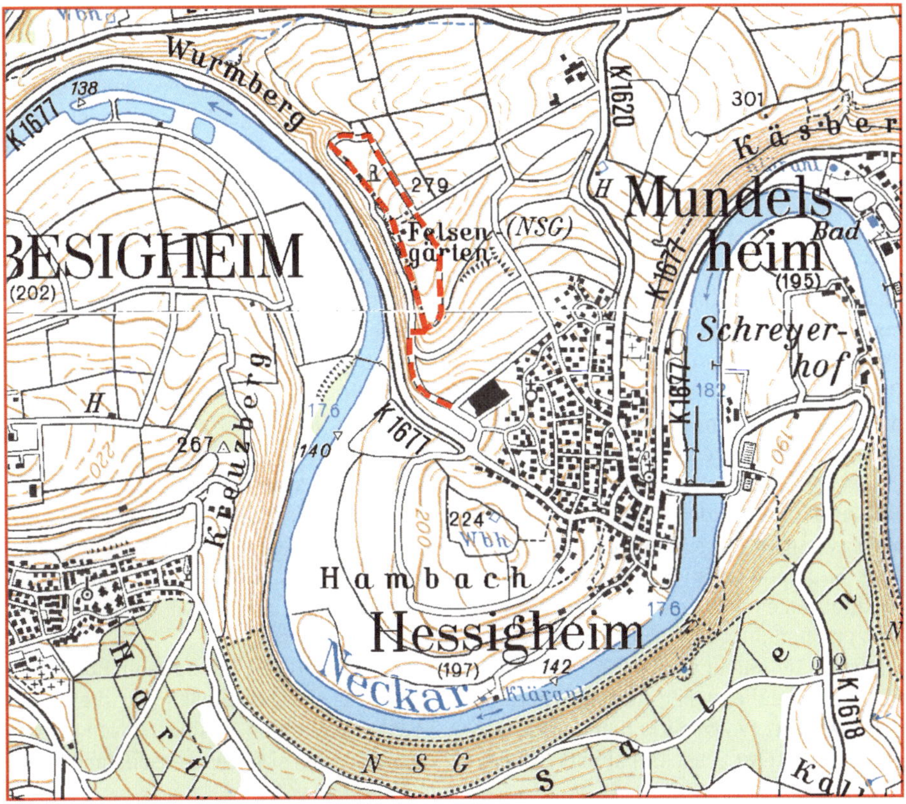

11 Donau-Versickerung

Immendingen, Landkreis Tuttlingen

Anfahrt:
Autobahn A 81, Ausfahrt Geisingen, Bundesstraße B 311 Richtung Tuttlingen bis Immendingen

Beschreibung:
Nach einer Tafel, angebracht an der Donauquelle im fürstenbergischen Park in Donaueschingen, ist der Donaustrom bis zu seiner Mündung ins Schwarze Meer rund 2850 km lang. Nach einem vielfach gewundenen Lauf durch die Wiesenlandschaft der Baar tritt sie jedoch in die Kalktafel der Schwäbischen Alb ein. Und hier, knapp 26 km nach ihrer Quelle endet sie in einem ausgetrockneten Flussbett – zumindest zeitweise! Die kleine Wanderung im Gewann Brühl bei Immendingen – sie verläuft vom Parkplatz bei Immendingen bis zum Parkplatz beim Eisenbahnviadukt über rund 1,6 km – soll der Frage nachgehen, wo das Wasser bleibt und warum es verschwindet.
Am östlichen Ortsausgang über die Brücke Richtung Kaserne und Mauenheim gelangt man nach Überqueren der Donau nach links (ausgeschildert) zum Parkplatz mit Grillstelle bei den Versickerungsstellen. Von dort erreicht man nach wenigen Schritten das Donauufer. Bereits hier finden sich die ersten Schlucklöcher, in denen das Donauwasser mit gurgelnden Geräuschen in der Tiefe versinkt. Durch angeschwemmtes Holz, Stroh und sonstiges Treibgut sind sie leicht zu erkennen. In Trockenzeiten kann man im Donaubett gehen und wird feststellen, dass sie immer weniger Wasser führt, bis sie schließlich völlig in den Schottern verschwindet (Vollversickerung). Erst ab Möhringen führt das Donaubett wieder Wasser, wenn es Seitenbäche und kleinere Zuflüsse wieder füllen.
Erklärbar ist diese Flussversickerung durch die Verkarstung der Kalksteine des Oberjuras. Verkarstung entsteht, wenn kohlensäurehaltiges Wasser in die stets vorhandenen Risse und Klüfte im Gestein eindringt und den Kalk auflöst. Die Risse und Spalten werden dadurch zu mehr oder weniger großen Hohlräumen erweitert, es entstehen Höhlen- und unterirdische Flusssysteme, in denen die einstmaligen Oberflächengewässer unter weiterer Kalklösung ihren Weg finden. Das Donauwasser, das hier im Gewann Brühl versickert, tritt ca. 13 km (Luftlinie) weiter südlich im Aachtopf wieder aus, was durch Markierungsversuche bereits 1878 nachgewiesen werden konnte. Die Aachquelle gilt mit einer Schüttung von durchschnittlich 8600 l/s als die stärkste Quelle Deutschlands. Da das Flüsschen Aach zum Bodensee und damit zum Rhein fließt, kann man mit Fug und Recht behaupten, dass die Obere Donau in Zeiten der Vollversickerung zu einem Nebenfluss des Rheins wird.
Falls die Karsthohlräume oberflächennah auftreten, kommt es zu Einbrüchen, Dolinen, wie sie in der Umgebung häufiger zu beobachten sind. 1994 erst brach mitten im Donaubett eine Doline ein. Auch auf der Hochfläche südlich der Versickerungsstellen liegen im Wald mehrere dieser Einbruchstrichter, mehr oder weniger verfüllt oder zugefallen.
Die Schlucklöcher im Gewann Brühl sind nicht die einzigen Stellen, wo die Donau Wasser verliert. Im Ortsbereich von Immendingen finden sich weitere, sodann bei Tutt-

271 Donauversickerung im Gewann Brühl bei Immendingen

lingen und bei Fridingen. Auch diese Bereiche gehören ausschließlich zum Einzugsbereich der Aach.
Eine ausführliche Beschreibung ist beim Bürgermeisteramt Immendingen erhältlich. Angaben zur geologischen Situation enthält das Blatt 8018 Tuttlingen der Geologischen Karte von Baden-Württemberg 1 : 25 000.

Info:
Bürgermeisteramt Immendingen
Schlossplatz 2
78194 Immendingen
Tel.: (07462) 24-0

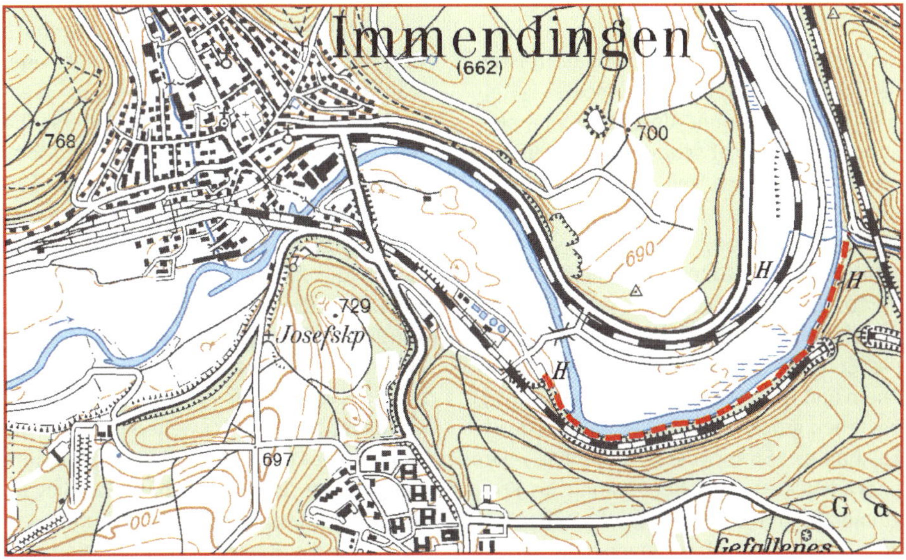

12 Schleifertobel – Schwarzer Grat – Eisenbacher Tobel

Isny im Allgäu-Ratzenhofen, Landkreis Ravensburg

Anfahrt:
Vom Bodensee: Bundesstraße B 12 nach Isny, Landesstraße nach Ratzenhofen; oder Autobahn A 96 bis Leutkirch-Süd, Landesstraße Richtung Isny bis Ratzenhofen

Beschreibung:
Der Gebirgsstock der Adelegg ist ein den Alpen vorgelagertes Molassebergland, das sich bis 400 m über die umliegende Landschaft der Jungmoräne erhebt und nach Süden in die subalpine Molasse (bereits zu den Alpen gerechnet) übergeht. Der Schwarze Grat im südlichen Teil stellt mit 1118 m NN die höchste Erhebung dar, sonst schwanken die Höhenlagen zwischen 750 und 1050 m NN. Die Adelegg wird von mehreren Flüssen (Kürnach, Eschach und Wenger Argen) sowie von zahllosen tiefen Tobeln zerschnitten, was der größtenteils bewaldeten Landschaft einen ganz eigenen Reiz verleiht.
Geologisch besteht die Adelegg aus Gesteinen der Oberen Süßwassermolasse (Tertiär), die im Zuge der Alpenfaltung herausgehoben und leicht schräg gestellt wurden. Der im nördlichen Teil flacher werdende Bereich ist teilweise noch von eiszeitlichen Moränen bedeckt. Die Adelegg ragte während der Eiszeiten über die Gletscher heraus und teilte so Rhein- und Illergletscher von einander. Heute verläuft auf ihr die Europäische Wasserscheide zwischen Rhein und Donau. Die Gesteine der Adelegg bestehen größtenteils aus Nagelfluh, durch kalkhaltige Sickerwässer betonhart verbackenen Kies (waschbetonähnliche Konglomerate) und vor allem im nördlichen Teil aus Sand- und Mergellagen. Besonders diese sind erosionsanfällig und in Verbindung mit den sehr hohen Niederschlägen von über 1800 mm/Jahr, oft als Starkregen, erklärt sich die Häufung der sehr tiefen Tobel.
Die Adelegg ist ein bevorzugtes Wandergebiet und von zahlreichen Wegen durchzogen. Hier wird eine Wanderung empfohlen, die am Ausgang des Schleifertobels, östlich von Ratzenhofen, beginnt, sich am Rande des sehr steilen Tobels hinzieht, dann auf der Höhe zur hölzernen Kapelle bei der ehemaligen Zengerlesalp und weiter zur Schletteralp führt. Von dort dauert es knapp eine halbe Stunde, bis man auf dem Schwarzen Grat und auf dem Aussichtsturm am Gipfel steht. Die Aussicht von hier ist grandios! Dann zurück zur Schletteralp. Von dort führt ein Weg nach Nordosten hinab zum Eisenbacher Tobel, dem längsten Tobelsystem der Adelegg, das auf einem bequemen Forstweg bis hinunter nach Eisenbach durchwandert werden kann. Von Eisenbach per Bus zurück nach Ratzenhofen oder wahlweise eine Rückwanderung von Eisenbach nach Westen, hinauf zur Rudershöhe und dann zurück über den Schleifertobel. Auf dieser Wanderung kann die ganze Formenvielfalt der Adelegg studiert werden. Wegaufschlüsse und steile Böschungen zeigen die betonartigen Gesteine, in den Tobeln sind immer wieder Mergelhänge, verrutschte Hangpartien und Quellbereiche zu sehen. Die Quellbäche schneiden sich auf kürzester Entfernung bereits extrem stark ein, um dann im weiteren Verlauf als Tobel immer tiefer zu werden. An der Mündung finden sich ausgedehnte Geröllagen, die bei stärkeren Niederschlägen murenartig durch die Tobel abgegangen sind. Die Konglomerate der Adelegg sind reich an

Quarzgeröllen, vor allem Milchquarzen, die früher in den Bächen zur Glasherstellung gesammelt wurden.
Die Wanderung weist eine Länge von ca. 15 km auf, wobei Höhenunterschiede von knapp 400 m bewältigt werden müssen.

Angaben zur geologischen Situation enthält das Blatt 8226 Isny im Allgäu-Nord der Geologischen Karte von Baden-Württemberg 1 : 25 000.

272 Tobelbach in der Adelegg: mitgeführte Schotter aus Tertiärkonglomeraten

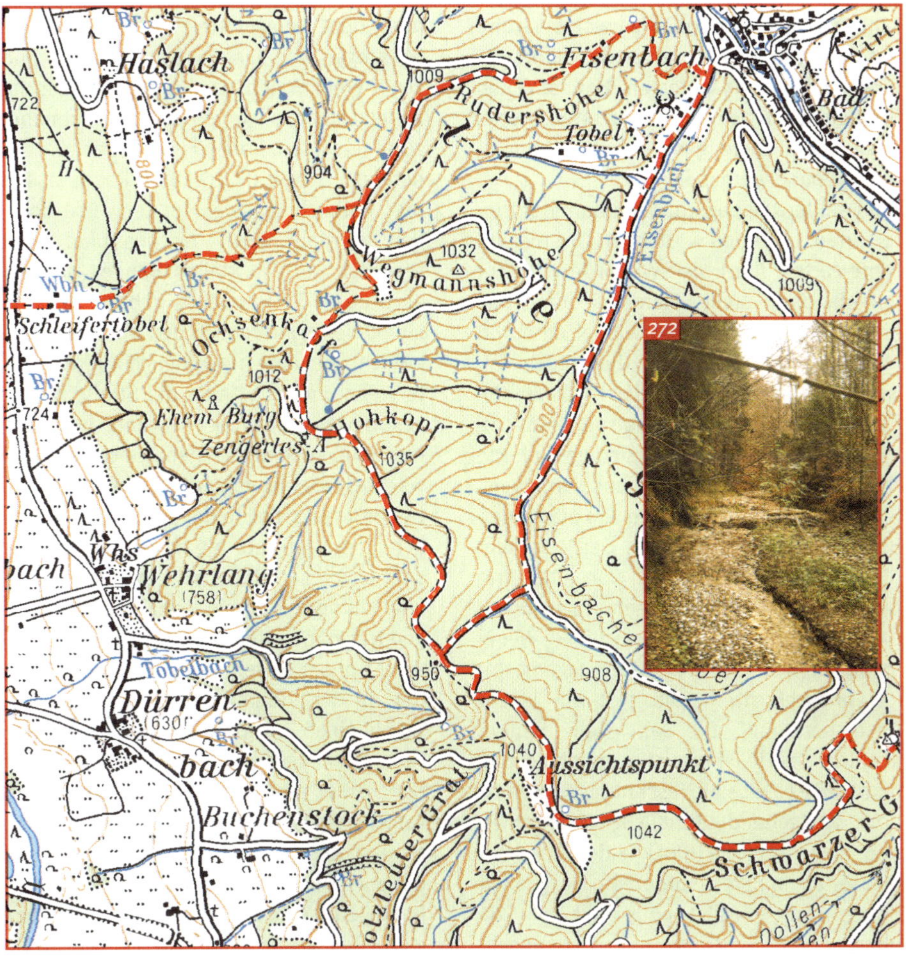

13 Höllental

Kirchzarten, Landkreis Breisgau-Hochschwarzwald

Anfahrt:
Autobahn A 5, Ausfahrt Freiburg-Mitte, Bundesstraße B 31a/31 Richtung Donaueschingen bis Hinterzarten

Beschreibung:
Der Weg von Hinterzarten durch das Höllental nach Himmelreich führt durch eine eindrucksvolle Schluchtlandschaft des Südschwarzwalds. Zweckmäßigerweise verbindet man den Weg mit einer Bahnfahrt auf einer der interessantesten Bahnstrecken Süddeutschlands nach Hinterzarten, wobei das eigene Fahrzeug am Bahnhof Himmelreich geparkt werden kann.
Der Wanderweg beginnt beim Bahnhof Hinterzarten. Über den westlichen Ortsteil von Hinterzarten führt der Weg zuerst leicht bergab, dann steiler werdend durch das enge Löffeltal mit seinen wieder erbauten Mühlen (Klopfsäge). Über die steilen Talwände stürzen von Süden Wasserfälle herab (Bistenbach, Bach von Alpersbach). Im oberen Höllental weitet sich das Tal. Die Talwände bestehen meist aus Paragneis. Sie sind bis 300 m hoch und von mächtigen Blockschutthalden bedeckt. Der Weg folgt nun dem Jägerpfad, einem von alters her bekannten und viel begangenen Weg durch das Tal, in dem der Rotbach fließt. Wenig später erreicht der Weg den Ausgang der Ravennaschlucht, in die sich ein kurzer Abstecher lohnt. Die sehr steile Seitenschlucht des Höllentals ist in ebenfalls migmatitische Gneise eingeschnitten, sie weist noch weitgehend urtümliche Waldformen und lange schroffe Blockhalden auf. Der Wasserfall im Bereich unterhalb der großen Straßenkehre besitzt eine Fallhöhe von über 16 m. Ravenna- und Bistenbachschlucht entstanden in ihrer Schroffheit und Tiefe erst, als der Rotbach, der zur Dreisam (damit zum Rhein) entwässert, durch rückschreitende Erosion die ursprünglich zur Donau fließenden Bäche Ravenna und Bistenbach angezapft und umgeleitet hatte. Der Jägerpfad führt weiter durch das Höllental, das sich ab der Kehre immer mehr verengt. Stiegen bisher die Hänge mehr oder weniger steil an und waren sie überzogen von langen Schutthalden und schütterem Waldbewuchs, so wird das Tal ab jetzt zu einer wahren Schlucht mit nahezu senkrechten, hohen Felswänden, die der heutigen Straße (B 31) kaum Raum lassen (der Rotbach musste hier teilweise überbaut werden). Auch der Jägerpfad klebt regelrecht an den steilen Hängen oder ist als Steg an die Felswände gebaut. Die engste Stelle ist im Bereich des Hirschsprungs erreicht, sie hatte ursprünglich nur 9 m lichte Weite und musste für die Straße breiter gesprengt werden. Die Felswände bestehen hier aus migmatitischen Gneisen bzw. wechselnd stark migmatitischen Gneisen. Der bronzene Hirsch, der auf dem Felsen zu sehen ist, geht auf die Sage zurück, dass sich an dieser Stelle ein verfolgter Hirsch mit kühnem Sprung über die Schlucht gerettet haben soll. Der Weg windet sich weiter durch Felsen und Hänge, vorbei an der auf der anderen Seite hoch über dem Tal auf einen Felssporn gebauten Burgruine Falkenstein bachabwärts nach Falkensteig und zurück zum Bahnhof Himmelreich. Ab Falkensteig ist eine bis 15 m hohe Schotterterrasse aus der letzten Eiszeit erhalten, auf der auch Himmelreich steht.
Der Jägerpfad im Bereich des Hirschsprungs ist zur Zeit wegen Bauarbeiten gesperrt, soll

aber im Lauf des Sommers 2002 wieder geöffnet werden. Eine Ausweichstrecke, beginnend auf der Höhe des Bahnhofs Hirschsprung über den Hohfelsen nach Falkensteig ist ausgeschildert.

Angaben zur geologischen Situation enthalten die Blätter 8013 Freiburg i. Br.-Südost und 8014 Hinterzarten der Geologischen Karte von Baden-Württemberg 1 : 25 000.

273 Hirschsprungfelsen im Höllental

14 Wutachschlucht

Löffingen, Blumberg, Stühlingen, Landkreise Breisgau-Hochschwarzwald, Waldshut u. Schwarzwald-Baar-Kreis

Anfahrt:
Autobahn A 5, Ausfahrt Freiburg-Mitte, Bundesstraße B 31a/31 über Freiburg-Hinterzarten bis Titisee-Neustadt. Ab da mehrere Einstiegsmöglichkeiten: über Kappel, Löffingen oder Döggingen

Beschreibung:
Die Wutach entspringt dem Feldsee (s. Felsenweg, Nr. 7) unterhalb des Feldbergs und fließt als Seebach in den Titisee, den sie als Gutach verlässt. Nachdem sie die von Lenzkirch her kommende Haslach aufgenommen hat, fließt sie dann als Wutach weiter. Die Schlucht zwischen Kappel-Gutachbrücke und Grimmelshofen, in die sich die Wutach erst in den letzten 18 000–20 000 Jahren eingeschnitten hat, ist rund 35 km lang und bis 170 m tief.

Die ältesten Gesteine, die durchschnitten wurden, gehören dem Schwarzwälder kristallinen Grundgebirge an, es sind vor allem Gneise, Granite und Porphyre. Diesem Grundgebirge lagert das so genannte Deckgebirge auf, Schichten, die schwach nach Südosten geneigt sind, wobei die jüngsten am weitesten südöstlich zu finden sind. Die älteste Schicht des Deckgebirges ist hier der Buntsandstein, dessen Gesteine bis knapp unterhalb der Schattenmühle die Uferhänge bestimmen. Darüber folgt der Muschelkalk, er bildet die steilen Felswände und schroffen Türme bis etwa zur Gauchachmündung. In diesem Bereich ist die Wutachschlucht wohl am eindrucksvollsten und urwüchsigsten. Ober- und unterhalb der Wutachmühle fließt die Wutach durch den Keuper, vor allem durch die Gipskeuper-Formation, deren Gipsgesteine in einem kleinen Steinbruch bei der Wutachmühle abgebaut wurden. Charakteristisch sind nun eine breitere Talform und das sehr unruhige Gelände, das durch die immer wieder auftretenden Rutschungen im weichen Gipskeuper hervorgerufen wird. Bei Aselfingen wird der Unterjura (Schwarzjura) erreicht, der in der Klinge des Aubächles, nördlich von Aselfingen, schön aufgeschlossen ist. Bei Achdorf biegt die Wutach aus der West–Ost-Richtung nach Südwesten um und fließt bis Grimmelshofen nochmals im Muschelkalk, entlang der bekannten Wutachflühen.

Die Wutachschlucht ist seit 1928 Naturschutzgebiet. So konnte sich die vielen seltenen Pflanzen (über 1200 Arten, dabei über 20 verschiedene Orchideenarten) und viele Tiere weitgehend ungestört halten.

Die Wanderung durch die rd. 35 km lange Wutachschlucht über z. T. schmale, oft rutschige Pfade sollte am besten dreigeteilt werden. Es bieten sich folgende Etappen an:

- von der Gutachbrücke in Kappel bis zur Schattenmühle (ca. 11 km)
- von der Schattenmühle bis zur Wutachmühle (ca. 13 km)
- von der Wutachmühle bis Grimmelshofen (ca. 11 km)

Genauere Schilderungen können hier unterbleiben, da es eine Fülle von Literatur über die Wutachschlucht sowie über Wanderwege und -touren durch die Schlucht gibt.

Angaben zur geologischen Situation enthalten die Blätter 8114 Feldberg (Schwarzwald), 8115 Lenzkirch, 8116 Löffingen, 8117 Blumberg und 8216 Stühlingen der Geologischen Karte von Baden-Württemberg 1 : 25 000.

274 Muschelkalkwand mit Versickerungsstellen bei Boll
275 Wutachprallhang mit bunten und weißen Gipskeupergesteinen

Info:
bei Bürgermeisterämtern und Touristik-Informationen der anliegenden Gemeinden Lenzkirch, Löffingen, Bonndorf, Boll, Blumberg und Stühlingen, die auf Anfrage umfangreiches Material zusenden.

15 Hörschbach-Wasserfälle

Murrhardt, Rems-Murr-Kreis

Anfahrt:
Autobahn A 6, Ausfahrt Schwäbisch Hall, Bundesstraße B 19 bis Gaildorf, Landesstraße bis Murrhardt; oder von Stuttgart Bundesstraße B 14 bis Sulzbach an der Murr, Landesstraße bis Murrhardt

Beschreibung:
Die malerische Rundwanderung durch die Schlucht des Hörschbachs zu den beiden Wasserfällen erschließt Teile des Mittelkeupers, von der Gipskeuper-Formation (km1) bis zum Kieselsandstein (km3s). Die Rundwanderung beginnt auf dem kleinen Parkplatz wenig südlich der Reithalle im vorderen Hörschbachtal; der Wanderer gelangt auf dem Talweg nach kurzer Strecke zum Vorderen Wasserfall. Hier stürzt der Hörschbach etwa 5 m tief in die relativ weichen Mergelsteine des Gipskeupers, wo er ein kleines Becken ausgewaschen hat. Die Wasserfallkante wird von der harten Corbulabank (früher als Engelhofer Platte bezeichnet) gebildet, deren Bruchstücke unten im Bachbett liegen. Der Weg führt weiter, zuerst etwas abseits des Bachs im Wald, dann durch die wieder enger werdende Schlucht, die bei Nässe nicht einfach zu begehen ist und gutes Schuhwerk erfordert. Die Tälwände sind steil und neigen zu Rutschungen, was durch die tonig verwitternden Mergelsteine der Gipskeuper-Formation hervorgerufen wird, die auch immer wieder gut aufgeschlossen sind. Die stratigraphisch darauf folgende Schilfsandstein-Formation ist in tonig-sandiger Normalfazies entwickelt und tritt nicht besonders in Erscheinung. Als nächstes folgen die Unteren Bunten Mergel, die zum Teil verrutscht sind, häufig aber auch gute Aufschlüsse zeigen. Der Talgrund ist jetzt übersät von abgestürzten Blöcken der Lehrbergschichten und des Kieselsandsteins, die im höchsten Teil bzw. im Hangenden der Unteren Bunten Mergel anstehen und über diesen abgeglitten sind. Sie sind von dicken Moospolstern überwachsen, was den urtümlichen Charakter der engen Schlucht noch verstärkt. Der Weg wird hier mehrmals auf schmalen Holzstegen über den Bach geführt. Etwa 100 m unterhalb des Hinteren Wasserfalls sind in den steilen Hängen sehr schöne Bereiche der Roten Wand und der Lehrbergschichten aufgeschlossen.
Der Hintere Wasserfall, der bald erreicht wird, stürzt über die harten Bänke des Kieselsandsteins rund 3 m in freiem Fall, um dann in Kaskaden über die harten Dolomitsteinbänke der Lehrbergschichten ins Tal zu schießen. Die gesamte Fallhöhe beträgt etwa 12 Meter. Von hier ist der Besuch des Wirtshauses „Hörschbacher Sägemühle“ möglich (Dienstag Ruhetag), von dort führt der Rundweg über breite, geschotterte Waldwege zurück zum Parkplatz.
Angaben zur geologischen Situation enthalten die Bätter 7023 Murrhardt der Geologischen Karte von Baden-Württemberg 1 : 25 000 und Naturpark Schwäbisch-Fränkischer Wald 1 : 50 000.

276 Wasserfall im Hörschbachtal

276

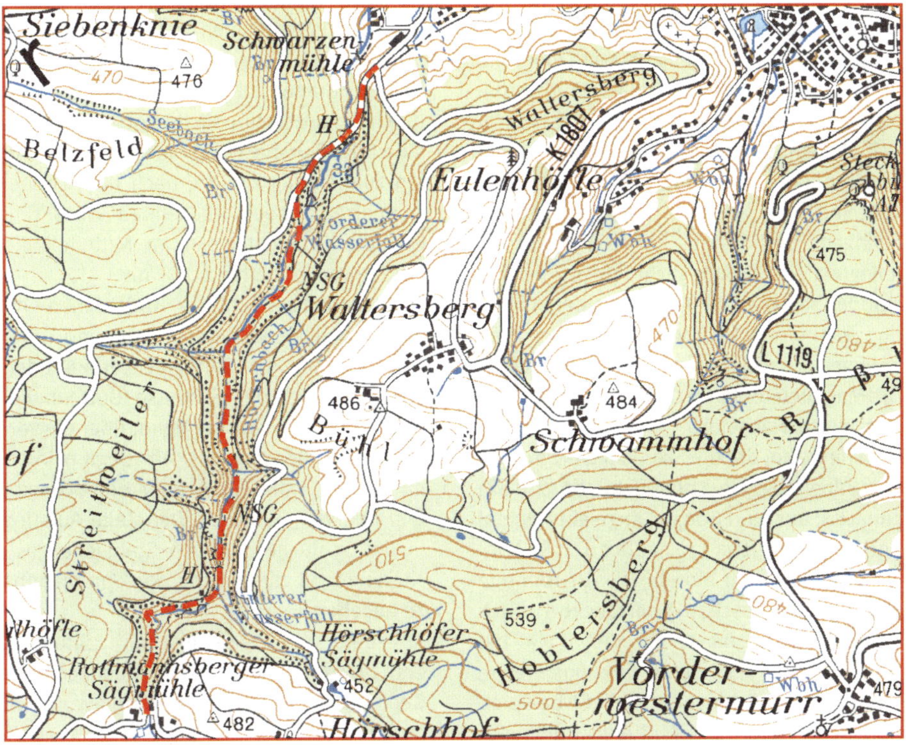
Siebenknie
Schwarzen-
mühle
476
470
Belzfeld
Seebach
Waltersberg
K 1807
Eulenhöfle
Vorderer
Wasserfall
NSG
Waltersberg
475
L 1119
486
484
Bühl
Schwammhof
Streitweiler
NSG
510
Unterer
Wasserfall
539
Hörschhöfer
Sägmühle
Hoblersberg
Vorder-
westermurr
Rottmannsberger
Sägmühle
452
482
Hörschhof
479

16 Margaretenschlucht

Neckargerach, Neckar-Odenwald-Kreis

Anfahrt:
Autobahn A 5, Ausfahrt Kreuz Heidelberg oder Heidelberg/Schwetzingen nach Heidelberg, Bundesstraße B 37 durch das Neckartal bis Neckargerach; oder Autobahn A 6, Ausfahrt Sinsheim, Bundesstraße B 292 bis Neckarelz, B 37 neckarabwärts bis Neckargerach

Beschreibung:
Die Hochfläche des südöstlichen Odenwalds wird an ihrem Steilabbruch zum Neckartal von mehreren Klingen, schmalen, steilen und oft nur relativ kurzen Kerbtälern, durchschnitten. Sie entstanden, als im Tertiär der Oberrheingraben abzusinken begann, bei gleichzeitiger Hebung seiner Grabenschultern Schwarzwald und Vogesen sowie Odenwald und Pfälzerwald. Der Neckar als Hauptvorfluter zum Rhein konnte seinen Lauf nahezu beibehalten, schnitt sich aber infolge großer Erosionskraft tiefer in die sich hebenden Gesteine ein. Kleinere Seitenbäche mit geringerer Erosionskraft konnten dieser Tieferlegung des Neckars nicht folgen – es entstanden so genannte Hängetäler, deren Mündungen in das Neckartal hoch über dem heutigen Flussniveau am Steilhang liegen. Die Margaretenschlucht ist wohl das markanteste dieser Hängetäler.

Der Flursbach, der die Schlucht geformt hat, entspringt bei Reichenbuch, durchfließt zunächst auf rund 800 m Länge ein Hochtal und fällt dann etwa 130 m über den Steilabbruch zum Neckar hin ab. Die Ausformung der Schlucht geschah überwiegend durch Hochwasserereignisse, da der Bach bei Normalwasser nur wenig Erosionsenergie aufbringt. Die Schlucht erschließt beispielhaft den Oberen und Mittleren Buntsandstein. Bei Reichenbach beginnt die Klinge in den weichen Tonsteinen des Röts, die allerdings zumeist verrutscht sind. Die ersten Aufschlüsse liegen im Rötquarzit, früher nach einem Saurier – *Chirotherium* (Handtier) –, der diesem Gestein seine Fußspuren eingedrückt hat, als Chirotheriensandstein bezeichnet (s. „Geologisch-naturkundlicher Wanderweg“ bei Külsheim unter Sonstige Lehrpfade, Nr. 59). Als nächst tiefer liegende Schicht folgen die Plattensandsteine, plattige bis schiefrige Sandsteine mit vielen Glimmerplättchen auf den Schichtflächen. Sie bilden die Grenze zum Mittleren Buntsandstein, einem Schichtpaket aus unterschiedlich mächtigen Sandsteinbänken mit tonigen Zwischenlagen. Er beginnt mit dem rötlich-violetten Karneol-Dolomit-Horizont. Bedingt durch die unterschiedliche Härte der Bänke stürzt der Flursbach über insgesamt 11 Stufen zum Neckar hin ab, nach der Schneeschmelze in beeindruckenden Wasserfällen. Die Schlucht weist im Mittelteil ein Gefälle von immerhin 40 % auf!

Den Einstieg zur Schlucht erreicht man entweder, von Neckargerach kommend, über den oberhalb der Bahnlinie verlaufenden Weg oder von der Schleuse Guttenbach, nach Norden bergan steigend, über die vordere Mathildenschlucht. Am Beginn informiert eine große Tafel über die Schlucht und den Weg hindurch. Der steile Aufstieg in der Schlucht ist durch Stahlseile gesichert und mit gutem Schuhwerk problemlos zu begehen.

Angaben zur geologischen Situation enthält das Blatt 6620 Mosbach der Geologischen Karte von Baden-Württemberg 1 : 25 000.

277 *Buntsandsteinfelsen in der Margaretenschlucht*

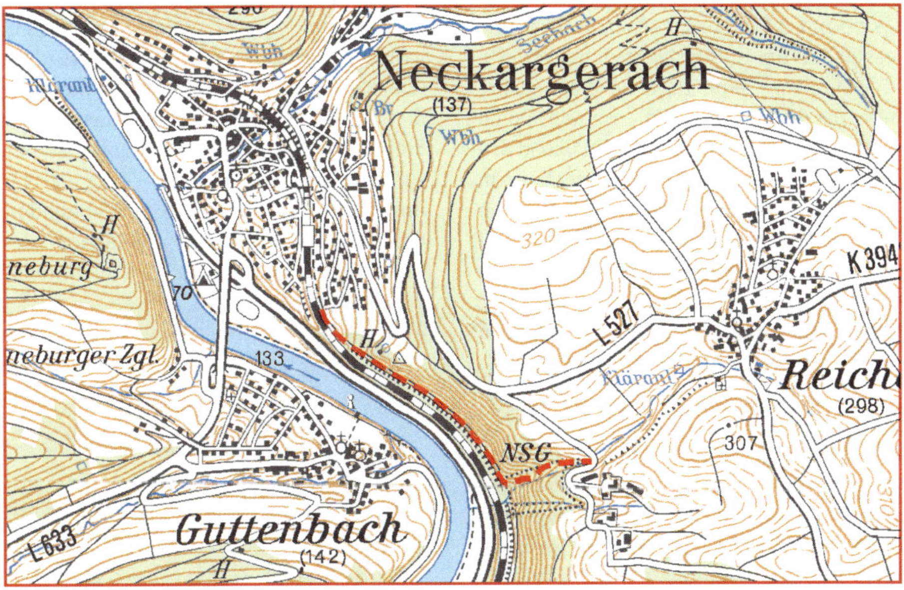

17 Gottschlägtal – Karlsruher Grat

Ottenhöfen im Schwarzwald, Ortenaukreis

Anfahrt:

Autobahn A 5, Ausfahrt Achern, Landesstraße über Achern nach Ottenhöfen; oder Autobahn A 81, Ausfahrt Horb, Bundesstraße B 32 bis Horb, Landesstraße bis Freudenstadt, dann B 462 nach Baiersbronn, Landesstraße bis Ottenhöfen

Beschreibung:

Eine Wanderung durch die Schlucht des Gottschlägbachs über den Karlsruher Grat, auch Eichhaldenfirst genannt, gehört wohl zu den eindrucksvollsten Touren im Nordschwarzwald. Die wild zerklüftete Felspartie des Gottschläggebiets besteht aus Quarzporphyren, entstanden im Zeitalter des Perms, als im Rotliegenden saure vulkanische Gesteine, d. h. Tuffe, Ignimbrite und Deckenergüsse gefördert wurden. Der Karlsruher Grat ist der Rest einer gewaltigen Spalteneruption, die auf über 4,3 km Länge bis 700 m mächtige Ergussmassen hinterlassen hat. Der Gottschlägbach hat in diese Rhyolithmasse eine tiefe Schlucht gegraben, die in knapp 2 km von den Quellbächen unter dem Vogelskopf (ca. 920 m NN) bis zum großen Porphyrsteinbruch beim Edelfrauengrab (ca. 390 m NN) einen Höhenunterschied von über 500 m überwindet. Im unteren Teil der Schlucht fällt der Gottschlägbach in zahlreichen, bis 8 m hohen Wasserfällen über eine rund 100 m hohe Gefällstufe ab.

Der Weg in die Schlucht beginnt beim Gasthaus „Edelfrauengrab“ auf einem erstmals 1856 angelegten Steig, der 1966 nach größeren Unwettern wieder begehbar gemacht werden musste. Bald gelangt man an die erste Gefällstufe mit einer im Rhyolith ausgekolkten Höhle, dem eigentlichen „Edelfrauengrab”, zugänglich über Treppen und Stege. Etwas weiter erreicht man die „Vespertanne”, die an die Wegebaumaßnahmen von 1966 erinnern soll. Gleich dabei befindet sich der Wasserfall „Deglerbad”, wo der Gottschlägbach über eine Gefällstufe mit steil stehender, plattiger Absonderung der Quarzporphyre in einen breiten Kessel fällt. Der Weg durch die Schlucht erfordert gutes Schuhwerk und im Weiteren auch eine gewisse Schwindelfreiheit, um die schroffen Quarzporphyrklippen mit ihren Steilabstürzen und wechselnden Blicken in die Tiefe ungefährdet zu begehen. Aus der Schlucht steigt der Weg hinauf zum Karlsruher Grat, einer urwüchsigen und bizarren Landschaft, die nach Norden ca. 90 m und nach Süden ca. 180 m tief abfällt. Der riffartige Kamm des Karlsruher Grats mit seinen schroffen Steilabfällen hebt sich deutlich von den abgerundeten Berghängen, Rücken und Kuppen des benachbarten Granitgebiets ab. Abwärts über den Grat verläuft der Weg bald durch den Wald zum oberen Rand des großen Steinbruchs, von dort steil bergab zurück zum Ausgangpunkt.

Angaben zur geologischen Situation enthält das Blatt 7415 Seebach der Geologischen Karte von Baden-Württemberg 1 : 25 000.

278 schroffe Felsen des Karlsruher Grats

278

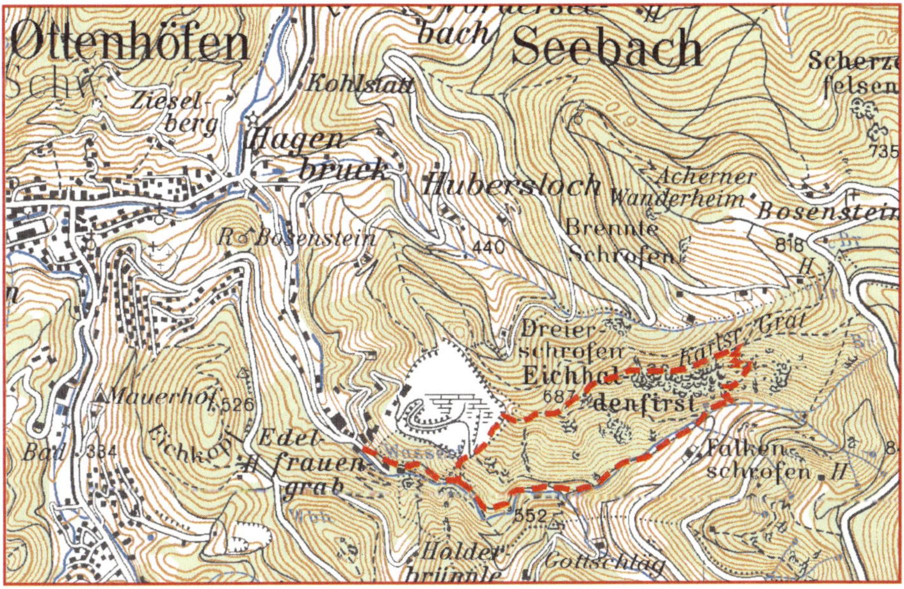
Ottenhöfen
Seebach
Kohlstatt
Ziesel-
berg
Hagen-
bruck
Hubersloch
Acherner
Wanderheim
Bosenstein
735
Brennte
Schrofen
818
R. Bosenstein
440
Dreier-
schrofen
Eichhalden-
first
687
Karlsr. Grat
Mauerhof
526
Edel-
frauen-
grab
Bad
334
Falken-
schrofen
552
Halder-
brünnle
Gottschlag

18 Bodenbachschlucht

Spiegelberg, Rems-Murr-Kreis

Anfahrt:
Autobahn A 81, Ausfahrt Weinsberg/Ellhofen, Bundesstraße B 39 bis Löwenstein, Landesstraße bis Spiegelberg, weiter Richtung Vorderbüchelberg

Beschreibung:
Die Landschaft um Spiegelberg und Wüstenrot, die Löwensteiner Berge, gehört zu den beliebtesten Wandergebieten des östlichen Baden-Württembergs. Weite Wälder, ruhige, kuppige Gebiete, unterbrochen von inselartigen Bereichen mit kleineren Ortschaften und landwirtschaftlichen Flächen geben der Landschaft ein abwechslungsreiches Gepräge. Geologisch wird die Landschaft vom Oberen Stubensandstein des Mittelkeupers aufgebaut. Diese überwiegend ruhige, kuppige Landschaft wird von einem Netz eindrucksvoller Klingen und Schluchten zerschnitten. Mit der Bodenbachschlucht kann eine der wildesten und urwüchsigsten davon durchwandert werden.

Der Ausgangspunkt der Wanderung durch die Bodenbachschlucht liegt nordöstlich von Vorderbüchelberg am Wanderparkplatz Seewiese. Den Einstieg findet man über einen Waldweg (roter Balken) westlich der Wegkreuzung, von der noch weitere befestigte Wald- und Wanderwege abgehen. Bereits nach ca. 30 m kann man einen Blick hinunter in die großartige Felsschlucht werfen, in die man nun, gutes Schuhwerk vorausgesetzt, über Treppenstufen, geländergesicherte schmale Pfade und kleine Brücken hinabsteigt. Die Talwände sind steil, mit herausragenden Felsen und Felssimsen, aus denen immer wieder Blöcke abbrechen und in die Schlucht stürzen. Der umgebende Wald, ein tannenreicher Schluchtwald mit vielen, für die feuchtkühlen Keuperklingen typischen Moosen und Farnen, kommt den ursprünglichen Waldbildern vor Beginn der menschlichen Nutzung und Umgestaltung noch sehr nahe. Nach rund 700 m wird die Schlucht etwas weniger wild, der Weg trifft auf einen Forstweg, der etwas bergauf und dann über der Schlucht parallel am Hang verläuft. Um einen Bergrücken herum führt er dann sanft bergab zur benachbarten Schlucht des Dentelbachs. Diese Schlucht ist ebenfalls durch einen Wanderweg erschlossen – der Forstweg führt weiter ins Tal. Die Wanderung folgt diesem Weg klingenaufwärts und schon bald steht man vor dem „Hohlen Stein“ (auf der topographischen Karte als „Tobelschlucht“ bezeichnet). Der Hohle Stein ist eine große, eindrucksvolle Nische von ca. 30 m Durchmesser am oberen Talschluss einer kleinen Bachklinge. Ein kleiner Wasserfall stürzt 5 m tief in einen breiten Kessel im Gestein. Die Stubensandstein-Formation besteht aus einem Schichtpaket, das neben härteren Sandsteinlagen auch solche mit größeren, leicht ausspülbaren Tonsteinlinsen enthält. Auch toniger gebundene, somit weichere Sandsteine und Sandsteinschiefer erleichtern derartige Nischen- oder Höhlenbildungen, wie sie für viele Klingen dieser Landschaft typisch sind. Der Hohle Stein ist im Winter besonders eindrucksvoll, wenn er von meterlangen Eiszapfen geziert und das Bächlein zu einem bizarren Eisgebilde wird. Vom Hohlen Stein führt ein Fußpfad über Treppen und Stege weiter hinauf, wo nochmals höhlenartige Gebilde einen Kessel im Hochwald bilden. Bald erreicht man das asphal-

279 Bodenbachschlucht

tierte Sträßchen, das nach Norden zurück zum Parkplatz an der Seewiese führt.
Angaben zur geologischen Situation enthalten die Blätter 6922 Wüstenrot der Geologischen Karte von Baden-Württemberg 1 : 25 000 (vorläufige Ausgabe) sowie Naturpark Schwäbisch-Fränkischer Wald 1:50 000.

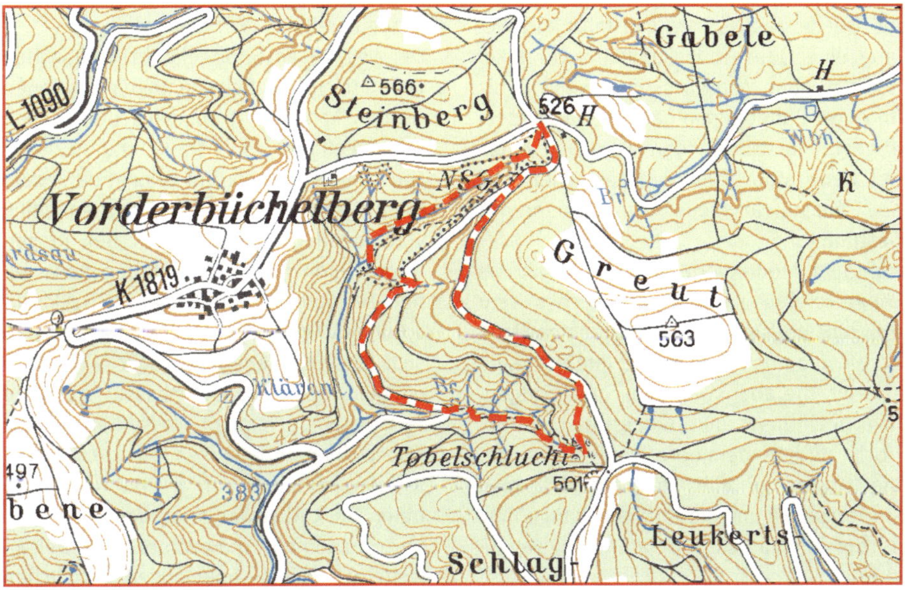

19 Neckarursprung

Villingen-Schwenningen, Schwarzwald-Baar-Kreis

Anfahrt:
Autobahn A 81, Ausfahrt Vilingen-Schwenningen, Bundesstraße B 27 bis Schwenningen

Beschreibung:
Das Schwenninger Moos liegt im Zentralbereich der Baar, der auch als Riedbaar bezeichnet wird. Dem Namen zufolge gab es früher sehr viel mehr Moorgebiete, die allerdings nach der Drainierung zum größten Teil verschwunden sind. Das Moos gilt als das größte der noch erhaltenen Moore der Baar. Seine Lage birgt eine Besonderheit: Der Abfluss aus der Moorfläche erfolgt zum einen als Neckarquellgebiet nach Norden zum Rhein und zum anderen nach Südwesten über den Talbach zur Brigach und damit zur Donau. Das Schwenninger Moos liegt also auf der Europäischen Wasserscheide.

Als Quelle des Neckars galt jahrhundertelang eine Quelle mit Quellstein ca. 1 km nördlich vom Moos in Schwenningen, bis ihr durch Bahnbaumaßnahmen das Wasser abgegraben wurde. 1934 wurde im Moos der Neue Moosweiher ausgestochen und sein Auslauf als neuer „Neckarursprung" bestimmt.

Auf dem Moor-Rundweg von ca. 3,5 km Länge bieten sich dem Besucher sehr abwechslungsreiche Bilder einer Moorlandschaft, die noch weitgehend intakt zu sein scheint, die aber vom Menschen maßgeblich beeinflusst und umgestaltet wurde. Hoch- und Niedermoore werden besucht, die Folgen großflächiger Torfentnahmen sind zu sehen und die vorläufigen Ergebnisse der eingeleiteten Renaturierungsversuche.

Bis vor 200 Jahren war das Schwenninger Moos in seinem zentralen Bereich ein lebendes Hochmoor, entstanden in einer muldigen Landschaft, die die letzte Eiszeit hinterlassen hatte und die von vielen Tümpeln und Seen bedeckt war. Nach Verlandung der Seen bildete sich über Niedermoorstadien ein echtes Hochmoor aus, das uhrglasförmig über die umgebende Landschaft emporwuchs. Ab Mitte des 18. Jahrhunderts begann eine systematische und gründliche Abtorfung des Hochmoorschildes, die bis in die Nachkriegszeit (1950) betrieben wurde. Durch die Entwässerungs- und Abtorfarbeiten wurde das Moor dramatisch verändert: Typische Hochmoorpflanzen wurden zurückgedrängt oder verschwanden, andere Gesellschaften traten dazu und das Moor verbuschte. Seit 1982 wird versucht, durch Anstau den Grundwasserspiegel wieder zu heben, was inzwischen bereits erste Erfolge zeigt.

Der Weg, der am Sportgelände im südlichen Ortsbereich von Schwenningen begonnen werden kann, führt zunächst über Schafschwingelrasen, Hochstaudenfluren sowie Grossseggenwiesen und gelangt dann zum Alten Moosweiher, der inzwischen völlig verlandet ist. Man überquert den jungen Neckar und kommt an den Neuen Moosweiher, der durch eine Holztafel als Neckarursprung ausgewiesen ist. Jetzt bewegt man sich in einer Niedermoorfläche, vorbei an einigen kleineren, mit Wasser gefüllten Torfstichen zur großen Wasserfläche, dem Stichweiher, der erst 1947/48 durch Torfgewinnung entstand. Von hier hat man einen freien Blick über das ausgedehnte, baum- und strauchfreie Moorzentrum. Vorbei an weiteren kleinen ehemaligen Torfstichen

280 neuer Moosweiher im Schwenninger Moos

kommt man durch einen relativ trockenen Moorwald mit urtümlichen Baumgestalten und über eine trockene Schafweide wieder zum Ausgangspunkt zurück.

Angaben zur geologischen Situation enthält das Blatt 7917 Villingen-Schwenningen-Ost der Geologischen Karte von Baden-Württemberg 1 : 25 000.

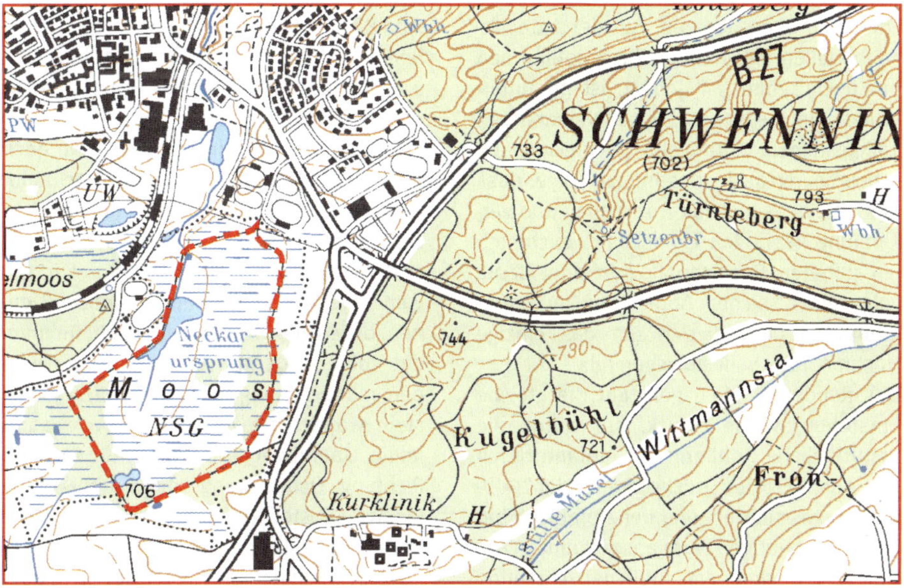

20 Schopflocher Torfgrube und Randecker Maar

Weilheim a. d. Teck, OT. Hepsisau, Landkreis Esslingen

Anfahrt:
Autobahn A 8, Ausfahrt Aichelberg, Landesstraße über Weilheim a. d. Teck Richtung Neidlingen, Abzweigung nach Hepsisau

Beschreibung:
Die Wanderung von Hepsisau über das Randecker Maar zur Schopflocher Torfgrube führt durch zwei der bekanntesten und wichtigsten Überreste des Vulkanismus auf der Schwäbischen Alb. Diese Vulkane, die vor etwa 15 Millionen Jahren im Tertiär aktiv waren, haben auf der Schwäbischen Alb und ihrem heutigen Vorland über 360 Schlote hinterlassen. Sie sind die erodierten Reste von kraterförmigen Sprengkesseln, die durch den Kontakt von aufsteigendem Magma mit dem Grundwasser entstanden sind. Nach den explosiven Vorgängen sanken die Schlotfüllungen in sich zusammen, dadurch entstanden vielfach Maare, in welchen sich Seen bildeten. Auf der Albhochfläche fallen diese ehemaligen Hohlformen nur noch selten auf, jedoch ist ihr Untergrund – im Gegensatz zu den verkarsteten Kalkgesteinen der Umgebung – meist relativ schwer durchlässig. Das hat zur Folge, dass hier, in einer sonst von Trockenheit und Verkarstung geprägten Landschaft Feuchtstellen auftreten. Das Schopflocher Moor ist die Folge einer solchen Abdichtung im Untergrund. Es handelt sich um das einzige Hochmoor der Schwäbischen Alb.
Das Randecker Maar geht auf die gleiche Entstehungsweise zurück, nur wurde die ursprüngliche Hohlform am Albrand durch den durch Erosion „rückschreitenden“ Albtrauf angeschnitten, und der Zipfelbach hat es bis zur heutigen Form ausgeräumt.
Der Weg beginnt am südlichen Ortsende von Hepsisau. Zuerst steigt man durch die blockreiche Zipfelbachschlucht mit einem schönen Schluchtwald und entsprechender Bodenvegetation bergan. Am Ausgang der Schlucht weitet sich die Landschaft zu der breiten Maarschüssel. Der Weg trifft am Schluchtausgang auf die Landesstraße, die man überquert, um dann durch die Maarschüssel zum Randeck aufzusteigen. Über die Fahrstraße gelangt man zur Ziegelhütte mit einer interessanten Ausstellung von Fossilien aus dem Randecker Maar (s. Geowissenschaftliche Fachmuseen, Nr. 16) und dann zum „Aussichtspunkt Randecker Maar“ am Salzmannstein. Von hier hat man – gutes Wetter vorausgesetzt – einen hervorragenden Überblick über das Maar, die Kerbe der Zipfelbachschlucht und den Kegelberg der Limburg. Die großen Kalksteinblöcke an den Oberhängen gehören zu den so genannten „Blockschichten“ und sind Reste der von der Explosion ausgeworfenen Gesteine. Vom Salzmannstein zurück am Randeck folgt man der Fahrstraße bis zum Hoffmeisterhaus bei der Schopflocher Torfgrube. Das sehr interessante und noch weitgehend natürlich erhaltene Hochmoor kann auf einem Holzsteg begangen werden, der beim Hoffmeisterhaus beginnt und dort auch wieder endet. Das Moor wird nur vom Regenwasser gespeist, randliche Dolinen, die es gleichzeitig begrenzen, nehmen das abfließende Wasser auf. Von hier wandert man Richtung Gutenberg nach Kreuzstein, wo mehrere Dolinen in der Wiese auffallen. Über die Albfläche führt die Route in Richtung Ochsenwang, dann über einen kleinen Abstecher zum „Pferch“, einem System von Felsverstürzen und Spaltenhöhlen, wo man den Weg besser nicht oder

nur vorsichtig verlassen sollte, und den Mörikefels wieder hinunter ins Zipfelbachtal und zurück zum Parkplatz.
Das Naturschutzzentrum Schopflocher Alb in Schopfloch (s. Naturschutzzentren, Nr. 11) informiert in Dauer- und Sonderausstellungen über Naturschutz, Geologie und Landschaft.

Angaben zur geologischen Situation enthält das Blatt 7423 Wiesensteig der Geologischen Karte von Baden-Württemberg 1 : 25 000 (aktualisierte Ausgabe).

281 Blick vom Salzmannstein in das Randecker Maar mit der Vulkanruine der Limburg im Hintergrund

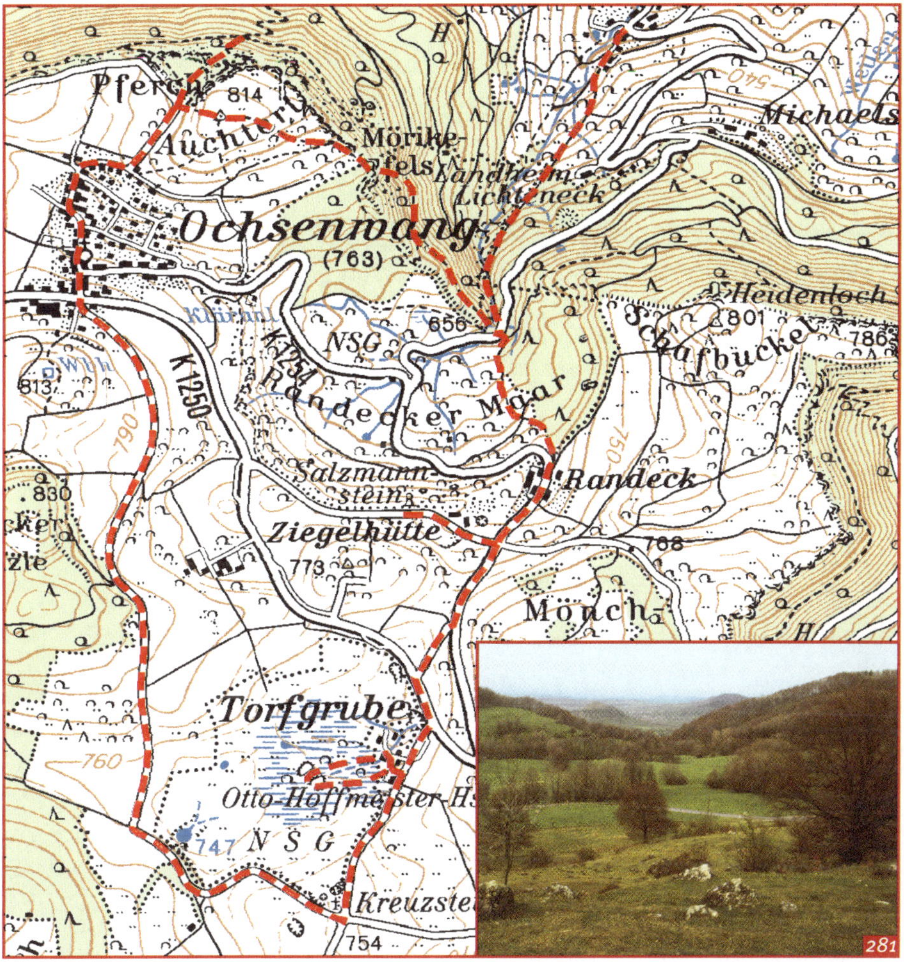

281

Naturschutzzentren

NATURSCHUTZZENTREN

282 Naturschutzzentrum Ruhestein im Schwarzwald: im Waldklassenzimmer

In den vergangenen Jahren nahm die Zahl der ausgewiesenen Natur- und Landschaftsschutzgebiete stetig zu. Dadurch wurden für bedrohte Tiere und Pflanzen viele zusätzliche Rückzugsgebiete geschaffen oder erhalten. Gleichzeitig ist aber das Interesse der Bevölkerung an möglichst naturnahen Landschaftsräumen und einem ungestörten Naturerleben gewachsen, und der Druck der Besucher auf diese Rückzugsgebiete nimmt ständig zu. Es galt somit, einen Kompromiss zwischen den Erfordernissen des Naturschutzes und den ebenso berechtigten Wünschen der Bevölkerung auf freies Naturerleben zu finden.

283 Bad Buchau: Lehrpfad im Naturschutzgebiet
284 Naturschutzzentrum Bad Wurzach: Bestimmungsübungen im Ried

Dies wird möglich, wenn sich die Besucher in den Schutzgebieten rücksichtsvoll verhalten. Die Erfahrung hat gezeigt, dass eine große Bereitschaft in der Bevölkerung vorhanden ist, notwendige Beschränkungen zu respektieren und sich entsprechend zu verhalten. Voraussetzung dafür ist allerdings die Information über Natur und Landschaft in den Schutzgebieten, Aufklärung über Gründe für Beschränkungen und darüber hinaus eine gewisse Lenkung der Besucherströme.

Zu diesem Zweck wurden und werden in besonders schutzbedürftigen Landschaften Baden-Württembergs Naturschutzzentren eingerichtet, die vom Land, von Gemeinden, von Naturschutz- und Umweltverbänden (NABU und BUND, Schwäbischer Heimatbund SHB) getragen und unterhalten werden.

283

In diesen Naturschutzzentren steht im Vordergrund, die Besucher über die naturräumlichen Besonderheiten und Schönheiten des umgebenden schutzwürdigen Landschaftsraums zu informieren, sie für die Belange des Naturschutzes zu interessieren und zu einem rücksichtsvollen Verhalten anzuleiten. Dazu dienen zahlreiche Angebote von Dienstleistungen, wie naturkundliche Führungen, Vorträge, Diaschauen und Filmbeiträge, Workshops und Projekttage sowie Broschüren, Faltblätter oder andere Veröffentlichungen, die Touristen, Wanderer, Schulklassen und sonstige Besucher für Fragen des Naturschutzes sensibilisieren und anschaulich über die ökologische Bedeutung und Gefährdung der jeweiligen Landschaft informieren. Durch geführte Wanderungen, Anlage von Natur- und Lehrpfaden sowie Anstellung von Rangern soll die Gefährdung der Naturlandschaft weiter verringert werden.

Häufig sind in den Naturschutzzentren Dauerausstellungen eingerichtet, die Pflanzen- und Tierwelt, aber meist auch die Geologie und Landschaftgeschichte vorstellen, häufig werden Sonderausstellungen präsentiert.

Neben diesen öffentlichkeitswirksamen Aufgaben leisten Naturschutzzentren wichtige Beiträge bei der Organisation von Naturschutz und Landschaftspflege durch Koordination der Aktivitäten von Verbänden, Gemeinden, Land- und Forstwirtschaft sowie durch Beratung in Fragen der die Schutzgebiete betreffenden Belange.

Bis jetzt bestehen in Baden-Württemberg 15 Naturschutzzentren in unterschiedlicher Trägerschaft.

284

Erläuterungen zur gegenüberliegenden Karte:

Naturschutzzentren

1 Naturschutzstation **Schmidsfelden**
2 Naturschutzzentrum **Bad Wurzach**
3 Naturschutzzentrum **Eriskirch**
4 Naturschutzzentrum **Federsee**
5 Naturschutzzentrum **Karlsruhe-Rappenwört**
6 Naturschutzzentrum **Mettnau**
7 Naturschutzzentrum **Möggingen**
8 Naturschutzzentrum **Obere Donau**
9 Naturschutzzentrum **Pfrunger-Burgweiler Ried**
10 Naturschutzzentrum **Ruhestein im Schwarzwald**
11 Naturschutzzentrum **Schopflocher Alb**
12 Naturschutzzentrum **Südschwarzwald**
13 Naturschutzzentrum **Westlicher Hegau**
14 Naturschutzzentrum **Wollmatinger Ried**
15 Naturzentrum **Kaiserstuhl**

Lage der Naturschutzzentren

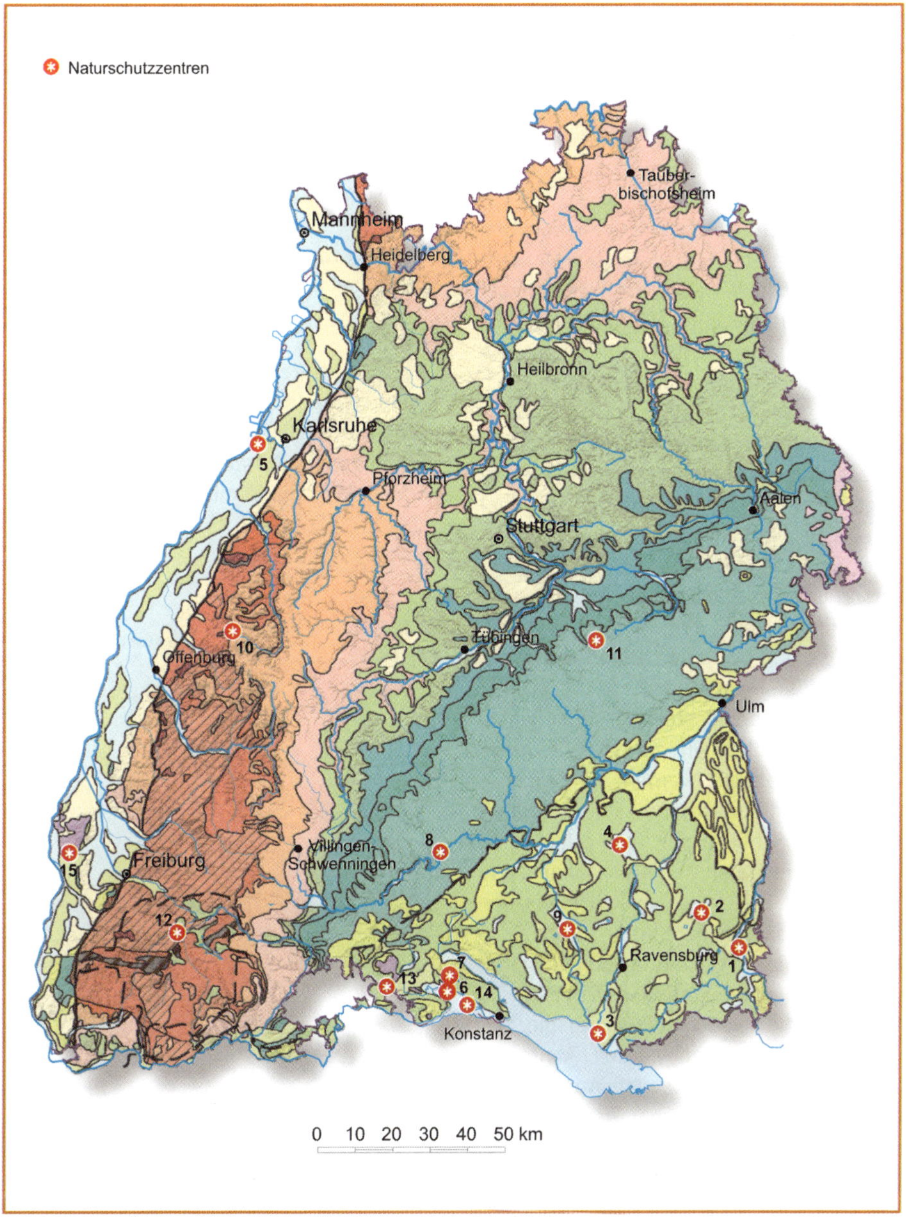

1 Naturschutzstation Schmidsfelden

Leutkirch-Schmidsfelden, Landkreis Ravensburg

Anfahrt:
Autobahn A 96 bis Ausfahrt Leutkirch-West, Landesstraße durch Leutkirch in Richtung Isny, bei Urlau abbiegen und Landesstraße in Richtung Kempten bis Schmidsfelden.

Beschreibung:
Die Naturschutzstation Schmidsfelden wurde erst im Mai 2001 durch den Umweltkreis Leutkirch, der auch der Träger dieser Einrichtung ist, eröffnet. Schmidsfelden ist ein altes Glasmacherdorf, ein sehenswertes Glasmachermuseum befindet sich gegenüber der Station.
In der Naturschutzstation wurde eine Dauerausstellung eingerichtet, die die Adelegg zeigt, eine Vorbergregion der Allgäuer Alpen, die weit ins Alpenvorland hineinragt. Die Ausstellung befasst sich mit der Entstehungsgeschichte der Adelegg, der Vegetation, den tief eingeschnittenen Tobeln, dem Wasserreichtum sowie der Nutzung früher und heute.
Neben der Dauerausstellung sollen wechselnde Ausstellungen zu verschiedenen Themen angeboten werden. Im Sommerhalbjahr ist die Naturschutzstation Anlaufstelle von Schulklassen, die hier einen Unterricht im Freien abhalten können. Die erarbeiteten Ergebnisse und Schülerarbeiten werden dann in der Station ausgestellt. Auf Wunsch werden Führungen in die nähere Umgebung der Station durchgeführt – ein Angebot, das auch auf das Glasmachermuseum ausgedehnt werden kann. Im Laufe des Jahres 2002 sollen Wanderwege mit verschiedenen Themen, so genannte Themenwege, von der Station ausgehend, angelegt werden.
Eine ausführliche Broschüre über die Adelegg, „Landschaft im Wandel", ist in der Naturschutzstation erhältlich.

Öffnungszeiten:
1. April bis 31. Oktober:
Samstag 13–17 Uhr, Sonntag 10–17 Uhr;
November und März:
Sonntag 14–17 Uhr
Dezember bis Februar geschlossen

Info:
Naturschutzstation Schmidsfelden,
Ansprechpartner bei der Stadt Leutkirch:
Dipl.-Biol. M. Krumböck
Tel.: (07562) 984158
E-Mail: Michael.Krumboeck@Leutkirch.de

2 Naturschutzzentrum Bad Wurzach

Bad Wurzach, Landkreis Ravensburg

Anfahrt:
Autobahn A 96, Ausfahrt Leutkirch-West, Bundesstraße B 465 nach Bad Wurzach; oder, vom Bodensee: Friedrichshafen, Bundesstraße B 30 über Ravensburg–Weingarten, Landesstraße über Bergatreute nach Bad Wurzach; oder Autobahn A 8, Ausfahrt Ulm-West, Bundesstraße B 10 bis Ulm, B 30 über Laupheim–Biberach bis Oberessendorf, B 465 nach Bad Wurzach

Beschreibung:
Das Naturschutzzentrum Bad Wurzach besteht, als das erste dieser Zentren, bereits seit 1985. Es befindet sich in der Trägerschaft des Landes Baden-Württemberg, des Landkreises Ravensburg sowie der Stadt Bad Wurzach. Seine wichtigste Aufgaben sind die Betreuung des Naturschutzgebiets Wurzacher Ried, einer einzigartigen Moorlandschaft, die 1989 sogar mit dem Europadiplom ausgezeichnet wurde, sowie die umfassende und fachgerechte Information über diese Landschaft.

Im Haus des Naturschutzzentrums befindet sich eine sehenswerte Dauerausstellung über Entwicklung und Bedrohung dieses größten lebenden Hochmoorkomplexes im Voralpenraum. Das Zentrum bietet Vorträge und fachkundige Riedführungen an, bei denen die Schutzwürdigkeit dieses Gebiets verdeutlicht, Gefährdungsfaktoren aufgezeigt sowie entsprechende Schutz- und Pflegemaßnahmen erläutert werden. Als ein besonderes Angebot an Kindergärten und Schulen wurde ein „Klassenzimmer im Ried“ eingerichtet. Infobroschüren und Fachliteratur vervollständigen das vielseitige Angebot.

Einen weiteren Arbeitsschwerpunkt stellt die breit angelegte Öffentlichkeitsarbeit zu allgemeinen Themen des Naturschutzes dar. In einem umfangreichen Veranstaltungsprogramm werden Naturkenntnisse vermittelt, wird über Umweltthemen informiert sowie das Interesse für Anliegen des Natur-und Umweltschutzes geweckt und gefördert. Das Naturschutzzentrum veranstaltet regelmäßig Fortbildungen und Fachseminare zu Entwicklungen und Erfahrungen im Umweltbereich, es verfügt dazu über Vortrags- und Seminarräume sowie einen Projektraum mit diversen Ausrüstungsgegenständen.

Öffnungszeiten:
Montag, Mittwoch u. Freitag 10–12 Uhr,
Montag bis Donnerstag 14–17 Uhr,
Sonn- und Feiertage 14–17 Uhr

Info:
Naturschutzzentrum Bad Wurzach
Rosengarten 1
88410 Bad Wurzach
Tel.: (07564) 93120
Fax: (07564) 931222
E-Mail:
Naturschutzzentrum@Bad-Wurzach.de
www.naturschutzzentren-bw.de

3 Naturschutzzentrum Eriskirch

Eriskirch, Bodenseekreis

Anfahrt:
am Bodensee, von Friedrichshafen wenige Kilometer nach Südosten über die Bundesstraße B 31

Beschreibung:
Der Bodenseeraum ist aufgrund der Schönheit seiner Landschaften am Rande der Alpen und der Wassersportmöglichkeiten des „Schwäbischen Meeres" ein wichtiges Freizeit- und Ferienziel für zahllose Menschen. Gleichzeitig ist er aber auch eine äußerst sensible und bei falschem Umgang sehr gefährdete Landschaft mit einer Vielzahl an Lebensräumen für seltene Pflanzen und Tiere.
Um Besuchern und Touristen die Möglichkeit zu geben, diese Landschaft, ihre Schönheiten, aber auch ihre Probleme und die Lösungsansätze dafür kennen zu lernen, wurde 1994 im alten Bahnhofsgebäude in Eriskirch, direkt am Rande eines der größten und wertvollsten Naturschutzgebiete am Nordufer des Bodensees, das Naturschutzzentrum Eriskirch eingerichtet. Träger sind das Land Baden-Württemberg, der Bodenseekreis sowie die Gemeinde Eriskirch.
Im Haus des Naturschutzzentrums befindet sich in zwei Räumen auf über 150 m² eine Dauerausstellung über die Natur der Bodenseeregion und speziell über das Eriskircher Ried. Schautafeln und Modelle, ein großes, dreidimensionales Modell des Bodensees, das auch die Unterwasserlandschaft des Sees zeigt, und ein Süßwasseraquarium mit einheimischen Fischarten gehören zur ständigen Präsentation, die von Wechselausstellungen zu unterschiedlichen Themen ergänzt wird. Vorträge, Diaschauen und Führungen, speziell auch für Schulklassen, runden das Abgebot ab. Zwei Plattformen am Ufer des Bodensees wurden speziell zur Beobachtung der zahlreichen Wasservögel gebaut und mehrere Natur- und Lehrpfade führen zu naturkundlichen Besonderheiten. Das Naturschutzzentrum verfügt über besondere Räumlichkeiten für Vorträge und Seminare.
Neben seiner Öffentlichkeitsarbeit betreut es das Eriskircher Ried und führt notwendige Pflegemaßnahmen durch.

Öffnungszeiten:
1. April bis 30. September:
Dienstag bis Freitag und Sonntag 14–17 Uhr, freitags zusätzlich 9–12 Uhr
1. Oktober bis 31. März:
Dienstag bis Donnerstag 14–16 Uhr,
Freitag 9–12 Uhr, Sonntag 14–17 Uhr

Info:
Naturschutzzentrum Eriskirch
Bahnhofstraße 24
88097 Eriskirch
Tel.: (07541) 81888
Fax: (07541) 81899
E-Mail: info@naz-eriskirch.de
www.naturschutzzentren-bw.de

285 Naturschutzzentrum Eriskirch im alten Bahnhof

4 Naturschutzzentrum Federsee

Bad Buchau, Landkreis Biberach

Anfahrt:
Autobahn A 7, Ausfahrt Berkheim, Bundesstraße B 312 über Biberach, Landesstraße nach Bad Buchau

Beschreibung:
Das Federseegebiet in Oberschwaben ist mit seinen rd. 3300 ha Fläche ein Paradies für seltene Pflanzen und Tiere. Es wird betreut vom Naturschutzbund (NABU). Das Zentrum wurde 1987 erbaut.
Der Federsee umfasste noch vor rund 200 Jahren eine Wasserfläche von rd. 2000 ha. Mit der Entwässerung und der damit verbundenen Grundwasserabsenkung ging eine großflächige Verlandung einher, die die Wasserfläche auf nur noch ca. 140 ha schrumpfen ließ. Es handelt sich heute um einen max. 3 m tiefen, nährstoffreichen Flachsee. Im Federseemoor, dem größten Moor Südwestdeutschlands, können mehr als 260 Vogelarten und über 700 verschiedene Pflanzenarten angetroffen werden. Ein besonderer Reiz geht von dem urwüchsigen Moor-Urwald des Banngebiets Staudacher aus, benannt nach Oberförster STAUDACHER, auf dessen Initiative die Einrichtung des Schutzgebiets zurückgeht. Entstanden ist das Federseeried während der vorletzten, der Riss-Eiszeit. Es weist eine lange Besiedelungsgeschichte auf und ist nicht zuletzt auch dadurch eine archäologische Fundstätte europäischen Ranges (s. Federseemuseum unter Archäologische Museen, Nr. 33, und Archäologischer Moorlehrpfad unter Wasser-/Quell- und Moorlehrpfade, Nr. 37).
Im Naturschutzzentrum wurde eine Dauerausstellung zur Natur und Ökologie des Federsees eingerichtet und eine breite Palette von Veranstaltungen wird das ganze Jahr hindurch präsentiert. Im Vordergrund stehen Führungen durch das Ried und an den Federsee. Vorträge, Diaschauen, ein „Klassenzimmer am Wasser“ sowie ein Erlebnisteich mit Bänken, Tischen und einem mobilen Wasseruntersuchungswagen vervollständigen das reiche Angebot.
Angaben zur geologischen Situation enthält das Blatt 7923 Saulgau-Ost der Geologischen Karte von Baden-Württemberg 1 : 25 000 (vorläufige Ausgabe).

Öffnungszeiten:
21. März bis 8. September:
Dienstag bis Samstag 10–12 Uhr und 14–17 Uhr, Sonntag 11–12 Uhr und 13–17 Uhr,
9. September bis 15. März:
Donnerstag 14–17 Uhr
Winterpause 20. Dezember bis 8. Januar
(Angaben für 2002, Daten jährlich etwas unterschiedlich)

Info:
NABU-Naturschutzzentrum Federsee
Federseeweg 6
88422 Bad Buchau
Tel.: (07582) 1566
Fax: (07582) 1778
E-Mail: NABU_Federsee@online-de
www.Naturschutz-am-Federsee.de

5 Naturschutzzentrum Karlsruhe-Rappenwört

Karlsruhe, Stadtkreis Karlsruhe

Anfahrt:

Autobahn A 5, Ausfahrt Karlsruhe-Durlach, Bundesstraße B 10 bis Kreuzung B 10/B 36, Richtung Rastatt bis Stadtteil KA-Daxlanden

Beschreibung:

Die Flussauen größerer Flüsse, insbesondere des Rheins, gehören einerseits zu den interessantesten, andererseits aber auch zu den bedrohtesten Landschaften und Lebensräumen Europas. Als Beitrag zur Erhaltung und der Vermittlung des Wissens um diese Landschaft wurde 1996 das Naturschutzzentrum Karlsruhe-Rappenwört gegründet. Getragen wird es vom Land Baden-Württemberg, der Stadt Karlsruhe sowie privaten Sponsoren. Es liegt inmitten eines der attraktivsten Naherholungsgebiete von Karlsruhe, in der ursprünglichen Landschaft der ehemaligen Rheininsel Rappenwört.

Zu den Hauptaufgaben des Naturschutzzentrums gehören neben der Öffentlichkeitsarbeit die Betreuung und Pflege der umliegenden Naturschutzgebiete mit Auen, Altwasserarmen, Feucht- und Nasswiesen sowie trockenen Kiesinseln. Außerdem bildet es eine Kontakt- und Koordinationsstelle für Naturschutzaktivitäten in der Region.

Im Naturschutzzentrum wurde eine Dauerausstellung eingerichtet, die detaillierte Einblicke in die natürlichen Gegebenheiten der Rheinaue bietet. Anhand zahlreicher Schautafeln und Modellen darunter einem flutbaren Auenmodell, werden die Entstehungsgeschichte der Rheinauen, ihre Bedeutung und ökologische Wertigkeit sowie ihre Gefährdung dargestellt. In einem „Kindererlebnisraum“ werden die Themen des Naturschutzes und Informationen über die Rheinauen in spielerischer, kindgerechter Art präsentiert.

Sonderausstellungen, Vorträge, Seminare, Arbeitsgemeinschaften, naturkundliche Führungen sowie Naturerlebnistage sind weitere Angebote des Zentrums. Ein Vortrags- und Seminarraum steht zur Verfügung und für Kinder- und Schülergruppen gibt es ein „Auenklassenzimmer", in dem die Verbindung zwischen Freilanderlebnis und Experimentieren im Schulungsraum geschaffen wurde. Darüber hinaus verfügt das Zentrum über eine Infothek sowie eine allen Besuchern zugängliche Fachbibliothek.

Öffnungszeiten:

1. April bis 30. September: Dienstag bis Freitag 14–18 Uhr, Sonn- und Feiertage 11–18 Uhr

1. Oktober bis 31. März: Dienstag bis Freitag 14–17 Uhr, Sonn- und Feiertage 11–17 Uhr

Info:

Naturschutzzentrum Karlsruhe-Rappenwört
Hermann-Schneider-Allee 47
76189 Karlsruhe
Tel.: (0721) 95047-0
Fax: (0721) 95047-47
E-Mail: info@nazka.de
www.naturschutzzentren-bw.de

6 Naturschutzzentrum Mettnau

Radolfzell-Mettnau, Landkreis Konstanz

Anfahrt:
Autobahn A 81 bis Kreuz Hegau, Bundesstraße B 33 und Landesstraße nach Radolfzell, ab dem Busbahnhof mit Linie 5 zum Naturschutzzentrum

Beschreibung:
Das NABU-Naturschutzzentrum Mettnau wird von der örtlichen NABU-Gruppe Radolfzell–Singen–Stockach getragen und existiert seit 1986. Neben einem umfangreichen Veranstaltungsprogramm werden im Auftrag des Landes Baden-Württemberg 15 Naturschutzgebiete im Landkreis Konstanz betreut und gepflegt. Auf ca. 1500 ha Schutzgebietsfläche werden Gebietskontrollen, Erfassung der Tier- und Pflanzenbestände sowie Pflegemaßnahmen durchgeführt. Kerngebiet ist der Schutzgebietsverbund „Westlicher Untersee", der sich in einem 20 km langen Band entlang des Unterseeufers von Markelfingen bis Gaienhofen erstreckt.

Mit seiner Arbeit möchte das Naturschutzzentrum Mettnau die Natur auch für künftige Generationen erhalten, die Lebensbedingungen für zahlreiche Tiere und Pflanzen am Bodensee verbessern, die Schutzbemühungen für Natur und Umwelt einer breiten Öffentlichkeit zugänglich machen sowie Besucher die besonderen Schätze der Natur erleben lassen.

Dazu dient eine ständige Ausstellung, die in mehreren Räumen die verschiedenen Lebensräume der Halbinsel Mettnau mit ihren Pflanzen und Tieren zeigt. Daneben führt das Naturschutzzentrum Riedführungen von unterschiedlicher Thematik und Länge durch, die sich an interessierte Besucher aller Altersstufen richten. Besonders Kinder und Schulklassen finden ein reichhaltiges Angebot an Aktivitäten und Führungen. Am 1. Mai findet ein Erlebnistag für Familien statt. Vorträge, Diaschauen, Lehrgarten, Lehrpfade und Erlebnispädagogik ergänzen das reichhaltige Programm.

Ein ausführliches Veranstaltungsprogramm ist im Naturschutzzentrum erhältlich bzw. kann von dort angefordert werden.

Öffnungszeiten:
März bis Oktober: Samstag, Sonn- und Feiertag 14–18 Uhr sowie nach Vereinbarung

Eintrittspreise:
Eintritt frei, Spenden erwünscht

Info:
NABU-Naturschutzzentrum Mettnau
Floerickeweg 2 a
78315 Radolfzell
Tel.: (07732) 12339
Fax: (07732) 13860
E-Mail: nabu.mettnau@t-online.de

286 Bodensee-Vergissmeinnicht (Myosotis rehsteineri)

7 Naturschutzzentrum Möggingen

Radolfzell, Landkreis Konstanz

Anfahrt:
Autobahn A 81 bis Kreuz Hegau, Bundesstraße B 33 bis Radolfzell, Landesstraße über Güttingen nach Möggingen

Beschreibung:
Das Naturschutzzentrum ist in einem historischen Fachwerkgebäude (ehemalige Mühle mit Anbauten) in Möggingen untergebracht. Träger ist der BUND im Auftrag des Landes Baden-Württemberg. Die Haupteinsatzgebiete sind, neben einer breit angelegten Öffentlichkeitsarbeit, die Pflege und Betreuung der Naturschutzgebiete „Mindelsee“ und „Weitenried“.
In einer Dauerausstellung wird das Naturschutzgebiet Mindelsee vorgestellt. Weitere Themen sind „Kiesgruben als wertvolle Lebensräume“, „Natur in Dorf und Stadt“ sowie das Projekt „heimisches Holz“. Das Zentrum verfügt über einen großen Seminarraum mit Dia- und Overheadprojektoren, Binokularen und Mikroskopen.
Es bietet Exkursionen durch die betreuten Naturschutzgebiete zu den Themenbereichen Pflanzen, Wasservögel, Gewässer, Landwirtschaft, Landespflege und Forstwirtschaft an, wahlweise in verschiedenen Längen und abgestimmt auf unterschiedliches Publikum (Wanderer, interessierte Touristen, Familien oder Schulklassen). Es veranstaltet Projekttage, Diavorträge sowie Seminare, bietet Bestimmungsübungen an, organisiert und koordiniert Landschaftspflegeeinsätze.
Eine Präsenzbibliothek, ein Diaarchiv und ein Herbarium vervollständigen das reichhaltige Angebot. Ferngläser zum Beobachten der zahlreichen Wasservögel können ausgeliehen werden.

Öffnungszeiten:
Montag bis Freitag 9–17 Uhr

Info:
Naturschutzzentrum Möggingen
Mühlbachstraße 2
78315 Radolfzell
Tel.: (07732) 1507-0
Fax: (07732) 1507-77
E-Mail: bund.moeggingen@bund.net

8 Naturschutzzentrum Obere Donau

Beuron, Landkreis Sigmaringen

Anfahrt:
Autobahn A 81, Ausfahrt Tunigen oder Geisingen, Bundesstraßen B 523 oder B 311 bis Tuttlingen, Landesstraße durchs Donautal über Mühlheim und Fridingen nach Beuron

Beschreibung:
Die Schwäbische Alb lockt mit der großartigen Felslandschaft des Donaudurchbruchs jedes Jahr Tausende erholungssuchender Menschen an. Damit diese vielen Besucher nicht zu einer Belastung für die eindrucksvolle Landschaft werden, wurde 1996 in Trägerschaft des Landes Baden-Württemberg, der Landkreise Sigmaringen und Zollernalb sowie der Gemeinde Beuron das Naturschutzzentrum Obere Donau gegründet. Es ist im alten Bahnhof von Beuron untergebracht – ebenso wie die Geschäftsstelle der Verwaltung des Naturparks Obere Donau. Eine der wichtigsten Aufgaben des Naturschutzzentrums ist es, Besucher über die Landschaft, ökologische Zusammenhänge und Gefährdungen aufzuklären und sie für einen schonenden Umgang mit der Natur zu sensibilisieren. Die Betreuung von 11 Naturschutzgebieten der Umgebung sowie die Zusammenarbeit und Koordination von Naturschutzaktivitäten sind weitere Aufgaben.

Im alten Bahnhof wurde auf über 200 m² Fläche in Zusammenarbeit mit dem Naturparkverein eine Dauerausstellung eingerichtet, welche die sehr unterschiedlichen Landschaftsbereiche des Naturparks Obere Donau darstellt und erklärt. In wechselnden Sonderausstellungen werden einzelne Naturschutzthemen vertieft. Vorträge, Seminare, Tagungen und Exkursionen sind weitere Bestandteile einer umfassenden Öffentlichkeitsarbeit, die möglichst alle Bevölkerungsteile ansprechen soll. Ein Tag in der Woche ist Schulen und Schülern vorbehalten, wobei in den Naturraum Obere Donau, seine Entstehungsgeschichte, seine Besonderheiten und Probleme eingeführt wird.

Öffnungszeiten:
Dienstag bis Freitag 9–12 Uhr,
im Regelfall montags und nachmittags ebenfalls geöffnet
Samstag, Sonn- u. Feiertag
(1. April–30. Oktober) 13–17 Uhr

Info:
Naturschutzzentrum Obere Donau
Wolterstraße 16
88631 Beuron
Tel.: (07466) 9280-0
Fax: (07466) 9280-23
E-Mail: NAZObere Donau@t-online.de
www.naturschutzzentren-bw.de

9 Naturschutzzentrum Pfrunger-Burgweiler Ried

Wilhelmsdorf, Landkreis Ravensburg

Anfahrt:
Autobahn A 8, Ausfahrt Ulm-West, Bundesstraßen B 10 bis Ulm, B 30 bis Bad Waldsee, Landesstraße über Aulendorf und Altshausen nach Ostrach, weiter nach Wilhelmsdorf; oder Autobahn A 81, Ausfahrt Engen, Bundesstraße B 31 bis Stockach, Landesstraße über Pfullendorf nach Ostrach, weiter nach Wilhelmsdorf

Beschreibung:
Zwischen Ostrach und Wilhelmsdorf befindet sich das Pfrunger-Burgweiler Ried, ein ca. 2600 ha großer vermoorter Auenbereich, das zweitgrößte Moor Südwestdeutschlands. Durch menschliche Eingriffe wurden die ursprünglichen Moorflächen großflächig so stark verändert, dass heute Wirtschaftsgrünland, Birkenbruchwälder, Torfstichgewässer und Hochmoorreste das Landschaftsbild bestimmen. Aus Sorge um die Erhaltung dieser trotz allem noch eindrucksvollen Moorlandschaft wurde 1994 das Naturschutzzentrum Pfrunger-Burgweiler Ried eingerichtet. Es befindet sich in der Trägerschaft des Schwäbischen Heimatbunds.
Neben der Öffentlichkeitsarbeit sind die Hauptaufgaben des Zentrums der Ankauf weiterer Moorflächen zum Zwecke des Naturschutzes, die Koordinierung und Überwachung anstehender Pflegemaßnahmen sowie die Renaturierung des Moores durch Wiedervernässung.
Im Naturschutzzentrum befindet sich eine ständige Ausstellung zur Natur und Geschichte der Riede. Schautafeln vermitteln Geschichte und Werdegang, Luftbilder zeigen sie von oben, Dioramen stellen Pflanzen- und Tierwelt der Riede vor. Die geologische Geschichte, die Eiszeiten und ihre Folgen werden anhand von Bohrkernen und Zeitschienen verdeutlicht. Funde menschlicher Besiedlung werden präsentiert und die jüngere Geschichte der Riede, der Torfstecher und Riedbauern wird erzählt. Eine interaktive Mitmach-Ausstellung für Kinder verschafft „spielerisch" Einblicke in die Lebensräume Ried und Moor.
Das Naturschutzzentrum bietet alljährlich ein reichhaltiges Informationsprogramm zu den verschiedensten Themen aus Natur und Umwelt an. Schwerpunkt dabei sind naturkundliche Führungen für Kinder und Jugendliche, für Gruppen, Schulklassen und andere Interessierte.
Das Museum verfügt über ein Sommerklassenzimmer, in dem Schulklassen naturpädagogisch betreut werden können. Kinder- und Jugendgruppen können sich kreativ entfalten und ihre Naturerlebnisse nachbereiten, wobei die Ausstattung mit Binokularen und Mikroskopen gerne genutzt wird, um gefundene Objekte zu bestimmen und zu beobachten.
Der Besucherlenkung in dieser sensiblen Moorlandschaft dienen Lehrpfade, die beim Naturschutzzentrum beginnen und in mehreren Wegvarianten durch die Riede führen (s. Wasser-/Quellen- u. Moorlehrpfade, Nr. 46).

Öffnungszeiten:
1. März bis 31. Oktober: Sonn- und Feiertag 13.30–17 Uhr und nach tel. Vereinbarung

Info:
Naturschutzzentrum Pfrunger-Burgweiler Ried
Schwäbischer Heimatbund
Riedweg. 3, 88271 Wilhelmsdorf
Tel.: (07503) 739, Fax: (07503) 91495
E-Mail: NSZPfruRie@aol.com

10 Naturschutzzentrum Ruhestein im Schwarzwald

Seebach, Ortenaukreis

Anfahrt:

Autobahn A 5, Ausfahrt Baden-Baden, Bundesstraße B 500 über Baden-Baden zum Ruhestein; oder Ausfahrt Achern, Landesstraße über Kappelrodeck und Seebach zum Ruhestein; oder Autobahn A 81, Ausfahrt Horb, Bundesstraßen B 28a bis Freudenstadt, dann B 500 bis Ruhestein

Beschreibung:

Das Naturschutzzentrum Ruhestein im Schwarzwald wurde 1997 gegründet. Träger sind das Land Baden-Württemberg, die Landkreise Ortenaukreis und Freudenstadt sowie die Gemeinden Seebach und Baiersbronn. Es ist in einer alten Jugendstil-Villa am Ruhestein untergebracht, direkt an der Schwarzwaldhochstraße (B 500) zwischen Freudenstadt und Baden-Baden.

Neben der Öffentlichkeitsarbeit und Besucherlenkung besteht die Hauptaufgabe des Naturschutzzentrums darin, die beiden großen Naturschutzgebiete Schliffkopf und Wilder See–Hornisgrinde und einige kleinere Schutzgebiete zu betreuen und zu pflegen. Hierbei steht die Erhaltung der offenen Grindenflächen mit ihrer Vielfalt an seltenen Pflanzen und Tieren im Vordergrund.

Aufgrund des hohen Besucheraufkommens ist eine gezielte Besucherlenkung und -information sehr wichtig, was durch bezeichnete Wege, Führungen und nicht zuletzt durch den Einsatz von „Schliffkopf-Rangern" bewerkstelligt wird.

In der geplanten Dauerausstellung sollen in Bildern, Texten und Modellen Themen über den Nordschwarzwald, z. B. seine geologische Entstehungsgeschichte, die Waldentwicklung von der Eiszeit bis heute, die Entstehung und Nutzung seiner Biotope (Kare, Grinden und Missen) sowie ihre Tier- und Pflanzenwelt dargestellt werden. Außerdem wird der Schwarzwald als Erholungsraum betrachtet und die Möglichkeiten des Natur- und Landschaftsschutzes beschrieben. In regelmäßigen Abständen sollen Wechselausstellungen über aktuelle oder spezielle Themen angeboten werden und künstlerische sowie kulturhistorische Ausstellungen das Angebot ergänzen.

Das Naturschutzzentrum bietet darüber hinaus Vorträge, hält Seminare und Tagungen ab, die sich an die unterschiedlichsten Besucher richten, Kinder und Schulklassen, interessierte Wanderer, aber auch an Fachleute. Im Zentrum steht ein kombinierter Vortrags- und Seminarraum (für 30 Personen) zur Verfügung, dazu kommen eine Fachbibliothek sowie diverse Laborgeräte.

Öffnungszeiten:

vom 1. Okt. bis 30. April täglich
außer Mo und Fr: 10–17 Uhr
vom 01. Mai bis 30. Sept. täglich
außer Mo und Fr: 10–18 Uhr

Eintrittspreise:

Eintritt frei

Info:

Naturschutzzentrum Ruhestein
im Schwarzwald
Schwarzwaldhochstraße 2
77889 Seebach
Tel.: (07449) 91020
Fax: (07449) 91022
E-Mail: NAZ.Ruhestein@t-online.de
www.naturschutzzentren-bw.de

11 Naturschutzzentrum Schopflocher Alb

Schopfloch, Landkreis Esslingen

Anfahrt:
Autobahn A 8, Ausfahrt Aichelberg, Landesstraße über Weilheim Richtung Neidlingen, Abzweigung nach Hepsisau und weiter bis Schopfloch

Beschreibung:
Mit dem Schopflocher Moor und dem Randecker Maar befinden sich auf der Schopflocher Alb zwei Bereiche, die landschaftsgeschichtlich, geologisch und botanisch äußerst interessant sind. In dieser Landschaft wurde 1994 das Naturschutzzentrum Schopflocher Alb gegründet. Träger sind das Land Baden-Württemberg und der Landkreis Esslingen. Es befindet sich am Rande des ehemaligen Steinbruchs von Lenningen, ca. 1 km nördlich der Gemeinde Schopfloch.
Hauptaufgaben sind neben der Öffentlichkeitsarbeit die Betreuung und Pflege der Schopflocher Torfgrube und des Randecker Maars sowie weiterer kleinerer Naturschutzgebiete in der Umgebung.
Im Zentrum wurde eine Dauerausstellung eingerichtet, die umfassend über Landschaft, Naturschutz und Lebensräume informiert: Geologie mit Albvulkanismus, Felsen und Höhlen sowie die Landschaftsgeschichte werden erläutert und typische Biotope wie Wacholderheiden und Streuobstwiesen mit ihrer Pflanzen- und Tierwelt vorgestellt. Im jährlichen Veranstaltungsprogramm werden Vorträge, Sonderausstellungen, Seminare, Arbeitsgruppen und naturkundliche Führungen angeboten, die sich an Zielgruppen mit unterschiedlichen Wissensansprüchen und Vorkenntnissen richten: Kinder- und Schülergruppen, Erwachsene, aber auch Verbände und Vereine sowie Lehrer und Jugendgruppenleiter. Thematische Schwerpunkte sind hierbei vor allem Wacholderheiden und Streuobstwiesen als bedeutende Biotope der Alb.
Das Zentrum verfügt über einen Seminarraum für 24 Teilnehmer, ein Labor sowie eine Bibliothek, die allen Interessierten zugänglich ist. Ein „Kindererlebnisraum“ ergänzt das räumliche und fachliche Angebot. Hier können Kinder und Schüler auf spielerische Art und Weise Wissen über die Natur sammeln oder vertiefen.
Nur wenig entfernt befinden sich die Gutenberger Höhlen (s. Besucherhöhlen: Gutenberger Höhle, Heppenloch, Nr. 11 und Sonstige begehbare Höhlen: Gußmannshöhle. Nr. 10) sowie die Ziegelhütte (s. Geowissenschaftliche Fachmuseen, Nr. 16) mit einer sehr interessanten Ausstellung von Fossilien aus dem Randecker Maar.

Öffnungszeiten:
Dienstag bis Freitag 14–17 Uhr,
Sonntag 11–17 Uhr (vom 16. Oktober bis 14. April nur jeden 1. Sonntag im Monat),
Feiertag geschlossen

Info:
Naturschutzzentrum Schopflocher Alb
Vogelloch 1
73252 Lenningen-Schopfloch
Tel.: (07026) 95012-0
Fax: (07026) 95012-10
www.naturschutzzentren.bw.de

12 Naturschutzzentrum Südschwarzwald

Feldberg (Schwarzwald), Landkreis Breisgau-Hochschwarzwald

Anfahrt:
Autobahn A 5, Ausfahrt Freiburg-Mitte, Bundesstraßen B 31a/31 über Freiburg nach Titisee- Neustadt, B 317 bis Feldberg; oder Autobahn A 81, Ausfahrt Bad Dürrheim, Zubringer bis Donaueschingen, Bundesstraßen B 27 bis Hüfingen, B 31 bis Titisee-Neustadt, B 317 bis Feldberg

Beschreibung:
Hohe Berge von fast alpinem Charakter, blütenbunte Bergweiden, romantische Täler mit murmelnden Bächen sowie unendliche, wildreiche Wälder prägen das Bild der Kulturlandschaft des Südschwarzwalds. Die Feldbergregion stellt hierbei einen zentralen touristischen Anziehungspunkt für jährlich bis 1,5 Millionen Menschen dar. Gleichzeitig bildet der Feldberg den Kern des mit 4 200 ha größten und ältesten Naturschutzgebiets des Landes Baden-Württemberg. Es bleibt daher nicht aus, dass sich Naturschutz und Naturnutzung hier auf das engste verzahnen.
Im Dezember 2001 wurde das Naturschutzzentrum Südschwarzwald im „Haus der Natur“ eröffnet. Träger sind das Land Baden-Württemberg, die Landkreise Breisgau-Hochschwarzwald, Lörrach und Waldshut, die Gemeinde Feldberg und der Schwarzwaldverein. Hier befindet sich ebenfalls die Geschäftsstelle des Naturparks Südschwarzwald sowie die Station des „Feldberg-Rangers“ und des „Feldberg-Försters”.
Hauptaufgaben neben der Öffentlichkeitsarbeit und der Besucherlenkung ist die Betreuung des Naturschutzgebiets Feldberg sowie die Koordinierung und Durchführung landschaftspflegerischer Maßnahmen. Hier steht die Offenhaltung der durch traditionelle Weidewirtschaft entstandenen Weidfelder mit einer Vielzahl seltener Pflanzen- und Tierarten im Vordergrund.
Die Dauerausstellung im Zentrum schlägt thematisch einen großen Bogen von der Entstehung der Landschaft des Südschwarzwalds und ihrer eiszeitlichen Überformung über natürliche Lebensräume mit ihren Tieren und Pflanzen bis zu den Eingriffen des Menschen und ihren Folgen in historischer und heutiger Zeit.
Das Naturschutzzentrum bietet Vorträge zu unterschiedlichen, nicht nur auf den Naturschutz beschränkten Themen an, veranstaltet Seminare und Tagungen. Dazu werden Führungen und Exkursionen zu festen Terminen angeboten, auf Wunsch auch Sonderführungen für Gruppen, Schulklassen oder Betriebsausflüge.

Öffnungszeiten:
Dienstag bis Sonntag 10–17 Uhr
(außer 24./25.12.)

Eintrittspreise:
Dauerausstellung (Wechselausstellungen sind eintrittsfrei):

Erwachsene	2,00 Euro
Familien	5,00 Euro
ermäßigt	1,00 Euro

Info:
Naturschutzzentrum Südschwarzwald
Dr.-Pilet-Spur 4
79868 Feldberg
Tel.: (07676) 9336-30
Fax: (07676) 9336-33
E-Mail: naturschutzzentrum@naz-suedschwarzwald.bwl.de
www.naturschutzzentren-bw.de

13 Naturschutzzentrum Westlicher Hegau

Gottmadingen, Landkreis Konstanz

Anfahrt:
Autobahn A 81 bis Kreuz Singen, Autobahn A 98 bis Ausfahrt Gottmadingen-Bietingen

Beschreibung:
Das 1997 gegründete Naturschutzzentrum Westlicher Hegau in Gottmadingen befindet sich im Auftrag des Landes Baden-Württemberg in der Trägerschaft des BUND, Landesverband Baden-Württemberg. Eine seiner Aufgaben ist es, wichtige Lebensräume für seltene Pflanzen und Tiere in den Natur- und Landschaftsschutzgebieten Hardtsee, Grassee und Hegau zu betreuen und zu pflegen. Außerdem wird ein Naturlehrpfad betreut und das Zentrum bietet Pflanzenseminare und faunistische Führungen an.
Die Hauptaufgabe des Zentrums liegt allerdings im Schutz einheimischer Fledermäuse sowie deren Quartieren. Hierbei arbeitet es mit den Fledermausschutzbeauftragten des Kantons Schaffhausen grenzüberschreitend zusammen.
Innerhalb dieses Geotourismusführers erscheint die Nennung dieses Naturschutzzentrums möglicherweise etwas sachfremd. Bedenkt man aber, dass nahezu alle Höhlen zur Winterzeit gerade wegen der Fledermäuse geschlossen sind – manche auch ganzjährig, so ist die Nennung durchaus nicht abwegig!
Neben dem praktischen Fledermausschutz, zu dem die Aufnahme neuer Fledermausquartiere sowie die Mitarbeit bei Gebäudesanierungen (Kirchtürmen, alten Scheunen, Gewölben) gehört, engagiert sich das Zentrum stark im Bereich der Öffentlichkeitsarbeit: Exkursionen, Nachtwanderungen zum Beobachten von Fledermäusen sowie mit der Herausgabe des Veranstaltungsprogramms „Natur statt Glotze", in dem eine Fülle von Themen angeboten wird – auch über den Fledermausschutz hinaus.
Das Naturschutzzentrum bietet vieles an Informationen über Fledermäuse, deren Schutz und Winterquartiere an, die es auf Nachfrage gern übersendet. Weiterhin besteht die Möglichkeit, aus einem Katalog zu bestellen, der alles für und über Fledermäuse enthält (Bücher, Detektoren für Ultraschallmessungen, Videos, Spiele und Bastelbögen, Anleitungen zum Bau von Fledermausverstecken u. v. a.).

Info:
BUND Naturschutzzentrum Westlicher Hegau
Erwin-Dietrich-Straße 3
78244 Gottmadingen
Tel.: (07731) 977103
Fax: (07731) 977104
E-Mail: michael.klinger@bund.net

14 Naturschutzzentrum Wollmatinger Ried

Reichenau, Landkreis Konstanz

Anfahrt:

Autobahn A 81 bis Autobahnende bei Radolfzell, Bundesstraße B 33 bis Reichenau

Beschreibung:

Das Naturschutzzentrum Wollmatinger Ried, in der Trägerschaft des NABU, betreut und pflegt mehrere Naturschutzgebiete am westlichen Bodensee und dessen Hinterland im Auftrag des Landes Baden-Württemberg. Das wichtigste und größte hiervon ist das 767 ha große Kerngebiet des Natur- und Landschaftsschutzgbiets Wollmatinger Ried-Untersee- Gnadensee zwischen der Insel Reichenau und Konstanz. Der NABU führt hier Gebietskontrollen, Erfassung der Tier- und Pflanzenbestände, Biotopmanagement sowie Schutz- und Pflegemaßnahmen durch. Neben dieser wichtigsten Aufgabe will das Naturschutzzentrum Besuchern und Touristen die Möglichkeit geben, diese Landschaft, ihre Schönheiten, aber auch ihre Probleme kennen zu lernen. Dazu dienen Riedführungen und Exkursionen durch das sonst für die Öffentlichkeit gesperrte Schutzgebiet. Für interessierte Besucher, Kinder, Schulklassen und Gruppen werden angepasste Führungen unterschiedlicher Thematik und Länge angeboten. Besonderes Interesse finden die angebotenen Bootsfahrten mit der Solarfähre „Helios", die das Ried und die zahlreichen gefiederten Bewohner auch von der Wasserseite zeigen. Weiterhin werden Seminare durchgeführt, Diavorträge und Kurse zu unterschiedlichen Themen „rund um den See" angeboten.

Eine ständige Dauerausstellung hat unter dem Motto „fang die Sonne ein" die Bedeutung und Nutzung der Sonne zum Thema: ihre zentrale Bedeutung im Naturhaushalt, ihr Stellenwert für den Tourismus und die daraus entstehenden Konflikte zwischen Mensch und Natur. Die umweltschonende technische Nutzung der Solarenergie im Wassersport ist fester Bestandteil der Ausstellung. Daneben wird ein Multivisionsfilm über das Wollmatinger Ried präsentiert.

Ein ausführliches Veranstaltungsprogramm ist im Naturschutzzentrum erhältlich bzw. kann von dort angefordert werden.

Öffnungszeiten:

Montag bis Freitag 9–12 Uhr u. 14–17 Uhr,
April bis September:
Samstag, Sonn- und Feiertag 13–17 Uhr
Oktober bis März nach Vereinbarung

Eintrittspreise:

Eintritt frei, Spenden erwünscht

Info:

NABU-Naturschutzzentrum Wollmatinger Ried
Kindlebildstraße 87
78479 Reichenau
Tel.: (07531) 78870
Fax: (07531) 72383
E-Mail: nabu.wollried@t-online.de

15 Naturzentrum Kaiserstuhl

Ihringen, Landkreis Breisgau-Hochschwarzwald

Anfahrt:
Autobahn A 5, Ausfahrt Freiburg-Mitte, Landesstraße über Umkirch–Gottenheim–Wasenweiler bis Ihringen

Beschreibung:
Der Kaiserstuhl als mediterrane Insel im Oberrheingraben ist seit vielen Jahren eine bevorzugte Ferienregion, die durch einmalige Natur, exquisiten Wein und gemütliche Gastlichkeit jedes Jahr Tausende von Besuchern anzieht. Er ist aber auch eine Region, in der, bedingt durch Klima und Entstehungsgeschichte, viele wertvolle Standorte mit einer Vielzahl seltener und gefährdeter Pflanzen und Tiere vorkommen. Um Besuchern, Wanderern und Touristen diese Naturschönheiten nahe zu bringen und um Verständnis für schonendes Verhalten auf Wegen, Wiesen und im Wald zu werben, wurde vom Schwarzwaldverein e. V. das Naturzentrum Kaiserstuhl eingerichtet.
Es bietet einen Ausstellungsraum, in dem die wichtigsten Lebensräume des Kaiserstuhlgebiets, ein interaktives Geländemodell mit touristischen Informationen sowie die wichtigsten Gesteine des Kaiserstuhls gezeigt werden. Zum Betrachten gefundener Gesteine stehen Binokulare zur Verfügung. Außerdem wurde ein Seminarraum eingerichtet.
Das Naturzentrum bietet darüber hinaus ein Jahresprogramm mit vielen Veranstaltungen: Vorträgen, Führungen und Exkursionen zu Themen wie Tierwelt am Kaiserstuhl, Wildpflanzen am Wegrand, speziellen Führungen zu Orchideen sowie Natur und Kultur. Ein „Grünes Klassenzimmer“ sowie ein „Grüner Kindergarten“ stehen bei Bedarf ebenfalls zur Verfügung.

Öffnungszeiten:
Anfang April bis Ende Juni und Mitte September bis Ende Oktober: Sonntag 14–17 Uhr sowie nach Absprache

Info:
Naturzentrum Kaiserstuhl
Bachenstraße 42
79241 Ihringen
Tel.: (07633) 82369 (Dr. Koch priv.)

287 Hundswurz (Anacamptis pyramidalis)
288 Naturschutzzentrum Mettnau: Führung im Naturschutzgebiet Westlicher Untersee
289 Naturschutzzentrum Eriskirch: Flusslandschaft der Schussen

287

288

289

290

291

290 Naturschutzzentrum Federsee: Blick über den Federsee zum Bussen
291 Naturschutzzentrum Federsee: Kinderfreizeit am Federsee
292 Naturschutzzentrum Karlsruhe-Rappenwört: Kindergruppe im Auenwald
293 Naturschutzzentrum Karlsruhe-Rappenwört: Schulklasse im Schulungsraum
294 Naturschutzzentrum Karlsruhe-Rappenwört: bewegliches Rheinmodell
295 Naturschutzzentrum Mettnau: Führung im Naturschutzgebiet Westlicher Untersee

296

297

296 Naturschutzzentrum Obere Donau: Blick ins Donautal mit Langenbrunn, darüber Schloss Werenwag
297 Naturschutzzentrum Pfrunger-Burgweiler Ried: Dauerausstellung im Zentrum
298 Naturschutzzentrum Ruhestein im Schwarzwald
299 Naturschutzzentrum Schopflocher Alb: Schopflocher Torfgrube, Moorauge
300 Naturschutzzentrum Ruhestein im Schwarzwald: im Waldklassenzimmer

Naturschutzzentren

301 Naturschutzzentrum Südschwarzwald
302 Naturschutzzentrum Südschwarzwald: Dauerausstellung
303 Naturschutzzentrum Wollmatinger Ried: Führung durch blühende Iris-Wiesen

Naturparks in Baden-Württemberg

Naturpark Bergstraße-Odenwald
(Naturpark Bergstraße-Odenwald e. V.)
Nibelungenstraße 41
64653 Lorsch
Tel.: (06251) 586-253
Fax: (06251) 586-255
E-Mail: info@geo-naturpark.de
www.geo-naturpark.de

Naturpark Neckartal-Odenwald
(Naturpark Neckartal-Odenwald e. V.)
Kellereistraße 36
69412 Eberbach
Tel. u. Fax: (06271) 72985
www.uni-tuebingen.de/forst

Naturpark Obere Donau
(Naturpark Obere Donau e.V.)
Wolterstraße 16
88631 Beuron
Tel.: (07466) 92 80-14
Fax: (07466) 92 80-23
E-Mail: NaturparkObereDonau@t-online.de
www.naturpark-obere-donau.de

Naturpark Schwäbisch-Fränkischer Wald
(Naturpark Schwäbisch-Fränkischer Wald e. V.)
Geschäftstelle, Forsthaus Mönchsberg
74535 Mainhardt
Tel.: (07903) 1331
Fax: (07903) 7539
E-Mail: naturpark.sfw@t-online.de
www.naturpark-schwaebisch-fraenkischer-wald.de

Naturpark Schwarzwald Mitte/Nord
(Verein Naturpark Schwarzwald Mitte/Nord e.V.)
Landratsamt Freudenstadt
Herrenfelder Straße 14
72250 Freudenstadt
Tel.: (07441) 920-521
Fax: (07441) 920-375

Naturpark Schönbuch, Forstdirektion Tübingen
Im Schloß
72074 Tübingen
Tel.: (07071) 602262
Fax: (07071) 602602
E-Mail: Mathias.Allgaeuer@fdtue.bwl.de
www.wald-online-bw.de/4erlebnis/ f1naturpark.htm

Naturpark Stromberg-Heuchelberg
(Naturpark Stromberg-Heuchelberg e. V.)
Brettener Straße 42
75447 Sternenfels
Tel.: (07045) 3105
Fax: (07045) 3105
E-Mail: naturpark.strombergheuchelberg@t-online.de
www.naturparkstrom-heuchelberg.de

Naturpark Südschwarzwald
Dr. Pilet-Spur 4
79868 Feldberg
Tel.: (07676) 9336-10
Fax: (07676) 9336-11
E-Mail: naturpark@naturpark-suedschwarzwald.bwl.de
www.naturpark-suedschwarzwald.de

Geologische Karten und Bodenkarten von Baden-Württemberg

Geologische Karten von Baden-Württemberg
Wichtige Hintergrundinformationen zum geologischen Umfeld der vorgestellten Geo-Highlights bieten die Geologischen Karten von Baden-Württemberg. Sie liegen in unterschiedlichen Maßstäben vor.

Geologische Schulkarte von Baden-Württemberg 1 : 1 000 000 (GSch 1000)
Die Geologische Schulkarte von Baden-Württemberg zeigt die wichtigsten geologischen Großeinheiten des Landes und seiner benachbarten Gebiete. In dem zugehörigen Erläuterungsheft werden Aufbau und Entstehung dieser Einheiten, ihre Stellung in der Erdgeschichte, ihr tektonischer Bau sowie die wichtigsten Bodenschätze einschließlich des Grundwassers und der Erdwärme beschrieben. Außerdem werden die Themen Erdbeben, Baugrund und Böden angesprochen.
Leicht verständlich geschrieben und mit Bildern, Grafiken und Fotoseiten reich illustriert, ist die Karte mittlerweile in 12., überarbeiteter und erweiterter Auflage (1998) erschienen. Erhältlich im Buchhandel, beim Landesvermessungsamt Baden-Württemberg, Stuttgart sowie beim Landesamt für Geologie, Rohstoffe und Bergbau Baden-Württemberg, Freiburg i. Br.
(Preis: 6,50 Euro)

Geologische Übersichtskarte von Baden-Württemberg 1 : 500 000 (GÜ 500),
ohne Erläuterungen, erhältlich beim Landesvermessungsamt Baden-Württemberg, Stuttgart.
(Preis: 21,50 Euro)

Geologische Übersichtskarte von Baden-Württemberg 1 : 350 000 (GÜ 350)
als Teil einer Sammlung geowissenschaftlicher Übersichtskarten zu verschiedenen Themen auf der CD-ROM **„Geowissenschaftliche Übersichtskarte von Baden-Württemberg 1:350 000“**
1. Auflage, 1998, erhältlich beim Landesamt für Geologie, Rohstoffe und Bergbau Baden-Württemberg, Freiburg i. Br.
(Preis der Sammlung: 25,00 Euro)

Geologische Übersichtskarte von Baden-Württemberg 1 : 200 000 (GÜ 200)
auf 4 Blättern ohne Erläuterung, Ausgabe 1962. Diese Karte deckt allerdings nur die mittleren und östlichen Landesteile von Baden-Württemberg ab einer Linie Mannheim–Waldshut ab. Sie ist erhältlich beim Landesvermessungsamt Baden-Württemberg, Stuttgart.
(Preis je Einzelblatt: 19,90 Euro, zusammen: 68,00 Euro)

Geologische Karte von Baden-Württemberg 1 : 100 000 (GK 100)
Erschienen sind die Blätter:
C 7918 Albstadt, mit Erläuterungen, 2., unveränd. Aufl., 1990
Übersichtskarte des Iller-Riss-Gebiets, ohne Erläuterungen, 3., erg. Aufl. 1988.
Beide Karten sind erhältlich beim Landesvermessungsamt Baden-Württemberg Stuttgart.
(Preise: C 7918 Albstadt: 25,60 Euro; Übersichtskarte des Iller-Riss-Gebiets: 15,30 Euro)

Geologische Karte von Baden-Württemberg 1 : 50 000 (GK 50)
mit Erläuterungen. Die geologischen Karten in diesem Maßstab wurden bei den vorgestellten geotouristischen Highlights mit aufgeführt. Sie zeigen die geologischen Verhältnisse sehr detailliert und decken relativ große Landesteile ab. Räumliche Details sind gut zu erkennen, topografische Einzelheiten wie Straßen (auch kleinere), große Gebäude, aber auch größere Einzelformen wie Steinbrüche, Gruben und Felsen sind eingetragen. Für die Planung von geologischen Wanderungen und Exkursionen ist dieser Maßstab und die geologische Detailgenauigkeit recht geeignet. Außerdem wird in den Erläuterungsheften eine ausführliche und umfassende Beschreibung der geologischen Verhältnisse des jeweiligen Blattgebiets geboten. Erhältlich sind die Karten beim Landesvermessungsamt Baden-Württemberg, Stuttgart.

Erschienen sind bisher die Blätter:

Freiburg i. Br. und Umgebung,
3. erg. Aufl., 1992

Hegau und westlicher Bodensee,
3. überarb. Aufl., 1992

Heilbronn und Umgebung,
1.Aufl., 2000

Stuttgart und Umgebung,
3., überarb. u. erw. Aufl. (Karte) 6., völl. neu bearb. Aufl., (Erläuterungen), 1998

(Preise der oben genannten Karten je 29,10 Euro)

Tübingen und Umgebung,
3., unveränd. Aufl., 1994
(Preis: 25,60 Euro)

Naturpark Schwäbisch-Fränkischer Wald
mit Kurzerläuterungen auf der Rückseite, 1. Aufl., 2001

Naturpark Stromberg-Heuchelberg,
mit Kurzerläuterungen auf der Rückseite, 1. Aufl., 2001

(Preise der beiden zuletzt genannten Karten: 12,50 Euro)

Geologische Karte von Baden-Württemberg 1 : 50 000 (GK 50d)
als digitale Ausgabe, ohne Erläuterungen. Bisher sind die Blätter **L 6920 Heilbronn, L 7120 Stuttgart-Nord, L 7320 Stuttgart-Süd** sowie **L 7512 Offenburg** erschienen. Erhältlich sind diese Karten als EDV-Druck oder auf CD- ROM beim Landesamt für Geologie, Rohstoffe und Bergbau Baden-Württemberg, Freiburg i. Br. (Preis: je 21,50 Euro)

Geologische Karte von Baden-Württemberg 1 : 25 000 (GK 25)
mit Erläuterungen. Die Geologischen Karten in diesem Maßstab stellen eine der wichtigsten Grundlagen für alle Planungen der Praxis dar. Ingenieurgeologen, Wasserwirtschaftler, Bodenkundler, Umweltplanungsbüros, Land- und Forstwirtschaft und andere greifen vorzugsweise darauf zurück. Auch für die geowissenschaftliche Forschung und Lehre, für Unterricht, Natur- und Heimatkunde sind sie unentbehrlich.
Dem interessierten Laien, Wanderer oder Besucher der vorgestellten geotouristischen Highlights bieten sie eine Fülle wichtiger und interessanter Zusatzinformationen. In den zugehörigen Erläuterungen sind die Gesteine des Gebiets und wichtige Aufschlüsse beschrieben, es wird über vorhandene Rohstoffe informiert und die hydrogeologischen, ingenieurgeologischen und bodenkundlichen Verhältnisse werden dargelegt. Aus diesem Grund sind sie im Anschluss an die Objektbeschreibungen genannt.
Für gut 2/3 seiner Fläche gibt es in Baden-Württemberg diese Geologischen Karten 1:25 000. Um das restliche Drittel der Fläche abzudecken, wurden von 1993 bis 1997 die meisten der noch nicht veröffentlichten Blätter auf Grundlage von z. T. unveröffentlichten und schwer zugänglichen Kartierungen erarbeitet und als
Geologische Karte von Baden-Württemberg 1 : 25 000 vorläufige Ausgabe (GK 25v)
herausgegeben.
Die Geologischen Karten 1 : 25 000 (GK 25) sind beim Landesvermessungsamt Baden-Württemberg, Stuttgart, die Geologischen Karten der vorläufigen Ausgabe (GK 25v) sind dagegen beim Landesamt für Geologie, Rohstoffe und Bergbau Baden-Württemberg, Freiburg i. Br. erhältlich. (Preise für GK 25 und GK 25v je Blatt: 21,50 Euro)

Als Sonderkarte des geologischen Highlights und zugehörigen Naturraums wurde die
Geologische Exkursionskarte des Kaiserstuhls 1 : 25 000 (GK 25Ka)
mit Erläuterungen in 4. Auflage 1993, herausgegeben. Eine 5.,völlig neu bearbeitete Ausgabe ist in Vorbereitung.
(Preis: 21,50 Euro)

Bodenkarten von Baden-Württemberg
Wichtige Hintergrundinformationen zu Böden und Bodenverhältnissen des Landes bieten die Bodenkarten von Baden-Württemberg. Sie liegen in unterschiedlichen Maßstäben vor. Alle angeführten Bodenkarten sowie weitere bodenkundliche Spezialkarten sind erhältlich beim Landesamt für Geologie, Rohstoffe und Bergbau Baden-Württemberg, Freiburg i. Br.

Bodenübersichtskarte von Baden-Württemberg 1 : 350 000 (BÜK 350)
ohne Erläuterungen. Diese Karte dient einer übersichtlichen Darstellung der bodenkundlichen Gegebenheiten des Landes und ist für Lehrzwecke ebenso wie für die Politikberatung hilfreich. Sie basiert auf der
Bodenübersichtskarte 1 : 200 000 (BÜK 200),
die für diesen Zweck generalisiert wurde. Sie liegt gedruckt oder als Datensatz auf der CD-ROM **„Geowissenschaftliche Übersichtskarte von Baden-Württemberg 1 : 350 000"**
vor.
(Preis der gedruckten Karte 12,80 Euro, der CD-ROM 25,00 Euro)

Bodenübersichtskarte von Baden-Württemberg 1 : 200 000 (BÜK 200)
auf 6 Blättern mit tabellarischen Erläuterungen. Dieses Kartenwerk deckt ganz Baden-Württemberg ab. Es stellt die Bodengesellschaften auf dem Niveau der Leitbodengesellschaft dar. Die Gliederung der Kartenlegende erfolgt nach Bodenregionen und Bodenlandschaften. Das Kartenwerk liegt gedruckt und digital vor (jeweils 6 Einzelblätter bzw. Datensätze).
(Preis je Einzelblatt 33,20 Euro, je Datensatz 204,50 Euro)

Bodenkarte von Baden-Württemberg 1 : 25 000 (BK 25)
mit tabellarischer Erläuterung (ältere Karten bis 1998/99) oder Erläuterung in Textform (Karten ab 1998/99).
Diese Bodenkarten sind das Ergebnis einer flächendeckenden Geländeaufnahme und liefern wichtige Informationen für die Bodennutzung, den Bodenschutz sowie die bodenkundliche Beratung und Forschung.
Die Bodenkarte zeigt die Verbreitung und den Aufbau der Böden im jeweiligen Blattgebiet. Zu den auf der Karte dargestellten Bodengesellschaften erfolgen in der Kartenlegende Angaben zu Bodengenese, Bodenart, Ausgangsgestein, Relief und Grundwasserstand. In der Erläuterung werden wichtige chemische und physikalische Eigenschaften (Kennwerte) sowie der Flächenanteil der vorkommenden Böden aufgelistet (ältere Karten). In der neueren Form der Erläuterung wird darüber hinaus ein geologisch-geomorphologischer Überblick geboten, die bodenbildenden Faktoren Klima und Ausgangsgestein behandelt sowie die Verbreitung der Böden in einzelnen Bodenlandschaften dargestellt. In den neuesten Ausgaben wird darüber hinaus eine Bewertung der Bodenfunktionen für jede Kartiereinheit durchgeführt.
Die Bodenkarte 1 : 25 000 deckt bisher etwa 40 % der Landesfläche ab, mit Schwerpunkten in den Industrie- und Ballungsräumen sowie entlang großer Landesentwicklungsachsen (Rheintal, Großraum Stuttgart, Unterer Neckar, Oberschwaben, Gäulandschaften, Kraichgau). Sie ist gedruckt, z. T. auch als Datensatz (dann mit sämtlichen Sachdaten) erhältlich.
(Preis je Kartenblatt 25,60 Euro, je Datensatz 204,50 Euro)

Weitere bodenkundliche Spezialkarten liegen vor.

Alle diese Karten sowie Hydrogeologische Karten, Baugrund- und Rohstoffkarten in unterschiedlichen Maßstäben, weiterhin Veröffentlichungen, Schriften und vieles mehr enthält das Verzeichnis „Geowissenschaftliche Karten und Schriften 2002", das kostenlos bestellt werden kann beim

Landesamt für Geologie,
Rohstoffe und Bergbau Baden-Württemberg
Albertstraße 5
79104 Freiburg
Tel.: (0761) 204-4408
Fax: (0761) 204-4438
E-Mail: poststelle@lgrb.uni-freiburg.de
www.lgrb.uni-freiburg.de

Andere Kartenwerke, z. B. Topographische Karten unterschiedlicher Maßstäbe, Geodaten, Luftbilder u. a. sind beim Landesvermessungsamt erhältlich, das ebenfalls ein ausführliches Produktverzeichnis herausgibt:

Landesvermessungsamt Baden-Württemberg
Büchsenstraße 54
70174 Stuttgart
Tel.: (0711) 123-2831
Fax: (0711) 123-2980
E-Mail: lv.vertrieb@vermbw.bwl.de
www.lv-bw.de

Weiterführende Literatur

ANDRES, D., BAUMANN, R. & NIEDERHÖFER, H.-J. (1998):
steine im fluss. –
Begleitbuch zur Ausstellung „steine im fluss". – 151 S., zahlr. Abb. u. Taf.; Stuttgart (Staatl. Mus. f. Naturkde. i. Zus.-Arb. m. Ind.-Verb. Steine u. Erden Baden-Württ.).

ARZT, V. (2001):
Als Deutschland am Äquator lag: eine Reise in die Urgeschichte. –
219 S., zahlr. Abb. Kt., Berlin.

BACHMANN, G. H. & BRUNNER, H. (1998):
Nordwürttemberg, Stuttgart, Heilbronn und weitere Umgebung. – Slg. geol. Führ., **90:** 403 S., 61 Abb., 3 Tab.; Berlin.

BAUER, E. W. (1988):
Das große Buch der Schwäbischen Alb. –
214 S., zahlr. Abb. u. Kt.; Stuttgart.

BECHTEL, H. (1981):
Zwischen Schwarzwald und Bodensee. –
Kosmos-Reiseführ. Natur:
79 S., 65 Abb.; Stuttgart.

BEURLEN, H., GALL, H. & SCHAIRER, G. (1978)
Die Alb und ihre Fossilien – Geologie und Paläontologie der Schwaben- und Frankenalb. – 208 S., zahlr. Abb.; Stuttgart.

Bezirksstelle für Naturschutz und Landschaftspflege Karlsruhe [Hrsg.] (2000):
Die Naturschutzgebiete im Regierungsbezirk Karlsruhe. – 654 S., zahlr. Abb.; Stuttgart.

BINDER, H. (1965):
Geheimnisvolle Schwäbische Alb – Höhlen, Hungerbrunnen, Wasserfälle. –
120 S., zahlr. Abb.; Stuttgart.

BINDER, H. (1989):
Höhlenführer Schwäbische Alb. –
3. Aufl., 300 S., 40 Abb., 20 Taf.; Stuttgart.

BINDER, H. (1995):
Höhlen der Schwäbischen Alb. –
160 S., zahlr. Abb., 1 Kt.; Stuttgart.

BINDER, H., LUZ, A. & LUZ, H.-M. (1993):
Schauhöhlen in Deutschland. –
128 S., 52 Abb., 1 Kt.; Ulm.

BLIEDTNER, M. & MARTIN, M. (1986):
Erz- und Minerallagerstätten des Mittleren Schwarzwaldes. –
786 S., 264 Abb. [davon zahlr. Kt.]; Freiburg i. Br.

BOTSCH, W. & SCHNIEPP, H. (1979):
Geologischer Wanderführer Schwäbische Alb. –
Kosmos-Reiseführ.
Natur: 79 S., zahlr. Abb.; Stuttgart.

BUCK, D. (1999):
Fundort Natur – Natursehenswürdigkeiten zwischen Schwarzwald und Schwäbischer Alb. –
159 S., zahlr. Abb., 1 Kt.; Cadolzburg.

BUCK, D. (2001):
Fundort Natur – Natursehenswürdigkeiten im nördlichen Schwarzwald. –
157 S., zahlr. Abb., 1 Kt.; Cadolzburg.

CHAO, C. T., HÜTTNER, R. & SCHMIDT-KAHLER, H. (1992):
Aufschlüsse im Ries-Meteoriten-Krater.; München (Bayer. geol. L.-Amt).

ENGELHARDT, O. (1997):
Naturerlebnis Baden-Württemberg – Landschaft – Pflanzen – Tiere. –
159 S., zahlr. Abb.; Stuttgart.

FRIEBE, G., HEIERLI, H., MEGERLE, A., MEGERLE, H. & ZAUGG, A. (2000):
Feuer, Eis und Wasser. – Streifzüge durch die Landschafts- und Entstehungsgeschichte der Bodenseeregion. –
38 S., zahlr. Abb. u. Kt.; Konstanz.

Geographisch-Kartographisches Institut Meyer [Hrsg.] (1988):
Meyers Naturführer – Blickpunkte Baden-Württemberg. –
432 S., zahlr. Abb. u. Taf.; Mannheim.

Geographisch-Kartographisches Institut Meyer [Hrsg.] (1989):
Meyers Naturführer – Bodensee-Oberschwaben. –
98 S., zahlr. Abb. u. Taf., 1 Kt.; Mannheim.

Geographisch-Kartographisches Institut Meyer [Hrsg.] (1989):
Meyers Naturführer – Nordschwarzwald. –
100 S., zahlr. Abb. u. Taf., 1 Kt.; Mannheim.

Geographisch-Kartographisches Institut Meyer [Hrsg.] (1989):
Meyers Naturführer – Schwäbische Alb. –
156 S., zahlr. Abb. u. Taf.; Mannheim.

Geographisch-Kartographisches Institut Meyer [Hrsg.] (1989):
Meyers Naturführer – Südschwarzwald. –
115 S., zahlr. Abb. u. Taf.; Mannheim.

Geographisch-Kartographisches Institut Meyer [Hrsg.] (1990):
Meyers Naturführer – Odenwald. –
133 S., zahlr. Abb. u. Taf.; Mannheim.

Geographisch-Kartographisches Institut Meyer [Hrsg.] (1990):
Meyers Naturführer –Nordwürttemberg. –
116 S., zahlr. Abb. u. Taf.; Mannheim.

Geologisches Landesamt Baden-Württemberg [Hrsg.] (1994):
Die Erz- und Mineralgänge im alten Bergbaurevier Freiamt-Sexau (Mittl. Schwarzwald). –
Abh. geol. L.-Amt Baden- Württ., **14:** 372 S., 123 Abb., 23 Tab., 4 Taf.; Freiburg i. Br.

GEYER, O. F. & GWINNER, M. P. (1986):
Geologie von Baden-Württemberg. –
472 S., 254 Abb., 26 Tab.; Stuttgart. – [Neuaufl. 2002]

GEYER, O. F. & GWINNER, M. P. (1987):
Die Schwäbische Alb und ihr Vorland. –
3., verb. Aufl., unveränd. Nachdr. – Slg geol. Führ. **67:** 275 S., 36 Abb., 14 Taf., 1 Beil.; Berlin.

GLAS, M. & SCHMELZER, H. (1976):
Mineralfundstellen: Baden-Württemberg. –
197 S., zahlr. Abb., 8 Taf.; München.

GOTTSCHALK, R. (1999):
Früher Bergbau im südlichen Schwarzwald –
Begleitheft zur Ausstellung des Museums für Ur- und Frühgeschichte der Stadt Freiburg i. Br. – 144 S., zahlr. Abb. u. Kt.; Stuttgart.

GROISS, J. T., HAUNSCHILD, H. & ZEISS, A. (2000):
Das Ries und sein Vorland. –
Slg. geol. Führ., **92:** 271 S., 58 Abb., 6 Tab., 4 Beil.; Berlin.

HAGDORN, H. & SIMON, T. (1986):
Geologie und Landschaft des Hohenloher Landes. –
186 S., zahlr. Abb. u. Kt.; Sigmaringen.

HAGDORN, H. et al. (1988):
Neue Forschungen zur Erdgeschichte von Crailsheim. –
Ges. f. Naturkde. Württ., Sonderbd. **1:** 256 S., zahlr. Abb. u. Kt.; Stuttgart.

HAHN, J., MÜLLER-BECK, H. & TAUTE, W. (1973):
Eiszeithöhlen im Lonetal – Archäologie einer Landschaft auf der Schwäbischen Alb. –
2., neu bearb. u. erg. Aufl., 197 S., zahlr. Abb. u. Kt.; Stuttgart.

Hauff B. & Hauff, R. B. (1981):
Das Holzmadenbuch. –
136 S., zahlr. Abb., 1 Beil.; Holzmaden.

Hauff, R., Megerle, A., Megerle, H., Dieter, A., Behmel, H., Kraus, U. & Klumpp, B. (1999):
Abenteuer Geologie. –
30 S., zahlr. Abb. u. Kt.; Bad Urach.

Hebestreit, C. (1999):
Wutach- und Feldbergregion – Ein geologischer Führer. –
138 S., 44 Abb.; Stuttgart.

Heizmann, E. P. J. (1998):
Vom Schwarzwald zum Ries. –
288 S., zahlr. Abb. u. Kt.; Karlsruhe.

Jedicke, L. & Jedicke, E. (1991):
Naturdenkmale in Baden-Württemberg. –
167 S., zahlr. Abb., 1 Kt.; Hannover.

Kaiser, H. (1984):
Die Grube Clara zu Wolfach
im Schwarzwald. – 102 S., 180 Abb., 1 Kt.; Freiburg.

Kavasch, J. (1992):
Meteoritenkrater Ries – Ein geologischer Führer. –
10. Aufl.; Donauwörth.

Krause, R. (1992):
Vom Ipf zum Goldberg – Archäologische Wanderungen am Westrand des Rieses – Führer zu archäologischen Denkmälern in Baden-Württemberg. –
157 S., zahlr. Abb. u. Kt.; Stuttgart.

Landesamt für Geologie, Rohstoffe und Bergbau (2002):
Symbolschlüssel Geologie Baden-Württemberg.– Freiburg i. Br. – [unveröff., akt. Version: www.lgrb.uni- freiburg.de/d/fr_fach.htm]

Landesanstalt für Umweltschutz [Hrsg.] (1982):
Der Feldberg im Schwarzwald – Subalpine Insel im Mittelgebirge. –
526 S., 416 Abb., 24 Taf.; Karlsruhe.

Landesanstalt für Umweltschutz [Hrsg.] (1983):
Das Eriskircher Ried – Ein Führer durch das bedeutendste Naturschutzgebiet am nördlichen Bodenseeufer. –
Führ. Natur- und Landsch.-Schutzgeb. Baden-Württ., **6:** 188 S.; Karlsruhe. – [Autor: Miotk, P.]

Landesanstalt für Umweltschutz [Hrsg.] (1986):
Das Schwenninger Moos – Ein naturkundlicher Führer. –
Führ. Natur- und Landsch.-Schutzgeb. Baden-Württ., **12:** 216 S.; Karlsruhe. – [Autoren: Jauch, E. & Benzing, A.]

Landesanstalt für Umweltschutz [Hrsg.] (1987):
Naturschutzgebiet Limberg am Kaiserstuhl – Begleiter zum Wissenschaftlichen Lehrpfad bei Sasbach a. Rh. –
2., erw. und überarb. Aufl., Führ. d. Natur- u. Landsch.-Schutzgeb. Baden-Württ., **2:** 268 S.; Karlsruhe. – [Autor: Moriell, R.]

Landesanstalt für Umweltschutz [Hrsg.] (1988):
Die Wutach – Naturkundliche Monographie einer Flusslandschaft. – Natur- u. Landsch.-Schutzgeb. Baden-Württ., **6:** 575 S., zahlr. Abb.; Karlsruhe.

Landesanstalt für Umweltschutz [Hrsg.] (1991):
Das Naturschutzgebiet Federsee – Geschichte und Ökologie eines oberschwäbischen Verlandungsmoores. – Führ. d. Natur- und Landsch.-Schutzgeb. Baden-Württ., **7:** 164 Seiten, zahlr. Abb. ; Karlsruhe. – [Autor: Günzl, H.]

Landesanstalt für Umweltschutz [Hrsg.] (1991):
Der Rutschen – Ein Führer durch das Naturschutzgebiet um den Uracher Wasserfall. –
Führ. d. Natur- und Landsch.-Schutzgeb. Baden-Württ. **20:** 236 S., zahlr. Abb.; Karlsruhe.

Landesanstalt für Umweltschutz [Hrsg.] (1996):
Flora und Vegetation des Naturschutzgebietes Federsee – Zustand und Wandel. –
Beih. Veröff. Natursch. u. Landschaftspfl. Baden-Württ., **86:** 314 S., zahlr. Abb.; Karlsruhe. –
[Autoren: GRÜTTNER, A. & WARNKE-GRÜTTNER, R.]

Landesanstalt für Umweltschutz [Hrsg.] (1996):
Pfrunger-Burgweiler Ried. – Pflege- und Entwicklungsplan – Ökologische Grundlagen und Konzeption zum Schutz einer oberschwäbischen Moorlandschaft. –
Beih. Veröff. Natursch. u. Landschaftspfl. Baden- Württ., **85:** 304 S., zahlr. Abb.; Karlsruhe. –
[Autoren: WAGNER, A. & WAGNER I.]

Landesanstalt für Umweltschutz [Hrsg.] (1998):
Das Pfrunger Ried – Entstehung und Ökologie eines oberschwäbischen Feuchtgebietes. –
2., korr. u. erw. Aufl. – Führ. Natur- u. Landsch.-Schutzgeb. Baden-Württ., **10:** 312 S.; Stuttgart. –
[Autor: ZIER, L.]

Landesanstalt für Umweltschutz [Hrsg.] (2000):
Geologische Naturdenkmale im Regierungsbezirk Karlsruhe. – unveränd. Nachdr. v. 1984. – 159 S., zahlr. Abb. u. Kt, 1 CD- ROM; Karlsruhe. – [Autor: SCHÖTTLE, M.]

Landesanstalt für Umweltschutz [Hrsg.] (2000):
Vom Wildstrom zur Trockenaue – Natur und Geschichte der Flusslandschaft am südlichen Oberrhein. –
496 S., 3 Beil.; Ubstadt- Weiher. –
[Autoren: ALLGÖWER, R. et al.]

Landesanstalt für Umweltschutz [Hrsg.] (2001):
Verzeichnis der Naturschutz- und Landschaftsschutzgebiete des Landes Baden-Württemberg, Stand: 31.12.1999. –
4., neu bearb. Aufl.; 28 S., 1 CD-ROM, 2 Kt; Karlsruhe.

MAYER, B. (1999):
Mit Kindern entdecken – Höhlen und Bergwerke im Südwesten. –
144 S., zahlr. Abb.; Bietigheim-Bissingen.

METZ, R. (1974):
Die schönsten Holzschnitte aus dem Bergwerksbuch „De re metallica libri XII, 1556" von GEORG AGRICOLA. –
Aufschluß, Sonderbd. **23**; Heidelberg.

METZ, R. (1977):
Mineralogisch-landeskundliche Wanderungen im Nordschwarzwald, besonders in dessen alten Bergbaurevieren. – 2., vollst. überarb. Aufl., 632 S., zahlr. Abb. u. Kt.; Lahr/Schw.

MÜLLER-BECK, HJ., CONARD, N., J. & SCHÜRLE, W. (Hrsg.) (2001):
Eiszeitkunst im süddeutschen-schweizerischen Jura – Anfänge der Kunst.– 168 S., 60 Abb. auf 24 Farbtaf.; Stuttgart

NICKEL, E. unt. Mitarb. von FETTEL, M. (1985):
Odenwald – Vorderer Odenwald zwischen Darmstadt und Heidelberg. –
2., erw. Aufl. – Slg. geol. Führ., **65:** 231 S., 62 Abb., 6 Tab., zahlr. Taf., 1 Kt.; Berlin.

PLANK, D. [Hrsg.] (1994):
Archäologie in Baden-Württemberg – Das Archäologische Landesmuseum, Außenstelle Konstanz. – 332 S., zahlr. Abb.; Stuttgart.

Regierungspräsidium Freiburg [Hrsg.] (1998):
Die Naturschutzgebiete im Regierungsbezirk Freiburg. – bearb. Bezirksst. Natursch. u. Landschaftspfl. Freiburg i. Br. – 636 S., zahlr. Abb. u. Kt.; Sigmaringen.

Regierungspräsidium Tübingen [Hrsg.] m. Beitr. v. FRITZ, W. (1995):
250 Naturschutzgebiete im Regierungsbezirk Tübingen. – bearb. Bezirksst. Natursch. u. Landschaftspfl. Tübingen; Sigmaringen.

Richter, A. E. (1991):
Handbuch des Fossiliensammlers. –
461 S., zahlr. Abb., 16 Taf., zahlr. Tab.; Stuttgart.

Rutte, E. & Wilczewski, N. (1995):
Mainfranken und Rhön. – 3., überarb. Aufl. – Slg. geol. Führ., **74:** 232 S., 65 Abb., 3 Tab., 4 Taf., 1 Kt.; Berlin.

Schäfer, H. & Wittmann, O. [Hrsg.] (1966):
Der Isteiner Klotz – Zur Naturgeschichte einer Landschaft am Oberrhein. –
445 S., zahlr. Abb. u. Tab.; Freiburg i. Br.

Schmid, W. (1984):
Naturlehrpfade in Süddeutschland. – 160 S., zahlr. Abb., 3 Kt.; Ravensburg.

Schreiner, A. (1995):
Hegau und westlicher Bodensee. –
2., ber. Aufl. – Slg. geol. Führ. **62:** 93 S., 22 Abb., 1 Tab.; Berlin.

Schwarzwaldverein e. V./ Arbeitskreis „Wasser“ [Hrsg.] (1998):
Wasser erleben: 46 Wanderungen im Schwarzwald rund ums Wasser. – 140 S., zahlr. Abb. u. Kt.; Karlsruhe.

Schweizer, V. unt. Mitarb. v. Kraatz, R. (1970):
Kraichgau und südlicher Odenwald. – Slg. geol. Führ., **72:** 203 S., 35 Abb.; Berlin.

Stier, C., Behmel, H. & Schollenberger, U. (1990):
Wüsten, Meere und Vulkane – Baden-Württemberg in Bildern der Erdgeschichte. –
2. Aufl: 61 S., zahlr. Abb. u. Kt.; Stuttgart.

Trunko, L. (1984):
Karlsruhe und Umgebung – Nördlicher Schwarzwald, südlicher Kraichgau, Rheinebene, Ostrand des Pfälzer Waldes und der Nordvogesen. – Slg. geol. Führer, **78:** 227 S., 47 Abb., 3 Tab., 2 Kt., 2 Beil.; Berlin.

Villinger, E. (1999):
Freiburg im Breisgau –
Geologie und Stadtgeschichte. –
L.-Amt Geol., Rohst. u. Bergb. Baden-Württ., Informationen, **12:** 60 S., 28 Abb., 2 Tab., 1 Taf.; Freiburg i. Br.

Wagner, G. (1973):
Einführung in die Erd- und Landschaftsgeschichte, mit besonderer Berücksichtigung Süddeutschlands. –
3., verm. u. verb. Aufl., 694 S., 208 Taf., zahlr. Abb. u. Kt.; Öhringen.

Walenta, K. (1992):
Die Mineralien des Schwarzwaldes und ihre Fundstellen. – 336 S., zahlr. Abb. u. Kt.; München.

WEIDERT, W. K. [Hrsg.] (1988):
Klassische Fundstellen der Paläontologie. –
Bd. **1:** 21 Fundgebiete und
Aufschlüsse in der
Bundesrepublik Deutschland und Österreich. –
208 S., zahlr. Abb. u. Kt.; Korb.

WEIDERT, W. K. [Hrsg.] (1990):
Klassische Fundstellen der Paläontologie. –
Bd. **2:** 23 Fundgebiete und Aufschlüsse in Dänemark, Deutschland, England, Frankreich, Österreich, Schweiz und Tschechoslowakei. – 255 S., zahlr. Abb. u. Kt.; Korb.

WILD, H. W. (1998):
Schau- und Besucherbergwerke – Ein Führer durch verborgene Welten. –
336 S., zahlr. Abb.; Haltern.

WILMANNS, O. (2001):
Exkursionsführer Schwarzwald. –
304 S., 29 Abb., 24 Taf., zahlr. Kt.; Stuttgart.

WILMANNS, O., WIMMENAUER, W. & FUCHS, G. (1989):
Der Kaiserstuhl,
Gesteine und Pflanzenwelt. –
Natur- u. Landsch.-Schutzgeb. Baden-Württ.,
8: 244 S., 278 Abb., 3 Tab., 1 Kt.; Karlsruhe.

WITTERN, A. (1995):
Mineralien finden im Schwarzwald – ein Führer zu 55 Einzelfundstellen. –
157 S., zahlr. Abb. u. Kt.; Köln.

Weiterführende Internet-Adressen

Wichtige Institutionen:

Bundesanstalt für Geowissenschaften und Rohstoffe (BGR), Hannover:
www.bgr.de

Deutsche Geologische Gesellschaft (DGG), Geschäftsstelle Hannover:
www.dgg.de

Fachsektion Geotop der Deutschen Geologischen Gesellschaft (DGG), Hannover
www.geo-top.de

Geoforschungszentrum Potsdam:
www.gfz-potsdam.de

Geopark Schwäbische Alb mit Links zu anderen Geopark-Seiten:
www.geopark-alb.de
http://home.t-online.de/home/megerle.schlaitdorf/geoalb.html

Landesamt für Geologie, Rohstoffe und Bergbau Baden-Württemberg, Freiburg i. Br.:
www.lgrb.uni-freiburg.de

Landesvermessungsamt Baden-Württemberg, Stuttgart:
www.lv-bw.de

Landesanstalt für Umweltschutz, Karlsruhe
www.lfu.baden-wuerttemberg.de

Netzwerk Erdgeschichte:
www.erdgeschichte.de

Oberrheinischer Geologischer Verein:
http://ogv-online.de/index.html

iftung Alfred-Wegener-Institut für Polar- und
resforschung, Bremerhaven:
awi-bremerhaven.de/index-d.html

Wichtige Server und Portale zu weiterführenden geowissenschaftlichen Themen:

Archäologie-Online:
www.archaeologie-online.de

Das Wissenschaftsportal für Paläontologie, Biodiversität, Geobiologie, Geologie und mehr:
www.palaeo.de

Geo2Geo – Geowissenschaftler für Geowissenschaftler: Geowissenschaften im Internet:
www.geog.uni-heidelberg.de/~ttavk/index.htm

Geo-Links der Universität Mainz: Geowissenschaften in Deutschland, Universitäten und Hochschulen:
www.uni-mainz.de/FB/Geo/Geologie/GeoInst/UD.html

Internetmagazin für Geo- und Naturwissenschaften:
www.g-o.de/geo.htm

Martin Schusters Geologie Links Deutschland:
www.ms-geo.de

Museen bundes- und landesweit:
www.museen.de

Naturkundemuseum Senckenberg mit Links zu Museen weltweit:
www.senckenberg.uni-frankfurt.de

Naturkundemuseum Stuttgart:
www.naturkundemuseum-bw.de/stuttgart

WWW-Server in Deutschland für alle Teilgebiete der Geowissenschaften:
www.inggeo.tu-clausthal.de/geo-server/geoserver-germany.html

Bergbau:

Bergbau im Web – lohnenswerte Links:
www.schaubergwerk.de

Freiburger Online Publikationen;
Montanarchäologie:
www.ufg.uni-freiburg.de/d/publ/#bergbau

Höhlenseiten:

Höhlenkundlichen Arbeitsgemeinschaft
Rosenstein/Heubach e. V.:
www.karst.net

Schauhöhlen der Welt:
www.showcaves.com/german/
index.html

Schauhöhlen und Schaubergwerke
in Deutschland:
www.schauhoehle.de

Verband der Höhlen- und Karstforscher e.V.:
www.vdhk.de

Mineralienseiten:

Die Webside für Gold- und Schatzsucher:
www.goldsucher.de

Jans Mineralien- und Fossilienseiten:
www.jkrieger.de/stones/links.html#f_
deutschland_eifel

Steine-Internet-Portal: Edelsteine – Mineralien – Fossilien – Bausteine:
www.steine.de

Vereinigung der Freunde der Mineralogie und Geologie (VFMG) e.V:
www.vfmg.de

Naturschutz:

BUND-Bund für Umwelt und Naturschutz
Deutschland:
http://vorort.bund.net/bawue

NABU-Naturschutzbund Deutschland e. V., Landesverband Baden-Württemberg:
www.nabu-bw.de/fr_home1.html

Naturschutzzentren in Baden-Württemberg
www.naturschutzzentren-bw.de

Wandern und Tourismus:

Geo-Tourist – Wandern mit Geologie:
www.geo-tourist.de

Schwäbischer Albverein:
www.albverein.de

Schwarzwald-Tourismusverband:
www.schwarzwald-tourist-info.de

Schwarzwaldverein:
www.schwarzwaldverein.de/Basic/SWV_Frame.
htm

Tourismusverband Schwäbische Alb:
www.schwaebischealb.de

Tourismusverband Baden-Württemberg
www.tourismus-baden-wuerttemberg.de

Fachzeitschriften:

Der Aufschluss, Zeitschrift für die Freunde der Mineralogie und Geologie, hrsg. v. Vereinigung der Freunde der Mineralogie und Geologie (VFMG) e. V. (s. o.):
www.vfmg.de

Lapis, das große deutschsprachige Magazin für Liebhaber und Sammler von Mineralien und edlen Steinen:
www.mineralien.de

Mineralien Welt, das Magazin für anspruchsvolle Sammler:
www.mineralienwelt.de

Bezugsquellen für Werkzeuge, Geräte und Fachliteratur:

Dr. F. Krantz, Rheinisches Mineralien-Kontor GmbH & Co. KG: Mineralien, Werkzeuge und Bücher:
www.krantz-online.de

Sonstiges:

Geo-Highlights, Virtuelle Deutschlandkarte mit Aufschlüssen, Fundstellen, Museen usw.:
www.uni-bonn.de/Paleontology/geo_high/geohigh_main.htm#institutionen

Jahr der Geowissenschaften 2002:

Offizielle Homepage:
www.planeterde.de

Geschäftsstelle Baden-Württemberg „Jahr der Geowissenschaften 2002“ beim Landesamt für Geologie, Rohstoffe und Bergbau Baden-Württemberg, Freiburg i. Br.:
www.geojahr.baden-wuerttemberg.de

Notizen